モデル予測制御

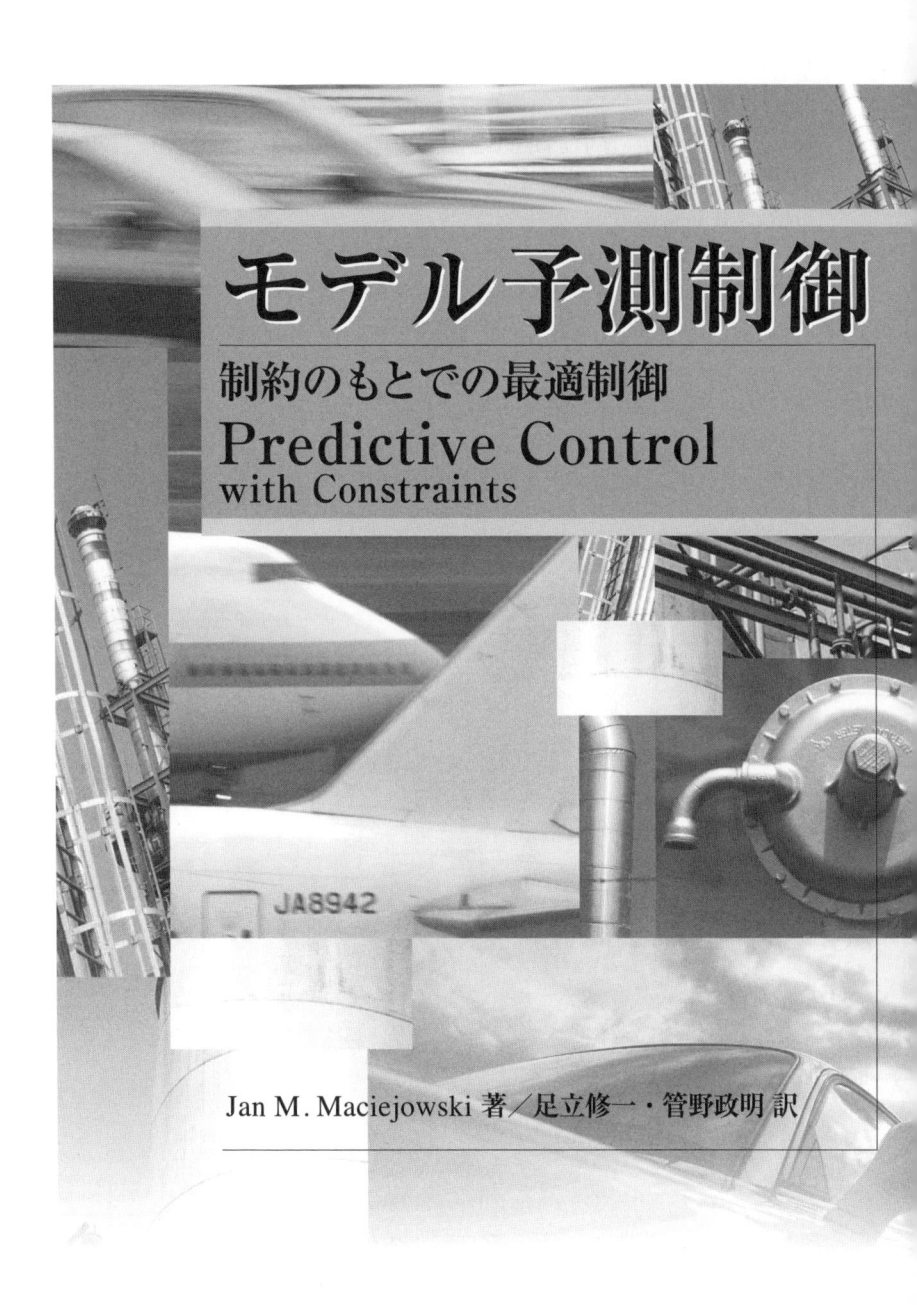

制約のもとでの最適制御

Predictive Control
with Constraints

Jan M. Maciejowski 著／足立修一・管野政明 訳

東京電機大学出版局

商標

MATLAB, *Simulink* は The MathWorks, Inc の登録商標です.
DMCPlus は Aspen Technology Inc の登録商標です.
RMPCT は Honeywell Inc の登録商標です.
Connoisseur は Simulation Sciences Inc の登録商標です.
3dMPC は ABB Automation Products AB の登録商標です.

Predictive Control with Constraints, First Edition
by Jan M. Maciejowski
Copyright ©Pearson Education Limited 2002.
Translation Copyright ©2005 by Tokyo Denki University Press.
All rights reserved.
This translation of Predictive Control with Constraints 01 Edition
is published by arrangement with Pearson Education Limited
through Tuttle-Mori Agency, Inc., Tokyo.

まえがき

　予測制御 (Predictive Control)（あるいはモデルに基づく予測制御 (Model-Based Predictive Control, MPC, MBPC) とも呼ばれる）は，産業プロセス制御に広範囲にわたって大きな影響を与えた唯一の（標準的な PID 制御よりも進んだという意味で）高度な制御法である．そうなった主な理由は，予測制御が，

- 装置や安全性の制約をルーチン化して取り扱うことができる唯一の包括的な制御技術

だからである．多くの場合，装置や安全性の制約上において，あるいは制約近傍でプラントを操業することによって最も利益がもたらされる．あるいは，最も効率よく稼動するためには制約付近での操業が必要となる．

　予測制御が産業界の現場に浸透していった理由は，つぎのような事実にもよる．

- 予測制御の基本的なアイディアは非常に理解しやすい．
- ほとんど何も修正せずに，予測制御の基本的な定式化を多変数プラントに拡張できる．
- 制約がなく単一ループではあるが，長いむだ時間を有するような「困難な」ループに対して，予測制御は PID 制御に比べて強力であり，しかもその調整はそれほど困難でない．

　予測制御は，大学の制御コミュニティから大きな注目を浴び始める約 20 年前に産業界で開発され，用いられてきた．大学の制御コミュニティは，予測制御の大きな特徴である制約を取り扱えるという潜在能力を意識的に無視するきらいがあり，さらには，制約が無視されたとき，予測制御は一般には「高度」ではあるが，従来の線形制御と等価であり，何も目新しいものではないという事実を強調した．この点は正しいものの，少なくともプロセス制御の分野では，ある制御技術が受け入れられるためには，チューニングの容易さや理解のしやすさなどが極めて重要な事項であるという点が指摘されずにいた．幸運にも，いまでは，大学のコミュニティも，予測制御は制約

が存在する制御に対して何か新しいものを提供すると正しく理解するようになり，現在の産業界が実際行っているレベルを超える解析や新しいアイディアを多く供給するようになった．また，現在よりもはるかに広範囲な（潜在的には，ほとんどすべての）制御工学問題に対する予測制御の応用基盤・土台を築こうともしている．計算速度と計算パワーが絶え間なく増加した結果，これが真に実現することになるだろう．

　本書では，予測制御を包括的に述べることを試みる．予測制御の根底にある概念の明解さはもとより，既存の制御理論とどのように関連しているかについても示す．実際，状態推定，外乱モデリング，周波数応答といった標準的な制御技術の知識を併用することにより得られる予測制御の応用可能性も示す．予測制御は最適化も伴うので，必要となる最適化問題のいくつかに関してその解法を詳細に記述する．また，予測制御の現在の研究の主要な方向性，および研究と応用の双方に関して，将来の方向性についても示したいと思う．

　本書は，読者が制御の初歩と状態空間モデルの知識を有しているという前提の下で書かれている．システムと制御を学ぶ大学院生にとって本書は適切であろうが，実際の産業界のエンジニアにとってもまた有益であることを願ってやまない．学生以外の読者の利便を考え，また，学生の理解を助けるために，多数の「ミニ解説」をつけた．これらは，たとえば，観測器あるいはリアプノフ方程式といったトピックスを簡潔にまとめたもので，それぞれの箇所で取り扱われている題材の理解に必要なものである．このミニ解説の説明は，読者が本書の理論展開についていくのに十分なものであると信じているが，もちろんこれだけでそれぞれの重要なトピックスを詳細に学習する必要がなくなるというわけではない．

　　単純でない予測制御問題を解き，予測制御が実際にどのように動作するかを実感するためには，適切なソフトウェアを利用することが非常に重要である．本書では，読者が MATLAB と，そのツールボックスである *Control System Toolbox* と *Model Predictive Control Toolbox* を利用できると想定している．簡単な MATLAB ファイルをいくつか作成し，また *Model Predictive Control Toolbox* に準備された関数を拡張するファイルもいくつか作成する．ファイルの中には *Optimization Toolbox* を必要とするものもある．作成されたソフトウェアはすべて本書のウェブサイトである

　　https://web.tdupress.jp/downloadservice/ISBN978-4-501-32460-5/

　　から入手可能である．なお，本書を準備するために用いたソフトウェアの

ヴァージョンは，以下のとおりである．

MATLAB	5.3.1
Control System Toolbox	4.2.1
Model Predictive Control Toolbox	1.0.4
Optimization Toolbox	2.0

私の学生である Eric Kerrigan と Simon Redhead が，本書のウェブサイトから入手可能な *Model Predictive Control Toolbox* 関数の修正版の大半を作成した．

本書は，1997年11月から12月までの間，デルフト(オランダ)の航空宇宙工学科で行った講義がもとになっている．サバティカル学期を過ごすために著者をデルフトに招き，すべての準備をしてくださり，著者のデルフトでの滞在を快適かつ興味深いものにし，とりわけ航空工学科において予測制御の講義が場違いなものではないと信じるに足る十分な先見性を与えてくださった，Bob Mulder, Hans van der Vaart, Samir Bennani に感謝したい．また，最初の数章について著者にフィードバックを与えてくださった Ton van den Boom, 第4章について有益な手助けをしてくださった Rob de Vries(ともに，デルフト工科大学)，本書の例題の中で多用した航空機の線形化モデルを提供してくださった Hans van der Vaart にも感謝する．予測制御は，もっぱらプロセス産業で利用されてきたので，航空機を例として使用することは一風変わっているように思えるかもしれないが，これには二つの理由がある．第一に，実時間計算の可能性が絶え間なく増加している結果として，予測制御はすべての応用分野において使用できる可能性を秘めていると著者は確信しているからである．第二に，たいていのプロセス制御の例では，化学工学者でない読者に対してはその内容をかなり説明しなければならないのに対し，読者が(非常に簡単化された)航空機の例を読者自身の経験をもとに理解することは，おそらく困難ではないからである．もちろん，本書にはプロセス産業に基づいた例も掲載されており，第9章のケーススタディでは，二つのプロセス制御の例を取り扱う．

著者は，ルンド(Lund)大学のプロセス制御設計センターの大学院のコースで本書に基づいた講義を行い，そのコースに出席した教員と学生の双方から非常に貴重なコメントをいただいた．Andrew Ogden-Swift (Honeywell Hi-Spec Solutions), Sean Goodhart (Aspentech), David Sandoz (SimSci-Predictive Control), Jacques Richalet (Adersa) らは，時間を惜しみなく費やし，彼らの会社の製品の詳細を提供してくれた．そして，予測制御の実用性について，極めて貴重で興味深い議論をしてくれた．David Sandoz と David Clarke はともに，本書の執筆のさまざまな段階において，非

常に有益なフィードバックを与え，勇気づけてくれた．Fred Loquasto(カリフォルニア大学サンタバーバラ校)は，記録的な速さで，本書の最終段階の原稿を読み，いくつかの誤りや不適切なところを指摘してくれた．

　最後に，本書中の誤りはもちろん著者自身の責任である．

2000年10月14日

J. M. Maciejowski

日本語版へのまえがき

　足立修一教授から管野政明博士とともに本書を日本語に翻訳したいと言われたとき，私は非常に驚き，そして同時に名誉なことだと思った．翻訳することによって，彼ら二人は，日本の学生や制御工学の実務者にとって非常に重要で実際的なトピックスを習得し，利用しやすいものとした．また，非常に注意深くこの翻訳を行ってくれた結果，原著の英語版に存在した多くの誤植や誤りを見つけ，修正し，本書をよりよいものにしてくれた．私は彼らのこの作業と，このプロジェクトに対する熱意に感謝の意を表する．日本の読者に，彼らの努力の成果をおおいに享受してもらうことを希望する．

Preface to the Japanese Edition

I was very surprised and, at the same time, honoured when Professor Shuichi Adachi suggested to me that he would translate this book, with the help of Dr Masaaki Kanno, into Japanese. By doing so these two colleagues have made a very important and practical topic accessible to Japanese students and practitioners of control engineering. They have worked on the translation extremely carefully, and as a result have improved the book by finding and correcting a number of errors which appear in the original English version. I am grateful to them for all their work, and for their enthusiasm for this project. I hope that Japanese readers enjoy the results of their labours.

Jan M. Maciejowski
April 2004

訳者まえがき

　1980年代初頭，私(第一の訳者，足立)が学部4年生のとき卒論のテーマとして与えられたものが「予見制御」だった．当時，富塚誠義先生(カリフォルニア大学バークレー校)が書かれた論文を読み，それに関連して Self-Tuning Regulator (STR) などの勉強をした．1980年代の後半には，Prof. D. W. Clarke (オックスフォード大学) らによって Generalized Predictive Control (GPC) が提案され，予測制御という言葉も一気に広まっていった．その当時から，私は「予測制御」とか「予見制御」のことが気になっていた．

　1980年代初頭から「モデル予測制御」という制御手法が，石油化学業界を中心に利用されているという話も聞いていたが，原著の「まえがき」にも書かれているように，大学関係者は「モデル予測制御」を意識的に無視しようとしていた．理論の美しさを追求する傾向が強い制御理論家にとっては，brute force (力ずくの計算機パワー) を使うモデル予測制御を感覚的に許せなかったのかもしれない．

　これまでモデル予測制御に関する興味は持ち続けていたのだが，しっかりと勉強することはできなかった．これはいろいろな理由のためであるが，その中の一つに，日本語で書かれたモデル予測制御に関するテキストがほとんどなかったことがあげられる．しかしながら，1990年代中頃から，海外ではモデル予測制御に関するテキストが相次いで出版され始めた．その中で，私が読んでみたいと思ったテキストは，Dr. Jan M. Maciejowski 著の "Predictive Control with Constraints" だった．まず，通常の制御工学の教科書とは異なる斬新な表紙が印象的だった．もちろん，その内容も興味深いものだった．それまで，モデル予測制御は制御理論というよりは制御技術という位置づけであったが，この本では，モデル予測制御と制御理論(古典制御，現代制御，そしてロバスト制御など)との関係を理論的に丁寧に解説している点が特徴的だった．また，従来，さまざまな理由のために，モデル予測制御はプロセス制御(典型的には化学工学)のための技術という感が強かったが，この本ではメカニカルシステムの代表である航空機を例にとってモデル予測制御を説明している点もユニークであり，し

かも多くの制御理論の読者にとって理解しやすいものになっていた．さらに，この本では "Tuning"（チューニング，調整）という章が設けられていたことも特筆すべき点であった．制御の現場を体験した技術者には，「チューニング」の重要性はよく認識されているのだが，これまでの制御工学のテキストに「チューニング」の章を見つけることはほとんどできなかった．

幸運にも，私は 2003 年 3 月から 10 ヶ月間，英国のケンブリッジ大学に滞在する機会に恵まれ，そのときの受け入れ教授が Dr. Maciejowski であった．私のケンブリッジ滞在が 6 ヶ月を過ぎ，一つのプロジェクトを終え，残りの 4 ヶ月で何をしようかと悩んだときに思いついたのが，"Predictive Control with Constraints" の翻訳であった．思いついたものの，原著は 300 ページを超える大著であり，しかも難しい英語の言い回しも数多い．自分だけが理解できる翻訳をすることは容易であるが，他人が理解し，しかもその人たちの役に立つものにするためには，残念ながら私の英語能力は不十分であった．

幸いなことに，ケンブリッジ大学工学部制御グループには，第二の訳者（管野）が博士課程の学生として在籍していた．私が翻訳しようかどうか悩んでいたとき，管野はちょうど博士論文を作成し終わり，後は口頭試問を待つだけであった．しかも，学位取得後は，研究助手として制御グループに残ることが決まっていた．しかし，管野の指導教員は Prof. Malcolm C. Smith であり，Dr. Maciejowski ではなかった．

そこで，この翻訳プロジェクトについて相談したところ，管野は興味を示し，協力してくれることになった．しかも，指導教員である Prof. Smith もわれわれのプロジェクトに好意的であった．管野の協力がなければ，この本書（日本語版）の出版はあり得なかったものであり，管野の英語能力と，さまざまなアドバイスのおかげで本書の質が大きく向上したと確信している．管野博士が共訳者になってくれたことに深く感謝したい．しかも，著者の Dr. Maciejowski はわれわれのすぐそばにおり，この翻訳にたいへん興味をもってくれたので，原著を読んで感じたわれわれの疑問点に，時間を割いて丁寧に答えてくれた．この共同作業のおかげで，原著に存在した誤りや誤植を本書では（確信をもって！）修正することができた．私がケンブリッジに滞在できる残りの 4 ヶ月間で翻訳のドラフト版を作成し，帰国後は，宇都宮とケンブリッジで e-mail，航空便，そして国際電話を使って，翻訳を仕上げていった．

翻訳を行う上でわれわれが心がけたことは，安直なカタカナ英語を使わずに，できるだけ原語のニュアンスを保存した日本語に翻訳していくことであった．なぜならば，英語を単にカタカナにしてしまうことは，杉田玄白や福沢諭吉たちが行ってきた翻訳という作業を放棄したことになると考えたからである．本書では，たとえば，

"receding horizon" を「後退ホライズン」と訳し，"active" を「活性化されている」と訳した．ただし，ホライズンは，すでにカタカナ英語として認知されているので，地平線や水平線とは訳さなかった．したがって，本書の中でしか通用しない表現があるかもしれないことをあらかじめお断りしておきたい．また，さまざまな理由のため，本書の式番と原著のそれとは，必ずしも一致しないこともあらかじめお断りしておく．

モデル予測制御は，今後，重要な制御技術の一つとして発展していくことは疑いないだろう．そのときに，本書が日本の制御工学者の役に立つことができれば，それは翻訳者の喜びである．

第1章から第4章までの翻訳のドラフト原稿を読み，また，章末の演習問題を解き，有益な指摘をしてくれた宇都宮大学足立研究室の学生諸君に感謝する．第9章のプロセス制御の例題で，専門用語を教えていただいた湯本隆雅氏(オメガシミュレーション)に感謝する．また，本書を出版するにあたり，翻訳の契約などでご尽力いただいた植村八潮氏(東京電機大学出版局)に感謝する．また，本書の編集を担当していただいた松崎真理さん(東京電機大学出版局)に深く感謝する．原著の著者であり，また，私のケンブリッジ滞在を非常に有意義なものにしてくれた Dr. Maciejowski と，そして管野が日ごろからお世話になっている Prof. Smith に深く感謝する．最後になるが，訳者らの家族の理解と協力に感謝したい．

二人の訳者で，細心の注意を払って翻訳を行ったが，まだまだ不明確な翻訳，あるいは翻訳の誤りが存在するかもしれない．それらはすべてわれわれの責任である．また，原著に存在した誤りは見つけた限り修正したが，本日本語版を準備する際，新たな間違いを作り出したかもしれない．それらはすべて翻訳者の責任である．賢明な読者のご叱正を待つ次第である．

2004年12月

宇都宮からケンブリッジに思いを馳せながら

訳者を代表して　足立修一

目次

第 1 章　はじめに　1

- 1.1　動機づけ 1
- 1.2　後退ホライズンの考え方 8
- 1.3　最適入力の計算 11
- 1.4　簡単な MATLAB プログラム 17
- 1.5　オフセットなし追従 22
- 1.6　不安定プラント 27
- 1.7　初期の歴史と専門用語 30
- 1.8　制御階層の中での予測制御 33
- 1.9　一般的な最適制御の定式化 35
- 1.10　本書の構成 38
- 1.11　演習問題 40

第 2 章　予測制御の基本的な定式化　44

- 2.1　状態空間モデル 44
  - 2.1.1　モデルの形式 44
  - 2.1.2　線形モデル，非線形プラント 45
  - 2.1.3　第一原理モデルとシステム同定 48
- 2.2　基本的な定式化 50
- 2.3　制約つき予測制御の一般的な特徴 58
- 2.4　状態変数のその他の選択 60
- 2.5　演算遅れの考慮 62
- 2.6　予測 66
  - 2.6.1　外乱なし・全状態測定の場合 66
  - 2.6.2　一定値出力外乱 69

		2.6.3 観測器の利用 71
		2.6.4 独立モデルと再編成モデル 76
	2.7	例題：航空機モデル 78
	2.8	演習問題 86

第3章　予測制御問題の解法　　90

	3.1	制約なし問題 90
		3.1.1 状態測定可能・外乱なしの場合 90
		3.1.2 最小二乗問題としての定式化 93
		3.1.3 制約なしコントローラの構造 96
		3.1.4 推定された状態 97
	3.2	制約つき問題 99
		3.2.1 QP問題としての定式化 99
		3.2.2 コントローラの構造 103
	3.3	QP問題の解法 107
		3.3.1 アクティブセット法 108
		3.3.2 内点法 115
	3.4	制約の緩和 118
	3.5	演習問題 127

第4章　ステップ応答と伝達関数を用いた定式化　　131

	4.1	ステップ応答モデルとインパルス応答モデル 131
		4.1.1 ステップ応答とインパルス応答 131
		4.1.2 状態空間モデルとの関係 135
		4.1.3 ステップ応答モデルを用いた予測 137
		4.1.4 ステップ応答からの状態空間モデル 139
	4.2	伝達関数モデル 147
		4.2.1 基礎 147
		4.2.2 伝達関数を用いた予測 151
		4.2.3 外乱モデルをもつ予測 153
		4.2.4 GPCモデル 162
		4.2.5 状態空間での解釈 163
		4.2.6 多変数システム 173

  4.3 演習問題 174

第5章 予測制御のその他の定式化 177

  5.1 測定可能な外乱とフィードフォワード 177
  5.2 予測の安定化 181
  5.3 不安定モデルの分解 183
  5.4 非二次評価 185
    5.4.1 LP，QP 問題の特徴 185
    5.4.2 絶対値定式化 189
    5.4.3 ミニマックス定式化 190
  5.5 領域，じょうご，一致点 191
  5.6 予測関数制御 194
  5.7 連続時間予測制御 199
  5.8 演習問題 202

第6章 安定性 204

  6.1 終端制約による安定性の保証 206
  6.2 無限ホライズン 210
    6.2.1 無限ホライズンによる安定化 211
    6.2.2 制約と無限ホライズン —— 安定プラントの場合 215
    6.2.3 制約と無限ホライズン —— 不安定プラントの場合 217
  6.3 偽代数リカッチ方程式 220
  6.4 Youla パラメトリゼーションの利用 225
  6.5 演習問題 227

第7章 チューニング 230

  7.1 われわれは何をしようとしているのだろうか 230
  7.2 特殊な場合 234
    7.2.1 制御重みの影響 234
    7.2.2 平均レベル制御 235
    7.2.3 デッドビート制御 236
    7.2.4 「完全」制御 237
  7.3 周波数応答解析 244

7.4 外乱モデルと観測器動特性	245
7.4.1 外乱モデル	245
7.4.2 観測器動特性	249
7.5 参照軌道と前置フィルタ	258
7.6 演習問題	263

第8章 ロバスト予測制御　266

8.1 ロバスト制御の定式化	266
8.1.1 ノルム有界型不確かさ	267
8.1.2 ポリトープ型の不確かさ	270
8.2 Lee と Yu によるチューニング手順	271
8.2.1 簡略化された外乱と雑音モデル	271
8.2.2 チューニング手順	275
8.3 LQG / LTR チューニング手順	277
8.4 LMI アプローチ	286
8.4.1 概観	286
8.4.2 制約がない場合のロバスト性	287
8.4.3 制約がある場合のロバスト性	292
8.5 ロバスト実行可能性	294
8.5.1 最大出力許容集合	295
8.5.2 ロバスト許容とロバスト不変集合	297
8.6 演習問題	303

第9章 ケーススタディ　305

9.1 シェル石油蒸留塔	305
9.1.1 プロセスの説明	305
9.1.2 制御仕様	309
9.1.3 初期コントローラ設計	311
9.1.4 コントローラの性能と改良	317
9.1.5 制約の緩和	321
9.1.6 モデル化誤差に対するロバスト性	323
9.2 Newell と Lee の蒸発器	329
9.3 演習問題	336

第 10 章　展望　338

- 10.1 予備の自由度 338
  - 10.1.1 理想的な静止値 338
  - 10.1.2 多目的定式化 339
  - 10.1.3 耐故障性 340
- 10.2 制約の管理 344
- 10.3 非線形内部モデル 347
  - 10.3.1 動機づけとアプローチ 347
  - 10.3.2 逐次二次計画法 348
  - 10.3.3 ニューラルネットワークモデル 350
  - 10.3.4 準最適非線形 MPC 352
- 10.4 移動ホライズン推定 354
- 10.5 おわりに 356

付録 A　MPC 製品　358

- A.1 Aspentech: *DMCPlus* 359
- A.2 Honeywell: *RMPCT* 361
- A.3 Simulation Sciences: *Connoisseur* 363
- A.4 Adersa: *PFC* と *HIECON* 365
- A.5 ABB: *3dMPC* 366
- A.6 Pavilion Technologies Inc.: *Process Perfecter* 366

付録 B　MATLAB プログラム —— basicmpc　367

付録 C　MPC Toolbox　371

- C.1 一般的な注意 371
- C.2 関数 scmpc2 と scmpcnl2 375
- C.3 関数 scmpc3 と scmpc4 376

参考文献　377

索引　391

第 1 章

はじめに

1.1　動機づけ

　産業界の制御技術者に大きな影響を与えた唯一の高度な制御法は**予測制御** (*predictive control*) である．予測制御は，これまでは主に石油化学産業で使用されてきたが，現在では他のプロセス産業界における適用例も増加の一途をたどっている．これらの適用例が成功したのは，主に以下の理由による．

1. 多変数制御問題を自然に取り扱うことができる．
2. アクチュエータの制約を考慮できる．
3. 他の従来の制御に比べて，制約の限界に近い操業を行うことができ，このことにより収益性の高い操業が可能になる．著しく短い投資額回収期間も報告されている．
4. これらの適用例では制御周期が比較的長いので，オンライン計算に十分時間がとれる．

予測制御は**制約を考慮した最適化** (constraint-aware optimizing) という側面をもっているが，**調整が容易で，直感的である** (easy-to-tune, intuitive) という側面もある．この側面では制約や最適化をほとんど強調していないが，簡単さや計算の速さをより重要視し，特に1入力1出力 (single input, single output, SISO) 問題に適している．この側面によって，比較的遅いプロセスと同様に，サーボ機構のような帯域幅の高いものにも応用されている．

　近年，計算機ハードウェアが非常に高速化されてきたおかげで，予測制御のこれら二つの側面を区別する必要がなくなってきた．ハードウェアの高速化と同時に，最適化アルゴリズムの向上のおかげで，この10年間で事実上 10^6 倍の速さで，（予測制御

の最も重要な部分である)凸最適化問題の解を求めることが可能になった [RTV97]. すなわち,10 年前には解くために 10 分かかっていた問題は,いまや 600 マイクロ秒足らずで解けるようになった. もちろん,これは大げさな言い方である. プロセッサの速度を取り上げているだけであり,メモリアクセス時間のような要因(メモリからのデータの「フェッチ」(fetch) には 100 プロセッサクロック時間以上もかかる)を無視しているからである. しかし,この数字が 100 倍楽観的に見積もられたものとしても,予測制御は制約や最適化の複雑な手続きを有しているにもかかわらず,「遅い」プロセスに限定する必要はないという明白な根拠になるだろう. さらに,この見積もりは,予測制御問題の構造ゆえに可能な効率化(これは最近,見つけられたものであるが [RWR98])を考慮に入れていない.

この理由から,本書では上述した予測制御の二つの側面について大きな区別をしない. むしろ両者を統一的に取り扱う. 本章では,「調整が容易で,直感的である」という側面に従って,基本的なアイディアを紹介する(例題 1.8 (p.29) に示すように,これでもすでに十分複雑な問題を取り扱うことができる). 予測制御へのこのアプローチは,5.6 節で,より詳細に示される. しかし,次章以降のほとんどすべてにおいて,複雑な(すなわち,多変数で制約をもつという,最も役に立つ形式の)予測制御問題を取り扱う.

制約を考慮できることは,いくつかの理由から重要である. プロセス産業において予測制御が成功した事実に関連して,よく引き合いに出されることは,最も収益があがる操業は,しばしばプロセスがある制約(複数の制約かもしれない)の限界のところで動作しているときだ,ということである. 多くの場合,それらの制約は直接,コスト(たいていエネルギーコスト)と関係している. たとえば,製品がその製造過程で熱を必要としているならば,可能な限り供給する熱を少なくすることによって,生産コストを最小化できる. しかしながら,熱供給(そしてその時刻プロファイル)は,製造に十分でなければならない. これは製造過程に関する制約である. 製品が有用であるために,少なくともある品質を満たさなければならない場合,通常,製品の品質を要求レベルにちょうど維持することによってコストを最小化できる. そして,これらは必ず守らなければならない制約であり,制御プロセスの出力に関する制約である. 製品の品質は,制御変数自身であるか,あるいは制御変数の何らかの組み合わせに依存する.

制御信号(プロセスへの入力,すなわち操作変数)に関する制約もまた存在する. これらの制約の最も一般的なものは,飽和特性の形式をとる. たとえば,調整できる範囲が有限なバルブ,パイプ径が一定のため最大値が決まっている流速,あるいは制限

された反り角度をもつ制御面などである．入力制約は，速度制約の形式でも現れる．たとえば，制限された回転率をもつバルブや他のアクチュエータである．これらの制約，特に飽和のタイプの制約は，最も収益が得られる条件でプロセスが動作しているときに，しばしば効いてくる．それらは，たとえば生産率を制限してしまうかもしれない．

例題 1.1　セミバッチ反応器

図 1.1 はセミバッチ反応器を示している．反応物が左から反応器に入ると発熱反応が起こる．図の右側に示した熱交換器への冷却水の流れを調整することによって，発熱反応の温度は設定値に制御される．反応がうまく行われるためには，温度を設定値の近く(できる限り指定された範囲内)に保持しなければならない．反応物の流量速度と冷却水の流量速度はともに，最小値と最大値の間で調整可能である．経済的な理由で，これらの要求と制約の下で，このバッチをできるだけ速く終了させることが望ましい．実際には，これは反応物の流量速度をできるだけ速く保ち続けることによって実現できる．

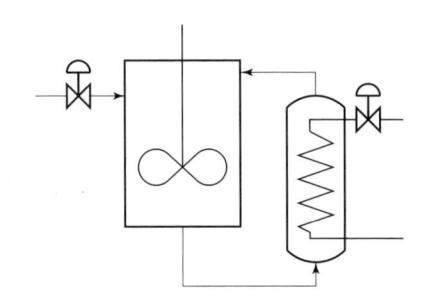

図 1.1　セミバッチ反応器

制約が存在することによって，たとえその性能が経済的な見地から表現されていないとしても，その性能が制限されている制御システムはたくさん存在する．従来，制御性能の要求項目は，このようなものを反映する形で定式化されてこなかった．また，利用可能な制御系設計や実装化技術では，そのような定式化を行うことができなかった．しかし，増大する応用分野で予測制御が利用されることにより，そのような応用における制約の重要性のみならず，ひとたび制約が問題の定式化の一部分として陽に記述できれば，非常に複雑な制御目的を表現できることが明らかになってきた．

- 圧縮機は概して「サージライン」(surge line) で，あるいはその近くで最も効率よく動作する．しかし，動作点がこのサージラインを不適当な方向へ横切ると，破滅的な故障が起こってしまう．これは明らかに，すべての圧縮機制御システムに対する**ハード制約**[1]である[2]．
- 自動車の排出ガス規制に適合するために，内燃機関を比較的高い空気/燃料比(空燃比)で動作させる必要がある．このことによりエンジンがストール(エンストのこと)しやすくなるので，エンジン制御システムが広く導入された．現在，これらのシステムには予測制御システムは導入されていないが，規制された汚染の制限とトルク生成の要求を制約として含むことは，この場合，制御問題の定式化として自然である．
- 水中船(軍用(潜水艦)，そして商用(原油プラットフォームのメンテナンスなど))は，追跡から逃れるためや，運用コストを低減化するために，できるだけ速くマヌーバ(移動)を行う必要がある．しかし，それらは内部の装置や乗組員の保護のために，許容可能なピッチ，ロール角度，そして深さの変化率に制約を有する．よって最良の性能は，一つあるいはそれ以上の制約上で長い間，動作することによって得られるというシナリオが存在する．

もちろん，プラントを能力のまさに限界上で動作させようとは，誰も本当には思っていないだろう．さまざまな要因による予期せぬ外乱に対処できるような何らかの対応策を用意しておかないといけない．しかし，そのような外乱に制御システムがより対処できるようになるにつれて，限界の近くでプラントを動作させることが可能になってくる．最適制御に基づく古典的な議論では，外乱が不規則で，制御される出力の分散をできるだけ低減化できるのであれば，限界のできるだけ近くで動作でき，したがってプラントをその最適性能の近くで稼動できる，とされている．このことを図 1.2 に示した．この図は，プラントのある制御出力の仮想的な三つの確率分布を示している．そして，その出力が外れてはいけない制約も示している．分布 (a) は正規性形状で，比較的調整の悪い線形コントローラを利用して得られた比較的大きな分

---

[1]. 〈訳者注〉ある値より小さい，あるいは大きいといった確定的な制約を「ハード制約」と呼ぶ．それに対して，その制約を緩和したものを「ソフト制約」と呼び，これは 3.4 節で議論される．参考のために，ロバスト制御の分野では，確定的な境界のことを "hard bound" と呼び，確率的な境界のことを "soft bound" と呼ぶ．
[2]. サージライン制約は，圧縮機内の圧縮比と，機内を通る流量を含む「非線形」不等式制約である．予測制御のほとんどの定式化では，「線形」不等式制約を仮定している．しかし，この非線形制約は一つあるいはそれ以上の線形制約で近似することができる．

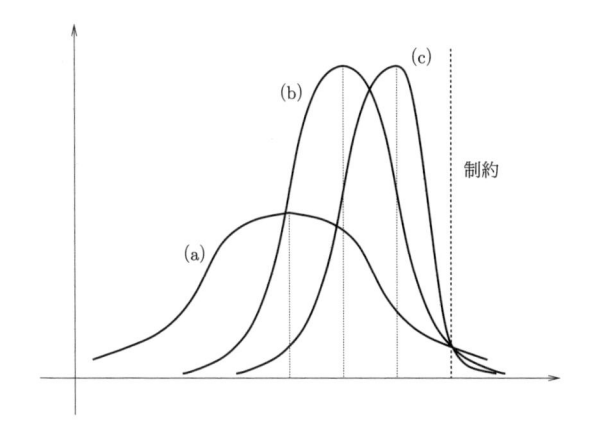

図 1.2 予測制御の利用によって可能な設定値改善

散を示している．ここで，プラントは近似的に線形にふるまうものとし，外乱は正規分布していると仮定した．この制約を破る可能性を低くするように，出力分散の設定値をこの制約から比較的遠く離れたところにしなければならなかった．したがって，プラントはほとんど大部分の時間，最適点から遠く離れたところで動作してしまう．分布 (b) は，線形最適制御を利用することによって達成された分布を示している．分散は低減化されているので，設定値は制約に近くなっている．しかし制御則は線形なので，分布は正規性のままである．

分布 (c) は，予測制御の効果を示したものである．コントローラは制約の存在を知っているので，出力を限界に近づける外乱への応答と出力を限界から離す外乱への応答は，非常に異なった動作になっている．したがって，コントローラは非線形である．そして出力分散の分布はもはや正規性ではなく，非対称になっている．その結果，制約が満たされない可能性を十分低く保ったまま，設定値を制約に非常に近くしてプラントを動作させることが可能である[3]．

制約を考慮できる重要性のもう一つの理由は，多くのプロセスに存在する緩衝（バッファ）タンクへの対応である．そのようなタンクは，しばしば生産過程で個々の

---

[3]. この図は，モデル予測制御の利用の効果を定性的に描写しようとしたものである．ひとたび制約が活性化すると，コントローラの動作は非線形になるので，実際に得られる確率分布を計算することは，通常，非常に困難である．
　〈訳者注〉「活性化」とは，制約条件の限界に達した状態のことをいい，英語では "active" と表現される．この点については第 2 章の脚注 9 (p.75) と第 3 章で詳しく述べる．

ユニット間の製品を保存するために用いられる．そして，その主な目的は，一つのユニットでの外乱の影響を吸収し，その影響が下流のユニットまで伝播することを防ぐことである．そのような緩衝タンクの液面は，それが完全に空か，あるいは満タンにならないように制御されなければならない．しかし，これらの制限の間では，変化してもよい．事実，そのようにタンクの液面を変化させることが重要なのである．なぜならば，それが外乱の影響を吸収する手段であるからである．緩衝タンクの液面を設定値に制御する必要はまったくないのである．むしろ，ちょうど設定値に制御してしまったら，タンクを用いる意味がなくなってしまう．従来のプロセス制御では，このことを考慮しないか，あるいはアドホックな(場当たり的な)解決策によって，この問題に対処していた．しかしながら，予測制御は，その標準的な定式化において，緩衝タンクの制御を行う非常に自然な方策を与える．そのようなタンクの液面に関する制約は定義するが，それらの設定値は与えないのである(そのような出力に対する制御目的は，ときとして，**領域目的**($zone\ objective$)と呼ばれる．5.5節を参照)．同様の制御目的は，他の状況でも存在する．大多数の問題がこの形で自然に定式化されるとすらいわれている [ZAN73]．

|例題 1.2| サージレベル制御

図 1.3 は分別蒸留器(fractionator)の列を示している．それぞれの塔で液体重分留が下部の「ため」に排出される．そして，つぎの分留器に送られる．「ため」のレベルを最小値と最大値の間に保つために，流量速度が制御される．「ため」は緩衝の役目を果たしている．そして，上流側の塔から生じる流量のサージ(動揺)を吸収する．このように，「ため」のレベルは，それらを領域目的として定義することにより，おのずと制御できる．一定の設定値へ厳密に制御しようとすると，緩衝としての機能を果た

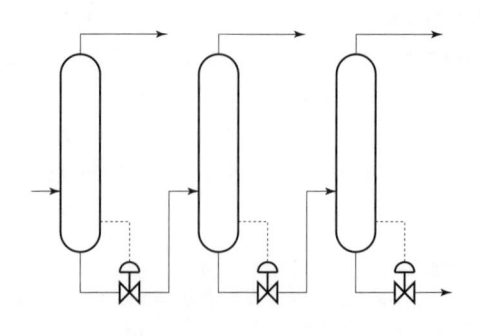

図 1.3 サージレベル制御

さなくなってしまう.

モデル予測制御が制約を陽に取り扱えることが重要である理由はまだある.コントローラが入力制約(特にアクチュエータ飽和制約)を知っていれば,それらを破ろうとする入力信号を決して生成しないことである.これにより**積分器ワインドアップ**(*integrator wind-up*)の問題を避けることができる.従来のコントローラでは,この問題は長時間の設定値偏差により,積分器出力が飽和の限界を超えてしまう場合に生じていた.積分器ワインドアップが起こると,大きなオーバーシュートが生じたり,場合によっては不安定になってしまう [FPEN94].この問題に対する標準的な改善策は知られているが,それらは従来のコントローラに新たに付加するタイプなので,コントローラが非常に複雑になってしまう.それに対して,予測制御では,ワインドアップ問題は生じない.

予測制御が産業界で成功したもう一つの理由は,多変数問題を自然に取り扱えることである.利益最大化,そしてより一般的な性能最適化では,複雑なプラントとプロセスの統合制御が要求される.これは,多くの出力変数の未来のふるまいを監視すること,そして,ある未来の予測ホライズンにわたって,プロセスをできるだけ経済的に,そして安全に保つために,ありとあらゆる利用可能な制御変数を用いることを意味する.将来の予測制御の応用に目を向けると,適切な例として,最新鋭の航空機の統合制御をあげることができる.そこでは,エンジン,左右のスラスタ,渦分離制御 (vortex separation control),そして空力面は,すべて一元統合的に用いられる.予測制御のすべての考え,そしてほとんどのアルゴリズムは,そのような多変数問題に対して修正なしで適用できる.さらに,利用可能な制御入力の数が,制御出力の数より大きいか,等しいか,あるいは小さいかによらず,ほぼ同様なアプローチをとることができる.

以上では,今日まで予測制御が実システムで成功してきた理由を述べてきた.将来,予測制御が主流になることが予想される別の理由がある.予測制御は,プラントの未来のふるまいの予測を行うために,陽な内部モデルを用いるという意味で**モデルに基づいている** (*model based*).現在用いられているモデルは,簡単なプラント試験からか,あるいはプラントデータにシステム同定法を適用することによって得られた**ブラックボックス**(*black box*)線形入出力モデルである.しかし,プロセス産業では,非線形**第一原理**(*first-principle*) モデルの利用が増加している.これは,プロセスの内部で起こっている物理的,化学的変化の理解から得られるモデルである.それらのいくつかは,非常に詳細で複雑である.そのようなモデルの開発を支援するための方法論

や技術が向上するにつれ，それらを開発するためのコスト (現在は非常に高いが) が現在のレベルより下がることが期待でき，したがって，それらの利用は現在より広がるだろう．第一原理モデルと (モデルに基づいた) 予測制御の将来のシナジー (相乗作用) の潜在性は高い．非線形の領域 (これは予測制御を難しくする．第 10 章を参照) でのプロセスのふるまいのより高精度な予測を与えるために，非線形モデルをさらに利用することによって，あるいは，プラント試験を行うことなしで線形近似モデルを得るために，非線形モデルを利用することによって，あるいは非線形モデルをまだ開発されていない何か別の方法で用いることによって，このシナジーは起こるだろう．

1.2 後退ホライズンの考え方

予測制御の基本的なアイディアを図 1.4 に示した．ここでは，SISO プラントの制御に限定して議論を進める．離散時間とし，現時刻を k で表す．現時刻におけるプラントの出力を $y(k)$ とし，図では過去の出力の軌道を示した．また，理想的にはその

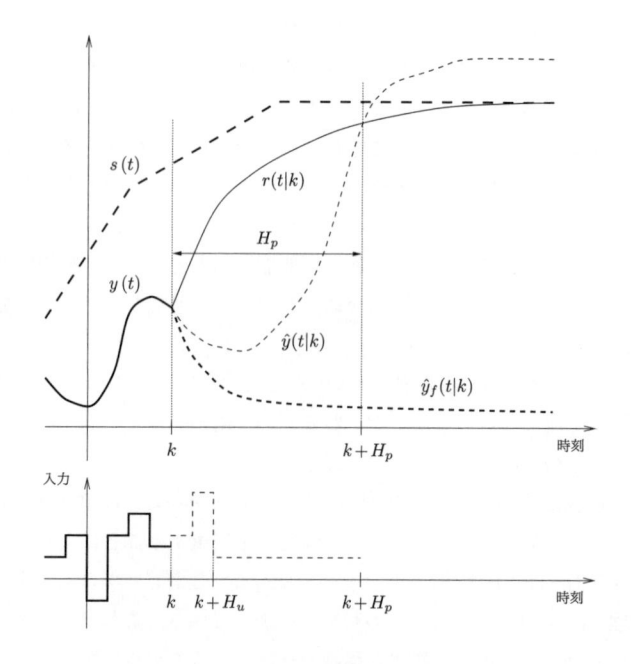

図 1.4　予測制御の基本的なアイディア

出力が従うべき軌道である**設定値軌道** (*set-point trajectory*) も示した．任意の時刻 t における設定値軌道を $s(t)$ で表す．

設定値軌道と異なるものに**参照軌道** (*reference trajectory*) がある．これは，現時刻の出力 $y(k)$ から出発し，たとえば外乱が生じた後などに，プラントが設定値軌道に戻る際の理想的な軌道を表す．したがって，参照軌道は制御されるプラントの閉ループの重要なふるまいを定義することになる．プラントができるだけ速やかに設定値軌道に戻るべきであると主張する必要はない（もちろん，そのような選択も可能ではあるが）．参照軌道は現時刻の出力から設定値に指数関数的に近づくと仮定することが多い．このとき，応答の速さを決める指数関数の**時定数** (time constant) を T_{ref} とする．すなわち，現在の誤差が

$$\varepsilon(k) = s(k) - y(k) \tag{1.1}$$

であれば，そして出力が参照軌道に正確に追従するのであれば，i ステップ後の誤差が

$$\varepsilon(k+i) = e^{-iT_s/T_{ref}}\varepsilon(k) \tag{1.2}$$
$$= \lambda^i \varepsilon(k) \tag{1.3}$$

になるように参照軌道は選ばれる．ただし，T_s はサンプリング周期で，$\lambda = e^{-T_s/T_{ref}}$ である．ここで $0 < \lambda < 1$ とおいた．すなわち，参照軌道は次式で定義される．

$$r(k+i|k) = s(k+i) - \varepsilon(k+i) \tag{1.4}$$
$$= s(k+i) - e^{-iT_s/T_{ref}}\varepsilon(k) \tag{1.5}$$

表記 $r(k+i|k)$ は，一般に，参照軌道は時刻 k における条件に依存することを意味している．参照軌道の別の定義も可能である．たとえば，指定した時刻後に設定値軌道と一致するように現時刻の出力から直線を引くこともできる．

予測コントローラは**内部モデル** (*internal model*) を有している．それは，現時刻から始まってある未来の**予測ホライズン** (*prediction horizon*) にわたるプラントのふるまいを予測するために用いられる．この予測されたふるまいは，予測ホライズンの間，印加されると仮定された入力軌道 $\hat{u}(k+i|k)$ $(i = 0, 1, \ldots, H_p - 1)$ に依存する．そして，最良の予測されたふるまいが期待される入力を選ぶことになる．ここでは，内部モデルは線形であると仮定しよう．この仮定により，最良入力の計算を簡単にすることができる．ここで u ではなく $\hat{u}$ と表記した理由は，時刻 k においては，時刻 $k+i$ における入力の予測値しか利用できないからである．その時刻における実際の入力 $u(k+i)$ は $\hat{u}(k+i|k)$ とはおそらく異なるだろう．入力 $u(k)$ の値を決定すると

きには，出力測定値 $y(k)$ が利用できるものと仮定する．このことは，われわれの内部モデルは厳密にプロパーであることを意味している．ここで，厳密にプロパーとは，$y(k)$ は過去の入力 $u(k-1), u(k-2), \ldots$ にのみ依存し，$u(k)$ には依存しないことである．

最も簡単な場合として，プラント出力を予測ホライズンの終点，すなわち時刻 $k+H_p$ で要求された値 $r(k+H_p|k)$ になるように，入力軌道を選ぶということが考えられる．この場合，Richalet [Ric93b] の用語を用いると，時刻 $k+H_p$ で単一の**一致点**(coincidence point)をもつ，ということができる．これを達成するいくつかの入力軌道 $\{\hat{u}(k|k), \hat{u}(k+1|k), \ldots, \hat{u}(k+H_p-1|k)\}$ が存在する．そして，われわれはそのうちの一つ，たとえば最も入力エネルギーの小さなものを選ぶだろう．しかし，入力軌道に，少数個の変数によってパラメトライズ[4]されたある簡単な構造を課すことは，通常，適切であり，望ましい．図 1.4 では，入力は予測ホライズンの最初の 3 ステップでは変化しているが，その後は一定値をとっている，すなわち，$\hat{u}(k+2|k) = \hat{u}(k+3|k) = \cdots = \hat{u}(k+H_p-1|k)$ である．したがって，選ぶべきパラメータは三つ，$\hat{u}(k|k), \hat{u}(k+1|k), \hat{u}(k+2|k)$ である．最も簡単な構造は，予測ホライズンにわたって入力が一定値をとり続ける，すなわち，$\hat{u}(k|k) = \hat{u}(k+1|k) = \cdots = \hat{u}(k+H_p-1|k)$ と仮定することである．このとき，パラメータはただ一つ，すなわち $\hat{u}(k|k)$ だけになる．この場合，$\hat{y}(k+H_p|k) = r(k+H_p|k)$ という唯一の方程式だけを満足すればよいので，この方程式は唯一解をもつ．

ひとたび未来の入力軌道が選ばれたならば，その軌道の「一番目の要素」だけを入力信号としてプラントに印加する．すなわち，$u(k) = \hat{u}(k|k)$ とおく．ただし，$u(k)$ は実際に印加される信号である．そして，1 サンプリング周期後，出力の測定，予測，そして入力軌道の決定という全体のサイクルが繰り返される．すなわち，新しい出力測定値 $y(k+1)$ が得られ，新しい参照軌道 $r(k+i|k+1)$ $(i=2,3,\ldots)$ が定義され，ホライズン $k+1+i$ $(i=1,2,\ldots,H_p)$ にわたる予測がなされ，新しい入力軌道 $\hat{u}(k+1+i|k+1)$ $(i=0,1,\ldots,H_p-1)$ が選ばれる．そして，最後に，つぎの入力 $u(k+1) = \hat{u}(k+1|k+1)$ がプラントに印加される．予測ホライズンは以前と変わらない長さで，それぞれのステップで 1 サンプリング周期分ずれるだけなので，このようにプラントを制御することはしばしば**後退ホライズン**(receding horizon)方策[5]と呼

---

4. 〈訳者注〉パラメトライズ (paramet (e) rize) とは，パラメータを用いて表現することをいう．「パラメータ化」とも呼ばれる．
5. 「後退ホライズン」の概念は地球の地平線の普通のふるまいに対応している．人が地平線に向かって移動すると，一定距離を保ちながら地平線はその人から離れていく．すなわち後退していってしまう．

ばれる．

1.3 最適入力の計算

　前節で考えた最も簡単な場合，すなわち，唯一の一致点をもち，未来の入力軌道のために一つのパラメータだけを選ぶ場合，前述したように唯一解をもつ．しかし，通常は予測ホライズンの間で複数の一致点が設定される．もしかしたら，すべての点 $k+1, k+2, \ldots, k+H_p$ が一致点である可能性もある．未来の入力軌道のために選ばれるパラメータが二つ以上の場合でさえも，通常の状況ではパラメータより多くの一致点が存在する．この場合，利用できる変数の数よりも，満足すべき方程式の個数のほうが多くなってしまう．そして，一般にそれを正確に解くことはできない．すなわち，すべての一致点において予測された出力が参照入力と一致するように未来の入力軌道を選ぶことはできない．この場合，ある種の近似解が必要となる．最もよく知られているものは，**最小二乗** (*least-squares*) 解であろう．すなわち，誤差の二乗和 $\sum_{i \in P}[r(k+i|k) - \hat{y}(k+i|k)]^2$ が最小化されるような解である．ただし，P は一致点 i の集合を意味する．すぐにわかるように，内部モデルが線形ならば，容易に最小二乗解を見つけることができ，それは線形制御則を構成する．

　再び，まず最も簡単な場合，すなわち一つの一致点 $k+H_p$ をもち，一つのパラメータ $\hat{u}(k|k)$ を選ぶ場合を考えよう．概念的には，つぎのように進めることができる．まず，内部モデルがプラントの**自由応答** (*free response*) $\hat{y}_f(k+H_p|k)$ を予測するために用いられる．ここで自由応答とは，未来の入力軌道が最新の値 $u(k-1)$ のままであるとしたとき，一致点において得られる応答のことである．どのようにしてこれを得るかの詳細は，利用できるモデルの形式に依存する．なぜならば，**初期条件** (initial condition) はモデルの形式に依存するからである．モデルとしてステップあるいはインパルス応答[6]が利用できるのであれば，利用できる過去のすべての入力が必要となる．伝達関数あるいは差分方程式モデルの場合，現時刻から n 個過去までの入出力データが必要となる．ここで n は伝達関数の次数である．状態空間モデルの場合，現在の状態，あるいはその推定値が必要となる．さて，単位ステップ信号を印加して H_p ステップ後のシステムの応答を $S(H_p)$ としよう．時刻 $k+H_p$ におけるその予測

---

[6]. 〈訳者注〉第 4 章の脚注 1 (p.131) を参照．

出力は，

$$\hat{y}(k+H_p|k) = \hat{y}_f(k+H_p|k) + S(H_p)\Delta\hat{u}(k|k) \tag{1.6}$$

となる．ただし，

$$\Delta\hat{u}(k|k) = \hat{u}(k|k) - u(k-1) \tag{1.7}$$

は現在の入力 $u(k-1)$ から予測された入力 $\hat{u}(k|k)$ までの変化分である．われわれは，

$$\hat{y}(k+H_p|k) = r(k+H_p|k) \tag{1.8}$$

としたいので，最適な入力変化は，

$$\Delta\hat{u}(k|k) = \frac{r(k+H_p|k) - \hat{y}_f(k+H_p|k)}{S(H_p)} \tag{1.9}$$

で与えられる．ここで，時刻 k まではモデル出力とプラント出力は同じであると仮定したことに注意する．実際にはこの仮定は成り立たないだろうが，それについては次節で説明する．

例題 1.3

設定値は一定値 $s(k+i) = 3$ をとるものとする．また，$T_{ref} = 9$ 〔sec〕，サンプリング周期 $T_s = 3$ 〔sec〕とする．$H_p = 2$ ステップ(すなわち，6 秒未来)で 1 点だけ一致点をもつものとする．プラントの z 変換伝達関数を

$$G(z) = \frac{2}{z - 0.7} \tag{1.10}$$

とする．現時刻の出力を $y(k) = 2$ とし，最新の制御入力を $u(k-1) = 0.3$ とする．$\hat{u}(k|k) = \hat{u}(k+1|k)$ と仮定したとき，最適入力 $\hat{u}(k|k)$ はどうなるだろうか？

まず，$\varepsilon(k) = s(k) - y(k) = 3 - 2 = 1$ で，$\lambda = \exp(-T_s/T_{ref}) = 0.7165$ である．したがって，次式を得る．

$$r(k+2|k) = s(k+2) - \lambda^2\varepsilon(k) = 3 - 0.7165^2 \times 1 = 2.487$$

自由応答を得るために，伝達関数を差分方程式形式

$$y(k) = 0.7y(k-1) + 2u(k-1) \tag{1.11}$$

にする．$u(k+1) = u(k) = u(k-1) = 0.3$ と仮定すると，次式が得られる．

$$\hat{y}_f(k+1|k) = 0.7 \times 2 + 2 \times 0.3 = 2.0 \tag{1.12}$$

$$\hat{y}_f(k+2|k) = 0.7 \times 2.0 + 2 \times 0.3 = 2.0 \tag{1.13}$$

最後に，$S(2)$ を求めたい．これは単位ステップを印加して $H_p = 2$ ステップ後のステップ応答である．式 (1.11) で，$u(k) = u(k+1) = 1$，$y(k) = y(k-1) = 0$ と仮定することによって，これを計算することができる，すなわち，

$$S(1) = 0.7 \times 0 + 2 \times 1 = 2.0 \tag{1.14}$$
$$S(2) = 0.7 \times 2.0 + 2 \times 1 = 3.4 \tag{1.15}$$

となる．以上で，最適入力を計算するために必要なすべての量は揃った．式 (1.9) を用いると，次式が得られる．

$$\Delta \hat{u}(k|k) = \frac{2.487 - 2.0}{3.4} = 0.1432 \tag{1.16}$$
$$\hat{u}(k|k) = u(k-1) + \Delta \hat{u}(k|k) = 0.4432 \tag{1.17}$$

これがプラントに印加される入力信号，$u(k) = \hat{u}(k|k) = 0.4432$ である．プラントのモデルが完全であり，外乱が存在しなければ，この入力によりプラントのつぎの出力は $y(k+1) = 0.7 \times 2 + 2 \times 0.4432 = 2.2864$ になるだろう．

一致点が 2 個以上の場合，満足すべき方程式の数は変数の数よりも多くなる．そのため，近似解を用いなければならない．c 個の一致点があるとし，それらに対応する参照軌道の値を $r(k+P_1|k)$, $r(k+P_2|k)$, $\ldots$, $r(k+P_c|k)$ とする．ただし，$P_c \leq H_p$ とする．われわれは，$i = 1, 2, \ldots, c$ に対して $\hat{y}(k+P_i|k) = r(k+P_i|k)$ としたいので，つぎの連立方程式を解くことによって，$\hat{u}(k|k)$ を選ぶことになる[7]．

$$r(k+P_1|k) = \hat{y}_f(k+P_1|k) + S(P_1) \Delta \hat{u}(k|k) \tag{1.18}$$
$$r(k+P_2|k) = \hat{y}_f(k+P_2|k) + S(P_2) \Delta \hat{u}(k|k) \tag{1.19}$$
$$\vdots$$
$$r(k+P_c|k) = \hat{y}_f(k+P_c|k) + S(P_c) \Delta \hat{u}(k|k) \tag{1.20}$$

通常，この方程式の最小二乗解が近似解として用いられる．最小二乗解の詳細については第 3 章で述べるが，ここではその結果だけを与えておこう．まず，つぎのベクト

---

[7] 〈訳者注〉原著では，式 (1.18) 〜 (1.20)，そしてそれ以降において $\hat{r}$ という記法を用いているが，必ずしも '^' をつける必要はないので，本書では省略する（これは著者に確認済みである）．

ルを定義する.

$$\mathcal{T} = \begin{bmatrix} r(k+P_1|k) \\ r(k+P_2|k) \\ \vdots \\ r(k+P_c|k) \end{bmatrix}, \quad \mathcal{Y}_f = \begin{bmatrix} \hat{y}_f(k+P_1|k) \\ \hat{y}_f(k+P_2|k) \\ \vdots \\ \hat{y}_f(k+P_c|k) \end{bmatrix}, \quad \mathcal{S} = \begin{bmatrix} S(P_1) \\ S(P_2) \\ \vdots \\ S(P_c) \end{bmatrix} \quad (1.21)$$

すると,たとえば MATLAB では,最小二乗解は**バックスラッシュ** (backlash) オペレータを用いてつぎのように計算できる.

$$\Delta \hat{u}(k|k) = \mathcal{S} \backslash (\mathcal{T} - \mathcal{Y}_f) \tag{1.22}$$

<u>例題 1.4</u>

例題 1.3 と同じ問題設定を考える.ただし,ここでは二つの一致点,$P_1 = 1$,$P_2 = H_p = 2$ をもつものとする.すると,次式が得られる.

$$r(k+1|k) = s(k+1) - \lambda \varepsilon(k) = 2.284$$
$$r(k+2|k) = 2.487 \quad \leftarrow \text{前と同じ}$$

例題 1.3 で得られた結果を用いると,次式を得る.

$$\mathcal{T} = \begin{bmatrix} 2.284 \\ 2.487 \end{bmatrix}, \quad \mathcal{Y}_f = \begin{bmatrix} 2.0 \\ 2.0 \end{bmatrix}, \quad \mathcal{S} = \begin{bmatrix} 2.0 \\ 3.4 \end{bmatrix}$$

これより,

$$\Delta \hat{u}(k|k) = \mathcal{S} \backslash (\mathcal{T} - \mathcal{Y}_f) = 0.1429$$
$$\hat{u}(k|k) = u(k-1) + \Delta \hat{u}(k|k) = 0.4429$$

予測制御は制約を考慮する能力をどのように与えられているかということを,われわれはこの時点で理解できる.入力あるいは出力に制約が課せられるならば,単純な**線形最小二乗** (linear least-squares) 解を**制約つき最小二乗** (constrained least-squares) 解に置き換えればよいのである.確かに,もはや「閉じた形」(closed-form) の解を得ることはできず,何らかの繰り返し最適化アルゴリズムを使用しなければならなくなるが,その制約が線形不等式の形式であれば,**二次計画** (Quadratic Programming, QP) 問題になるだけである.この二次計画問題は,高い信頼性をもって,しかも比較的速く解くことができる.第 3 章と第 5 章で,制約つき予測制御問題の解法の詳細について調べることにする.

さて，より複雑な未来入力軌道を許容することにしよう．入力は，たとえば最初の H_u ステップにわたって変化できるものとする．よって，$\hat{u}(k|k)$, $\hat{u}(k+1|k)$, ..., $\hat{u}(k+H_u-1|k)$ を選ばなければならず，$\hat{u}(k+H_u-1|k) = \hat{u}(k+H_u|k) = \cdots = \hat{u}(k+H_p-1|k)$ とする．ただし，$H_u < H_p$ とする（$H_u > H_p$ とは普通は選ばないが，このように選ぶこともできる．通常，H_u は H_p よりかなり小さく選ばれる）．さて，時刻 $k+P_i$ における予測出力は，

$$\begin{aligned}
\hat{y}(k+P_i|k) = &\hat{y}_f(k+P_i|k) + H(P_i)\left[\hat{u}(k|k) - u(k-1)\right] \\
&+ H(P_i-1)\left[\hat{u}(k+1|k) - u(k-1)\right] + \cdots \\
&+ H(P_i-H_u+2)\left[\hat{u}(k+H_u-2|k) - u(k-1)\right] \\
&+ S(P_i-H_u+1)\left[\hat{u}(k+H_u-1|k) - u(k-1)\right]
\end{aligned} \quad (1.23)$$

で与えられる．ただし，$H(j) = S(j) - S(j-1)$ は j ステップ後のシステムの単位インパルス応答係数である．この表現において，ステップ応答係数ではなく，インパルス応答係数を用いた理由は，それぞれの入力値 $\hat{u}(k|k)$, $\hat{u}(k+1|k)$, ..., $\hat{u}(k+H_u-2|k)$ は 1 サンプリング区間に対してのみ印加されると仮定しているからである．最後の一つの項 $\hat{u}(k+H_u-1|k)$ のみステップ P_i まで変化しない．したがって，その影響はステップ応答係数 $S(P_i-H_u+1)$ を乗ずることによって得られる．システムは厳密にプロパーであると仮定しているので，$H(0) = 0$, $S(0) = 0$ である．そして，$j < 0$ に対しては，因果性より $H(j) = 0$, $S(j) = 0$ である．よって，もし $P_i \leq H_u$ ならば，この表現の最後の非零項は $H(1)\hat{u}(k+P_i-1|k)$ である．

$H(j) = S(j) - S(j-1)$ なので，式(1.23)はつぎのように書き直される．

$$\begin{aligned}
\hat{y}(k+P_i|k) = &\hat{y}_f(k+P_i|k) + S(P_i)\Delta\hat{u}(k|k) + S(P_i-1)\Delta\hat{u}(k+1|k) \\
&+ \cdots + S(P_i-H_u+1)\Delta\hat{u}(k+H_u-1|k)
\end{aligned} \quad (1.24)$$

さて，すべての一致点における予測出力に対する方程式を行列・ベクトル形式で表現すると，

$$\mathcal{Y} = \mathcal{Y}_f + \Theta\Delta\mathcal{U} \quad (1.25)$$

が得られる．ただし，

$$\mathcal{Y} = \begin{bmatrix} \hat{y}(k+P_1|k) \\ \hat{y}(k+P_2|k) \\ \vdots \\ \hat{y}(k+P_c|k) \end{bmatrix}, \quad \Delta\mathcal{U} = \begin{bmatrix} \Delta\hat{u}(k|k) \\ \Delta\hat{u}(k+1|k) \\ \vdots \\ \Delta\hat{u}(k+H_u-1|k) \end{bmatrix} \quad (1.26)$$

$$\Theta = \begin{bmatrix} S(P_1) & S(P_1-1) & \cdots & S(1) & 0 \\ S(P_2) & S(P_2-1) & \cdots & \cdots & \cdots \\ \vdots & \vdots & \vdots & \vdots & \vdots \\ S(P_c) & S(P_c-1) & \cdots & \cdots & \cdots \\ & \cdots & 0 & 0 & \cdots & 0 \\ & \cdots & S(1) & 0 & \cdots & 0 \\ & \vdots & \vdots & \vdots & \vdots & \vdots \\ & \cdots & \cdots & \cdots & \cdots & S(P_c-H_u+1) \end{bmatrix} \tag{1.27}$$

である．ここでも $\mathcal{Y} = \mathcal{T}$ としたいのだが，通常それを正確に行うには変数の数が十分ではないので，次式の最小二乗解を計算する．

$$\Delta \mathcal{U} = \Theta \backslash [\mathcal{T} - \mathcal{Y}_f] \tag{1.28}$$

前述したように，ベクトル $\Delta \mathcal{U}$ の最初の要素 $\Delta \hat{u}(k|k)$ を選び，それを用いてプラントに印加する入力を構成する．

$$u(k) = \Delta \hat{u}(k|k) + u(k-1) \tag{1.29}$$

そして，つぎのステップにおいて，プラント出力 $y(k+1)$ が測定されたら，この一連の計算を繰り返す．

例題 1.5

例題 1.4 と同じ問題設定を考える．今回は，二つの一致点 $P_1 = 1$, $P_2 = 2$ に加えて，$H_u = 2$ と選ぶことにする．よって，それぞれのステップで，$\hat{u}(k|k)$ と $\hat{u}(k+1|k)$ の最適値を計算する．$\mathcal{T}$, $\mathcal{Y}_f$, $\mathcal{S}$ [8]は前と同じである．新たに加わったのは次式である．

$$\Theta = \begin{bmatrix} S(1) & 0 \\ S(2) & S(1) \end{bmatrix} = \begin{bmatrix} 2.0 & 0 \\ 3.4 & 2.0 \end{bmatrix}$$

例題 1.3 より，$u(k-1) = 0.3$ である．この場合，選ばれるべき変数の数は一致点の数と同じであるので，行列 Θ は正方で，可逆である．よって，解は唯一となる．MATLABの「バックスラッシュ」オペレータを用いても，この場合には正しい解を与える．

$$\Delta \mathcal{U} = \Theta \backslash [\mathcal{T} - \mathcal{Y}_f] = \begin{bmatrix} 0.1420 \\ 0.0021 \end{bmatrix}$$

---

[8]. 〈訳者注〉より正確には，$\mathcal{S}$ ではなく，$S(1)$ と $S(2)$ である．なお，例題 1.4 の $\mathcal{S}$ を一般化したものが，この例題の Θ である．

よって，プラントに印加される入力は，つぎのようになる．

$$u(k) = \Delta \hat{u}(k|k) + u(k-1) = 0.1420 + 0.3 = 0.4420$$

予測制御を用いるために，離散時間モデルを用意する必要がないことは明らかであろう．必要なものは，一致点におけるステップ応答の値と，一致点における「自由応答」を計算できることである．すなわち，実時間よりも高速で動作するシミュレーションモデルがあればよい．しかしながら，実際には，離散時間モデルは容易に得ることができ，また連続時間線形モデルよりも便利である．

1.4　簡単な MATLAB プログラム

予測制御を実装するためだけではなく，それを勉強するためにも，明らかに何らかのソフトウェアが必要である．1.3 節で取り上げたような，一つあるいは二つの一致点と，1 変数あるいは 2 変数のみの簡単なシナリオに対してであっても，結果として得られるコントローラの性能を調べるためには，計算を何回も繰り返す必要がある．そこで，basicmpc と呼ばれる簡単な MATLAB プログラムを，本章で記述したような基本的な予測制御をシミュレートするために準備した．付録 B にその完全なリストを記載した．また，本書のウェブサイト

https://web.tdupress.jp/downloadservice/ISBN978-4-501-32460-5/

からも入手可能である．これは，計算を系統的に行う一つの方法を示したものであり，これを修正することにより，他の形で定式化された予測制御問題も取り扱える**テンプレート**となるはずである．しかしながら，多変数問題や制約を含むような，あるいは非線形プラントのシミュレーションのような，より複雑なシナリオに対しては，MATLAB の *Model Predictive Control Toolbox*（これは付録 C で記述する）を利用することになる．

本節では，basicmpc の主な特徴について，その詳細には深入りしないで説明しよう．

basicmpc では，指数関数的参照軌道の利用が想定されている．プログラムは T_{ref} を定義することから始まる．変数名として Tref が用いられる．また，可能な限り，変数は本章で用いた表記法に対応するものを用いている．プログラムは MATLAB スクリプトファイル（*script file*）の形式をとっていて，関数（*function*）の形式ではないことに注意する．よって，Tref のような変数の値は，引数として与えるのではなく，

ファイルを修正することによって変更する．読者が望むのであれば，このプログラムを関数になるように修正することは容易である[9]．$T_{ref} = 0$ とすることも可能である．これは即座に参照軌道を設定軌道に戻すこと，すなわち，$r(k+i|k) = s(k+i)$ に相当する．つぎに，サンプリング周期 Ts が定義される．デフォルトでは $T_{ref}/10$ に設定される ($T_{ref} = 0$ ならば1)．しかし，必要に応じてこれを変更することができる．

つぎは，プラントが変数 plant として定義される．これは，1入力1出力，離散時間システムで，オブジェクトクラス lti の形式をとる．このオブジェクトクラスは，*Control System Toolbox* で線形時不変 (Linear Time Invariant, LTI) システムを表現するために用いられるものである．プログラムのそれ以降の部分では，プラントは z 変換伝達関数表現の分子・分母多項式 nump, denp によって表現される．結局，plant がどのように定義されても，伝達関数形式に変換され，その分子・分母がそれ以降では使われる．

```
% Define plant as SISO discrete-time 'lti' object 'plant'
% transfer function form:
%%%%   CHANGE FROM  HERE TO DEFINE NEW PLANT %%%%
nump=1;
denp=[1,-1.4,0.45];
plant = tf(nump,denp,Ts);
%%%%   CHANGE UP TO HERE TO DEFINE NEW PLANT  %%%%
plant = tf(plant);  % Coerce to transfer function form
nump = get(plant,'num'); nump = nump{:}; % Get numerator polynomial
denp = get(plant,'den'); denp = denp{:}; % Get denominator
                                         % polynomial
```

こうすることにより，さまざまな方法でプラントを定義することが可能になる．たとえば，連続時間状態空間記述からは，以下のように変換することができる．

```
%%%%   CHANGE FROM  HERE TO DEFINE NEW PLANT %%%%
plant = ss(A,B,C,D);     % Continuous-time state-space
plant = c2d(plant,Ts)    % Discrete-time equivalent
%%%%   CHANGE UP TO HERE TO DEFINE NEW PLANT  %%%%
```

つぎに，モデルも同様な方法で変数 model に定義される．このプログラムでは，そのままでは model = plant とセットするが，model は plant と異なっていてもよく，そうすることにより，モデル化誤差の影響も検討することができる．ここでも，分子・分母多項式が計算され，numm, denm にセットされる．

---

[9] 詳細については MATLAB マニュアルを調べよ．

一致点はサンプリング間隔の数に換算してベクトル P で定義される．よって，$P_1 = 3$, $P_2 = 7$, $P_3 = 12$ は P = [3;7;12] のように表現される．後で，一致時刻に対応するベクトルを得るために，このベクトルに Ts が乗じられる．一致時刻は，$\exp(-P_i T_s / T_{ref})$ の計算（ベクトル errfac）のために必要となる．

変数 M は，制御ホライズン H_u を格納するために用いられる．ここで表記を変えたのは，*Model Predictive Control Toolbox* の表記と整合性をとるためである．

設定値軌道はベクトル setpoint で定義される．シミュレートされるステップ数を nsteps とすると，setpoint の長さは nsteps + max(P) でなければならないことに注意する．なぜならば，シミュレーションの最後に到達したときでさえ，コントローラはその先の設定値の予測値を保持していなければならないからである．

つぎに，*Control System Toolbox* の関数 step が，必要な予測ホライズン（これは max(P) である）にわたるモデルのステップ応答を計算するために用いられる．そして，式 (1.27) で行ったように，行列 Θ が計算される．

```
stepresp = step(model,[Ts:Ts:max(P)*Ts]);
theta = zeros(length(P),M);
for j=1:length(P),
  theta(j,:) = [stepresp(P(j):-1:max(P(j)-M+1,1))',zeros(1,M-P(j))];
end
```

これまでに記述したすべてのものは，シミュレーションを行う前に，一度だけ実行する必要がある．残りの計算は，すべてのシミュレーションステップで繰り返される必要がある．これは，大きな for ループ (for k=1:nsteps) の中で行われる．まず，現在のプラント出力 yp(k) から始まる，予測ホライズンにわたる参照軌道を計算しなければならない．その参照軌道はベクトル reftraj に格納される．

つぎに，モデルの伝達関数に対応する差分方程式を繰り返し解くことによって，予測ホライズンにわたるモデルの自由応答が得られ，ymfree に格納される．それぞれの繰り返しステップにおいて，自由応答の前回の値がベクトル yfpast に保持される．要するに，ベクトル yfpast は，以前の（すなわち，以前の k に対する）ステップのモデル出力の値に初期化される．

```
% Free response of model over prediction horizon:
yfpast = ympast;
ufpast = umpast;
for kk=1:max(P), % Prediction horizon
  ymfree(kk) = numm(2:nnumm+1)*ufpast-denm(2:ndenm+1)*yfpast;
  yfpast=[ymfree(kk);yfpast(1:length(yfpast)-1)];
  ufpast=[ufpast(1);ufpast(1:length(ufpast)-1)];
```

```
        end
```

たとえ予測ホライズンにわたって印加される新しい値がすべて等しくても，過去のモデル入力の値を保持するために，ufpast が必要であることに注意する．

以上において，$\Delta \mathcal{U}$（変数は dutraj）の最適値を計算するための，そしてプラントへの新しい入力 $u(k)$（変数 uu(k)）を計算するためのすべての準備は整った．

```
        dutraj = theta\(reftraj-ymfree(P)');
        uu(k) = dutraj(1) + uu(k-1);
```

最後に，プラントとモデルは，それらのつぎの出力を得るために，1ステップシミュレートされる．ここで，プラントとモデルの間に何らかの差があれば，それらの出力は独立した値をとっていくことに注意しておくことが重要である．

```
        % Simulate plant:
        % Update past plant inputs
        uppast = [uu(k);uppast(1:length(uppast)-1)];
        yp(k+1) = -denp(2:ndenp+1)*yppast+nump(2:nnump+1)*uppast;
                                                            % Simulation
        % Update past plant outputs
        yppast = [yp(k+1);yppast(1:length(yppast)-1)];

        % Simulate model:
        % Update past model inputs
        umpast = [uu(k);umpast(1:length(umpast)-1)];
        ym(k+1) = -denm(2:ndenm+1)*ympast+numm(2:nnumm+1)*umpast;
                                                            % Simulation
        % Update past model outputs
        ympast = [ym(k+1);ympast(1:length(ympast)-1)];
```

Richalet [Ric93b] は，この**独立モデル** (*independent model*) の実装の重要性に注意を喚起した．なぜならば，これにより**プラント・モデル誤差** (plant-model error) の取り扱いが容易になるからである．このことについては次節で見ていこう．しかしながら，このようなことはつねに行えるわけではないことも示す．

外乱や雑音の影響をシミュレートするためにプログラムを修正するのであれば，モデルではなくプラントのシミュレーションのみに修正を行うべきであることに注意する．詳細については，ウェブサイトから入手可能なプログラム noisympc を調べよ．また，これについては，次節の最後でも述べる．

シミュレーションが終了したとき，パラメータの要約が画面上に映し出され，シミュレーション結果がプロットされる．

例題 1.6

プログラム basicmpc では，伝達関数

$$\frac{1}{z^2 - 1.4z + 0.45}$$

で定義されるプラントを用いている．ただし，$T_{ref} = 6$, $T_s = 0.6$, $H_p = P_1 = 8$, $M = 1$ である．また，model = plant とした．図 1.5 は，設定値を一定値 (1) とした場合のシミュレーション結果を示したものである．ただし，すべての初期条件をゼロとし，外乱および雑音はないものとした．

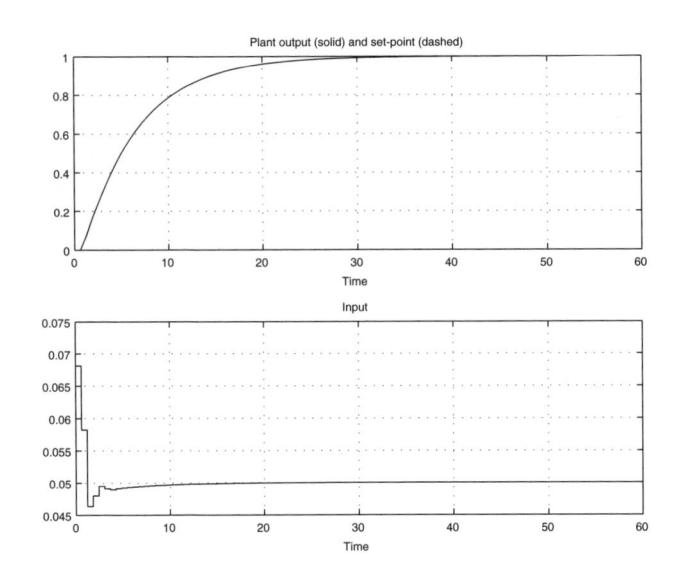

図 1.5 basicmpc の結果 (正確なモデル)

1.5 オフセットなし追従

モデルがプラントと同じでなければ，特に，モデルの定常ゲインが正確でなければ，プラント出力は意図しない最終値に到達するだろう．この様子を図 1.6 に示した．これは，basicmpc において，プラントの伝達関数を

$$\frac{1}{z^2 - 1.4z + 0.45}$$

とし，モデルの伝達関数を

$$\frac{1}{z^2 - 1.4z + 0.46}$$

とした場合のシミュレーション結果を示したものである．ここでは，極配置が変わったことに加えて，プラントの定常ゲインは $1/(1 - 1.4 + 0.45) = 20$ であるのに対して，モデルのそれは $1/(1 - 1.4 + 0.46) = 16.67$ と異なっている．その結果，入出力ともに正しくない定常値に到達してしまった．これは，もちろん非常に一般的な状況である．なぜならば，完全に正確なプラントゲインは知り得ないからである．事実，実プラントは例外なく非線形なので，その正確な定常ゲインはそれぞれの定常条件において，異なってしまう．

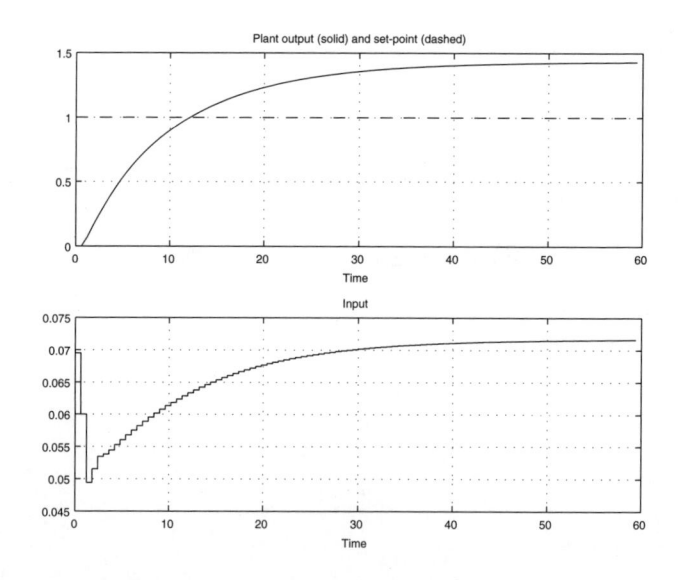

図 1.6 basicmpc の結果 (不正確なモデルゲイン)

幸いなことに，予測コントローラを少し修正するだけで，定常ゲインの誤差の影響を受けないようにすることができる．必要なことは，最新のプラント出力と最新のモデル出力の間の差を測定し，一致点においてこの差を参照軌道から引くことである．すなわち，

$$d(k) = y(k) - \hat{y}(k|k-1) \tag{1.30}$$

と定義し，式 (1.28) の代わりに次式を用いる．

$$\Delta \mathcal{U} = \Theta \backslash [\mathcal{T} - \mathbf{1}d(k) - \mathcal{Y}_f] \tag{1.31}$$

ただし，$\mathbf{1}$ はベクトル $[1,1,\ldots,1]^T$ を表す．Θ のステップ応答係数はプラントのではなく，「モデル」のそれであることに注意する．なぜならば，真のプラントのステップ応答は，コントローラにとって未知であるからである．この変更に対応するには，ソフトウェアにつぎの行を加えればよい．

```
d = yp(k) - ym(k)
```

そして，

```
dutraj = theta \ (reftraj - ymfree(P)');
```

をつぎのように修正する．

```
dutraj = theta \ (reftraj - d - ymfree(P)');
```

プログラム trackmpc にはこの修正が施されている．このプログラムも本書のウェブサイトから入手可能である．図 1.6 と同じ**プラント・モデル不一致** (plant-model mismatch) の例に対して，この修正を適用したシミュレーション結果を，図 1.7 に示した．図より，プラント出力が設定値に正しく到達していることがわかるだろう．

漸近安定プラントとモデルに対して，これがうまく働くことは，つぎの理由による．プラントの定常ゲインを $S_p(\infty)$ とし，モデルの定常ゲインを $S_m(\infty)$ とする．また，閉ループは漸近安定と仮定し，設定値は定数 $s(k) = s_\infty$ とする．すると，入力と，プラントとモデル双方の出力は，一定値に整定する．これを，$u(k) \to u_\infty$, $y_p(k) \to y_{p\infty}$, $y_m(k) \to y_{m\infty}$ と書こう．ここで，y_p と y_m はそれぞれプラント出力，モデル出力である．すると，$y_{p\infty} = S_p(\infty)u_\infty$, $y_{m\infty} = S_m(\infty)u_\infty$ となる．これより，

$$d(k) \to d_\infty = [S_p(\infty) - S_m(\infty)]u_\infty \tag{1.32}$$

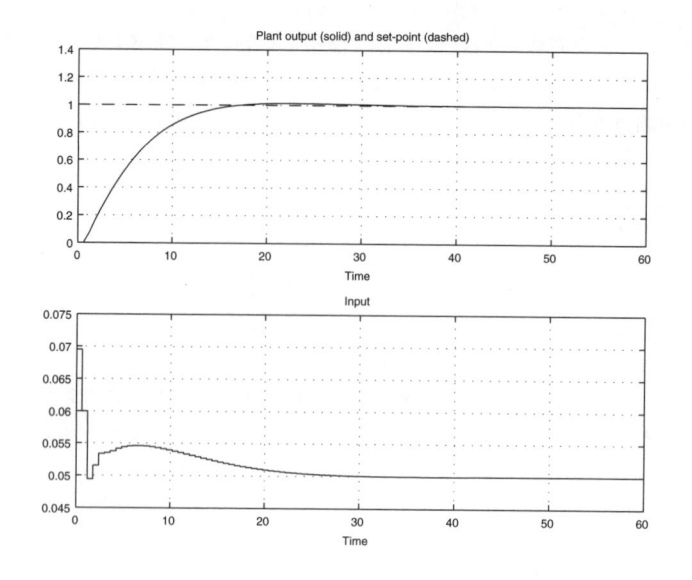

図 1.7 trackmpc の結果 (不正確なモデルゲイン)

のように書ける．定常条件において，設定値軌道とプラント出力はともに一定なので，参照軌道は k には依存せず，$r(k+i|k) = r_i$ である．したがって，$\mathcal{T}$ は定数ベクトルである．また，$\mathcal{Y}_f$ は定数ベクトルである．なぜならば，ひとたび定常状態に達したならば，自由応答はつねに同じ初期条件から計算されるからである．さて，式 (1.25) から

$$\Theta \Delta \mathcal{U} = \mathcal{Y} - \mathcal{Y}_f$$

と書ける．また，この式において，$\mathcal{Y}$ の代わりに $\mathcal{T} - \mathbf{1}d(k)$ を用いて $\Delta \mathcal{U}$ を計算してきたことを思い出そう．以上より，定常状態において次式を得る．

$$\Theta \Delta \mathcal{U} = \mathcal{T} - \mathbf{1}d_\infty - \mathcal{Y}_f \tag{1.33}$$
$$= \mathcal{T} - \mathbf{1}y_{p\infty} + (\mathbf{1}y_{m\infty} - \mathcal{Y}_f) \tag{1.34}$$

しかし，

$$\mathbf{1}y_{m\infty} - \mathcal{Y}_f = 0 \tag{1.35}$$

であることに注意する．この理由は，ちょっと難解である．自由応答は $y_{m\infty}$ の一定レベルから始まる．なぜならば，「モデル」の自由応答であるからである．しか

し，定常条件を仮定しているので，自由応答はその初期値のまま一定であり続ける．式 (1.34), (1.35) より，次式を得る．

$$\Theta \Delta \mathcal{U} = \mathcal{T} - \mathbf{1} y_{p\infty} \tag{1.36}$$

しかし，定常状態なので $\Delta \mathcal{U} = 0$ である．したがって，$\mathcal{T} = \mathbf{1} y_{p\infty}$，すなわち $r_i = y_{p\infty}$ であるので，参照軌道は一定値 $y_{p\infty}$ となる．しかし，$r_i = s_\infty - \lambda^i (s_\infty - y_{p\infty})$ なので，結局，次式を得る．

$$y_{p\infty} = s_\infty \tag{1.37}$$

これより，モデル化誤差のいかんにかかわらず，プラント出力は設定値に近づく．

この解析では，閉ループが安定であると仮定したが，これはもちろんいつも保証されるわけではない．

プラントの入力あるいは出力に働く未知の一定値加法的外乱がある場合にも，同様な「トリック」によって一定設定値へのオフセットなし追従を実現できる．なぜならば，これら両方とも，モデルの不正確な定常ゲインと同じ影響を与えるためである．事実，式 (1.31) を用いることは，現在のプラントとモデル出力の間の任意の偏差をプラント出力に働く外乱 (これは予測ホライズンの間中，連続して働くと仮定する) とみなすことと等価である．オフセットなし追従を得るためのこの方法は，著者の知る範囲の予測制御のすべての製品で使用されている (いくつかの製品の説明に関しては付録 A を参照)．

従来の制御に精通している読者は，**積分動作** (integral action) を利用せずに，定常偏差をどのようにして打ち消すことができるのか，不思議に思うかもしれない．ここで記述した方法は非常に簡単な方法で，制御則の中に**離散時間積分器** (discrete-time integrator) を組み込んでいると，実際解釈できることを後述する．

式 (1.30) で与えた外乱推定値の利用が，**フィードバック** (*feedback*) が予測制御則に入る唯一の道筋である．式 (1.31) でそれを利用することは，現時刻で推定された外乱は，未来まで同じレベルで続くと仮定することに対応する．これ以外の仮定も可能である．たとえば，外乱は既知の時定数をもって指数関数的に減衰すると仮定することもできる．ただし，この場合には，オフセットなし追従性は失われてしまうが．

プログラム noisympc も本書のウェブサイトに準備されている．このプログラムは，オフセットなし追従を与えるが，さらに，図 1.8 に示すように，測定雑音，そして入力と出力外乱の影響をシミュレートできる．ベクトル noise, udist, ydist は，それぞれ測定雑音，入力外乱，出力外乱である．出力外乱が含まれている実際のプラント出力 (ypd と表記) と測定出力 (ypm と表記) は，つぎのように記述される．

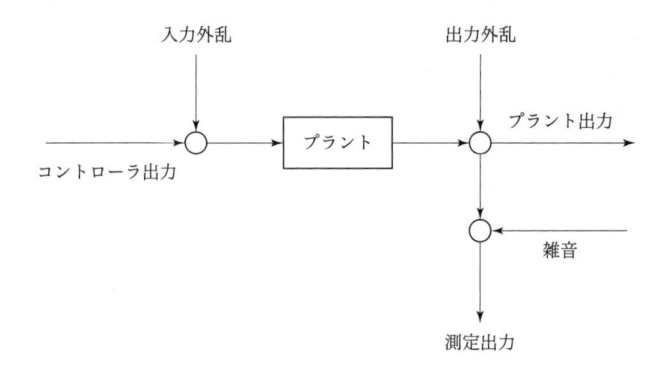

図 1.8　入出力外乱と測定雑音

```
ypd(k) = yp(k) + ydist(k);
ypm(k) = ypd(k) + noise(k);
```

参照軌道と出力外乱推定値の定義で，yp の代わりに ypm を利用するように，すなわち，それぞれ errornow = setpoint(k) - ypm(k), d = ypm(k) - ym(k) とするように注意しなければならない．「独立モデル」を想定しているため，そして雑音と外乱はコントローラにとって既知ではないため，モデル出力は変更されていないままである．ベクトル uppast（これには，実際のプラントの過去の入力値が保持される）の定義を修正することによって，入力外乱を含ませることができる．

```
uppast = [uu(k)+udist(k);uppast(1:length(uppast)-1)];
```

プログラム noisympc のグラフィック表示は少し手が込んでいる．実際の出力と測定プラント出力が示される．また，入力外乱が存在して，コントローラ出力と実際のプラント入力が同じでなければ，その両者がプロットされる．プログラムではつぎのような値が用いられている．雑音の標準偏差が 0.1，一定値入力外乱の値が 0.1，そして出力外乱はシミュレーションのちょうど真ん中で，+0.1 から −0.1 に切り替わるものとする．

例題 1.7

図 1.5 と図 1.7 で示したものと同じシステム（ただし，雑音と外乱は存在する）をプログラム noisympc を用いてシミュレートした出力を図 1.9 に示す．未知の入力・出力外乱が存在するのにもかかわらず，プラント出力が正確な設定値にどのように到達しているのかに注意しよう．なお，シミュレーションのちょうど真ん中 ($t = 30$) で出

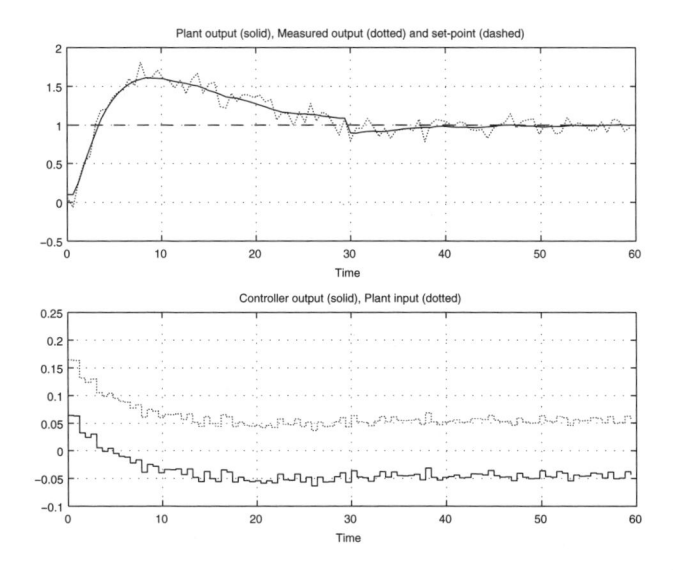

図 1.9 noisympc を用いた入力/出力外乱と測定雑音をもつシステムのシミュレーション

力外乱が +0.1 から −0.1 に切り替わっている.

1.6　不安定プラント

プラントの中には積分器を含んでいるものがある.典型的な例として,タンクの中の液体のレベル,あるいは航空機のような慣性系の姿勢が出力の場合などがあげられる.これらは,もはや漸近安定ではないが,前の二つの節で検討した簡単な予測コントローラは,そのような**安定限界**(*marginally stable*)なプラントに対しても適用することができる (演習問題 1.8 を参照).

しかしながら,プラントのインパルス応答が有界ではないという意味で不安定 (連続時間では右半平面に極が存在し,離散時間の場合には単位円外に極が存在する) の場合[10]には,前述した方法はもはや有効ではない.問題は,これまで望ましい性質と

---

10. 〈訳者注〉このような安定性の定義を,BIBO (Bounded Input, Bounded Output, 有界入力・有界出力) 安定という.

主張してきた「**独立モデル**」の利用にある．なぜならば，これはモデルが**開ループ** (open-loop) で動作することを意味しているからである．モデルが不安定で，開ループで動作していれば，そのふるまいは急速に実際のプラントのふるまいから離れていってしまう．さらには，シミュレーションの数値誤差が不安定性によって急速に増幅され，プラントのふるまいの予測器としての価値は完全に失われてしまう．

この場合の唯一の解決策は，何らかの方法でモデルを安定化することである．そのためには，モデルの**独立性** (independence) をあきらめなければならない．モデルを安定化する最も簡単な方法は，モデルをプラント出力に合わせて**再編成** (*realign*) することである．すなわち，プラントのふるまいの予測を計算する際，初期条件を前のモデルシミュレーションステップからの結果ではなく，実プラント出力にとるのである．不安定モデルがつぎの差分方程式で記述されているとしよう．

$$y_m(k) = -\sum_{i=1}^{n} a_i y_m(k-i) + \sum_{i=1}^{n} b_i u(k-i) \tag{1.38}$$

すると，「再編成された」モデルは，次式に従って予測を行う．

$$\hat{y}(k+1|k) = -\sum_{i=1}^{n} a_i y_p(k+1-i) + b_1 \hat{u}(k|k) + \sum_{i=2}^{n} b_i u(k+1-i) \tag{1.39}$$

$$\hat{y}(k+2|k) = -a_1 \hat{y}(k+1|k) - \sum_{i=2}^{n} a_i y_p(k+2-i)$$
$$+ b_1 \hat{u}(k+1|k) + b_2 \hat{u}(k|k) + \sum_{i=3}^{n} b_i u(k+2-i) \tag{1.40}$$

$$\vdots$$

すなわち，実際の過去のプラント出力（と入力）が利用可能であるときは，それらが使用される．この方法によってつねにモデルを安定化でき，プラントに対してデッドビート観測器を実装したと解釈できることを後の章で述べる．よって，モデルはプラントから大きく離れない．しかし，これによって閉ループが安定化されるとは限らない．式 (1.39) は予測コントローラにフィードバックを導入したが，これは式 (1.30) によるものとは異なる形式のフィードバックであることに注意する．

これに対応する修正を `basicmpc` に行うことは容易である．プラントとモデルは同じ次数（分母の次数が同じ）であると仮定する．すると，行うべきことは，

```
ympast = [ym(k+1);ympast(1:length(ympast)-1)];
```

を

```
    ympast = yppast;
```

に置き換えることだけである．プログラム unstampc はこの修正を施したものである．

さて，「再編成された」モデルの実装の問題点は明らかである．前節で紹介した簡単な方法では，オフセットなし追従を与えることができない．なぜならば，式(1.35)はもはや満たされず，また，今回のモデルは入力 $u(k)$ だけではなく，プラント出力 $y_p(k)$ (これはモデルへの入力として作用する) によって駆動されているからである．

「再編成」モデルを用いてもオフセットなし追従を得ることは，まだ可能である．コントローラ内に積分動作を陽に構成すればよいのである．しかし，もはやこれは以前ほど容易な作業ではない．この点については後でより詳細に検討する．他の方法でモデルを安定化することも可能である．Richalet [Ric93b] は不安定モデルを安定な部分と不安定な部分に分解し，安定な部分は「独立」のままとし，不安定な部分のみを安定化した．この詳細については 5.3 節で述べる．本節で記述したような「再編成」モデルは，予測制御の中で最もよく知られている方法の一つである**一般化予測制御**(*Generalized Predictive Control, GPC*) [CMT87] で用いられている．

例題 1.8

ある飛行条件におけるヘリコプタのロータ角度から前進速度までの伝達関数は，次式で与えられる．

$$\frac{9.8\left(s^2 - 0.5s + 6.3\right)}{(s + 0.6565)\left(s^2 - 0.2366s + 0.1493\right)}$$

これは，$+0.25 \pm j2.5$ に零点をもち，$+0.118 \pm j0.37$ に極をもつ．したがって，**非最小位相** (non-minimum phase) で，かつ**不安定**である．これは明らかに制御しにくいシステムである．図 1.10 は，モデルが正確であるとしたとき，unstampc を用いて得られた応答を示したものである．ここで，パラメータとして $T_{ref} = 6$，$T_s = 0.6$ を用いた．また，一致点は 1 個 ($P_1 = 8$) と仮定し，$H_u = 1$ とした．この例は，その定式化は簡単で直感的であるにもかかわらず，必要があれば，予測制御が非常に洗練された制御動作を生成できることを示している．この不安定プラントを安定化するためには，一巡ゲイン周波数応答のナイキスト線図が点 -1 を 2 回まわらなければいけないことは，**古典制御理論**から導き出される．そして，ある適切な周波数において，十分な位相進みを与えることによってのみ，これを達成することができる．古典的な**ループ整形** (*loop-shaping*) 法を用いて，これをうまく成功させるためには，設計者にかなりの技量が要求される．しかしながら，何らかの「合理的な」設計仕様のみが与えられれば，予測制御はこのことを暗黙のうちに達成してくれる．

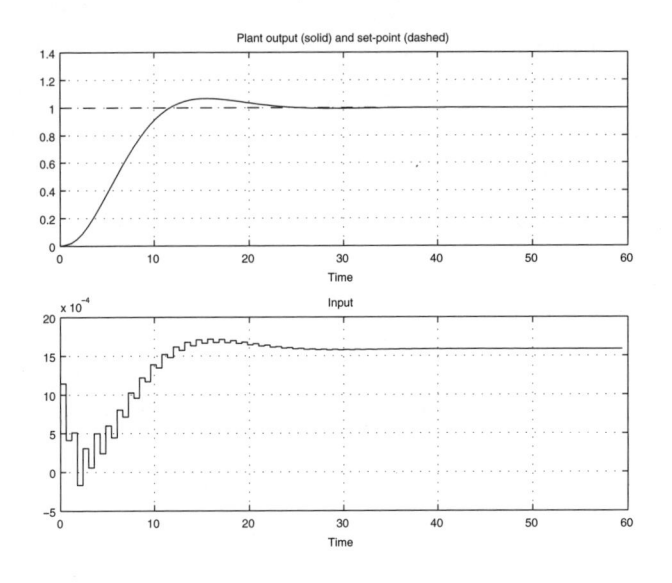

図 1.10 `unstampc` を用いた不安定なヘリコプタの制御

だからといって，古典制御理論を忘れてよいというわけではない．この例では，たとえば，約 0.4 rad/sec 以上の周波数帯では，ループゲインが 1 より大きくなくてはいけないこと，さらに約 2.5 rad/sec 以下の周波数帯では，1 より小さな値まで下がらなくてはいけないことなどを古典制御理論が教えてくれる [Mac89, 第 1 章]．したがって，可能なふるまいは非常に限定されている．この情報は予測制御コントローラが達成すべき「合理的な」仕様を与えるとき，手助けとなる．

予測コントローラのパラメータを調整することによって，たとえば，オーバーシュートを減少させたり，応答を速くするように性能を改善することが，この場合容易ではないことは，実際に確かめればすぐにわかるだろう．

1.7 初期の歴史と専門用語

予測制御は，ほぼ同時期に，数名によって独立に提案されたように思われる．周知のようにアイディアの歴史を分析することは困難であり，ここでは誰が最初かを決めるという問題に決着をつけようとはしない．もちろん，発行物の日付から，誰が先か

ある程度見極められるが，開発者たちはほとんど産業界の実務者であり，出版物を出す数年前には，予測制御は実装化されていた．よって，出版物の日付からは全体像は見えてこない．

フランスの会社 Adersa の Richalet ら [RRTP78] は，"*Model Predictive Heuristic Control*"（モデル予測ヒューリスティック制御）という名でモデル予測制御を提案した．従来の PID（Proportional, Integral and Derivative）制御では取り扱うことが非常に困難だった問題に適用することができる制御法であるという点が強調されていた．しかも，それは直感的な概念に基づいており，調整の容易さを提供したものだった．制約の取り扱いや最適性は，主目的ではなかった．

Cutler と Ramaker [CR80] は *Dynamic Matrix Control*（*DMC*）（**動的行列制御**）という名で予測制御を提案した．これは，制約の下での最適プラント動作に重点をおき，制御信号は線形計画 (Linear Programming, LP) 問題を繰り返し解くことによって計算された．*DMC* は最も有名なモデル予測制御の製品となった．その特許は Prett らによって取得されている [PRC82]．

しかしながら，最も初期の特許は，1976 年に Martin-Sanchez [San76] によって取得されたもののようである．彼は提案した方法を単に *Adaptive Predictive Control*（**適応予測制御**）と呼んだ．この名が意味するように，適応制御を行うために内部モデルを利用する，すなわち，モデルを適応させ，適切な制御入力を計算するのに最適化を用いることに重点がおかれた．

これらすべての提案において，予測制御の本質的な特徴が共有されている．陽な内部モデル，後退ホライズンという概念，そして予測されたプラントのふるまいを最適化することにより制御信号を計算することなどである．同様な考えを含むアカデミックな出版物としては，Propoi [Pro63]，Kleinman [Kle70]，Kwon と Pearson [KP75]，Rouhani と Mehra [RM82] などがある．むしろ異なる問題に対してだが，現在，予測制御で標準的なアイディアと同様のものを導入した非常に初期のものは，Coales と Noton [CN56] によるものである．これは，最小時間バンバン（*bang-bang*）最適制御問題の近似解を与えた．高速なシミュレーションモデルを用いて，また一定の制御信号を仮定して，プラントのふるまいの予測を生成して，その予測結果（予測ホライズンの終端で予測されたふるまい）に基づいて制御信号の符号をどちらに切り替えるかを判定した．しかしながら，そのホライズンは一定ではなかった．よって，後退ホライズン方策ではなかった．しかし，陽な内部モデルから生成される予測を用い（その当時は，アナログ計算機に実装されていた），そして，実時間でオンラインに最適制御

信号を計算するという，予測制御にとって本質的なアイディアを含んでいた[11]．

もちろん，予測を用いるというアイディアは，制御では非常に古く，かつ一般的なものである．たとえば，よく知られている**スミス予測器**(Smith predictor) [Smi57]（大きなむだ時間をもつプラントに対するコントローラとして用いられる）は，プラント出力の予測を行うために，内部にむだ時間がないプラントのモデルを有している．予測を得ることは，プラントのむだ時間によって引き起こされる位相遅れを相殺するための位相進みを得るための手段である．より根本的には，微分動作，あるいは位相進み補償を用いるコントローラはすべて，何らかの信号の予測を行っているとみなすことができる．たとえば，基本的な**比例・微分** (PD) コントローラでは，y をプラント出力とすると，制御信号は $y + T(dy/dt)$ に依存している．T 秒先の区間にわたって dy/dt が一定であり続けるという仮定の下で，これは出力の「T 秒先」予測であるとみなすことができる．ここでの議論のポイントは，ある種の予測を含むすべての制御則を「予測制御」の例としてみなさないということを明確にすることである．最低限として，プラントの陽なモデル，後退ホライズンという概念，そしてある種の最適化を含むものを，本書では予測制御として検討していく．

予測制御のさまざまな方法論に対して名前がつけられている（多くは頭文字でも呼ばれる）．これらの例を以下に列挙しよう．

- Dynamic Matrix Control (DMC, 動的行列制御)
- Extended Prediction Self-Adaptive Control (EPSAC, 拡張予測自己適応制御)
- Generalized Predictive Control (GPC, 一般化予測制御)
- Model Algorithmic Control (MAC, モデルアルゴリズム制御)
- Predictive Functional Control (PFC, 予測関数制御)
- Quadratic Dynamic Matrix Control (QDMC, 二次動的行列制御)
- Sequential Open Loop Optimization (SOLO, 連続的開ループ最適化)

予測制御のすべての領域を定義するために広く用いられている総称的な名前は，**モデル予測制御** (*Model Predictive Control*, *MPC*)，あるいは**モデルに基づく予測制御** (*Model-Based Predictive Control*, *MBPC*) である．

---

[11]. この提案に関する詳細な議論，および後の発展については，[Rya82] を参照．

1.8 制御階層の中での予測制御

図 1.11 は，プロセス産業の中で予測制御が通常どのように利用されているかの現状を示したものである．最上位レベルで設定値を決定する．これは通常，定常状態最適化による．この定常状態最適化は一つのレベルだけではなく，複数のレベルでも行われ得る．すなわち，戦略に基づく設定値のプラント全体の最適化は 1 日に 1 回行われるかもしれないが，ユニットレベルの，より詳細な最適化は，たとえば 1 時間に 1 回行われるかもしれない．この最適化は，経済的な必要条件に基づいている．よって，たとえば，時変設定値を生み出すかもしれない．しかし，プラントの動特性を考慮して行われることは通常ない．下位レベルには，従来の**ローカルコントローラ**が存在する．それらは圧力，流量，温度などを制御するコントローラである．それらは，主に，比例 (P) および比例・積分 (PI) コントローラ，あるいはときには微分動作を含む 3 項 PID コントローラである．最下位のレベルには，たとえばバルブ位置サーボのような，個々のアクチュエータに関した制御ループが存在する．

静的最適化層とローカルコントローラ層の間に，単純な**一つの設定値，一つの制御ループ** (one set-point, one control loop) パラダイムでは処理することのできない条件を取り扱うために，従来から論理，自動制御解除・優先処理 (override)，ネットワー

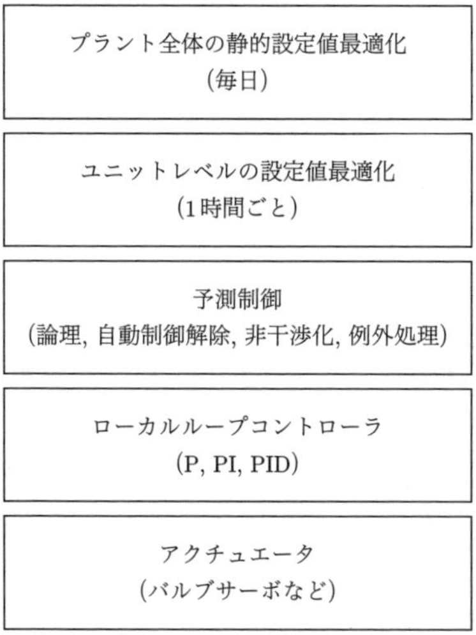

```
┌─────────────────────────────────┐
│   プラント全体の静的設定値最適化      │
│           （毎日）                │
└─────────────────────────────────┘
┌─────────────────────────────────┐
│   ユニットレベルの設定値最適化       │
│         （1 時間ごと）             │
└─────────────────────────────────┘
┌─────────────────────────────────┐
│           予測制御                │
│ (論理, 自動制御解除, 非干渉化, 例外処理) │
└─────────────────────────────────┘
┌─────────────────────────────────┐
│       ローカルループコントローラ      │
│         (P, PI, PID)             │
└─────────────────────────────────┘
┌─────────────────────────────────┐
│          アクチュエータ            │
│       （バルブサーボなど）          │
└─────────────────────────────────┘
```

図 1.11　典型的な予測制御の利用 —— 現状

ク非干渉化，例外処理などを行う複雑な層がある．この層は，通常，個々の問題に対する「アドホックな」解を集めたものである．この層は統合設計過程の結果ではないので，プラントの寿命の間，増大し続ける傾向がある．それぞれの解は，全体のプロセスあるいはプラントのふるまいを考慮しておらず，この層のふるまいは，全体としては，とても最適化されているとはいえないものである．

予測制御は現在，プロセス産業において，このアドホックな層に置き換わるところまで成功してきた．線形動的モデルと制約つき最適化という最も普通に用いられる組み合わせによって，従来アドホックな「解決策」の層によって処理されていた「例外的な」(しかし，まれではない)状態のほとんどを取り扱うことができる．さらに，予測制御はこれらすべての問題を処理するための統合的な解決法なので，従来の方法より劇的に性能を向上させることができる．

予測制御が通常，従来のローカルコントローラの頂点に実装化されているという事実は，その技術の容認と開発に対して重要な意味をもってきた．第一に，つぎのような理由から，企業が比較的勇気をもってこの新しい制御手法を導入することができた．予測制御が誤ったふるまいをし始めたら，それを無効にし，より高いレベルから受け取った最後の設定値に，ローカルループコントローラを用いてプラントを維持することが，通常可能である．プロセスプラントの大多数は，この条件で安定である．よって，これが最も有利な条件ではないかもしれないが，少なくとも安全なものではある．これは，予測制御に関する満足できる安定理論が存在する以前から，多くの予測コントローラが利用されてきた理由の一つである．そして，事実，現在においても，安定理論を考慮しないで多くのものが実装されている理由でもある．第二に，製品化された予測コントローラは，もっぱら安定プラントに対して開発されることになった．予測制御が「扱う」プラントは，すでに閉ループ制御の下で動作しており，ほとんど安定である．

すべての予測コントローラが図 1.11 に示した役割を果たしているわけではない．低レベルコントローラの代わりとして用いられているものもある．たとえば，サーボ機構や適応制御が必要な適用例においてである [CBB94, Cla88, ReADAK87]．特に，予測制御が新しい応用分野に広がっていくにつれて，現在，PI コントローラが多くを占めている低レベルが，(その下のアクチュエータサーボのみを残して)予測制御に含まれていくことがより一般的になっていくと予想される．この様子を図 1.12 に示した．たとえば，飛行制御や宇宙船制御のような適用例において，アクチュエータレベルより上には個々のループが入り込む余地はない．なぜならばそれらの設定値(上昇率，あるいは三軸姿勢など)を保持することは，いくつかのアクチュエータの協調し

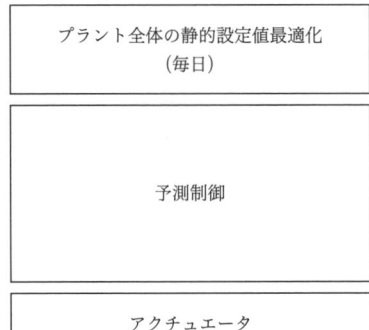

```
┌─────────────────────────────┐
│ プラント全体の静的設定値最適化 │
│         (毎日)              │
└─────────────────────────────┘

┌─────────────────────────────┐
│                             │
│         予測制御             │
│                             │
└─────────────────────────────┘

┌─────────────────────────────┐
│      アクチュエータ          │
│   (バルブサーボなど)         │
└─────────────────────────────┘
```

図 1.12 予測制御の利用 ── 将来の動向

た動作が必要となるからである．下位レベル制御機能を担う必要があれば，より速い制御更新率が必要になる．しかし，計算ハードウェアが高速になるにつれて，それらは可能になる．図 1.12 に示したもう一つの特徴は，予測制御により現在実装化されている動的性能最適化と経済的 (短期設定値) 最適化を統合できることである．

1.9　一般的な最適制御の定式化

制御問題を制約つき最適化問題とするアイディアは，決して新しいものではない．事実，1955 年から 1970 年の間に開発された最適制御の「古典的」理論は，航空宇宙産業，特に飛行・ミサイル制御での軍関係の要請，そして宇宙船の打ち上げ，誘導，着陸問題での必要から発生した制約つき最適化問題の解法として発展した．

ある意味，この理論は非常に広範囲の問題を解いた．制御される**プラント**は入力ベクトル u，状態ベクトル x をもち，ベクトル微分方程式

$$\frac{dx}{dt} = f(x, u)$$

によって記述される非線形なふるまいをするとしよう．また，制御目的は，次式で与えられる**評価関数** (cost function) (あるいは**価値関数** (value function)) を最小化することとしよう．

$$V(x, u, t) = \int_0^T \ell(x(t), u(t), t)\, dt + F(x(T))$$

ただし，$\ell(x(t), u(t), t)$ はある非負関数である．さらに，制御入力は，ある集合に属するもの，すなわち $u(t) \in U$ に制限されるとする．

これは非常に一般的な定式化であり，ほぼすべての意味のある問題は適切な関数 f, F, ℓ を用いることによってこの形式で表現することができる．

| 例題 1.9 |

プラントはロケットとし，できる限り少ない燃料で，発射点 (状態 x_0) から低地球軌道 (状態 x_f) に乗せる問題を考える．入力ベクトルの第一要素 u_1 を燃料流量率とする．この問題は，

$$\ell(x(t), u(t), t) = |u_1(t)|$$
$$F(x(T)) = \begin{cases} \infty, & x(T) \neq x_f \text{ のとき} \\ 0, & x(T) = x_f \text{ のとき} \end{cases}$$

を用いることにより表現できる．ベクトル関数 f はロケットの動特性に依存する．$0 \leq u_1(t) \leq u_{max}$ の制約の下で最適化が行われる．ただし，u_{max} は最大可能燃料流量率である．

原理的には，そのような一般的な問題の解法は知られている．いわゆる**ハミルトン・ヤコビ・ベルマン方程式** (Hamilton-Jacobi-Bellman equation)

$$\frac{\partial}{\partial t} V^0(x, t) = \min_{u \in U} H\left(x, u, \frac{\partial}{\partial x} V^0(x, t)\right)$$

を解けばよい [BH75]．ただし，$H(x, u, \lambda) = \ell(x, u) + \lambda f(x, u)$ であり，境界条件は $V^0(x, T) = F(x)$ である．ひとたびこの方程式を解けば，H を最小化するものとしてつぎの制御入力信号を選ぶことができる．

$$u^0(x, t) = \arg\min_{u \in U} H\left(x, u, \frac{\partial}{\partial x} V^0(x, t)\right)$$

これは「フィードバック」制御則であることに注意する．なぜならば，時刻 t において，$u^0(x, t)$ は $x(t)$ に依存し，$x(t)$ 自身は，初期時刻から現時刻までのすべての区間にわたって起こったことに依存しているからである（これらすべてがどこに由来しているかを知る必要はない．やっかいだということがわかることがポイントである）．

不幸なことに，ほとんどの場合，この偏微分方程式を解くことは事実上不可能である！「A から B まで到達するのに必要な燃料（あるいは時間）を最小にせよ」というタイプの，ごくわずかな特殊な問題は解くことができる．しかしそれで終わりである．よって，実際に解を得るために，より特殊な問題を考える必要がある．

これを行う一つの方法は，プラントは**線形** (*linear*) である，すなわち，関数 $f(x,u)$ は，

$$\dot{x}(t) = A(t)x(t) + B(t)u(t)$$

のような特殊な形式をとると仮定することである．そして，関数 ℓ と F は次式のように**二次** (*quadratic*) 形式とする．

$$\ell(x(t), u(t), t) = x^T(t)Q(t)x(t) + u^T(t)R(t)u(t)$$
$$F(x(T)) = x^T(T)Sx(T)$$

ただし，$Q(t)$，$R(t)$，S は正方対称正定行列である．この場合，ハミルトン・ヤコビ・ベルマン方程式は，**リカッチ方程式** (*Riccati equation*) と呼ばれる常微分方程式に簡単化される．これは解くことができ，そして線形（しかし時変）フィードバック則

$$u(t) = F(t)x(t)$$

が導かれる．ただし，$F(t)$ はリカッチ方程式の解に依存する行列（**状態フィードバック行列** (state feedback matrix)）である [BH75, KR72]．おそらく，最適制御の発展の 95% はこのような方向で行われてきた．これにより，完全で強力な理論が導かれる．これは，特にその**双対** (dual) 形式である**フィルタリング問題**で広く適用されている．この場合，**カルマンフィルタ**理論が導かれる．しかし，ここでは制約あるいは非線形性に関しては，何も言及されていない．

もう一つの方法は，予測制御の道を選ぶことである．一般的な最適制御問題が困難なのは，「関数」最適化問題であるからである．通常の微積分の代わりに，すべての可能なものの中から最適入力関数を見つけるために，「変分法」(calculus of variations) が必要になる（どのようにしてこの理論が開発されたかの非常によい文献は [SW97] である）．予測制御の主要な考えは，つぎのようにしてこの困難さを避けることである．すなわち，可能な入力セットを関数の集合とするのではなく，より限定したものとし，最適化を有限のパラメータセットあるいは**決定変数** (decision variable) の集合から行えるようにするのである．ほとんどの場合，すでに見てきたような方法で，このことは行われている．すなわち，時刻を離散区間に分割し，有限なホライズン（したがって有限個の区間）にわたって最適化し，そして入力信号はそれぞれの区間（あるいはいくつかの区間）で一定値を保持すると仮定することによって行われる．そして，入力信号の未来値は決定変数である．さらに，予測制御では，通常，フィードバック問題を解こうとはしない．予測制御では，一連の開ループ問題を解き，フィードバックはむしろ間接的に入ってくる．すなわち，最新の測定値は，つぎの開ループ最適化のた

めの初期条件として用いられているのである．他の方法でも，問題を「通常の」最適化問題に簡単化することは可能である．たとえば，5.6 節あるいは 8.4 節を見よ．

1.10 本書の構成

本章では，以下に列挙する予測制御に付随する主要な概念を紹介した．

- 実時間より高速でプラントのふるまいをシミュレートできる**内部モデル**（*internal model*）
- 望ましい閉ループ特性を定義する**参照軌道**（*reference trajectory*）
- **後退ホライズン**（*receding horizon*）原理
- 有限個の**入力変化**（*control move*）あるいは他のパラメータによる仮定された未来の入力軌道の記述
- 未来の制御方策を決定するための，（おそらく制約つき）オンライン**最適化**（*optimization*）

これらの概念が合わさることによって，さまざまなシステムを制御する直感に訴える方法，そして強力な方法を提供する．本書の残りでは，予測制御のこれらの概念がどのように利用されるかについて詳しく述べる．

予測制御への興味の大部分は，制約を扱える点，および直感的な面を失わずに多変数システムの制御に適用できる点にある．第 2 章は，制約のある多変数システムに対する予測制御の標準的な定式化を与える．この目的のために，状態空間設定が用いられる．これは多変数問題に対して最も便利であり，他のすべてのアプローチを含むからである．特に，独立モデル，オフセットなし追従，そして不安定モデルの安定化といった，本章で生じた疑問のいくつかについては，状態観測器に関連して議論することによって解いていく．これまでは，われわれは少数の一致点を仮定してきた．より一般的には，一致点は予測ホライズンにわたって「ぎっしりと」配置されている．しばしば，そのホライズンのそれぞれの点が一致点である．同様に，未来の入力信号を記述するために，複数個のパラメータが利用される（$H_u > 1$）．

第 3 章では，制約が存在するとき，予測制御で生じるオンライン最適化問題をどのようにして解くのかについて考える．**内点法**（*interior point method*）のような比較的最近のアルゴリズムに関する議論も含まれている．第 2 章で採用される標準的な定式化を仮定した場合に得られるコントローラの構造についても議論する．制約が存

在する場合に生じる最も大きな問題は，最適化問題が実行不可能になってしまうという可能性の存在である．よって，このような不測の事態に対応できる方策が必要である．最もよく使われている方策は，制約を「緩和」する (soften) ことである．すなわち，他の可能性がないならば，最後の手段として制約が破られることを許容することである．第3章ではどのようにしてこれを行うかについても説明する．

　1.3節で見てきたように，プラントの線形性が仮定できれば，予測コントローラを実装するために必要な唯一の情報は，プラントのステップ応答である．したがって，予測制御の開発初期，ステップ応答 (ときとして**動的行列** (dynamic matrix)[12]とも呼ばれる) の形でモデルを表現していたのは理解できる．特に，非常によく知られている**一般化予測制御** (*Generalized Predictive Control, GPC*) のようないくつかの予測制御では，伝達関数の形式のモデルを仮定している．第4章はステップ応答と伝達関数に基づいた予測制御の定式化を取り扱う．そして，これらが本書の残りの部分で用いられる状態空間設定とどのように関連しているかを示す．その結果，状態空間モデルを使うことが，最もよいということがわかるだろう．

　基本的な定式化に関してさまざまな変形が可能である．測定可能な外乱が存在したら，従来の制御では**フィードフォワード** (feedforward) を用いてそれらの補償を試みる．同様なことが予測制御でも可能である．最適未来入力軌道を見つけるために，二次形式規範に代わる別の規範を用いることも可能である．要求性能をありとあらゆる形で定義することも可能である．これらや他の可能性は第5章で紹介される．

　第6章では，閉ループ安定性を保証するため，問題設定と調整パラメータをどのようにして調節するかについて示す．主たる方法は，予測ホライズンの終点での**終端制約** (*terminal constraint*) を導入すること，あるいは無限予測ホライズンに沿って一致点を均等に分布させることである．他の方法も紹介される．第6章でのすべての解析は，**公称安定性** (*nominal stability*)，すなわち，プラントの正確なモデルが利用可能であるという仮定の下での閉ループの安定性に関するものである．予測コントローラが不正確なモデリングに対してロバストであることを保証するという重要な問題は，第8章で検討する．これは最近の研究成果を含んでいるが，この問題は依然として研究段階である．

　予測コントローラは，予測ホライズン，参照軌道の時定数，最適化される規範に含まれる重みなどの可調整パラメータを調節することによって「チューニング」される．満足するチューニングを行うことは容易でないかもしれない．第7章では，この問題

---

12. *Dynamic Matrix Control* (*DMC*) という商品名は，これに由来する．付録Aを参照．

について考える．そこでは，線形制御理論からのある「古典的な」解析を用いる．第 3 章で示すように，標準的な定式化に対する予測コントローラは，すべての制約が活性化されないか，あるいは決まった制約のみが活性化されているときに限り，線形制御則になるので，この解析は有益である．

第 9 章では，よく知られているシェル (Shell) 石油蒸留塔への予測制御の適用を詳細に報告する．また，プラントの非線形性の影響を例示するために，Newell と Lee の蒸留塔への適用についても簡単に紹介する．

最後に，第 10 章では，予測制御のより広い展望を与える．予測制御の枠組みでの制約の管理の可能性，非線形モデルの利用，そして，耐故障制御系の基礎としての予測制御の可能性などについて議論する．

付録では，主な予測制御の製品，本章で記述したソフトウェアおよび MATLAB *Model Predictive Control Toolbox* (後の章で使用される) の詳細について紹介する．

1.11 演習問題

1.1 例題 1.3 で行った計算をさらに 2 ステップ先まで行い，各ステップの最適値 $\hat{u}(k+1|k+1)$ と $\hat{u}(k+2|k+2)$ を計算せよ．

☞ モデルの定常ゲインは 20/3 なので，制御方策が安定であれば，入力信号は $3/(20/3) = 0.45$ に収束しなければならない．

完全なモデルを仮定し，外乱が存在しないとしたにもかかわらず，時刻 $k+2$ のときの出力 $y(k+2)$ は，時刻 k のときに予測したもの $\hat{y}(k+2|k)$ とは同じでないことを確かめよ．

1.2 必要に応じて MATLAB あるいは他の適切なソフトウェア (あるいは計算機) を用いて，例題 1.4 の計算をさらに 2 ステップ先まで行え．

1.3 「直線」参照軌道を用いて，例題 1.3 と例題 1.4 を繰り返せ．このとき，式 (1.2) は次式に置き換わる．

$$\varepsilon(k+i) = \begin{cases} \left(1 - \frac{iT_s}{T_{ref}}\right)\varepsilon(k), & iT_s < T_{ref} \text{ のとき} \\ 0, & \text{その他のとき} \end{cases}$$

1.4 式 (1.24) は式 (1.23) と等価であることを確かめよ．

1.5 プラントが連続時間伝達関数

$$\frac{2e^{-1.5s}}{1+7s}$$

で表されるとする．すなわち，定常ゲインが 2，時定数が 7 秒，むだ時間が 1.5 秒であるとする．設定値は $s(t) = 3$ の一定値とし，参照軌道は $T_{ref} = 5$〔sec〕の指数関数であるとする．予測コントローラは，サンプリング周期 $T_s = 0.5$〔sec〕で動作しており，一致点は現時刻から 6 秒先と 10 秒先とする．未来の制御入力は，予測ホライズンにわたって一定であると仮定する $(H_u = 1)$．

プラント出力が 1 で一定のとき $(y(k) = 1, \ \dot{y}(k) = 0$ であるとき)，以下のような方法によって最適入力 $u(k)$ を見つけよ．

(a) 連続時間モデルを直接用いることによって

(b) 最初に等価な離散時間モデルを得ることによって

☞ 必要に応じて MATLAB の *Control System Toolbox* を利用せよ．特に，関数 step と lsim は (a) と (b) 両方で有用である．また，(b) のとき c2d が利用できる．

1.6 演習問題 1.5 で，現時刻から 1.5 秒未満先のところ $(P_1 \times T_s < 1.5)$ に一致点を選ぶべきではない理由を説明せよ．

1.7 一致点が 1 個だけで，$H_u = 1$ の場合には，式 (1.31) とそれに続くオフセットなし追従性の解析は簡単になることを示せ．

1.8 プラントは積分器を含んでいて，z 領域での離散時間伝達関数は

$$\frac{1}{(z-0.5)(z-1)}$$

とする．そのゲインは不正確にモデリングされ，モデルの伝達関数は

$$\frac{1.1}{(z-0.5)(z-1)}$$

とする．これに対してプログラム basicmpc と trackmpc を適用せよ．basicmpc を用いると，設定値が一定の場合，定常偏差が (プラントに積分器が存在しているにもかかわらず) 存在することを確かめよ．一方，trackmpc を用いると，オフセットなし追従が達成できることを確かめよ．

1.9 つぎの驚くべき事実について説明せよ．オフセットなし追従を得るための修正を行うことなしに，プログラム basicmpc 中の基本アルゴリズムを利用したとき，さらに，$T_{ref} = 0$ (参照軌道が直ちに設定値軌道に戻ってくる) としたとき，制御信号は測定雑音の影響をまったく受けない．プログラム trackmpc のようにオフセットなし追従を含めた場合には，なぜこのようなことが起こらないのだろうか？

1.10 不安定システムの議論は，コントローラの内部に開ループで動作している不安定モデルがあるという問題を強調する．このことは，その「モデル」が安定で

あるという条件の下，basicmpc や trackmpc で実装化されている「独立モデル」を用いて，不安定なプラントを制御できる可能性があることを意味している．モデル化誤差があるにもかかわらず，コントローラがプラントを安定化できるくらいプラントとモデルがある意味で「十分近い」のであれば，事実，プラントを安定化できる．つぎの例のとき，このことが起こることを確認せよ．

$$\text{プラント：} \frac{1}{(z-0.5)(z-1.01)}$$

$$\text{モデル：} \frac{1}{(z-0.6)(z-0.99)}$$

なお，$T_{ref} = 6$，$T_s = 0.6$，単一の一致点 $P_1 = 8$，$H_u = 1$，そして一定設定値として，trackmpc を実行せよ（ゼロ初期条件からの過渡状態が終わるまで少し時間がかかるので，パラメータ tend を 200 に変更せよ）．この場合，不安定なモードがモデリングされていないだけではなく，モデルの定常ゲインの符号さえも違っていることに注意せよ．

また，この種の不正確なモデリングの場合，閉ループの安定性はたやすく失われることも確認せよ（たとえば，プラントの極が 1.05 で，モデルのそれが 0.95 のような場合）．

1.11 例題 1.8 で用いたパラメータは，閉ループ安定性を失うことなしに，ある程度プラント・モデル不一致が許容できるという意味で，適度にロバストなコントローラを与えることを，プログラム unstampc を用いて示せ．そのような場合，出力と設定値の間に定常偏差が存在することも観察せよ．

☞ たとえば，9.8 から 9.9 にゲイン因子を変化させても，あるいは，0.1493 から 0.15 に分母第二因子の定数項を変化させても（もちろんモデルのみを変化させる），閉ループは安定のままである．

1.12 プログラム unstampc を，最適入力軌道の計算を式 (1.31) で与えた形式で行うように修正せよ．定常ゲインが不正確にモデリングされると，あるいは，プラントに一定値入力/出力外乱が加わっていると，オフセットなし追従は得られないことを確かめよ．

1.13 モデルとプラントの次数が異なる場合にも対応できるように，プログラム unstampc を修正せよ．

1.14 式 (1.25)〜(1.27) において，制御信号は，最初の H_u サンプル区間のすべてで変化し，その後一定値であり続ける，すなわち，$\hat{u}(k+H_u-1|k) = \hat{u}(k+H_u|k) = \cdots$ と仮定した．変化の数は同じであるが，変化が生じるところは，予測ホライズンにわたって任意に分布しているとする．すなわち，

$M_j \leq i \leq M_{j+1}$ $(j = 1, 2, \ldots, H_u)$ に対して，$\hat{u}(k+i|k) = u_j$ であり，$M_1 = 0$，$M_{H_u} < H_p$ であるとする．$\Delta \mathcal{U}$ と Θ に対して必要な，対応する変更について述べよ (それらの次元は変化しないものとする)．

☞ 実際には，予測ホライズンの最初のほうでは $\hat{u}$ がより頻繁に変化し，そして後のほうでは頻繁でないほうが望ましいことが多い．たとえば，速い**逆応答** (inverse response) の後，ゆっくりとした整定を示すような**非最小位相システム** (non-minimum phase system) ではそうである．*Model Predictive Control Toolbox* では，これは**ブロッキング** (*blocking*) と呼ばれている．なぜならば，入力信号はサンプリング周期の「ブロック」にわたって一定値であり続けると仮定されるからである．

1.15 (本書のウェブサイトから入手可能な) 三つのプログラム `basicmpc`, `trackmpc`, `noisympc` と，例題 1.6 で定義されたシステムを用いて，パラメータ T_{ref}, T_s, 一致点の個数と間隔，そして制御ホライズン H_u (変数名 M) を変化させることによる影響を観察せよ．また，一定値でない設定値軌道についても試みよ．

第 2 章

予測制御の基本的な定式化

2.1 状態空間モデル

2.1.1 モデルの形式

本書ではほとんどの場合，次式で表されるプラントの線形化，離散時間，状態空間モデルを仮定する．

$$x(k+1) = Ax(k) + Bu(k) \tag{2.1}$$
$$y(k) = C_y x(k) \tag{2.2}$$
$$z(k) = C_z x(k) \tag{2.3}$$

ただし，x は n 次元状態ベクトル，u は ℓ 次元入力ベクトル，y は m_y 次元測定出力ベクトル，z は m_z 次元出力ベクトルである．z は，ある設定値になるように，あるいはある制約を満たすように，あるいは少なくとも制約を満たし，可能であればある設定値になるように制御される変数ベクトルである．y と z 内の変数の大部分は重複しており，しばしばそれらはまったく同じである．すなわち，すべての制御出力が測定される．本書では $y \equiv z$ と仮定する場合が多く，そのときは C_y と C_z の双方を C で，m_y と m_z の双方を m で表す．k は**時刻ステップ** (time step) を表す．

このような標準的な形式を用いる理由は，主にこの形式が標準的な線形システムと制御理論に非常に関連しているからである．このモデルを一般化するために，しばしば測定可能な，あるいは測定できない外乱の影響，および測定雑音の影響をモデルに含める．

時刻ステップ k における一連の動作をつぎのように仮定しよう．

1. $y(k)$ を測定する．
2. 必要なプラント入力 $u(k)$ を計算する．
3. $u(k)$ をプラントに印加する．

これは，$y(k)$ を測定してから $u(k)$ を印加するまでの間には，つねに何らかの遅れが存在することを意味している．このために，測定出力式 (2.2) では $u(k)$ から $y(k)$ への直達項は存在しない．したがって，このモデルは**厳密にプロパー** (strictly proper) である．演算遅れの考慮については，2.5 節で詳細に検討する．

実際には，制御出力 $z(k)$ は $u(k)$ に依存するかもしれない．すなわち，

$$z(k) = C_z x(k) + D_z u(k), \quad D_z \neq 0 \tag{2.4}$$

という式のほうが適切な場合もあるかもしれない．しかしながら，これは最適な $u(k)$ の計算を少し複雑にしてしまう．この複雑さを特に支障なく回避するためには，新しい制御出力ベクトル

$$\tilde{z}(k) = z(k) - D_z u(k) \tag{2.5}$$

を定義すればよい．この $\tilde{z}(k)$ は明らかに $x(k)$ のみに依存し，$u(k)$ からの直達項はない．すなわち，$\tilde{z} = C_x x(k)$ である．これに対応して，評価関数と制約は変化するが，それらは容易に導出できる（演習問題 2.12, 2.13 を参照）．そのため，以降では制御出力は式 (2.3) によって定義されると仮定する．

2.1.2 線形モデル，非線形プラント

予測制御においては，式 (2.1)～(2.3) の線形モデルと実プラントの間の関係を，注意深く考慮する必要がある．ほとんどの制御手法では，線形モデルが解析と設計の道具としてオフラインで利用される．それに対して，予測制御ではモデルは制御アルゴリズムの一部として用いられ，結果として得られた信号がプラントに直接印加される．したがって，制御計算アルゴリズムで利用する前の測定値と，計算された制御信号が適切に取り扱われるように十分注意する必要がある．

現実のプラントは複雑な非線形な挙動をするので，その状態ベクトル X は，非線形微分方程式

$$\frac{dX}{dt} = f(X, U, t) \tag{2.6}$$

に従って時間発展すると仮定する．ただし，U は入力ベクトルである．この仮定は簡

単化されたものである．多くのプロセスは，つぎのような陰関数の形式

$$f(X, dX/dt, U, t) = 0 \tag{2.7}$$

によって記述され，通常，式 (2.6) のような陽な形式への変形は容易ではない．しかし，このことはここでは重要なことではない．

ある状態 $X = X_0$，入力 $U = U_0$ におけるプロセスを考える．そして，微小な摂動 $X = X_0 + x$，$U = U_0 + u$ の影響を考える．ただし，$\|x\|$ と $\|u\|$ はともに微小であるとする．

$$\frac{dX}{dt} = f(X_0 + x, U_0 + u, t) \tag{2.8}$$

$$\approx f(X_0, U_0, t) + \left.\frac{\partial f}{\partial X}\right|_{(X_0, U_0, t)} x + \left.\frac{\partial f}{\partial U}\right|_{(X_0, U_0, t)} u \tag{2.9}$$

ここで，x と u に関して二次以上の項は無視した．$\partial f/\partial X|_{(X_0, U_0, t)}$ と $\partial f/\partial U|_{(X_0, U_0, t)}$ は (X_0, U_0, t) で評価された偏微分行列を表す．これらの**ヤコビアン**(*Jacobian*) 行列をそれぞれ A_c と B_c と表記する．ここで，$X = X_0 + x$ で，X_0 は定数なので，$dX/dt = dx/dt$ を得る．したがって，線形化モデル

$$\frac{dx}{dt} = A_c x + B_c u + f(X_0, U_0, t) \tag{2.10}$$

を得る．(X_0, U_0) が時刻 t における**平衡点** (*equilibrium point*) (すなわち，起こり得る定常状態) であるならば，これを数式で書けば，$f(X_0, U_0, t) = 0$ であるので，このモデルはシステム制御理論で広く用いられている，よく知られた**連続時間線形状態空間モデル**

$$\frac{dx}{dt} = A_c x + B_c u \tag{2.11}$$

に簡単化される．これは最も一般的な場合である．線形化モデルは，通常，平衡点近傍で計算される．

ときには，平衡点でない点 (X_0, U_0) まわりで線形化したほうがよい場合もある．この場合，$(\dot{X})_0 = f(X_0, U_0, t)$ [1]，そして

$$\dot{x} = \frac{dx}{dt} - (\dot{X})_0 \tag{2.12}$$

と定義でき，これより次式が得られる．

$$\dot{x} = A_c x + B_c u \tag{2.13}$$

---

[1]. この定義は dX_0/dt (これはゼロである) とは異なる．ここでは非標準的な表記が利用される．またわれわれの $\dot{x}$ の表記も非標準的である．

この式の形式は，平衡点近傍で線形化したときに得られたものと同じである．そして，同じように利用することができる．しかし，$\dot{x}$ は時間微分 dx/dt の摂動であり，時間微分そのものではないことに注意しなければならない．このことは，たとえば，予測の構成に影響を与える．システムの非平衡軌道に関しての厳密な線形化は，時変線形モデルになる．なぜならば，状態 X は X_0 のまま一定であり続けないからである．しかしながら，予測制御にそのようなモデルを用いた場合，それぞれの時刻ステップで線形化し直す必要はない．たとえプラントがある状態から違う状態へ遷移したとしても，しばしば，線形化し直す前に，多くの時刻ステップに対して，同一の線形モデルが用い続けられる．

予測制御の場合，式 (2.1) の離散時間モデルが必要になる．なぜならば，われわれは離散時間の枠組みを用いるからである．これは線形化された微分方程式から標準的な方法によって (通常，入力 u はサンプリング周期の間，一定であると仮定することによって[2])，得ることができる [FPEN94]．2.5 節では，通常の変換公式を用いることができないほど演算遅れが大きな場合に対して，どのように離散化するかについて考える．

形式的には，仮定した一般的な形の離散時間非線形モデル

$$x(k+1) = \phi(x(k), u(k), k) \tag{2.14}$$

を線形化することによっても式 (2.1) の線形離散時間モデルを得ることができる．しかし，関数 ϕ は，通常，連立方程式の形に書き下すことはできない．それは，サンプリング周期の間で入力が一定であると仮定して，連続時間微分方程式を解くことによって得られる関数である．言い換えると，ある $(x(k), u(k), k)$ に対して，関数 ϕ の値がどのようになるかを求めるためにシミュレーションを行う必要がある．

実プラントの出力もまた，状態に関する非線形方程式

$$Y = g(X, t) \tag{2.15}$$

から得られる．ただし，g はある非線形関数で，入力 U に陽に依存しないものと仮定する．前と同様に，$Y_0 = g(X_0, t)$，$Y = Y_0 + y$ とすると，

$$Y = g(X_0 + x, t) \tag{2.16}$$

$$\approx g(X_0, t) + \left.\frac{\partial g}{\partial X}\right|_{(X_0, t)} x \tag{2.17}$$

$$= Y_0 + C_y x \tag{2.18}$$

---

[2]. 〈訳者注〉これは**ゼロ次ホールダ**を仮定することに対応する．

が得られ，式(2.2)に行き着く．制御出力 z に対する線形化式(2.3)も，同様にして導くことができる．出力の式は静的方程式であると仮定しているので，それらの線形化は連続時間と離散時間双方で同じである．プラントから測定値が得られたとき，線形化モデルでそれらを用いる前に「基準値」Y_0 を引かなければならない．予測を行うとき，そして制約と目的を表現するとき，適切なところで Y_0 を加えるか，あるいはすべてを Y_0 から相対的に表現するように，十分注意しなければならない．概念的にはこれはとても簡単だが，複雑なシステムの場合，これを間違いなく実行するには，注意深く系統的に取り扱う必要がある．

制御信号をプラントに印加するときにも，同様の考慮が必要である．予測制御の計算では，通常 u の値を与える．そして，それをプラントに印加する前に，「基準値」U_0 を加えなければならない．しかしながら，前章で見てきたように，予測制御では，しばしば，ある時刻からつぎの時刻への制御信号の変化量 $\Delta u(k) = u(k) - u(k-1)$ が計算される．$\Delta u = \Delta U$ なので，必要な変化量を直接印加することができる．しかし，制約を正しく表現する場合には，U_0 を同様に考慮する必要がある．また，目的の表現に，入力値の変化量に加えて入力値そのものが入っている場合も同様である．

2.1.3 第一原理モデルとシステム同定

大別すると，二つの方法によって予測制御で用いる線形化モデル(2.1)〜(2.3)を得ることができる．最も一般的には，プラントを試験することによって得られる．すなわち，ステップ，複数の正弦波(マルチサイン)，擬似乱数，あるいはそのほかの信号をプラントに入力し，その応答を測定することによる方法である．そして，線形化モデルは**システム同定**(*system identification*)という方法を用いて得ることができる．システム同定は，簡単なカーブフィッティングから洗練された統計に基づく方法まで広範囲にわたる．システム同定に関しては，多数の文献があり，[Lju89, Nor86, vOdM96] は勉強を始めるにはよい文献だろう．予測制御は，システム同定に関して特別な要求を課すといわれることがあるが，おそらくそれは不正確である．しかし，ある面では正しい．予測制御の大部分の適用はプロセス産業であり，これらの産業では特殊な要求を課すからである．たとえば，多変数入出力間での相互干渉，そして遅いダイナミクスのためである．プロセス産業におけるシステム同定については，[Ric91, RPG92, SMS92, ZB93, Zhu98] が参考になるだろう．

システム同定によって得られたモデルはブラックボックスモデルであるので，それはプラントの入出力間のふるまいを記述しているにすぎず，内部構造についての情報は得られない．ある場合には，特別な目的の試験は不必要かもしれないし，不可能

かもしれない．しかし，通常の動作(運転)データに基づいて，線形化モデルを同定することは可能であるかもしれない．特に，これは適応制御がとっている立場である[ÅW89, SR96a, Mos95]．

利用される線形モデルの形式は，プラントに課すべき試験の種類を制限しないことを強調しておくべきであろう．たとえば，ステップ応答モデルを求めるためにはステップ信号が必要であり，伝達関数モデルを得るためには擬似乱数が必要であると広く誤解されている．もちろん，これは正しくない．幸運にも用いる入力信号を選ぶことができる状況にあれば，入力信号の選択は，どのくらい長く試験できるか，測定値にはどのくらいの雑音が含まれるかなどの実験条件，そして，どの動作点で妥当であるべきか，どの程度の信号の振幅が予想できるか，どの程度の周波数範囲まで正確であるべきかなどのモデルに付随する要求に主として依存する．どのような標準的な形であれ，線形化モデルがひとたび得られたならば，それを他の形式に変換することは非常に簡単である．この点については第 4 章で強調する．そして，変換手順のいくつかについてそこで議論する．

プラントの**第一原理**(*first principle*)非線形モデルが利用可能な場合もある．そのようなモデルは，プラントを支配する物理，化学，熱力学過程の知識から得られる方程式である．たとえば，飛行制御の場合，航空機の非線形ダイナミクスを正確に記述する方程式はよく知られており，それはそれほど複雑ではない．複雑な産業プロセスでは，そのような第一原理・動的モデルは非常に複雑になり，またそれを開発するためにとてもコストがかかってしまう．しかし，このようなことが行われることも次第に増加してきた(多くの場合，それらはオペレータの訓練や安全性の保証のために開発される．しかし，ひとたびモデルが開発されてしまえば，制御の目的のために利用しない手はない)．そのようなモデルが利用可能かどうかは，プラントが式 (2.7) の形で表現されているかどうかと等価である．しかしながら，$f(X, dX/dt, U, t) = 0$ は一見簡単な式に見えるものの，切り替え(状況記述)やルックアップテーブルなどの滑らかではない要素ももつ多数の微分・代数方程式を表し得るということを，覚えておかなければいけない．

第一原理非線形モデルから線形化モデルを得ることができる．たとえば航空機のような比較的簡単な場合には，これを手作業で行うことができる．しかし，複雑な場合には，この作業を自動化する必要がある．これを行う標準的な方法は，非線形モデルに摂動を与えて，ヤコビアン行列 (A_c と B_c) を数値的に推定することである．別の有効な方法は，非線形モデルを利用して特定の条件に対するシミュレーションデータを生成し，このデータに対して，あたかもそれがプラント自身から得られたものとして，

システム同定を適用する方法である[3]．この例については第 4 章で紹介する．

2.2　基本的な定式化

　予測制御の基本的な定式化のために，線形プラントモデル，二次形式（ミニ解説 1 を参照）評価関数，そして**線形不等式**（linear inequality）制約を仮定する．また，すべて時不変であると仮定する．さらに，評価関数は入力ベクトル $u(k)$ のある特定の値ではなく，入力ベクトルの変化量 $\Delta u(k)$ にペナルティをかけるものと仮定する．この定式化は，予測制御の大多数の文献で用いられてきたものと同じである．

　この定式化を実世界で有用なものにするために，状態変数ベクトルは測定できないが，状態 $x(k)$ の推定値 $\hat{x}(k|k)$ は利用できると仮定する．なお，$\hat{x}(k|k)$ は時刻 k で利用可能な測定値，すなわち，$y(k)$ までの出力の測定値と，$u(k-1)$ までの入力に基づく時刻 k での推定値を表している．ここで，$u(k)$ はまだ時刻 k では決定されていないので，推定には使用できない．$\hat{u}(k+i|k)$ は，時刻 k で仮定される入力 u の（時刻 $k+i$ での）未来値を表し，$\hat{x}(k+i|k)$，$\hat{y}(k+i|k)$，$\hat{z}(k+i|k)$ は，入力系列 $\hat{u}(k+j|k)$ $(j=0,1,\ldots,i-1)$ が発生したという仮定の下で，時刻 k で行われた x, y, z の時刻 $k+i$ における予測値である．これらの予測は，仮定された線形化モデル (2.1)〜(2.3) を用いて行われる．通常，現実のプラントはモデルと同じ方程式によって支配されると仮定する（もちろんこれは現実には正しくないが）．第 8 章で，モデルは必然的に不正確であるという事実を陽に考える．

評価関数

　評価関数 V は，予測制御出力 $\hat{z}(k+i|k)$ の（ベクトル）参照軌道 $r(k+i|k)$ からの偏差にペナルティをかけたものを要素としてもつ．繰り返しになるが，この表記は参照軌道が時刻 k までの測定値に依存していることを表している．特に，第 1 章で行ったように，その初期ポイントは出力測定値 $y(k)$ かもしれない．しかし，参照軌道は，固定された設定値，あるいは他の事前に決定された軌道かもしれない．評価関数は次

---

[3]．〈訳者注〉これは計算機上に構築されたシミュレータを用いた，ある動作点近傍の線形モデルの同定法であり，信頼できるシミュレータが利用できる場合には，現時点では第一原理非線形モデルから線形化モデルを求める最も有効な方法であると訳者は考える．

ミニ解説 1 ── 二次形式

$x^T Q x$ や $u^T R u$ という表現は**二次形式** (*quadratic form*) と呼ばれ，それぞれ $\|x\|_Q^2$, $\|u\|_R^2$ と表記されることが多い．ただし，x, u はベクトルで，Q, R は対称行列である．それらは，いくつかの変数をもつ二次関数の簡潔な表現である．つぎの例を用いて，二次形式について説明しよう．

例題 2.1

x と Q をつぎのようにおく．

$$x = \begin{bmatrix} x_1 \\ x_2 \end{bmatrix}, \quad Q = \begin{bmatrix} 10 & 4 \\ 4 & 3 \end{bmatrix}$$

すると，

$$x^T Q x = \begin{bmatrix} x_1 & x_2 \end{bmatrix} \begin{bmatrix} 10 & 4 \\ 4 & 3 \end{bmatrix} \begin{bmatrix} x_1 \\ x_2 \end{bmatrix} = 10 x_1^2 + 8 x_1 x_2 + 3 x_2^2$$

$x = 0$ 以外のすべての x に対して，$x^T Q x > 0$ ならば，この二次形式は**正定** (*positive definite*) と呼ばれる．二次形式に含まれる行列のすべての固有値が正のときに限り，その二次形式は正定であることを示すことができる．この場合，われわれは $Q > 0$ と書く．$x^T Q x \geq 0$ ならば，その二次形式は**半正定** (*positive semi-definite*) と呼ばれ，$Q \geq 0$ と書く．

この例題の行列 Q の固有値は二つとも正である．よって，この二次形式は正定である．これを確認するために，x_1, x_2 として任意の実数（負のものでもよい）を代入してみてほしい．二次形式の値はつねに正になることがわかるだろう．x_1 と x_2 の両方が同時に 0 でなければ，$x_1 = 0$ あるいは $x_2 = 0$ のときでさえ，二次形式の値は正になる．

$Q = I$ であれば，$x^T Q x = x^T x = \|x\|^2$ となり，これはベクトルの**二乗長** (*squared length*)，あるいは**ユークリッドノルム** (*Euclidean norm*) の二乗である．たとえ，$Q \neq I$（しかし，$Q \geq 0$）であったとしても，二次形式は「重みつきノルム」の二乗と考えることができる．なぜならば，$x^T Q x = \|Q^{1/2} x\|^2$ だからである．これより，$\|x\|_Q^2$ という表記が使われる．

二次形式についてわれわれが知っておくべきもう一つのことは，その勾配の計算法である．いま，$V = x^T Q x$ とする．ここでは一般的な場合を考えるため，$x = [x_1, x_2, \ldots, x_n]^T$ とし，Q は $n \times n$ 行列とすると，V の勾配は次式で与えられる．

$$\nabla V = \begin{bmatrix} \dfrac{\partial V}{\partial x_1}, \dfrac{\partial V}{\partial x_2}, \ldots, \dfrac{\partial V}{\partial x_n} \end{bmatrix} = 2 x^T Q \tag{2.19}$$

なお，ここではこの証明は省略する．勾配を行ベクトルとして定義したことに注意する．列ベクトルとして定義されることもあるが，その場合には $2Qx$ となる．

式のように定義される.

$$V(k) = \sum_{i=H_w}^{H_p} \|\hat{z}(k+i|k) - r(k+i|k)\|_{Q(i)}^2 + \sum_{i=0}^{H_u-1} \|\Delta\hat{u}(k+i|k)\|_{R(i)}^2 \quad (2.20)$$

ここで，何点か注意しておきたいポイントがある．予測ホライズンの長さは H_p であるが，$\hat{z}$ の r からの偏差のペナルティは，直ちに開始されるわけではない ($H_w > 1$ の場合).なぜならば，入力を印加してからその影響が現れるまでの間に，遅れが存在するかもしれないからである．H_u は**制御ホライズン** (*control horizon*) である．われわれはつねに $H_u \leq H_p$ と仮定する．また，$i \geq H_u$ に対して $\Delta\hat{u}(k+i|k) = 0$ と仮定する．すなわち，すべての $i \geq H_u$ に対して $\hat{u}(k+i|k) = \hat{u}(k+H_u-1|k)$ である（図1.4 (p.8) を思い出せ).

式 (2.20) の評価関数の形式は，予測ホライズンの $H_w \leq i \leq H_p$ 内のすべての点で，誤差ベクトル $\hat{z}(k+i|k) - r(k+i|k)$ にペナルティがかけられていることを意味している．これは予測制御で最もよく登場する状況である．しかし，i のほとんどの値に対して $Q(i) = 0$ とおくことによって，第1章で行ったように，ごく一部の一致点においてのみ偏差にペナルティをかけることも可能である．重み行列 $Q(i)$ のある要素を0とおくことによって，偏差ベクトルの異なる要素に対して異なる一致点をもたせることもできる．これらを可能にするために，$Q(i) > 0$ を要求することはしない．その代わりに，弱い条件 $Q(i) \geq 0$ [4]をおく（$V(k) \geq 0$ を保証するために，少なくともこの条件は必要である).

例題 2.2

制御出力は二つあるとし，予測ホライズンを $H_p = 3$ とする．一番目の出力に対しては，$i = 2$ の一か所に一致点があるとする．二番目の出力に対しては，$i = 2$ と $i = 3$ の二か所に一致点があるとする．二番目の出力における偏差に対して，一番目の出力の偏差に比べて，厳しいペナルティをかけるものとする．これはつぎのように表現することができるだろう．

$$Q(1) = \begin{bmatrix} 0 & 0 \\ 0 & 0 \end{bmatrix}, \quad Q(2) = \begin{bmatrix} 1 & 0 \\ 0 & 2 \end{bmatrix}, \quad Q(3) = \begin{bmatrix} 0 & 0 \\ 0 & 2 \end{bmatrix} \quad (2.21)$$

ただし，$H_w = 1$ とする．また，$H_w = 2$ ととることによって表現することもでき，その場合には $Q(1)$ は定義されず，$Q(2)$ と $Q(3)$ は上記のままである．多くの場合，こ

---
[4] $Q \geq 0$ は通常，$Q = 0$ という極端な可能性を含まない．しかし，われわれはここではその可能性も含むものとする．

の例のように，重み行列 $Q(i)$ と $R(i)$ を対角行列にとる．

$V(k) \geq 0$ を保証するために，$R(i) \geq 0$ とすることも必要である．ここでも，より強い条件である $R(i) > 0$ は求めない．なぜならば，たとえば，第1章のすべての例題のように，制御信号の変化にペナルティをかけない場合もあるからである．重み行列 $R(i)$ は**変化抑制因子** (*move suppression factor*) と呼ばれることもある．というのは，それを増加させると，入力ベクトルの変化に，より強くペナルティをかけることになるからである．

評価関数 (2.20) は，入力ベクトルの値ではなく，その変化量にのみペナルティをかけたものである．付加的な項 $\sum \|\hat{u}(k+i|k) - u_0\|_S^2$ が追加される場合もある．これは入力ベクトルのある理想的な静止値からの偏差にペナルティをかけるものである．通常，これは，設定値に制御されるべき変数より，入力が多い場合にのみ行われる．われわれはそのような項を基本的な定式化には含めないが，これに関しては 10.1 節で詳細に議論する．

予測，制御ホライズン H_p, H_u, 窓パラメータ H_w, 重み $Q(i)$, $R(i)$, そして参照軌道 $r(k+i|k)$ は，すべてプラントと予測コントローラを統合した閉ループのふるまいに影響を与える．これらのパラメータのうちのいくつかは，特に，重みは制御システムの経済的な目標により決定される．しかし，通常，それらは実際には，望ましい動的性能を得るために調整される**チューニングパラメータ** (*tuning parameter*) である．第 6〜8 章で，これらの (および他の) パラメータの影響について議論する．

制約

以下では，すべての要素が 0 である列ベクトルを $vec(0)$ と表記する．また，たとえば，ベクトル $[a, b, c]^T$ を $vec(a, b, c)$ と表記する．つぎの形式の制約が，制御および予測ホライズンの間，満たされるものとする．

$$E \, vec(\Delta \hat{u}(k|k), \ldots, \Delta \hat{u}(k + H_u - 1|k), 1) \leq vec(0) \tag{2.22}$$

$$F \, vec(\hat{u}(k|k), \ldots, \hat{u}(k + H_u - 1|k), 1) \leq vec(0) \tag{2.23}$$

$$G \, vec(\hat{z}(k + H_w|k), \ldots, \hat{z}(k + H_p|k), 1) \leq vec(0) \tag{2.24}$$

ただし，E, F, G は適切な次元の行列である．アクチュエータの回転率，アクチュエータの範囲，そして制御変数に関する制約を表現するために，それぞれ式 (2.22), (2.23), (2.24) の形式の制約を用いることができる．

例題 2.3

2入力変数，2制御変数をもつプラントを考える．制御ホライズンは $H_u = 1$ とし，予測ホライズンは $H_p = 2$ とし，また $H_w = 1$ とする．それぞれの時刻において，つぎの制約を課すものとする．

$$-2 \leq \Delta u_1 \leq 2 \tag{2.25}$$
$$0 \leq u_2 \leq 3 \tag{2.26}$$
$$z_1 \geq 0 \tag{2.27}$$
$$z_2 \geq 0 \tag{2.28}$$
$$3z_1 + 5z_2 \leq 15 \tag{2.29}$$

これらの制約を標準形に変形するために，Δu_1 の制約をつぎのように書き直す．

$$-2 \leq \Delta u_1 \Leftrightarrow -\Delta u_1 \leq 2 \Leftrightarrow -\frac{1}{2}\Delta u_1 - 1 \leq 0 \Leftrightarrow \begin{bmatrix} -1/2 & 0 & -1 \end{bmatrix} \begin{bmatrix} \Delta u_1 \\ \Delta u_2 \\ 1 \end{bmatrix} \leq 0$$

$$\Delta u_1 \leq 2 \Leftrightarrow \frac{1}{2}\Delta u_1 - 1 \leq 0 \Leftrightarrow \begin{bmatrix} 1/2 & 0 & -1 \end{bmatrix} \begin{bmatrix} \Delta u_1 \\ \Delta u_2 \\ 1 \end{bmatrix} \leq 0$$

さて，これら二つの不等式を一つにまとめ，Δu を $\Delta \hat{u}$ と書き直す．

$$\begin{bmatrix} -1/2 & 0 & -1 \\ 1/2 & 0 & -1 \end{bmatrix} \begin{bmatrix} \Delta \hat{u}_1(k|k) \\ \Delta \hat{u}_2(k|k) \\ 1 \end{bmatrix} \leq \begin{bmatrix} 0 \\ 0 \end{bmatrix}$$

これより，E はつぎのようになる．

$$E = \begin{bmatrix} -1/2 & 0 & -1 \\ 1/2 & 0 & -1 \end{bmatrix}$$

この例における行列 F を求めることは読者に任せよう（演習問題 2.4）．つぎに，G を求めよう．ほぼ同様に進めることができるが，最も異なる点は，予測ホライズンが 1 より大きく，それにまたがる不等式をすべて表現しなければならないことである．

$$z_1 \geq 0 \Leftrightarrow -z_1 \leq 0$$
$$z_2 \geq 0 \Leftrightarrow -z_2 \leq 0$$

$$3z_1 + 5z_2 \leq 15 \Leftrightarrow \frac{1}{5}z_1 + \frac{1}{3}z_2 - 1 \leq 0 \Leftrightarrow \begin{bmatrix} 1/5 & 1/3 & -1 \end{bmatrix} \begin{bmatrix} z_1 \\ z_2 \\ 1 \end{bmatrix} \leq 0$$

これより次式を得る.

$$\underbrace{\begin{bmatrix} -1 & 0 & 0 & 0 & 0 \\ 0 & -1 & 0 & 0 & 0 \\ 1/5 & 1/3 & 0 & 0 & -1 \\ 0 & 0 & -1 & 0 & 0 \\ 0 & 0 & 0 & -1 & 0 \\ 0 & 0 & 1/5 & 1/3 & -1 \end{bmatrix}}_{G} \begin{bmatrix} \hat{z}_1(k+1|k) \\ \hat{z}_2(k+1|k) \\ \hat{z}_1(k+2|k) \\ \hat{z}_2(k+2|k) \\ 1 \end{bmatrix} \leq \begin{bmatrix} 0 \\ 0 \\ 0 \\ 0 \\ 0 \\ 0 \end{bmatrix}$$

行列 E, F, G の次元が, たやすく大きくなってしまうことに気づくだろう (H_p は 10, 20 あるいはそれ以上であるかもしれない). しかしながら, 与えられた制約からそれらの行列を構成することは容易であり, この作業を自動的に行うことができる. 事実, われわれが利用するソフトウェア (MATLAB の *Model Predictive Control Toolbox*) は, ユーザに代わってこの作業を行ってくれる.

制約について重要なことは, それらがすべて**線形不等式**の形式をしていることである. 予測制御最適化問題を解くとき, これらのすべての不等式を, $\Delta\hat{u}(k+i|k)$ に関する不等式に変形する必要がある. 線形モデルを仮定しているので, これらの不等式は, この変形をした後でも線形のままである (演習問題 2.5 を参照). このことは, 最適化問題を精度よく効率的に解くためには重要である.

この例題では, 制約が課せられていなかった変数 ($u_1, \Delta u_2$) が存在したことに注意しよう. 変数に制約が課せられても評価関数にはそれが現れてこないという逆の場合 (これを**領域目的** (*zone objective*) という) を考えることも可能である. これは z 変数に関してのみ設定されることが多い. われわれの標準定式化の中では, 重み行列 $Q(i)$ の適切な要素を 0 とすることにより表現することができる.

例題 2.4　製紙機械ヘッドボックス

この例題は *Model Predictive Control Toolbox User's Guide* [MR95] に記述されているものに基づいている．また，以降のソフトウェアに基づいた問題のいくつかでもこの例題を用いる．

製紙機械の一部分を図 2.1 に示す．これにはつぎのような変数が含まれている．

入力 (u)	状態 (x)	測定出力 (y)	制御変数 (z)
原料流量率 G_p	供給タンクレベル H_1		
水面率 G_w	ヘッドボックスレベル H_2	H_2	H_2
	供給タンク濃度 N_1	N_1	
	ヘッドボックス濃度 N_2	N_2	N_2

この機械の線形化モデルの(連続時間)状態方程式の係数行列は，つぎのようになる．

$$A_c = \begin{bmatrix} -1.93 & 0 & 0 & 0 \\ 0.394 & -0.426 & 0 & 0 \\ 0 & 0 & -0.63 & 0 \\ 0.82 & -0.784 & 0.413 & -0.426 \end{bmatrix}, \quad B_c = \begin{bmatrix} 1.274 & 1.274 \\ 0 & 0 \\ 1.34 & -0.65 \\ 0 & 0 \end{bmatrix},$$

$$C_y = \begin{bmatrix} 0 & 1 & 0 & 0 \\ 0 & 0 & 1 & 0 \\ 0 & 0 & 0 & 1 \end{bmatrix}, \quad C_z = \begin{bmatrix} 0 & 1 & 0 & 0 \\ 0 & 0 & 0 & 1 \end{bmatrix}$$

ただし，時刻の単位は「分」である．このプラントに，更新時間 $T_s = 2$ [min] として予測制御を適用する．（たとえば，MATLAB 関数の c2d を用いて）このサンプリング

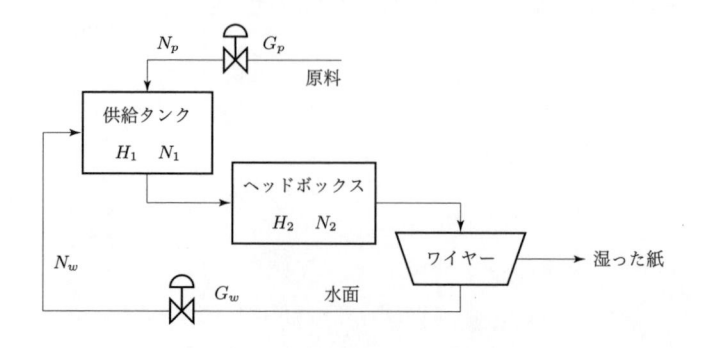

図 2.1　ヘッドボックスをもつ製紙機械

時間でモデルを離散化すると，次式が得られる．

$$A = \begin{bmatrix} 0.0211 & 0 & 0 & 0 \\ 0.1062 & 0.4266 & 0 & 0 \\ 0 & 0 & 0.2837 & 0 \\ 0.1012 & -0.6688 & 0.2893 & 0.4266 \end{bmatrix}, \quad B = \begin{bmatrix} 0.6462 & 0.6462 \\ 0.2800 & 0.2800 \\ 1.5237 & -0.7391 \\ 0.9929 & 0.1507 \end{bmatrix}$$

行列 C_y と C_z は，離散時間モデルでもその値は変わらない．

予測ホライズンを $H_p = 10$（すなわち20分）とし，制御ホライズンを $H_u = 3$ とする．レベル（高さ）の制御より濃度の制御のほうがより重要なので，レベルの偏差 (H_2) よりも濃度 (N_2) の偏差に，よりペナルティをかける．すなわち，

$$Q(i) = \begin{bmatrix} 0.2 & 0 \\ 0 & 1 \end{bmatrix}$$

を用いる．二つのバルブの変化に対しては，等しいペナルティをかける．そして，予測と制御ホライズンのすべてのステップ（すなわち，すべての i に対して）において，同じペナルティをかける．すなわち，

$$R(i) = \begin{bmatrix} 0.6 & 0 \\ 0 & 0.6 \end{bmatrix}$$

を用いる．プラントには，通常存在する1ステップ遅れ（すなわち，$u(k)$ は $x(k)$ に影響を与えないこと）以上はないので，第一ステップから偏差にペナルティをかける，すなわち，$H_w = 1$ とする．

それぞれの動作範囲を

$$-10 \le u_1(k) \le 10, \quad -10 \le u_2(k) \le 10$$

のようにするためにバルブを規格化する（0は，通常，プラントが線形化された点である．したがって，この範囲はつねに0に関して対称であるとは限らない）．そして，それらの回転率(最大変化率)は，1ステップ（すなわち2分）の間に，この範囲の 10% とする．

$$-2 \le \Delta u_1(k) \le 2, \quad -2 \le \Delta u_2(k) \le 2$$

ヘッドボックスレベル (H_2) は，ヘッドボックスが空になったり，いっぱいにならないように，制約づけされる．

$$-3 \le z_1 \le 5$$

動作点が $u=0$ で表現されていたら，線形モデルでは，（プラントに積分器が存在する場合を除いて）その点で $y=0$ としなければならないことに注意する．

これらの制約から，われわれの予測制御問題の標準的な定式化において現れる行列 E, F, G を構築することができる．これらの行列の次元は，以下のようになる．

$$E: 16 \times 9, \quad F: 16 \times 9, \quad G: 20 \times 21$$

2.3 制約つき予測制御の一般的な特徴

通常，予測制御は制約を含むので，結果として得られる制御則はたいてい**非線形**になる．なぜそうなるかは，つぎの例を考えると理解できる．$x_j(t) < X_j$ という形式のハード状態制約をもつガスタービンエンジンの制御を考えよう．この制約としては「タービンの温度は 1000°C 以下」というようなものを想像すればよい．タービンが 995°C で動作しているとき外乱 d が生じて (たとえば，何らかの理由で冷却オイルの流量率が増加するなどして)，x_j が X_j から離れる方向に動いたとする．すると，制御系は他の目的 (目標タービン速度，パワー出力，燃料の経済性など) を維持しながら，x_j がその設定値に戻るように調整するという，かなり「のんびりとした」動作をするだろう．さて，外乱が d ではなく $-d$ であったら，線形コントローラであれば，制御信号を $u(t)$ ではなく $-u(t)$ として，同様にのんびりと動作するだろう．

それとは対照的に，制約を知っているコントローラは，**パニックモード** (*panic mode*) で動作するだろう．そのようなコントローラは，その制約を超えてしまったら，おそらく破滅的な故障が起こってしまい，他の目的について心配することに意味がないことを知っている．したがって，外乱 $-d$ に対しては，外乱 $+d$ に対するときと，非常に異なる反応をするだろう．われわれの例では，おそらくコントローラは，燃料流量率を鋭く減少させ，入口のタービンの翼の角度を最大空気流量を得るように変化させるだろう．エンジンを複数個もつ航空機では，問題となっているエンジンを切ってしまうかもしれない．このようなふるまいは，もちろん非線形である．

プラントが制約から離れたところで安全に動作していれば，「標準的な」予測コントローラは線形のようにふるまい，制約が非常に近づいてきたら非線形にふるまう，ということを後述する．一方，標準的な予測コントローラは，エンジンをシャットダウンするまでのことはしないだろう．そして，コントローラにはそのようなことをす

る権限はないだろう．その種の決定は，通常，分離されたハイレベルな**スーパーバイザ**(*supervisor*)（それは人間のオペレータあるいはパイロットかもしれない）によって行われる．

制約つき予測コントローラは非線形であるが，通常，**時不変**(*time-invariant*)である．これは，ある関数によって，制御信号が $u = h(x)$ のように表現できることを意味している．すなわち，制御信号は現在の状態のみに依存し，時刻に陽に依存しない（よって，$u = h(x,t)$ と書く必要はない）．もちろん，この関数は数学的な意味においてのみ「存在」し，「閉じた形」でそれを書き下すことはほとんど不可能であろう．u がどのようなものであるかを調べるために，x を最適化アルゴリズムに入力して，どのような結果が得られるかを調べなければならない．問題の定式化の中で，時間に陽に依存するものが存在しない限り（すなわち，プラントのモデル，評価関数，そして制約がすべて時間と独立であれば），この時不変性は成り立つ．

このことが厳密に何を意味するかについて，十分な注意が必要である．まず，われわれのモデル (2.1)〜(2.3) は，x と u を除けば，時刻 k には依存しない．二番目に，評価関数 (2.20) は i に依存できるが，すなわち重み $Q(i)$ と $R(i)$ は予測，制御ホライズンにわたって変化できるが，k には依存してはいけない．よって，3ステップ先の予測誤差に，1ステップ先の予測誤差とは異なる重みを付加できるが，問題がつぎの時刻で解かれたとき，重みのパターンは同じでなければならない．時刻が進んで，k が $k+1$ になったとき，時刻 k とまったく同じ問題を解かなければならない．もしそうであれば，評価関数は時刻に依存しない．

三番目として，時不変コントローラを得るために，k ではなく i に依存した制約を用いる必要がある．よって，$|\hat{x}_j(k+i|k)| < X_j(i)$ という制約を課すことはできるが，$|\hat{x}_j(k+i|k)| < X_j(k)$ という制約を課すことはできない．より一般的にいうと，

$$\hat{x}(k+i|k) \in X(i) \tag{2.30}$$
$$\hat{u}(k+i|k) \in U(i) \tag{2.31}$$

という制約は適用できるが，

$$\hat{x}(k+i|k) \in X(k) \tag{2.32}$$
$$\hat{u}(k+i|k) \in U(k) \tag{2.33}$$

という制約は適用できない．時不変コントローラが必要な場合には，これは足かせとなってしまうだろう．たとえば，航空機が着陸するとき，航空機が滑走路に近づくにつれて制約を厳しくしたくなるだろう．ある速度プロファイルを仮定したならば，制約を厳しくすることを，時間関数として**スケジュール**することができるだろう．こう

することにより，時変予測制御則が与えられるだろう．しかしながら，滑走路からの距離の関数として制約を厳しくすることをスケジュールし，これを状態の一つにしたほうが，より意味があるかもしれない．この場合，制御則は時不変になる（必ずしも簡単にはならないが！）．

時不変制御則とする必然的な利点はない．ある場合には，そのふるまいの解析が，より容易になるかもしれない．しかし，実際には，モデル，評価関数，そして制約が時変となる場合もあるだろう．

2.4　状態変数のその他の選択

通常，われわれのプラントモデル (2.1) は，入力 u の値に関してプラントの状態 x を表現している．しかし，評価関数では入力変数自身ではなく，入力変化 Δu にペナルティをかけたものを用いている．次章で，予測制御アルゴリズムは，実際 u ではなく，変化量 Δu を生成することを示す．したがって，多くの場合，「コントローラ」は信号 Δu を生成し，「プラント」にこの信号が入力されると考えたほうが便利である．すなわち，Δu から u までの**離散時間積分** (*discrete-time integration*) [5]を，プラントダイナミクスに含めて考えたほうが便利である．図 2.2 は信号 u を生成する真のコントローラと，それを入力とする真のプラントを示している．それと同時に，信号 Δu を生成する「MPC コントローラ」と，それを入力とする「MPC プラント」も図示している．

「MPC プラント」の状態空間モデルに，この「積分」を含ませるための方法がいく

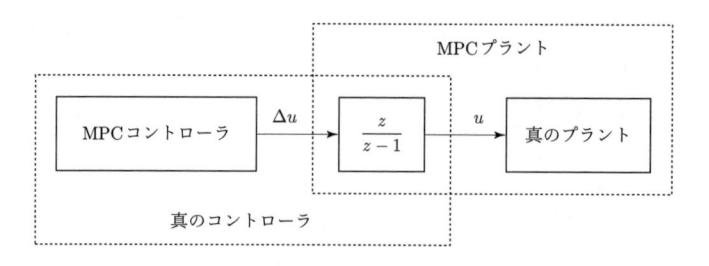

図 2.2　コントローラとプラントのはざま —— 利便性の観点から

5.　〈訳者注〉和分のこと．

つか存在する．いずれの方法でも，状態ベクトルを増やすことになる．最初の方法では，状態ベクトル

$$\xi(k) = \left[\begin{array}{c} x(k) \\ u(k-1) \end{array} \right] \tag{2.34}$$

を定義する[6]．すると，真のプラントの状態に対して，線形モデル (2.1) を仮定することによって，次式が得られる．

$$\left[\begin{array}{c} x(k+1) \\ u(k) \end{array} \right] = \left[\begin{array}{cc} A & B \\ O & I \end{array} \right] \left[\begin{array}{c} x(k) \\ u(k-1) \end{array} \right] + \left[\begin{array}{c} B \\ I \end{array} \right] \Delta u(k) \tag{2.35}$$

$$y(k) = \left[\begin{array}{cc} C_y & 0 \end{array} \right] \left[\begin{array}{c} x(k) \\ u(k-1) \end{array} \right] \tag{2.36}$$

$$z(k) = \left[\begin{array}{cc} C_z & 0 \end{array} \right] \left[\begin{array}{c} x(k) \\ u(k-1) \end{array} \right] \tag{2.37}$$

上の方法ほど明らかではないが，つぎの状態ベクトルを定義する方法もある．

$$\xi(k) = \left[\begin{array}{c} \Delta x(k) \\ y(k) \\ z(k) \end{array} \right] \tag{2.38}$$

ただし，$\Delta x(k) = x(k) - x(k-1)$ は時刻 k における状態の変化量である．式 (2.1) より次式を得る．

$$x(k+1) = Ax(k) + Bu(k) \tag{2.39}$$

$$x(k) = Ax(k-1) + Bu(k-1) \tag{2.40}$$

これらの辺々を引くと，

$$\Delta x(k+1) = A\Delta x(k) + B\Delta u(k) \tag{2.41}$$

を得る．さらに，式 (2.2)，(2.3) より，次式を得る．

$$\begin{aligned} y(k+1) &= C_y x(k+1) \\ &= C_y [\Delta x(k+1) + x(k)] \\ &= C_y [A\Delta x(k) + B\Delta u(k)] + y(k) \end{aligned} \tag{2.42}$$

---

[6] 以降では，拡大状態をしばしば ξ を用いて表記する．その場合，対応する状態空間モデルの表記には，$\bar{A}$, $\bar{B}$ などを用いる．ξ の定義は**局所的** (locally) であり，使われる場所によって定義が異なることに注意する．

$$\begin{aligned}
z(k+1) &= C_z x(k+1) \\
&= C_z \left[\Delta x(k+1) + x(k)\right] \\
&= C_z \left[A\Delta x(k) + B\Delta u(k)\right] + z(k)
\end{aligned} \tag{2.43}$$

したがって，つぎの状態空間表現を得る．

$$\begin{bmatrix} \Delta x(k+1) \\ y(k+1) \\ z(k+1) \end{bmatrix} = \begin{bmatrix} A & 0 & 0 \\ C_y A & I & 0 \\ C_z A & 0 & I \end{bmatrix} \begin{bmatrix} \Delta x(k) \\ y(k) \\ z(k) \end{bmatrix} + \begin{bmatrix} B \\ C_y B \\ C_z B \end{bmatrix} \Delta u(k) \tag{2.44}$$

$$\begin{bmatrix} y(k) \\ z(k) \end{bmatrix} = \begin{bmatrix} 0 & I & 0 \\ 0 & 0 & I \end{bmatrix} \begin{bmatrix} \Delta x(k) \\ y(k) \\ z(k) \end{bmatrix} \tag{2.45}$$

これら二つの状態空間表現は，予測制御の文献で用いられてきたものである．たとえば，最初の表現 (2.34) は [Ric90] で用いられ，一方，二番目の表現 (2.38) は [PG88] や多くの他の文献で用いられた．二番目の表現は，*Model Predictive Control Toolbox* でもいくつかの状況下で用いられている．これら二つの表現は非常に有用であると考えられるが，他の表現も可能である (演習問題 2.8 を参照)．入力の数と，測定出力と制御出力の数が等しくなければ，少なくともこれらの表現のうちの一方が**最小実現** (minimal realization) ではない (すなわち，不可制御あるいは不可観測である)．なぜならば，二つの表現の状態次元は異なるが，しかし，両者とも同じ入出力伝達関数[7]を与えるからである．

2.5 　演算遅れの考慮

予測制御はオンライン最適化を含むので，非常に大きな演算遅れが存在するかもしれず，それを考慮しなければならない．制御されるプラントの測定のタイミングと制御信号の印加のタイミングを，図 2.3 に示すように仮定する．

測定区間と制御更新区間はともに T_s で，同じであると仮定する．プラント出力ベクトルは時刻 kT_s で測定され，この測定値を $y(k)$ と表記する．測定可能な外乱が存在するならば，出力と同時刻に測定されると仮定し，これを $d_m(k)$ と表記する．そして，予測コントローラがその計算を完了し，新しい制御ベクトルが生成され，プラント入力信号として印加されるまでに要する時間が存在し，これを遅れ τ と呼ぶ．また，

---

[7]. 〈訳者注〉伝達関数はシステムの可制御・可観測な部分に対応する入出力記述であるので．

2.5 演算遅れの考慮

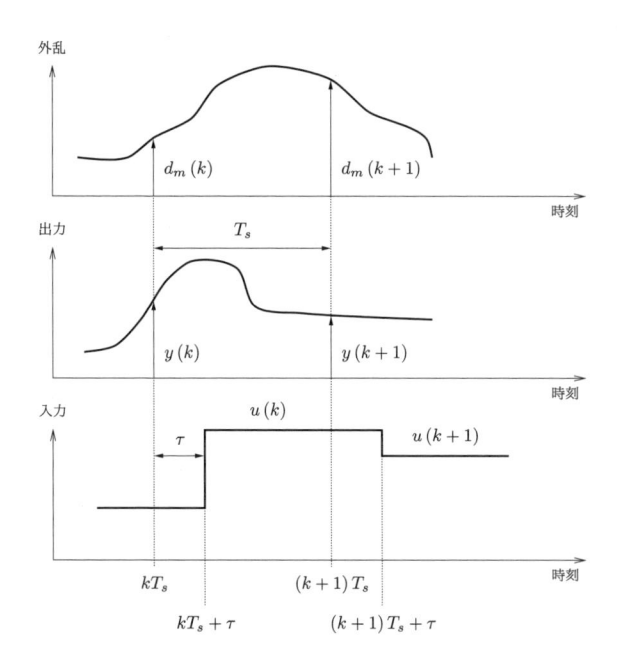

図 2.3 信号の測定と印加のタイミング

ここでの入力信号を $u(k)$ と表記する．T_s 時刻後に再び計算されるまで，この入力信号は一定値を保持すると仮定する．この一連の動作を時刻 $(k+1)T_s$ で繰り返し，その後も規則的に繰り返す．

実際のプロセスプラントでは，測定間隔の間のさまざまな時刻で，数百個の取得可能あるいは利用可能な測定値があるだろう．高精度なモデリングが必要な場合には，それらを利用する可能性を検討してもよいだろう．また，演算遅れ τ は，実際には変化するだろう．そのような場合には，新しい制御信号が計算し終わったらすぐにプラントに印加するか (これは制御を向上させるが，モデリングと解析を複雑にしてしまうだろう)，あるいは，通常の時間区間が来るまで新しい入力をプラントに印加するのを遅らせるかのいずれかを選択しなければならないだろう．ここでは，それらすべての可能性について考えることは不可能である．そこで，図 2.3 に示したように，すべての測定値は同期して取得され，演算遅れ τ はそれぞれの時刻で等しいものと仮定する．

さて，連続時間プラントに対して，次式のように線形化された状態空間モデルを仮

定する．

$$\dot{x}_c(t) = A_c x_c(t) + B_c u_c(t) \tag{2.46}$$
$$y_c(t) = C_c x_c(t) \tag{2.47}$$

ここで，制御出力 z はまったく同様にして取り扱われるので，測定出力 y だけを考慮すれば十分である．図 2.3 に示した仮定は，$y(k) = y_c(kT_s)$，および

$$u_c(t) = u(k), \quad kT_s + \tau \le t < (k+1)T_s + \tau \text{ のとき} \tag{2.48}$$

を意味する．したがって，次式を得る．

$$\dot{x}_c(t) = \begin{cases} A_c x_c(t) + B_c u(k-1), & kT_s \le t < kT_s + \tau \text{ のとき} \\ A_c x_c(t) + B_c u(k), & kT_s + \tau \le t < (k+1)T_s \text{ のとき} \end{cases} \tag{2.49}$$

さて，式 (2.46) の解はよく知られており，次式で与えられる [FPEN94, Kai80]．

$$x_c(t) = e^{A_c(t-t_0)} x_c(t_0) + \int_{t_0}^{t} e^{A_c(t-\theta)} B_c u_c(\theta) d\theta \tag{2.50}$$

ただし，$t_0 < t$ は，ある初期時刻であり，$x_c(t_0)$ はその時刻における初期状態である．よって，この解を $x(k) = x_c(kT_s)$ として，区間 $kT_s \le t < kT_s + \tau$ にわたって用いることにより，

$$x_c(kT_s + \tau) = e^{A_c \tau} x(k) + \left(\int_{kT_s}^{kT_s + \tau} e^{A_c(kT_s + \tau - \theta)} d\theta \right) B_c u(k-1) \tag{2.51}$$

を得る．いま，$\eta = kT_s + \tau - \theta$ と変数変換することにより，容易に次式を示すことができる．

$$\int_{kT_s}^{kT_s + \tau} e^{A_c(kT_s + \tau - \theta)} d\theta = \int_0^{\tau} e^{A_c \eta} d\eta = \Gamma_1 \tag{2.52}$$

これは定数行列なので，次式を得る．

$$x_c(kT_s + \tau) = e^{A_c \tau} x(k) + \Gamma_1 B_c u(k-1) \tag{2.53}$$

同様にして，区間 $kT_s + \tau \le t < (k+1)T_s$ に式 (2.50) を適用すると，次式を得る．

$$x(k+1) = e^{A_c(T_s - \tau)} x_c(kT_s + \tau) + \left(\int_{kT_s + \tau}^{(k+1)T_s} e^{A_c([k+1]T_s - \theta)} d\theta \right) B_c u(k) \tag{2.54}$$

$$= e^{A_c(T_s - \tau)} \left[e^{A_c \tau} x(k) + \Gamma_1 B_c u(k-1) \right]$$
$$\quad + \left(\int_0^{T_s - \tau} e^{A_c \eta} d\eta \right) B_c u(k) \tag{2.55}$$

$$= A x(k) + B_1 u(k-1) + B_2 u(k) \tag{2.56}$$

ただし，

$$A = e^{A_c T_s}, \quad B_1 = e^{A_c(T_s - \tau)} \Gamma_1 B_c, \quad B_2 = \int_0^{T_s - \tau} e^{A_c \eta} d\eta B_c \tag{2.57}$$

である．

さて，$x(k+1)$ が $u(k-1)$ に依存しているので，これは離散時間状態空間モデルの標準的な形式ではない．しかし，つぎの状態

$$\xi(k) = \begin{bmatrix} x(k) \\ u(k-1) \end{bmatrix} \tag{2.58}$$

を導入することによって，つぎの標準形式の状態方程式に容易に変形できる．

$$\xi(k+1) = \tilde{A}\xi(k) + \tilde{B}u(k) \tag{2.59}$$

ただし，

$$\tilde{A} = \begin{bmatrix} A & B_1 \\ 0 & 0 \end{bmatrix}, \quad \tilde{B} = \begin{bmatrix} B_2 \\ I \end{bmatrix} \tag{2.60}$$

である．式 (2.47) より，これに対応する測定出力式は，つぎのようになる．

$$y(k) = C_c x(k) = \tilde{C}\xi(k) \tag{2.61}$$

ただし，$\tilde{C} = [C_c, 0]$ である．

このように変形できるため，適切な次元の状態ベクトルを用いれば，線形化されたプラントモデルが式 (2.1)～(2.3) の形式をとると仮定し続けることができる．この標準形を用いる理由は，主に，線形システムと制御の標準的な理論との整合性がよいからであり，必ずしも実装化のために最良な形ではない．たとえば，ある状況では式 (2.56) の形式を用いたほうがより効率的かもしれない．

たとえば MATLAB の *Control System Toolbox* の関数 c2d のような連続時間システムの離散時間等価システムを見つける標準的なソフトウェアでは，演算遅れを考慮していないことに注意してほしい．しかしながら，そのようなソフトウェアを用いて必要なモデルを得ることは簡単である (演習問題 2.9 を参照)．

演算遅れが無視できる (すなわち $\tau = 0$) ならば，$B_1 = 0$ である．また，$\tau = T_s$ である場合には，$B_2 = 0$ となる．予測制御の文献で扱われるほとんどの例では，演算遅れを無視している．

2.6 予測

予測制御問題を解くためには，現在の状態の最良予測値 $\hat{x}(k|k)$ と，仮定された未来の入力，あるいは等価的に最新の入力 $u(k-1)$ と仮定された未来の入力変化 $\Delta\hat{u}(k+i|k)$ から，制御変数の予測値 $\hat{z}(k+i|k)$ を計算する方法が必要である．

これは問題の定式化の一部というよりは，解法の一部だと思えるかもしれない．そうであれば，次章で議論すべきかもしれない．しかし，予測の方法は，予測制御の下で動作している閉ループシステムの性能に大きな影響を与える．よって，予測方策の選択は，ホライズンや評価関数の選択と同じように，予測制御のためのもう一つの「チューニングパラメータ」である．さらに，システムに影響を与える外乱や，雑音のような測定誤差に課せられる仮定から，むしろ系統的な方法で予測方策が導かれる．よって，予測方策を選定しているというよりは，むしろプラントが動作している環境のモデルを規定しているということができる．そして，これは問題の定式化の一部として確かにここに属している．

しかしながら，予測は非常に複雑になり得る．よって，現段階ではそれに過度に悩まされることのないよう，ここではいくつかの簡単なケース（それでもすでに産業界の実践の多くを扱うことができる）を取り扱い，一般的な場合については後述する．

2.6.1 外乱なし・全状態測定の場合

最も簡単な状況から始めよう．状態ベクトルの全要素が測定できるとする．よって，$\hat{x}(k|k) = x(k) = y(k)$（よって，$C_y = I$）である．また，外乱や測定雑音に関して何の知識も有さないと仮定する．すると，できることはモデル (2.1) 〜 (2.3) を繰り返すことによって，予測することだけである．すなわち，

$$\hat{x}(k+1|k) = Ax(k) + B\hat{u}(k|k) \tag{2.62}$$

$$\hat{x}(k+2|k) = A\hat{x}(k+1|k) + B\hat{u}(k+1|k) \tag{2.63}$$

$$= A^2 x(k) + AB\hat{u}(k|k) + B\hat{u}(k+1|k) \tag{2.64}$$

$$\vdots$$

$$\hat{x}(k+H_p|k) = A\hat{x}(k+H_p-1|k) + B\hat{u}(k+H_p-1|k) \tag{2.65}$$

$$= A^{H_p} x(k) + A^{H_p-1} B\hat{u}(k|k) + \cdots + B\hat{u}(k+H_p-1|k) \tag{2.66}$$

である．式 (2.62) において，$u(k)$ ではなく $\hat{u}(k|k)$ を用いた．なぜならば，予測値を計算する段階では，$u(k)$ の値は未知であるからである．

さて，入力は時刻 $k, k+1, \ldots, k+H_u-1$ でおいてのみ変化し，それ以降は一

定値をとると仮定したことを思い出そう．よって，$H_u \leq i \leq H_p - 1$ に対しては，$\hat{u}(k+i|k) = \hat{u}(k+H_u-1|k)$ である．実際には，われわれは以降 $\hat{u}(k+i|k)$ ではなく，$\Delta\hat{u}(k+i|k)$ を用いて予測値を表現しようとする．そのため，いまのうちにその変換を行っておこう．$\Delta\hat{u}(k+i|k) = \hat{u}(k+i|k) - \hat{u}(k+i-1|k)$ であり，また，時刻 k において，すでに $u(k-1)$ は既知であるので，次式を得る．

$$\hat{u}(k|k) = \Delta\hat{u}(k|k) + u(k-1)$$
$$\hat{u}(k+1|k) = \Delta\hat{u}(k+1|k) + \Delta\hat{u}(k|k) + u(k-1)$$
$$\vdots$$
$$\hat{u}(k+H_u-1|k) = \Delta\hat{u}(k+H_u-1|k) + \cdots + \Delta\hat{u}(k|k) + u(k-1)$$

これより，つぎの式を得る．

$$\hat{x}(k+1|k) = Ax(k) + B[\Delta\hat{u}(k|k) + u(k-1)]$$
$$\hat{x}(k+2|k) = A^2 x(k) + AB[\Delta\hat{u}(k|k) + u(k-1)]$$
$$+ B\underbrace{[\Delta\hat{u}(k+1|k) + \Delta\hat{u}(k|k) + u(k-1)]}_{\hat{u}(k+1|k)}$$
$$= A^2 x(k) + (A+I)B\Delta\hat{u}(k|k) + B\Delta\hat{u}(k+1|k)$$
$$+ (A+I)Bu(k-1)$$
$$\vdots$$
$$\hat{x}(k+H_u|k) = A^{H_u} x(k) + \left(A^{H_u-1} + \cdots + A + I\right) B\Delta\hat{u}(k|k)$$
$$+ \cdots + B\Delta\hat{u}(k+H_u-1|k)$$
$$+ \left(A^{H_u-1} + \cdots + A + I\right) Bu(k-1)$$

(この点から変化することに注意せよ)

$$\hat{x}(k+H_u+1|k) = A^{H_u+1} x(k) + \left(A^{H_u} + \cdots + A + I\right) B\Delta\hat{u}(k|k)$$
$$+ \cdots + (A+I) B\Delta\hat{u}(k+H_u-1|k)$$
$$+ \left(A^{H_u} + \cdots + A + I\right) Bu(k-1)$$
$$\vdots$$
$$\hat{x}(k+H_p|k) = A^{H_p} x(k) + \left(A^{H_p-1} + \cdots + A + I\right) B\Delta\hat{u}(k|k)$$
$$+ \cdots + \left(A^{H_p-H_u} + \cdots + A + I\right) B\Delta\hat{u}(k+H_u-1|k)$$
$$+ \left(A^{H_p-1} + \cdots + A + I\right) Bu(k-1)$$

最終的に，これらを行列・ベクトル形式で書くことができる．

$$
\begin{bmatrix} \hat{x}(k+1|k) \\ \vdots \\ \hat{x}(k+H_u|k) \\ \hat{x}(k+H_u+1|k) \\ \vdots \\ \hat{x}(k+H_p|k) \end{bmatrix} = \begin{bmatrix} A \\ \vdots \\ A^{H_u} \\ A^{H_u+1} \\ \vdots \\ A^{H_p} \end{bmatrix} x(k) + \underbrace{\begin{bmatrix} B \\ \vdots \\ \sum_{i=0}^{H_u-1} A^i B \\ \sum_{i=0}^{H_u} A^i B \\ \vdots \\ \sum_{i=0}^{H_p-1} A^i B \end{bmatrix}}_{\text{過去}} u(k-1)
$$

$$
+ \underbrace{\begin{bmatrix} B & \cdots & 0 \\ AB+B & \cdots & 0 \\ \vdots & \ddots & \vdots \\ \sum_{i=0}^{H_u-1} A^i B & \cdots & B \\ \sum_{i=0}^{H_u} A^i B & \cdots & AB+B \\ \vdots & \vdots & \vdots \\ \sum_{i=0}^{H_p-1} A^i B & \cdots & \sum_{i=0}^{H_p-H_u} A^i B \end{bmatrix}}_{\text{未来}} \begin{bmatrix} \Delta \hat{u}(k|k) \\ \vdots \\ \Delta \hat{u}(k+H_u-1|k) \end{bmatrix} \quad (2.67)
$$

さて，z の予測は次式のように簡単に得られる．

$$\hat{z}(k+1|k) = C_z \hat{x}(k+1|k) \tag{2.68}$$
$$\hat{z}(k+2|k) = C_z \hat{x}(k+2|k) \tag{2.69}$$
$$\vdots$$
$$\hat{z}(k+H_p|k) = C_z \hat{x}(k+H_p|k) \tag{2.70}$$

あるいは，つぎのようにまとめることもできる．

$$
\begin{bmatrix} \hat{z}(k+1|k) \\ \vdots \\ \hat{z}(k+H_p|k) \end{bmatrix} = \begin{bmatrix} C_z & 0 & \cdots & 0 \\ 0 & C_z & \cdots & 0 \\ \vdots & \vdots & \ddots & \vdots \\ 0 & 0 & \cdots & C_z \end{bmatrix} \begin{bmatrix} \hat{x}(k+1|k) \\ \vdots \\ \hat{x}(k+H_p|k) \end{bmatrix} \quad (2.71)
$$

予測式 (2.67) についての注意を順次述べていく．まず，A^i の計算（それもおそらく非

常に大きな i に対する計算) が行われる．この際，数値的な問題が生じる可能性がある．プラントが不安定ならば，A^i のいくつかの要素は，他に比べて，そして A の低次のべき乗での要素と比べて，極端に大きくなってしまうだろう．計算機は有限語長演算で動作しているので，このことにより誤った結果が得られるかもしれない．プラントが安定な場合でも，A^i のいくつかの要素が他の要素と比べて極端に小さくなってしまう場合，同様な問題が生じる可能性がある．そのような場合には誤った結果が得られるかもしれない (**IEEE 標準** (*IEEE standard*) 演算を用いた場合，計算機はおおざっぱにいって $|\varepsilon| < 10^{-16}$ のとき，1 と $1+\varepsilon$ を区別することはできない[8])．

予測を計算する最も安全な方法は，おそらく，1 時刻に 1 ステップ繰り返しをすることであろう．これは，最適制御信号を計算するとき，予測は陽に計算されないが，

$$\hat{x}(k+i|k) = A\hat{x}(k+i-1|k) + B\hat{u}(k+i-1|k) \tag{2.72}$$

が最適化に等式制約として含まれているならば，実質的に行われていることである．これは，最も効率的な計算方法である [RWR98] (詳細については 3.2 節を参照)．また，不安定プラントを予測する問題は，プラントを事前に安定化することによって対処できる (これは 5.2 節で記述する)．最適化のために陽な予測を行わない場合でも，オペレータとのインタフェースをとるために予測は必要かもしれない．予測コントローラのような高度なコントローラを実機に適用する際の問題の一つは，プラントオペレータがコントローラが何をしているか理解していないとき，そのコントローラがとる動作の妥当性に対するオペレータの信頼が失われるかもしれないことである．予測を表示することは，彼らの高度な制御に対する信頼を保つためにも，非常に有効であろう．

2.6.2 一定値出力外乱

さて，プラントに外乱が加わるものと仮定しよう．図 2.4 に示したような，測定出力と制御出力が同じで ($z = y$)，**出力外乱** (*output disturbance*) が存在するという最も簡単な仮定をしよう．時刻 k で，外乱 $d(k)$ については既知ではないが，測定出力と予測出力を比較することによって，その推定値 $\hat{d}(k|k)$ を次式のように構成できる．

$$y(k) = \hat{y}(k|k-1) + \hat{d}(k|k) \tag{2.73}$$
$$= C_y\hat{x}(k|k-1) + \hat{d}(k|k) \tag{2.74}$$

---

[8]・〈訳者注〉ε は計算機イプシロン (machine epsilon) と呼ばれる．

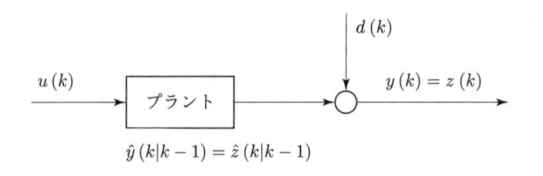

図 2.4　出力外乱

予測ホライズンの間，この外乱は一定値をとるという仮定もしておこう．これは，式 (2.2)，(2.3) はそのままとするが，次式を用いて y と z を予測することを意味している．

$$\hat{z}(k+i|k) = \hat{y}(k+i|k) = C_y \hat{x}(k+i|k) + \hat{d}(k+i|k) \tag{2.75}$$

ただし，

$$\hat{d}(k+i|k) = \hat{d}(k|k) \tag{2.76}$$

である．よって，時刻 k において，われわれはつぎのことを行う．

1. 実際の出力 $y(k)$ を測定する．
2. 実際の出力と推定されたそれとの間の差として，外乱を推定する．
3. 予測ホライズンの間，出力を予測するために，その推定値を用いる．

われわれは概してこの手順に従う．しかし，外乱特性についてより詳しい仮定がなされるならば，Step 2 は，より緻密なものになるだろう．Step 3 では，$\hat{x}(k+i|k)$ の予測に式 (2.1) あるいは式 (2.67) を用いるため，未来の入力変化を仮定する必要がある．

一定値出力外乱の仮定と，式 (2.75)〜(2.76) の最も単純な外乱推定法は，**DMC 法** (*DMC scheme*) と呼ばれることがある．なぜならば，この方法は，初期の予測制御の製品の一つである DMC (*Dynamic Matrix Control*) [CR80, PRC82] で用いられていたからである．同じ方法は，多くの市販されている予測制御の製品 (付録 A を参照) で用いられている．そして，われわれは第 1 章ですでにこれを用いた．

たとえ $C_y = I$ であっても，$\hat{y}(k+i|k) \neq \hat{x}(k+i|k)$ であることに注意しよう．一般に，これは，$\hat{x}$ を推定するために，**観測器** (*observer*) が必要であることを意味している．

2.6.3 観測器の利用

状態ベクトルの全要素を測定できないならば，あるいは，測定出力が状態の線形結合で構成されている，すなわち状態を直接測定できないならば，状態ベクトルを推定するために観測器を用いることができる．前項でわれわれが課した「一定値出力外乱」の仮定が，観測器理論を用いてどのように扱われるかを理解することは有益である．出力外乱のモデルを含むようにプラントのモデルを拡大することによって，これを行うことができる．拡大状態

$$\xi(k) = \left[\begin{array}{c} x(k) \\ d(k) \end{array}\right]$$

を定義する．出力外乱 d は一定値であると仮定したので，新しい状態方程式と出力方程式は，つぎのようになる．

$$\left[\begin{array}{c} x(k+1) \\ d(k+1) \end{array}\right] = \left[\begin{array}{cc} A & 0 \\ 0 & I \end{array}\right]\left[\begin{array}{c} x(k) \\ d(k) \end{array}\right] + \left[\begin{array}{c} B \\ 0 \end{array}\right]u(k) \tag{2.77}$$

$$y(k) = \left[\begin{array}{cc} C_y & I \end{array}\right]\left[\begin{array}{c} x(k) \\ d(k) \end{array}\right] \tag{2.78}$$

さて，ゲイン行列 L を

$$L = \left[\begin{array}{c} L_x \\ L_d \end{array}\right]$$

のように分割すると，標準的な観測器方程式 (ミニ解説 2 を参照) を適用することによって，つぎの推定値が得られる．

$$\left[\begin{array}{c} \hat{x}(k+1|k) \\ \hat{d}(k+1|k) \end{array}\right] = \left(\left[\begin{array}{cc} A & 0 \\ 0 & I \end{array}\right] - \left[\begin{array}{c} L_x \\ L_d \end{array}\right]\left[\begin{array}{cc} C_y & I \end{array}\right]\right)\left[\begin{array}{c} \hat{x}(k|k-1) \\ \hat{d}(k|k-1) \end{array}\right]$$
$$+ \left[\begin{array}{c} B \\ 0 \end{array}\right]u(k) + \left[\begin{array}{c} L_x \\ L_d \end{array}\right]y(k) \tag{2.79}$$

しかし，前項で

$$\hat{d}(k|k) = -C_y\hat{x}(k|k-1) + y(k)$$

とし，また $\hat{d}(k+1|k) = \hat{d}(k|k)$ と仮定したので，次式を得る．

$$\hat{d}(k+1|k) = -C_y\hat{x}(k|k-1) + y(k) \tag{2.80}$$

ミニ解説 2 —— 状態観測器

次式で記述されるプラントに対する**状態観測器** (*state observer*) の一般的な構造を図 2.5 に示した．

$$x(k+1) = Ax(k) + Bu(k), \quad y(k) = Cx(k) \tag{2.81}$$

状態観測器では，状態推定値 $\hat{x}$ を修正するために，ゲイン行列 L を用いて測定されたプラント出力からのフィードバックをもつ，プラントのコピーを用意する．

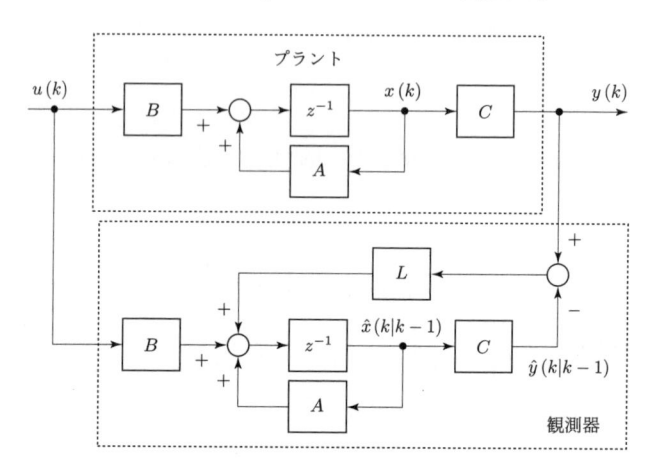

図 2.5 状態観測器

観測器の方程式は次式で与えられる．

$$\hat{x}(k|k) = \hat{x}(k|k-1) + L'[y(k) - \hat{y}(k|k-1)] \tag{2.82}$$

$$\hat{x}(k+1|k) = A\hat{x}(k|k) + Bu(k) \tag{2.83}$$

$$\hat{y}(k|k-1) = C\hat{x}(k|k-1) \tag{2.84}$$

式 (2.83) に式 (2.82) と式 (2.84) を代入すると，次式を得る．

$$\hat{x}(k+1|k) = A(I - L'C)\hat{x}(k|k-1) + Bu(k) + AL'y(k) \tag{2.85}$$

$$= (A - LC)\hat{x}(k|k-1) + Bu(k) + Ly(k) \tag{2.86}$$

ここで $L = AL'$ とおいた．$A - LC$ のすべての固有値が単位円内に存在すれば，これは安定システムになる．さらに，状態推定誤差を $e(k) = x(k) - \hat{x}(k|k-1)$ と定義すると，式 (2.81) を用いることによって，

$$e(k+1) = (A - LC)e(k)$$

を得る．

> **ミニ解説2 —— つづき**
>
> 　これより，観測器が安定であれば，$A - LC$ の固有値によって決定される率(速さ)で，状態推定誤差がゼロに収束することがわかる．
> 　対 (A, C) が可観測であれば，適切なゲイン行列 L によって，複素平面上の任意の位置に観測器の固有値を配置できる．L を見つける問題は，状態フィードバック極配置問題と双対であり，同じアルゴリズムを用いて解くことができる (MATLAB の *Control System Toolbox* の関数 `place`, `acker`, あるいは `kalman` を参照)．
> 　プラントの状態方程式と出力方程式が既知共分散行列をもつ白色雑音外乱の影響を受けるのであれば，平均二乗状態誤差が最小となるように L を選ぶことができる．そのような観測器は**カルマンフィルタ**(*Kalman filter*) として知られている．

観測器ゲインを

$$L = \begin{bmatrix} L_x \\ L_d \end{bmatrix} = \begin{bmatrix} 0 \\ I \end{bmatrix}$$

と選んだ場合，観測器から得られる推定値は式 (2.80) から得られたものと一致することがわかる．上の観測器ゲインを用いると，

$$\left(\begin{bmatrix} A & 0 \\ 0 & I \end{bmatrix} - \begin{bmatrix} L_x \\ L_d \end{bmatrix} \begin{bmatrix} C_y & I \end{bmatrix} \right) = \begin{bmatrix} A & 0 \\ -C_y & 0 \end{bmatrix}$$

となり，この行列のブロック三角構造より，観測器の固有値はプラント (行列 A) のそれと同じであり，残りの固有値はゼロとなる．そのゼロの存在により，外乱の**デッドビート**推定が得られる，すなわち，外乱推定値は有限回の繰り返しの後，真値に一致する．この場合，式 (2.80) よりほんの1回の繰り返しで真値に一致することがわかる (もちろん，実際の外乱がわれわれの仮定に従ってふるまってくれればであるが)．

　観測器の固有値が A のそれを含むという事実より，この単純な外乱推定法は，安定プラントに対してしか適用できない．安定でないと推定値 $\hat{x}(k+1|k)$ は時刻 k が増加するにつれて，どんどん劣化してしまう．よって，外乱推定のための「*DMC*法」は単純で直感的ではあるが，その利用範囲は限定される．この制限を克服することは容易である．すなわち，同じ外乱モデルを用いるが，異なる観測器ゲイン行列 L を用いるのである．不安定プラントであったとしても，(A, C_y) が可観測であれば，単位円内にすべての観測器の固有値を含むような L を見つけることが可能である．

　観測器を用いた場合には，状態予測方程式 (2.67) の形は，$x(k)$ が $\hat{x}(k|k)$ に代わるだけで，その他は同じままである．この詳細については後述する．

さて，もう一つの状態空間表現 (2.38) を用い，再び y と z は等しいと仮定する．出力に外乱が存在すると仮定しているので，実際の測定出力 $y(k)$ と出力 $\eta(k)$（これは外乱が存在しない場合に得られるであろう出力）を区別しなければならない．いま，状態ベクトルとして，次式を選ぶ．

$$\xi(k) = \begin{bmatrix} \Delta x(k) \\ \eta(k) \end{bmatrix} \tag{2.87}$$

すると，プラントモデルは次式のようになる．

$$\xi(k+1) = \begin{bmatrix} A & 0 \\ C_y A & I \end{bmatrix} \xi(k) + \begin{bmatrix} B \\ C_y B \end{bmatrix} \Delta u(k) \tag{2.88}$$

$$y(k) = \begin{bmatrix} 0 & I \end{bmatrix} \xi(k) + d(k) \tag{2.89}$$

よって，標準的な観測器方程式は，

$$\begin{aligned}
\hat{\xi}(k+1) &= \left(\begin{bmatrix} A & 0 \\ C_y A & I \end{bmatrix} - \begin{bmatrix} L_{\Delta x} \\ L_\eta \end{bmatrix} \begin{bmatrix} 0 & I \end{bmatrix} \right) \hat{\xi}(k) \\
&\quad + \begin{bmatrix} B \\ C_y B \end{bmatrix} \Delta u(k) + \begin{bmatrix} L_{\Delta x} \\ L_\eta \end{bmatrix} y(k)
\end{aligned} \tag{2.90}$$

となる．この式の2行目より，次式が得られる．

$$\begin{aligned}
\hat{\eta}(k+1) &= C_y A \Delta \hat{x}(k) + (I - L_\eta) \hat{\eta}(k) + C_y B \Delta u(k) + L_\eta y(k) \\
&= [C_y A \Delta \hat{x}(k) + \hat{\eta}(k) + C_y B \Delta u(k)] + L_\eta [y(k) - \hat{\eta}(k)]
\end{aligned} \tag{2.91}$$

この式の最初のかっこ内は，時刻 $k+1$ において外乱が存在しない場合の，時刻 $k+1$ での出力の予測値であり，これは第2項（前時刻の予測での誤差による項）によって修正される．

さて，$L_\eta = I$ とし，$\hat{d}(k|k) = y(k) - \hat{\eta}(k)$ と書くならば，まさに次ステップのプラント出力の DMC 予測が得られる．すなわち，実際の出力と予測出力の間の差を出力外乱の推定値とみなし，そしてその推定値がつぎの出力に影響を与えると仮定される．よって，二つの状態空間表現において，DMC 推定値は同じ観測器ゲイン行列

$$\begin{bmatrix} L_x \\ L_d \end{bmatrix} = \begin{bmatrix} 0 \\ I \end{bmatrix} = \begin{bmatrix} L_{\Delta x} \\ L_\eta \end{bmatrix} \tag{2.92}$$

によって得られることがわかる（これら二つのゲイン行列における分割は同じ次元をもつことに注意する．なぜならば d と η は同じ数の要素をもつベクトルだからである）．式 (2.90) より，この場合，観測器状態遷移行列が

$$\left(\begin{bmatrix} A & 0 \\ C_y A & I \end{bmatrix} - \begin{bmatrix} L_{\Delta x} \\ L_\eta \end{bmatrix} \begin{bmatrix} 0 & I \end{bmatrix} \right) = \begin{bmatrix} A & 0 \\ C_y A & 0 \end{bmatrix} \tag{2.93}$$

であり，ここでも観測器の固有値は，プラントの極の場所とゼロにあることがわかる．

どちらの状態空間表現を用いた場合でも，$L_d = L_\eta = I$ とすると，それぞれのステップでは，L_x や $L_{\Delta x}$ の値が何であろうと，すなわち，$L_x \neq 0$ あるいは $L_{\Delta x} \neq 0$ であったとしても，予測が前のステップにおける予測誤差によって修正されるという点が重要である．ここで大切なことは，真の「最適」状態推定値を得ることは，ほとんどの場合不可能であるということである．なぜならば，外乱や測定雑音の統計的性質について完全に既知ではないし，利用するモデルの精度は限られたものであるからである．このような状況では，事実上，観測器ゲインはもう一つの「チューニングパラメータ」になる．観測器ゲインは，予測コントローラ，特に，外乱応答や安定余裕などに影響を与えるからである（詳細は 7.4.2 項，8.2 節，8.3 節を参照）．そのため，観測器によって生成される状態推定値は，物理変数とほとんど関連がなくなってしまう．しかし，予測制御の重要な特徴は，制約を考慮できる能力を有することである．明らかに，出力の高精度な予測が利用できるときにのみ，出力制約を精度よく守ることが可能である．$L_d = I$ あるいは $L_\eta = I$ という選択は，予測出力が実際の出力から大きく離れて発散しないことを保証する．予測誤差は，1 ステップ以上にわたって蓄積することを許容されないためである．したがって，しばしばこれは観測器設計に関する制約となるだろう．

一方，ある測定値に雑音が多く含まれているということが既知であるとしたら，すべてのステップで雑音に従って，実際の (意味のある) 出力の推定値を跳ね回らせることには意味がない．すべてのステップで雑音に追従することは，プラント入力を不必要に動かすだけではなく，出力制約を不規則に**活性化** (*activation*) そして**不活性化** (*deactivation*)[9] する原因となってしまう．この場合，少なくとも，推定された出力が「平均的に」実際の出力に追従するということを確信していなくてはならない．特に，測定出力が一定であれば，推定された出力は同じ一定値に収束するようにしなくてはならない．観測器は漸近安定になるように設計されるので，プラント入力と出力

---

9. 〈訳者注〉不等式制約条件の等号が成り立つとき，その制約条件は "active" であるといわれる．それに対して，不等式制約条件の不等号が厳密に成り立つとき (等号を除外するとき)，その制約条件は "inactive" であるといわれる．最適化の分野では "active" は「有効である」，"inactive" は「有効でない」と訳されている．たとえば，"active constraint" は「有効な制約」，"inactive constraint" は「有効でない制約」と表現されている (田村，村松著：最適化法，共立出版 (2002))．しかしながら，"inactive" でも制約条件には従っているので，「有効でない」という表現は妥当ではないと訳者は考える．そこで，本書では，"active" を制約条件が「活性化されている」，"inactive" を「活性化されていない」と訳すことにする．このほうが，現象をより的確に表現しているように思われるからである．しかしながら，この訳が通用するのは，本書の範囲だけであることに注意していただきたい．

測定値が一定値 ($\Delta u(k) = 0$, そして $\Delta x(k) = 0$) ならば, 状態推定値は一定値に収束する. $\hat{\eta}(k)$ が η_0 に収束するとする. 式 (2.91) より, 測定されたプラント出力が一定値 $y(k) = y_0$ であるならば,

$$\eta_0 = \eta_0 + L_\eta (y_0 - \eta_0) \tag{2.94}$$

となり, これより L_η の値が何であろうとも, ($\det L_\eta \neq 0$ であれば) $\eta_0 = y_0$ となることがわかる. よって, 観測器は, それが漸近安定である限り, つねにプラント出力の測定値を「平均的に」正確に推定する. 測定値にバイアス (系統誤差) が存在しなければ, 真のプラント出力を「平均的に」正確に推定するだろう. 式 (2.77)〜(2.78) を用いたときも, 同様な結論を導くことができる (演習問題 2.16 を参照).

2.6.4 独立モデルと再編成モデル

第 1 章で, **独立モデル** (*independent model*) を導入した. 独立モデルは, その予測が, プラントに印加される入力にのみ影響を受け, 実際のプラント応答には影響を受けないモデルである. これは, 観測器ゲインを $L_x = 0$ (あるいは, もう一方の状態空間表現が用いられたならば, $L_{\Delta x} = 0$) のように選ぶことに対応することがわかる. 式 (2.79) あるいは式 (2.90) より明らかなように, この場合, プラント状態ベクトルに対応するとみなしているモデルの状態ベクトルの部分は, 出力測定値の影響を受けない.

第 1 章ですでに述べたように, 安定なときだけ, 独立モデルを用いることができる. 不安定な独立モデルを利用しようとすると, 状態推定値はプラントの状態から急激に発散し, 非常に不正確な予測器になってしまう. 不安定モデルでは, 観測器を安定化させるために, $L_x \neq 0$ (あるいは $L_{\Delta x} \neq 0$) を用いる必要がある.

差分方程式 (伝達関数) モデルを使う場合に広く用いられている手順の一つとして, 測定値に関してモデルを**再編成する** (*realign*) ものがある. この方法では, 未来の出力を予測するとき, 過去のモデル出力の代わりに, 過去の出力の実際の測定値を用いる. これについてはすでに 1.6 節で紹介した. これは, ある安定化するための方法を使いながら, 観測器を用いるものであると解釈できることを以下で示していこう.

外乱を考慮しない場合について考える. これは式 (1.38) を利用することに対応する. 差分方程式モデルが次式のように与えられるとしよう.

$$y(k) + \sum_{i=1}^{r} A_i y(k-i) = \sum_{i=1}^{r} B_i u(k-i) \tag{2.95}$$

この伝達関数表現に等価な状態空間表現は, いくつも存在する [Kai80]. このモデ

の状態空間表現を得る簡単な方法の一つは，過去の入出力から構成される状態を定義することである．

$$x(k) = \begin{bmatrix} y^T(k) & y^T(k-1) & \cdots & y^T(k-r+1) \\ & u^T(k-1) & u^T(k-2) & \cdots & u^T(k-r+1) \end{bmatrix}^T \tag{2.96}$$

すると，式 (2.95) と等価な状態空間モデルの (A, B, C) は，つぎのように定義される．

$$A = \begin{bmatrix} -A_1 & -A_2 & \cdots & -A_{r-1} & -A_r & B_2 & \cdots & B_{r-1} & B_r \\ I_m & 0 & \cdots & 0 & 0 & 0 & \cdots & 0 & 0 \\ 0 & I_m & \cdots & 0 & 0 & 0 & \cdots & 0 & 0 \\ \vdots & \vdots & \ddots & \vdots & \vdots & \vdots & \ddots & \vdots & \vdots \\ 0 & 0 & \cdots & I_m & 0 & 0 & \cdots & 0 & 0 \\ 0 & 0 & \cdots & 0 & 0 & 0 & \cdots & 0 & 0 \\ 0 & 0 & \cdots & 0 & 0 & I_\ell & \cdots & 0 & 0 \\ \vdots & \vdots & \ddots & \vdots & \vdots & \vdots & \ddots & \vdots & \vdots \\ 0 & 0 & \cdots & 0 & 0 & 0 & \cdots & I_\ell & 0 \end{bmatrix} \tag{2.97}$$

$$B = \begin{bmatrix} B_1^T & 0 & 0 & \cdots & 0 & I_\ell & 0 & \cdots & 0 \end{bmatrix}^T \tag{2.98}$$

$$C = \begin{bmatrix} I_m & 0 & \cdots & 0 & 0 & 0 & \cdots & 0 & 0 \end{bmatrix} \tag{2.99}$$

いま，ゲイン行列

$$L' = \begin{bmatrix} I_m & 0 & \cdots & 0 \end{bmatrix}^T \tag{2.100}$$

をもつ観測器を仮定すると，

$$I - L'C = \begin{bmatrix} 0_{m,m} & 0 \\ 0 & I \end{bmatrix} \tag{2.101}$$

となり，$\hat{x}(k|k)$ の第一要素は $y(k)$ になる．さらに，A の形式から $y(k)$ は $\hat{x}(k+1|k)$ および $\hat{x}(k+1|k+1)$ の二番目の（ベクトル）要素となり，$\hat{x}(k+2|k+1)$ および $\hat{x}(k+2|k+2)$ の三番目の要素となる．以下，同様である．また，$u(k)$ は $\hat{x}(k+1|k)$ と $\hat{x}(k+1|k+1)$ に入り，ここでも A の形式から，$\hat{x}(k+2|k+1)$, $\hat{x}(k+3|k+2), \ldots$ の中で「下の方向に」伝播していく．よって，観測器を動作させてから高々 r ステップ後には，$\hat{x}(k|k) = x(k)$ となる．すなわち，この観測器から得られた状態推定値は，現在と過去の入出力を含む．そして，この推定値に基づいて得られる予測は，「再編成された」差分方程式モデルを用いて得られた予測とまったく同じものになる．

観測器の動特性は，$A(I - L'C) = A - LC$ の固有値によって決定される．この行列は，次式のようなブロック三角形式をしている．

$$A(I - L'C) = A - LC = \begin{bmatrix} 0_{m,m} & X \\ 0 & J \end{bmatrix} \tag{2.102}$$

ただし，$X = [-A_2, -A_3, \ldots, B_r]$ であり，

$$J = \begin{bmatrix} 0 & 0 & \cdots & 0 & 0 \\ I_m & 0 & \cdots & 0 & 0 \\ \vdots & \vdots & \ddots & \vdots & \vdots \\ 0 & 0 & \cdots & I_\ell & 0 \end{bmatrix} \tag{2.103}$$

である．行列 $A - LC$ はブロック三角で，左上ブロックはゼロであり，また J のすべての固有値はゼロである．よって，$A - LC$ のすべての固有値がゼロであることは明らかである．すなわち，この観測器はつねに安定であり，実際に「デッドビート」である．ここで，プラントの安定性については何も仮定していないことに注意する．

この節で示したことをまとめておこう．

1. 過去のデータに関して予測モデルを「再編成」することは，観測器を安定化する一つの方法である．また，それがなぜ不安定プラントに対しても適用できるのかについて説明した．
2. ここで与えた方法だけが，不安定モデルに対処する方法ではない．安定な観測器を与える他の観測器ゲイン行列はたくさんあり，ときにはそれらのほうがより適切かもしれない．
3. しかしながら，モデルを「再編成」すること，すなわち，式(2.96)のように状態を選ぶことの利点は，過去の入出力は既知であり，観測器を用いる本当の必要性はないことである．本節での解析は，観測器の観点からの解釈である．

2.7 例題：航空機モデル

本節では，セスナ・サイテーション 500 航空機が，高度 5000 m，一定速度 128.2 m/sec で巡航しているときの，線形化された動特性の近似モデルを対象としよう．昇降舵角度 〔rad〕が唯一の入力で，ピッチ角度〔rad〕，高度〔m〕，そして高度率〔m/s〕を出力とする．

$$\dot{x} = Ax + Bu, \quad y = Cx + Du$$

ただし，

$$A = \begin{bmatrix} -1.2822 & 0 & 0.98 & 0 \\ 0 & 0 & 1 & 0 \\ -5.4293 & 0 & -1.8366 & 0 \\ -128.2 & 128.2 & 0 & 0 \end{bmatrix}, \quad B = \begin{bmatrix} -0.3 \\ 0 \\ -17 \\ 0 \end{bmatrix},$$

$$C = \begin{bmatrix} 0 & 1 & 0 & 0 \\ 0 & 0 & 0 & 1 \\ -128.2 & 128.2 & 0 & 0 \end{bmatrix}, \quad D = \begin{bmatrix} 0 \\ 0 \\ 0 \end{bmatrix}$$

である．例題としての便宜上，この状態方程式は航空機ダイナミクスの正確な記述であるとする．

昇降舵角度は ±15°（±0.262 rad）に，昇降舵回転率は ±30°/sec（±0.524 rad/sec）に制限されているとする．これらは装置の構造上，課せられた制約であり，これを超えることは許されない．また，乗客の快適性のために，ピッチ角度は ±20°（±0.349 rad）に制限される．

図 2.6 は時刻 0 で高度設定値に 40 m のステップ変化を与えたときの応答を示したものである．ここで，ピッチ角度と高度率の設定値は 0 のままとした．そして参照軌道は設定値と等しくした．すなわち，$r(k+i|k) = [0, 40, 0]^T$ $(k \geq 0)$ とした．サンプ

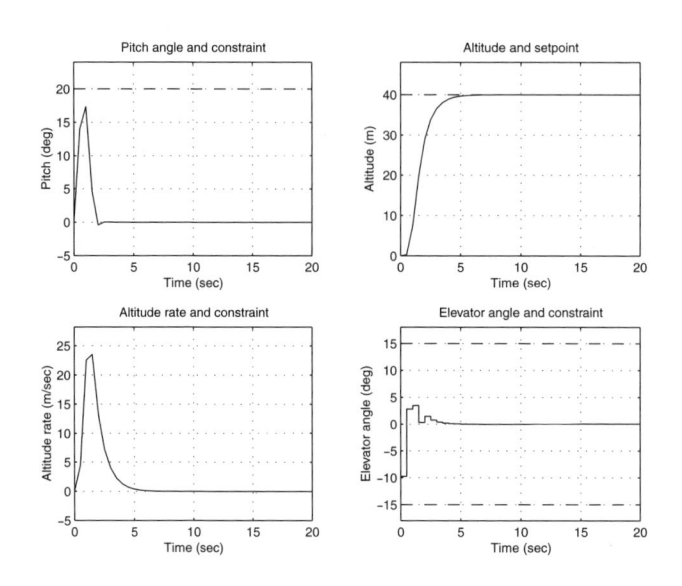

図 2.6 高度設定値に 40 m のステップ変化を与えたときの航空機の応答

リング周期は $T_s = 0.5$ [sec]，予測ホライズンは $H_p = 10$（すなわち5秒），そして制御ホライズンは $H_u = 3$（すなわち1.5秒）とした．すべての予測ホライズンにわたって，追従誤差にペナルティをかけた（すなわち $H_w = 1$）．追従誤差に関する重みは $Q(i) = I_3$（予測ホライズンにおけるすべてのポイントで同じとする），制御入力変化に対する重みは $R(i) = 1$（制御ホライズンにおけるすべてのポイントで同じとする）とした．図から明らかなように，この大きさの変化では，過渡状態のどの点においても，いずれの制約も活性化されなかった．結果として，線形時不変コントローラが得られた．この詳細は第3章で示される．

過渡状態の大部分のところで，高度追従誤差はピッチ角度と高度率誤差に比べて支配的であり，そのため，高度誤差を小さくするために，ピッチ角度と高度率は，それらの設定値から離れていることに注目しよう．要求された高度が達成されたとき，三つすべての出力は急速にそれらの設定値に整定する．このふるまいは，まったくもってここで生じた誤差の数値によるものである．すなわち，高度誤差が他の誤差に比べて数値上は大きく，評価関数へのその寄与が支配的であるからである．このことは一般的に成り立つわけではなく，すべての多入力多出力問題でそうであるように，望ましい性能を得るためには，問題に依存したスケーリングを用いなければならない（たとえば，予測制御アルゴリズムにおいて，ピッチ角度の単位が「ラジアン (rad)」ではなく「度 (°)」で表現されていたならば，ピッチ設定値はより重要になっていただろう，そして要求された高度の達成の妨げとなっただろう）．

他の仕様を用いてこのマヌーバを行うことも可能である．明白な方法の一つは，高度誤差がある小さな値になるまで，ピッチ角度と高度率を自由にしておくことである．これは，対応する誤差に関する重みを，このマヌーバを完了するために要すると予想される時間に基づいて，おそらく固定された時間だけ，低減化することによって行うことができる．すなわち，次式のように重み Q をおく．

$$Q_1(k+i|k) = Q_3(k+i|k) = \begin{cases} 0, & k+i < 8 \text{ のとき} \\ 1, & k+i \geq 8 \text{ のとき} \end{cases} \quad (2.104)$$

しかし，要求された高度変化の大きさに応じて，これを調整する必要がある．また，このような重みを用いた場合，計画どおり正確にマヌーバが行われないと，失敗する傾向がある．はるかによい代替法は，重みを状態依存にすることであろう[10]．すなわ

---

[10]. Model Predictive Control Toolbox では，状態依存重みのシミュレーションを行うことはできない．しかしながら，本書のウェブサイトに準備された改良版の関数 scmpc2 と scmpcnl2 を用いれば，少々効率は悪いが，これを行うことが可能である．

ち，次式のように重み Q をおく．

$$Q_1(k+i|k) = Q_3(k+i|k) = \begin{cases} 0, & |r_2(k+i|k) - \hat{y}_2(k+i|k)| > 5 \text{ のとき} \\ 1, & |r_2(k+i|k) - \hat{y}_2(k+i|k)| \leq 5 \text{ のとき} \end{cases} \tag{2.105}$$

40 m ではなく 400 m とした，より大きな高度変化を考えてみよう．この場合の応答を図 2.7 に示した．過渡状態のほとんどでピッチ角度制約が活性化され，その結果，高度率は過渡状態の一部では一定値になっていることがわかる．今回は，制御動作は非線形である．

図 2.6 と図 2.7 では，高度の変化率には制約を課していない．いま，その制約として 30 m/sec を課してみよう．そして，再び，400 m の高度変化を行おう．そのときの応答を図 2.8 に示した．ピッチ角度制約は過渡状態の初めに短時間活性化されているが，高度率制約が過渡状態のほとんどの間，活性化されていることがわかる．結果として得られた (非線形な) ふるまいは，従来の自動操縦の高度変化のそれと似ている．従来の自動操縦では，要求された高度がほとんど達成されるまで，要求された上昇率が保たれ，それから要求された高度になり，それが保たれる．

この例題では，制約を規定しそれを考慮する能力に由来する柔軟性を少し示した．

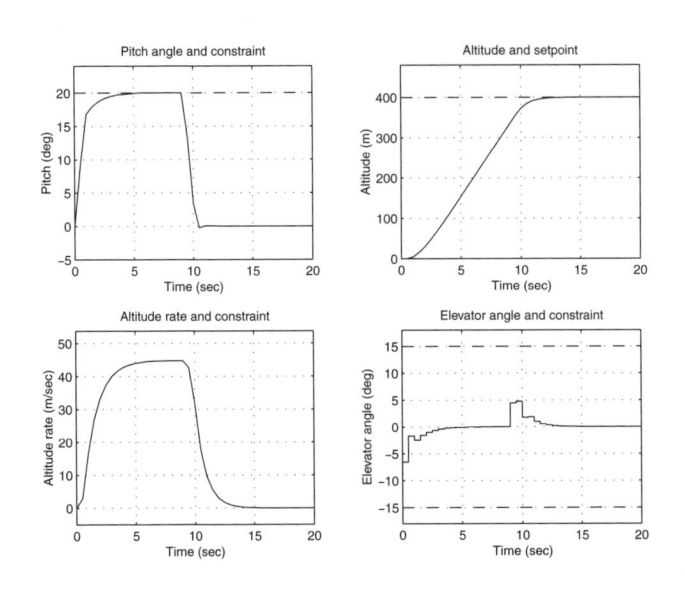

図 2.7 高度設定値に 400 m のステップ変化を与えたときの航空機の応答

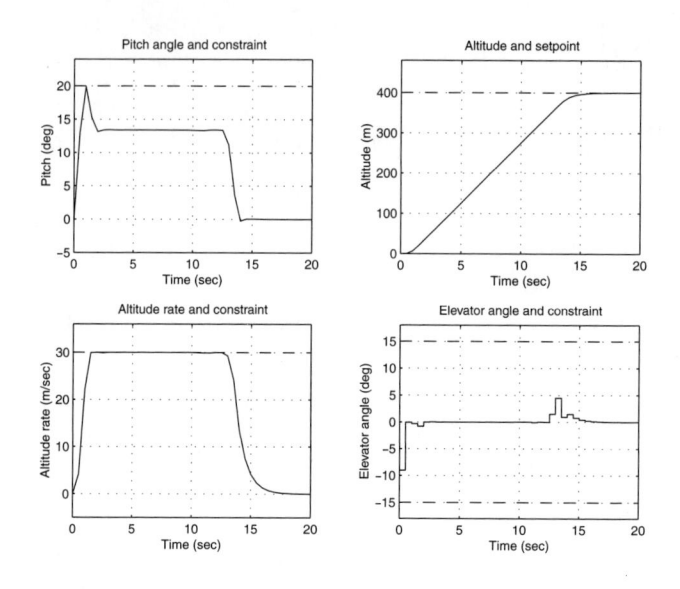

図 2.8 高度設定値に 400 m のステップ変化を与えたときの航空機の応答 (高度率に制約のある場合)

モード切替論理を陽に導入する必要なしに，非常に複雑なふるまいを比較的簡単な仕様によって得ることができた[11]．ここでは柔軟性に富んでいることを示したかったということを強調しておきたい．つねに制約が設定値のよい代替となるといっているわけではない．この例題では，高度率の設定値を与えるのと同時に，高度に一定値設定値を与えるか (この場合，式 (2.104)，(2.105) のように，マヌーバの間，重みを変化させる必要があるかもしれない)，あるいは

$$r(k+i|k) = \begin{bmatrix} 0 \\ y_2(k) + 30T_s i \\ 30 \end{bmatrix}, \quad \hat{y}_2(k+i|k) < 395 \text{ のとき} \qquad (2.106)$$

---

[11]. このことは，**手続き型の** (*procedural*) プログラミング (この場合，要求された計算をどのように実行するかを計算機に教えるためにソフトウェアが用いられる) と**宣言型の** (*declarative*) プログラミング (この場合，何が計算されるのかを定義するためにソフトウェアが用いられる) の間の違いとアナロジーがある．モード切替論理は，コントローラがどのようにして要求されたふるまいを達成するのかを規定するが，制約の利用はそれがどのようなふるまいを達成しなければならないかを規定する．

$$r(k+i|k) = \begin{bmatrix} 0 \\ 400 \\ 0 \end{bmatrix}, \quad \hat{y}_2(k+i|k) \geq 395 \text{ のとき} \tag{2.107}$$

のように，最新の高度の測定値からランプ状に高度参照軌道を与えるのが望ましいかもしれない．

マヌーバを規定するために別の方法をとれば，異なる外乱応答をするだろう．たとえば，乱気流のために高度率が 30 m/sec を超えたとき，設定値ではなく制約によって規定されているならば，高度率を小さくするために，より過激な制御動作がとられるだろう．図 2.9 と図 2.10 は，乱気流に対する応答を示している．その乱気流は，過渡状態に入ってから 5 秒後からの 5 秒間，高度率に 5 m/sec の変化を与える外乱パルスとして現れるものとした．図 2.9 は，高度率に 30 m/sec の制約が課せられている場合を示したものである．外乱が生じ，制約が破られたとき，この制約は活性化される．コントローラは，1 サンプル周期の間，昇降舵を +11° へ動かすことによって，すぐさま高度率を制約の内側に引き戻した．このことにより，ピッチ角度は 13° から −5°に急激に変化する．その後，ピッチ角度は定常値の +11° に落ち着き，この定常値によって，外乱が存在している間中，高度率はその制約上に保たれる．外乱は，マヌーバに入って 10 秒後に急に消滅するので，高度率は即座に下がる．いま，高度率の制

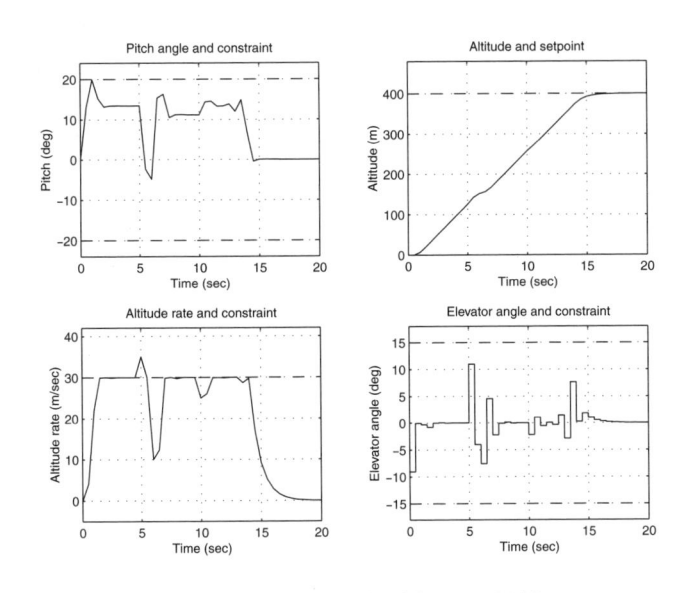

図 2.9 外乱応答 (高度率に制約のある場合)

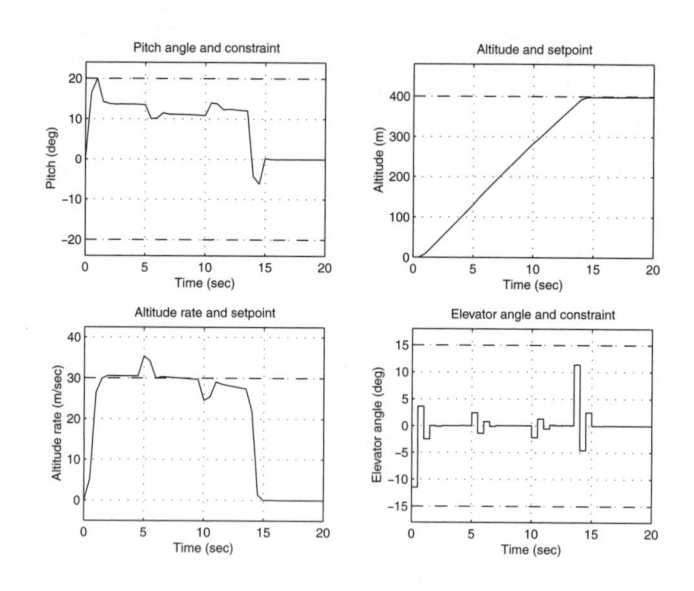

図 2.10 外乱応答 (高度率に設定値を与えた場合)

約が破られる危険性はないので，これに対してはコントローラは外乱の開始時に行った反応に比べて，ゆっくりとした反応を示す．これは，コントローラの非線形なふるまいを非常によく表している．

一方，図 2.10 は高度率に対して，制約ではなく 30 m/sec の設定値を与えた場合の応答を示したものである．ピッチ角度と高度の設定値は，前回と同様に一定値としてそれぞれ 0°，400 m を与えた．高度設定値と比較して，高度率設定値に十分な重みを与えるために，追従誤差重み $Q(i)$ は $Q(i) = \mathrm{diag}(1, 1, 100)$ $(i = 1, \ldots, 5)$，$Q(i) = I_3$ $(i = 6, \ldots, 10)$ とした ($H_p = 10$ であることを思い出せ)．外乱に対する応答が，はるかに穏やかになっていることがわかる．前回の場合と比べて，高度率は 30 m/sec より大きな値に，ほんのわずかだが長くとどまっているが，30 m/sec 以下への大きな落ち込みがないので，全体的には前回より 30 m/sec の近くにある．なぜなら，今回の昇降舵の動作はずっと小さいからである．ここでは，コントローラは線形モードで動作しているため，外乱パルスの開始時と終了時の応答は，対称に近くなっている．マヌーバ終了時，前回の場合よりも過渡状態が激しいという事実は，重みや設定値仕様の選択のささいな副産物であり，注意深く調整を行えば，取り除くことができる．

閉ループのふるまいに関する可能な仕様についてのさらなる議論は，5.5 節と第 7

章で行う.

さて，昇降舵角度から高度率までのゲインが，うまくモデリングされなかったとしよう．予測に利用されるモデルは，このゲインを 10 % 低めに見積もっているとする (すなわち，要素 $A(4,1)$, $A(4,2)$, $C(3,1)$, $C(3,2)$ は，プラントよりモデルが 10 % 小さいものとする). 図 2.11 は, 高度率が 30 m/sec に制約され，それぞれの出力に一定値外乱が加わっていると仮定したときの, 400 m の高度設定値変化に対する応答を示している. 図 2.8 の応答と比べると, 今回の応答は若干振動的であり，昇降舵がより多く動いている. 高度率制約は，過渡状態の約 1.5 秒のところで少し破られているものの (約 0.5 m/sec ではあるが), その後は再び破られることはない. 要求された高度が達成され，定常状態では偏差なしで一定値を保っている.

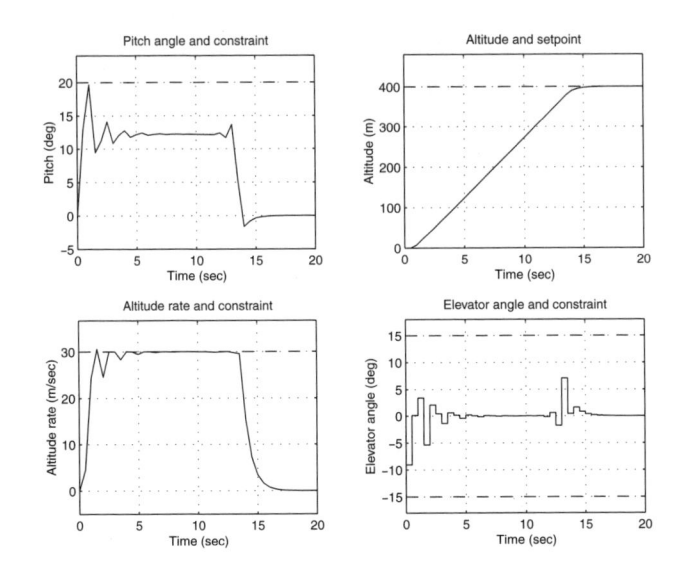

図 2.11 高度設定値に 400 m のステップ変化を与えたときの航空機の応答 (高度率に制約があり，プラントモデル誤差がある場合)

2.8 演習問題

最初の 3 問は，二次形式と ∇V を理解している読者は飛ばしてよい．

2.1 MATLAB を用いて，例題 2.1 で与えた行列 Q の固有値を求めよ．そして得られた二つの固有値が正であることを確認せよ．

2.2 (a) $V(x) = 9x_1^2 + 25x_2^2 + 16x_3^2$ とする．このとき，$V(x) = x^T Q x$ となるような Q を見つけよ．

(b) $V(x, u) = \left(5x_1^2 + 2x_2^2 + x_3^2\right) + \left(100u_1^2 + 4u_2^2\right)$ とする．このとき，$V(x, u) = x^T Q x + u^T R u$ となるような Q, R を見つけよ．

(c) (a), (b) における二つの関数 V は正定だろうか？

2.3 例題 2.1 の式を用いて，ミニ解説 1 (p.51) で与えた勾配 ∇V の公式 (2.20) が正しいことを示せ．まず，∇V を通常の偏微分を用いて計算せよ．つぎに，公式 (2.20) による結果と比較せよ．

2.4 例題 2.3 で与えられた制約に対応する行列 F を求めよ．

2.5 1 状態，1 入力，1 制御変数をもつ以下のモデルを考える．

$$\hat{x}(k+1|k) = 2\hat{x}(k|k-1) + u(k)$$
$$\hat{z}(k|k) = 3\hat{x}(k|k)$$

また，つぎの制約を課す．

$$-1 \leq z(k) \leq 2, \quad \forall k$$

$\hat{x}(k|k) = 3$, $u(k-1) = -1$ のとき，$\Delta u(k)$ に対する対応する制約は，

$$-\frac{16}{3} \leq \Delta u(k) \leq -\frac{13}{3}$$

であることを示せ．

2.6 MATLAB の操作の練習として，そして離散時間システムの簡単な復習として，例題 2.4 で行った離散化を確認せよ．`cont_sys = ss(Ac,Bc,Cc,Dc)` という形式のコマンドによって，状態空間システムオブジェクトを生成することができる．ただし，`Ac` などは連続時間状態空間行列である．`disc_sys = c2d(cont_sys,Ts)` を用いてそれを離散化できる．ただし，`Ts` はサンプリング周期である．`Ad = get(disc_sys,'a')` という形式のコマンドによって，これらのシステムオブジェクトからシステム行列を取り出すことができる (コマンドに関するさらなる情報を得るには，`help lti` と入力せよ).

このシステムは安定だろうか？c2d で用いられているデフォルトの離散化法では，A_c のそれぞれの固有値 λ は $\exp(\lambda T_s)$ に写像される．このことを確認せよ（関数 eig, exp を用いよ）．

2.7 例題 2.4 において，（他の制約に加えて）供給タンクレベルが空になったり，あるいはいっぱいにならないように，供給タンクレベル H_1 に制約が課せられるとする．

(a) これを表現するために，なぜ基本定式化中の行列 C_z を変更しなければならないかを説明せよ．この行列の値はどうなるか？

(b) この場合，E, F, G の次元はどうなるか？

(c) この場合，付加的な困難が生じるだろうか？

☞ 行列 C_y と C_z を比較せよ．

2.8 2.4 節において，拡大状態ベクトルとして

$$\xi(k) = \begin{bmatrix} \Delta x(k) \\ y(k-1) \\ z(k-1) \end{bmatrix} \tag{2.108}$$

を選ぶことによって，また別の状態空間表現が得られることを示せ．この場合，プラント・モデル方程式は，つぎのようになる．

$$\xi(k+1) = \begin{bmatrix} A & 0 & 0 \\ C_y & I & 0 \\ C_z & 0 & I \end{bmatrix} \xi(k) + \begin{bmatrix} B \\ 0 \\ 0 \end{bmatrix} \Delta u(k) \tag{2.109}$$

$$\begin{bmatrix} y(k) \\ z(k) \end{bmatrix} = \begin{bmatrix} C_y & I & 0 \\ C_z & 0 & I \end{bmatrix} \xi(k) \tag{2.110}$$

2.9 *Control System Toolbox* の関数 c2d を用いて，演算遅れがあるとき，式 (2.46) の形式の連続時間モデルから，式 (2.59) の形式の離散時間モデルを得る MATLAB 関数 c2dd を作成せよ．

2.10 2.7 節の航空機の線形化モデルに対して，以下の問いに答えよ．

(a) サンプリング周期を 0.1 秒として，つぎの二つの場合に対して，この航空機の離散時間モデルを求めよ．

(i) 演算遅れがないとき

(ii) 演算遅れが 0.02 秒のとき（演習問題 2.9 で作成した c2dd を用いて）

(b) この二つのモデルの昇降舵角度から三つの出力までのステップ応答を比較せよ．

(c) この二つのモデルの昇降舵角度から三つの出力までの周波数応答を比較せよ．制御を目的としたとき，演算遅れを無視することによる影響についてコメントせよ．

☞ 本書のウェブサイトから入手できる関数 makecita を用いて連続時間サイテーションモデルを生成できる．

2.11 式 (2.68)〜(2.70)（あるいは等価的に式 (2.71)）を用いて，（式 (2.67) と同様の）行列・ベクトル形式で $\hat{z}(k+i|k)$ を書き表せ．

2.12 式 (2.4) において $D_z \neq 0$ とする．新しい制御変数ベクトル $\tilde{z}(k) = z(k) - D_z u(k)$ を導入する．評価関数と線形不等式制約が z ではなく $\tilde{z}$ を用いて書き直されるとしても，予測制御問題は標準形式のまま，すなわち評価関数は $\Delta \hat{u}$ に関して二次形式で，制約は $\Delta \hat{u}$ を含む線形不等式のままであることを示せ[12]．

2.13 式 (2.4) において $D_z \neq 0$ とする．しかし，$\tilde{z}(k) = z(k) - D_z u(k)$ という変数変換は行わないものとする．このとき $\hat{z}(k+i|k)$ の計算式は，式 (2.68)〜(2.70) からどのように修正されるのだろうか？ 行列・ベクトル形式で，ベクトル $[\hat{z}(k+1|k), \ldots, \hat{z}(k+H_p|k)]^T$ を表現せよ（予測 $\hat{z}$ は，$\hat{x}$ と Δu に関して線形のままである）．

2.14 対

$$\begin{bmatrix} A & 0 \\ 0 & I \end{bmatrix}, \quad \begin{bmatrix} C_y & I \end{bmatrix}$$

が可観測であることと，対 (A, C_y) が可観測であることが等価であることを示せ．

☞ この対が可観測であれば，適切な観測器ゲイン行列 L を用いることにより，つねに「一定値出力」観測器 (2.79) の固有値を任意の場所に配置できることが，ここでの重要な点である．

2.15 1 入力，1 出力，1 状態プラントのモデルを次式とする．

$$x(k+1) = 0.9x(k) + 0.5u(k), \quad y(k) = x(k)$$

$Q(i) = 1$, $R(i) = 0$, $H_p = 30$, $H_u = 2$ として，予測制御を適用する．「プラント入力」に一定値ステップ外乱を仮定する（すなわち，$u(k)$ は $u(k) + d(k)$ に置き換わる）．このとき，以下の問いに答えよ．

---

[12]. この演習問題の解法は，おそらく次章の 3.1 節と 3.2 節を読んだ後のほうがより明確になるだろう．

(a) プラントモデルをどのように拡大したら，この外乱モデルを組み込めるかを示せ．

(b) この外乱モデルをもつプラントに対して，「デッドビート」応答を有する状態観測器を設計せよ．

☞ これは，*Model Predictive Control Toolbox* の smpcest(imod,Q,R) を利用して行える．ただし，Q と R はそれぞれ架空の状態，および出力雑音の共分散であり，R は非常に小さい．R が 0 に近づくとき，この観測器はデッドビート観測器に近づく[13]．

(c) 設計した観測器を用いたときの入力ステップ外乱に対する予測コントローラの応答をシミュレートせよ．その応答をデフォルト DMC 観測器を用いたときの結果と比較せよ (制約はないものと仮定する)．

(d) 観測器設計は設定値応答にどのような影響を与えるだろうか？

(e) *Model Predictive Control Toolbox* で用いる観測器を設計するために *Control System Toolbox* の関数 place をどのように利用したらよいか，詳細を示せ (*Model Predictive Control Toolbox* で用いられているモデル表現に注意する必要がある)．

2.16 任意の漸近安定観測器によって推定されたプラント出力は，測定されたプラント出力が一定値であるならば (プラント入力と状態はともに一定とする)，測定されたプラント出力に収束することを式 (2.77)～(2.78) の表現を用いて示せ．

---

[13]. この場合，状態観測器を設計する最も簡単な方法は，*Model Predictive Control Toolbox* の利用ではなく，手計算によるものだろう．しかし，つぎの問題 (c) でこのツールボックスを用いてシミュレーションを行うためには，このツールボックスでのモデル表現を用いる必要がある．

第3章

予測制御問題の解法

本章では，標準的な予測制御問題の解き方について説明する．また，結果として得られるコントローラの構造について議論する．予測制御で生じる最適化問題を解くために用いられる**アクティブセット法**と**内点法**を紹介する．そして**制約緩和**という重要な話題について解説する．

3.1 制約なし問題

3.1.1 状態測定可能・外乱なしの場合

われわれが最小化しなければならない評価関数は次式である．

$$V(k) = \sum_{i=H_w}^{H_p} \|\hat{z}(k+i|k) - r(k+i|k)\|_{Q(i)}^2 + \sum_{i=0}^{H_u-1} \|\Delta \hat{u}(k+i|k)\|_{R(i)}^2 \tag{3.1}$$

これはつぎのように書き直すことができる．

$$V(k) = \|\mathcal{Z}(k) - \mathcal{T}(k)\|_{\mathcal{Q}}^2 + \|\Delta \mathcal{U}(k)\|_{\mathcal{R}}^2 \tag{3.2}$$

ただし，

$$\mathcal{Z}(k) = \begin{bmatrix} \hat{z}(k+H_w|k) \\ \vdots \\ \hat{z}(k+H_p|k) \end{bmatrix}, \quad \mathcal{T}(k) = \begin{bmatrix} r(k+H_w|k) \\ \vdots \\ r(k+H_p|k) \end{bmatrix},$$

$$\Delta \mathcal{U}(k) = \begin{bmatrix} \Delta \hat{u}(k|k) \\ \vdots \\ \Delta \hat{u}(k+H_u-1|k) \end{bmatrix}$$

である．そして，重み行列 $\mathcal{Q}$ と $\mathcal{R}$ はつぎのように与えられる．

$$\mathcal{Q} = \begin{bmatrix} Q(H_w) & 0 & \cdots & 0 \\ 0 & Q(H_w+1) & \cdots & 0 \\ \vdots & \vdots & \ddots & \vdots \\ 0 & 0 & \cdots & Q(H_p) \end{bmatrix} \tag{3.3}$$

$$\mathcal{R} = \begin{bmatrix} R(0) & 0 & \cdots & 0 \\ 0 & R(1) & \cdots & 0 \\ \vdots & \vdots & \ddots & \vdots \\ 0 & 0 & \cdots & R(H_u-1) \end{bmatrix} \tag{3.4}$$

また，第 2 章の式 (2.67)，(2.71)，そして演習問題 2.11, 2.13 を思い起こすと，$\mathcal{Z}$ は，ある適切な行列 Ψ, Υ, Θ を用いて次式のように記述できる．

$$\mathcal{Z}(k) = \Psi x(k) + \Upsilon u(k-1) + \Theta \Delta \mathcal{U}(k) \tag{3.5}$$

また，次式を定義する．

$$\mathcal{E}(k) = \mathcal{T}(k) - \Psi x(k) - \Upsilon u(k-1) \tag{3.6}$$

これは，未来の目標軌道とシステムの**自由応答**の間の差という意味で**追従誤差** (tracking error) であると考えることができる．自由応答とは，入力変化がないとき (すなわち，$\Delta \mathcal{U}(k) = 0$ と設定したとき)，予測ホライズンにわたって生じる応答である．そして，$\mathcal{E}(k)$ が本当にゼロになったとしたら，$\Delta \mathcal{U}(k) = 0$ と設定することは確かに妥当であろう．

さて，つぎのように評価関数を変形できる．

$$V(k) = \|\Theta \Delta \mathcal{U}(k) - \mathcal{E}(k)\|_{\mathcal{Q}}^2 + \|\Delta \mathcal{U}(k)\|_{\mathcal{R}}^2 \tag{3.7}$$

$$= [\Delta \mathcal{U}^T(k) \Theta^T - \mathcal{E}^T(k)] \mathcal{Q} [\Theta \Delta \mathcal{U}(k) - \mathcal{E}(k)] + \Delta \mathcal{U}^T(k) \mathcal{R} \Delta \mathcal{U}(k) \tag{3.8}$$

$$= \mathcal{E}^T(k) \mathcal{Q} \mathcal{E}(k) - 2\Delta \mathcal{U}^T(k) \Theta^T \mathcal{Q} \mathcal{E}(k) + \Delta \mathcal{U}^T(k) [\Theta^T \mathcal{Q} \Theta + \mathcal{R}] \Delta \mathcal{U}(k) \tag{3.9}$$

この式はつぎの形式をしている．

$$V(k) = \text{const.} - \Delta \mathcal{U}^T(k) \mathcal{G} + \Delta \mathcal{U}^T(k) \mathcal{H} \Delta \mathcal{U}(k) \tag{3.10}$$

ただし，

$$\mathcal{G} = 2\Theta^T \mathcal{Q} \mathcal{E}(k) \tag{3.11}$$

$$\mathcal{H} = \Theta^T \mathcal{Q} \Theta + \mathcal{R} \tag{3.12}$$

であり，$\mathcal{G}$ と $\mathcal{H}$ はともに $\Delta \mathcal{U}(k)$ には依存しない．

最適な $\Delta \mathcal{U}(k)$ を見つけるために，式 (3.10) の $V(k)$ の勾配を計算し，それを 0 とおくと次式を得る．

$$\nabla_{\Delta \mathcal{U}(k)} V = -\mathcal{G} + 2\mathcal{H} \Delta \mathcal{U}(k) \tag{3.13}$$

よって，未来の入力変化の最適値は，つぎのようになる．

$$\boxed{\Delta \mathcal{U}(k)_{opt} = \frac{1}{2} \mathcal{H}^{-1} \mathcal{G}} \tag{3.14}$$

後退ホライズン方策に従って，この解の最初の部分しか用いない．よって，プラントの入力が ℓ であれば，ベクトル $\Delta \mathcal{U}(k)_{opt}$ の最初の ℓ 行だけしか利用しない．これは次式のように表すことができる．

$$\Delta u(k)_{opt} = [I_\ell, \underbrace{0_\ell, \ldots, 0_\ell}_{(H_u - 1) \text{ 個}}] \Delta \mathcal{U}(k)_{opt} \tag{3.15}$$

ただし，I_ℓ は $\ell \times \ell$ 単位行列で，0_ℓ は $\ell \times \ell$ ゼロ行列である．

ここでは $\hat{u}(k|k)_{opt}$ ではなく，$\Delta u(k)_{opt}$ と書くことができる．なぜならば，予測制御問題の解を得ることができたし，この入力が時刻 k において本当にプラントに印加される入力であるからである．

$\Delta \mathcal{U}(k)_{opt}$ は，本当に評価関数 V の最小値を与えるのだろうか？これは確かに定留点を与えるが，最小値を保証するのに十分ではない．このことを調べるために，式 (3.13) の勾配 $\nabla_{\Delta \mathcal{U}(k)} V$ を再び $\Delta \mathcal{U}(k)$ に関して微分すると，V の二階導関数行列，すなわち**ヘシアン** (Hessian)

$$\frac{\partial^2 V}{\partial \Delta \mathcal{U}(k)^2} = 2\mathcal{H} = 2 \left(\Theta^T \mathcal{Q} \Theta + \mathcal{R} \right) \tag{3.16}$$

が得られる．すべての i に対して $Q(i) \geq 0$ と仮定したので，このことにより $\Theta^T \mathcal{Q} \Theta \geq 0$ が保証される．よって，$\mathcal{R} > 0$ であれば，このヘシアンは確かに正定であり，これは最小値を保証するのに十分である．そして，すべての i に対して $R(i) > 0$ であれば，このヘシアンは正定である．

しかし，入力変化に対してまったくペナルティをかけたくない場合もあるだろう．このときは，$\mathcal{R} = 0$ となってしまう．あるいは，いくつかの入力変化に対してはペナルティをかけないままにしておきたいかもしれない．あるいは，制御ホライズンのいくつかの点における入力変化に対しては，ペナルティをかけたくないかもしれない．このような場合，$\mathcal{R} \geq 0$ となってしまい，$\mathcal{R} > 0$ ではなくなる．$\mathcal{R} = 0$ のとき，最小

点をもつためには,そしてもちろん $\mathcal{H}^{-1}$ の存在を保証するために,$\Theta^T \mathcal{Q} \Theta > 0$ となる必要がある.$\mathcal{R} \geq 0$ の場合は $\Theta^T \mathcal{Q} \Theta + \mathcal{R} > 0$ を保証する必要がある.

これまでに登場したさまざまな行列の次元について調べておこう.Θ は $\mathcal{Z}$ の要素の数と同じ数の行を有する.制御出力が m 個で,H_w と H_p ステップの間を予測する場合,これらの要素は $m(H_p - H_w + 1)$ 個ある.Θ の列の数は,$\Delta \mathcal{U}(k)$ の要素の数と同じであり,これは ℓH_u である.$Q(i)$ は m 行 m 列である.よって,$\mathcal{Q}$ の行と列の数は,それぞれ $m(H_p - H_w + 1)$ である.したがって,$\Theta^T \mathcal{Q} \Theta$ は,行と列の数が ℓH_u の正方行列である.これは当然であるが,$\mathcal{R}$ の行と列の数と一致する.その他の行列についても同様に調べることができ,それらを表 3.1 にまとめた.

表 3.1 最適入力の計算に必要な行列とベクトルの次元(プラントは ℓ 入力,n 状態,m 制御出力とする)

行列	次　元
$\mathcal{Q}$	$m(H_p - H_w + 1) \times m(H_p - H_w + 1)$
$\mathcal{R}$	$\ell H_u \times \ell H_u$
Ψ	$m(H_p - H_w + 1) \times n$
Υ	$m(H_p - H_w + 1) \times \ell$
Θ	$m(H_p - H_w + 1) \times \ell H_u$
$\mathcal{E}$	$m(H_p - H_w + 1) \times 1$
$\mathcal{G}$	$\ell H_u \times 1$
$\mathcal{H}$	$\ell H_u \times \ell H_u$

3.1.2 最小二乗問題としての定式化

最適解は式 (3.14) の形で表されているが,実際には $\mathcal{H}$ の逆行列を計算することによってそれを求めるべきではない.なぜならば行列 Θ はしばしば**悪条件** (ill-conditioned) になり,その結果 $\mathcal{H}$ も悪条件になってしまうからである.したがって,最適解を見つけるための数値アルゴリズムに注意を払う必要がある.

最適解を求める最もよい方法は,それを**最小二乗** (least-squares) 問題として解くことである.そうすることにより,さらに付加的な洞察も得られる.

$\mathcal{Q} \geq 0$,$\mathcal{R} \geq 0$ なので,次式を満たすそれらの**平方根**を見つけることができる.

$$S_\mathcal{Q}^T S_\mathcal{Q} = \mathcal{Q}, \quad S_\mathcal{R}^T S_\mathcal{R} = \mathcal{R}$$

$Q \geq 0$, $\mathcal{R} \geq 0$ が対角ならば,平方根を求めることは簡単である.単にそれぞれの対角要素の平方根をとるだけでよいからである.それらが対角行列でなければ,正定行列に対しては,平方根は**コレスキー**(Cholesky) アルゴリズム (MATLAB では関数 chol) によって,半正定行列に対しては**特異値分解**(Singular Value Decomposition, SVD) (MATLAB では関数 svd) のようなアルゴリズムを用いて計算できる.

さて,つぎのベクトル

$$\left[\begin{array}{c} S_Q \{\Theta \Delta \mathcal{U}(k) - \mathcal{E}(k)\} \\ S_\mathcal{R} \Delta \mathcal{U}(k) \end{array} \right]$$

を考えよう.このベクトルの**二乗長**(squared length),あるいは等価的にその要素の二乗和は,評価関数 $V(k)$ に等しいことを示すことができる.

$$\left\| \left[\begin{array}{c} S_Q \{\Theta \Delta \mathcal{U}(k) - \mathcal{E}(k)\} \\ S_\mathcal{R} \Delta \mathcal{U}(k) \end{array} \right] \right\|^2$$

$$= \left\| \left[\begin{array}{c} S_Q \{\mathcal{Z}(k) - \mathcal{T}(k)\} \\ S_\mathcal{R} \Delta \mathcal{U}(k) \end{array} \right] \right\|^2 \tag{3.17}$$

$$= [\mathcal{Z}(k) - \mathcal{T}(k)]^T S_Q^T S_Q [\mathcal{Z}(k) - \mathcal{T}(k)] + \Delta \mathcal{U}^T(k) S_\mathcal{R}^T S_\mathcal{R} \Delta \mathcal{U}(k) \tag{3.18}$$

$$= \|\mathcal{Z}(k) - \mathcal{T}(k)\|_Q^2 + \|\Delta \mathcal{U}(k)\|_\mathcal{R}^2 \tag{3.19}$$

$$= V(k) \tag{3.20}$$

よって,$\Delta \mathcal{U}(k)_{opt}$ は,この長さを最小化する $\Delta \mathcal{U}(k)$ の値である.すなわち,$\Delta \mathcal{U}(k)_{opt}$ は,

$$\left[\begin{array}{c} S_Q \{\Theta \Delta \mathcal{U}(k) - \mathcal{E}(k)\} \\ S_\mathcal{R} \Delta \mathcal{U}(k) \end{array} \right] = 0 \tag{3.21}$$

の「最小二乗」解である.さらに,この式は次式と等価である.

$$\left[\begin{array}{c} S_Q \Theta \\ S_\mathcal{R} \end{array} \right] \Delta \mathcal{U}(k) = \left[\begin{array}{c} S_Q \mathcal{E}(k) \\ 0 \end{array} \right] \tag{3.22}$$

$A\theta = b$ という形式の方程式は,**QR アルゴリズム**(QR algorithm) を用いて,最小二乗の意味で解くことができる.MATLAB では,この解は $\theta_{opt} = A \backslash b$ として得られる.数学的には,この解は $\theta_{opt} = (A^T A)^{-1} A^T b$ (これは式 (3.14) を与える) と等しいが,このアルゴリズムでは,A の二乗をとることを避けており,積 $A^T A$ を構成せず,その逆行列も計算しない.A が悪条件,あるいは大きなサイズのとき,このことは極めて重要となる.なぜならば,不必要な精度の損失を避けられるからである.詳細に

ついては，たとえば，[GL89] のような数値線形代数に関する本，あるいは [Mac89] の第 8 章 (あるいは MATLAB マニュアル) を参照せよ．

したがって，MATLAB の表記を用いれば，次式を得る．

$$\Delta \mathcal{U}(k)_{opt} = \begin{bmatrix} S_{\mathcal{Q}}\Theta \\ S_{\mathcal{R}} \end{bmatrix} \backslash \begin{bmatrix} S_{\mathcal{Q}}\mathcal{E}(k) \\ 0 \end{bmatrix} \tag{3.23}$$

ほとんどすべての場合，式 (3.22) は**過決定** (over-determined) である．すなわち，正確な解を得るために十分な自由度を有していない．この式は $m(H_p - H_w + 1) + \ell H_u$ 個のスカラ方程式を含んでいるが，変数は ℓH_u 個しかない．入力変化にペナルティを課さない $\mathcal{R} = 0$ という特殊な場合，この方程式はつぎのように簡単になる．

$$S_{\mathcal{Q}}\Theta \Delta \mathcal{U}(k) = S_{\mathcal{Q}}\mathcal{E}(k) \tag{3.24}$$

このときでさえ，通常，変数よりもスカラ方程式の個数のほうが多い．行列 $S_{\mathcal{Q}}\Theta$ が正方で，正則のときにのみ，唯一解は存在する．このためには，$m(H_p - H_w + 1) = \ell H_u$ であることが必要である．しかしながら，通常は $m(H_p - H_w + 1) > \ell H_u$ である．$\mathcal{R} = 0$ の場合であっても，この方程式の両辺から $S_{\mathcal{Q}}$ を取り除くことはできない．もしそうしたら異なる解を与えてしまう．なぜならば，誤差の二乗和を最小化するときに用いられる重みを変化させてしまうからである．

なぜ予測制御問題では**悪条件**が起こるのだろうか？ 典型的には，このことはつぎのようにして生じる．二つの制御変数があり，それらは互いにまったく同じようにふるまうものとする．すると，Θ の対応する行の対は同一になるだろう．その結果，Θ のランク (線形独立な行の数) は，その次元から予想されるものより $H_p - H_w + 1$ (同一の行の対の数) だけ小さくなってしまうだろう．ランクの減少が大きいならば，ランクは ℓH_u より小さくなるだろう．そしてその時点で，$\Theta^T \mathcal{Q}\Theta$ は特異になってしまう．さらに，$\mathcal{R} = 0$ であれば，$\mathcal{H}$ は特異になってしまう．現実には，変数は互いにまったく同じようにはふるまわない．しかし，ときとしてそれらは非常に似たふるまいをすることがある．たとえば，40 段の蒸留塔[1]を考えよう．近接したトレーはまったく同一にはふるまわないが，蒸留塔内のほんの数か所の温度しか操作できないとしたら，近接したトレーは非常に似たようにふるまうだろう．そのような場合，Θ の多くの行は互いに「ほとんど線形従属」になってしまうかもしれない，そして $\mathcal{H}$ はほとんど特異になるだろう．このような原因がない場合も，Θ の下のほうの行は，$H_p - H_w \gg H_u$ であれば，しばしば「ほとんど線形従属」になるだろう．このような

---

1. 〈訳者注〉エタノール水溶液のような共沸混合物の蒸留分離を行う典型的な化学プラントである．

ことを避ける一つの方法は，$\mathcal{R}$ の対角要素の大きさを増加させることである[2]．しかし，これは問題を現実の問題からかけ離れたものにしてしまうかもしれない [QB96]．

3.1.3 制約なしコントローラの構造

式 (3.15), (3.6) で示したとおり，

$$\Delta u(k)_{opt} = \begin{bmatrix} I_\ell & 0_\ell & \cdots & 0_\ell \end{bmatrix} \mathcal{H}^{-1} \Theta^T \mathcal{Q} \mathcal{E}(k) \tag{3.25}$$

$$\mathcal{E}(k) = \mathcal{T}(k) - \Psi x(k) - \Upsilon u(k-1) \tag{3.26}$$

が成り立つ．この解において，時々刻々変化する唯一の部分は，「追従誤差」$\mathcal{E}(k)$ である．以上より，制約なし問題で，全状態が測定可能な場合には，予測コントローラの構造は図 3.1 のようになる．

図において K_{MPC} と表記したブロックは次式で定義される．

$$K_{MPC} = \begin{bmatrix} I_\ell & 0_\ell & \cdots & 0_\ell \end{bmatrix} \mathcal{H}^{-1} \Theta^T \mathcal{Q} \tag{3.27}$$

K_{MPC} を計算する「正しい」方法は，

$$K_{full} = \begin{bmatrix} S_{\mathcal{Q}} \Theta \\ S_{\mathcal{R}} \end{bmatrix} \Big\backslash \begin{bmatrix} S_{\mathcal{Q}} \\ 0 \end{bmatrix} \tag{3.28}$$

$$K_{MPC} = K_{full}(1:\ell,:) \tag{3.29}$$

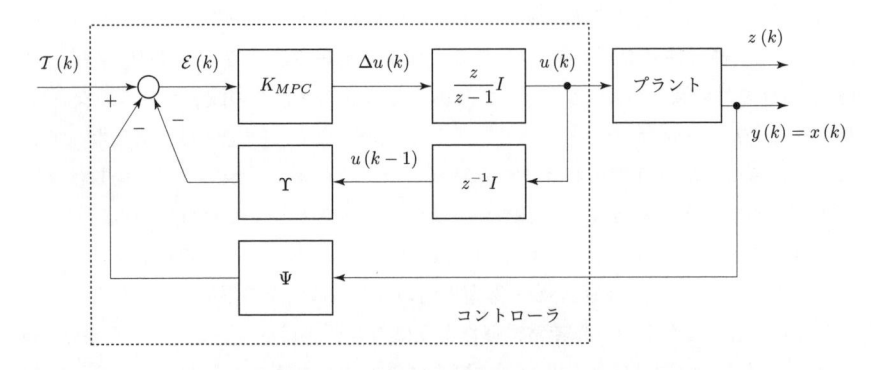

図 3.1 制約がなく，全状態測定の場合のコントローラの構造

---

[2] 〈訳者注〉問題が悪条件の場合，特異に近い行列の対角要素に小さい正数を加えて，行列の正則性を回復する手法は，統計的学習理論などでは「正則化法」(regularization method) として知られている．

である．ここで，解の最初の ℓ 個の行を取り出す MATLAB オペレータである ':' を用いた (つぎの理由よりこれはうまく働く．$\mathcal{E}(k) = [1, 0, \ldots, 0]^T$ であれば，式 (3.23) の \ の右側の S_Q の第 1 列のみから得られる．$\mathcal{E}(k) = [0, 1, 0, \ldots, 0]^T$ であれば，第 2 列を与えるだろう．以下同様である．$\mathcal{E}(k)$ は解に線形に入っているので，\ の右側のこれらの列で式 (3.23) を解くことだけでよい．MATLAB の '\' オペレータは，すべての列に対して同時に解くための洗練された方法であり，とても効率的である．なぜならば，必要となる作業のほとんどは \ の左側の QR 分解であり，それは 1 回だけ解けばよいからである)．

図 3.1 から明らかなように，この場合はコントローラは線形時不変システムになる．よって，その周波数応答や安定余裕などを計算することができる．われわれはそのような解析を後の章で行う．しかしながら，一般に，コントローラは動的であり，非常に特殊な状況下を除いて，単なる「静的フィードバック」ではないことに注意する．

Model Predictive Control Toolbox の関数 smpccon を用いて計算される行列 K_s と K_{MPC} には，つぎのような関係がある．

$$K_s = K_{MPC} \begin{bmatrix} I & -\Psi & -\Upsilon \end{bmatrix} \tag{3.30}$$

よって，次式が得られる．

$$\Delta u(k)_{opt} = K_s \begin{bmatrix} \mathcal{T}(k) \\ x(k) \\ u(k-1) \end{bmatrix} \tag{3.31}$$

3.1.4 推定された状態

さて，状態ベクトルの全要素が測定可能ではなく，観測器を利用しなければならないという，より現実的な場合について述べておく必要がある．そのときの解は，前項で述べた解とほとんど同じであることがわかるだろう．事実，含まれるゲイン行列は，前の場合とまったく同じであることがわかる．唯一の違いは，観測器を利用する必要があることと，前項では測定されていた状態 $x(k)$ の代わりに，状態推定値 $\hat{x}(k|k)$ を利用しなければいけないことである．この場合のコントローラの構造を図 3.2 に示した．これもまた線形時不変システムであるが，状態ベクトルの中に観測器の状態も含んでいるので，その構造は図 3.1 より複雑になっている．

予測された制御出力ベクトル $\mathcal{Z}(k)$ を得るために，式 (3.5) に戻り，$x(k)$ をわれわれが利用できる最良の推定値 $\hat{x}(k|k)$ に置き換えることは「妥当な」ことである．このようにすることがどのような意味であれ「最適」であることは自明ではないので，「妥

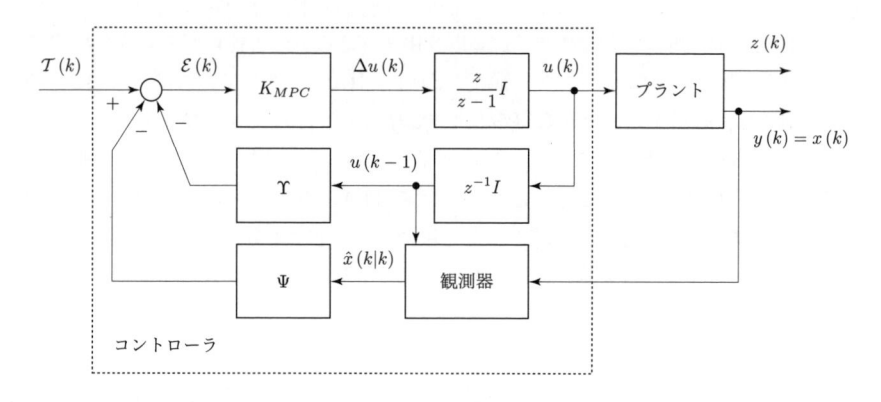

図 3.2 制約がなく，状態観測器を用いた場合のコントローラの構造

当な」という言葉を使った．状態と出力に正規性雑音が加わっている場合に確率的線形二次問題を解くとき，カルマンフィルタ理論 [AM79, BH75, BGW90] より観測器ゲイン L' を得るならば，それが最適であることは，**分離原理** (*separation principle*)，あるいは**確実等価性原理** (*certainty equivalence principle*) より明らかである．しかし，制御工学で非常に広く用いられているにもかかわらず，一般的にはそれはヒューリスティックである．結局，それに代わる他のものは存在しない．

いま，次式を定義する．

$$\mathcal{Z}(k) = \Psi \hat{x}(k|k) + \Upsilon u(k-1) + \Theta \Delta \mathcal{U}(k) \tag{3.32}$$

これに対応して「追従誤差」$\mathcal{E}(k)$ の定義をつぎのように変更する (式 (3.6) と比較せよ)．

$$\mathcal{E}(k) = \mathcal{T}(k) - \Psi \hat{x}(k|k) - \Upsilon u(k-1) \tag{3.33}$$

これらの修正を行えば，最適制御 $\Delta u(k)_{opt}$ の導出は前項とまったく同じである．以上より，図 3.2 で示したコントローラの構造が導かれる．

3.2 制約つき問題

3.2.1 QP問題としての定式化

制約が存在する場合を取り扱おう．制約は，つぎの形式で与えられることを思い出そう．

$$E \begin{bmatrix} \Delta \mathcal{U}(k) \\ 1 \end{bmatrix} \leq 0 \tag{3.34}$$

$$F \begin{bmatrix} \mathcal{U}(k) \\ 1 \end{bmatrix} \leq 0 \tag{3.35}$$

$$G \begin{bmatrix} \mathcal{Z}(k) \\ 1 \end{bmatrix} \leq 0 \tag{3.36}$$

ただし，$\mathcal{U}(k) = [\, \hat{u}^T(k|k) \,\cdots\, \hat{u}^T(k+H_u-1|k) \,]^T$ は $\Delta\mathcal{U}(k)$ と同様に定義される．これら三つの制約をすべて $\Delta\mathcal{U}(k)$ に関する制約で表現しなければならない．

F はつぎの形式をとるとする．

$$F = \begin{bmatrix} F_1 & F_2 & \cdots & F_{H_u} & f \end{bmatrix}$$

ただし，F_i は $q \times m$ 行列で，f の大きさは $q \times 1$ である．すると，式 (3.35) は，

$$\sum_{i=1}^{H_u} F_i \hat{u}(k+i-1|k) + f \leq 0$$

のように書き直される．いま，

$$\hat{u}(k+i-1|k) = u(k-1) + \sum_{j=0}^{i-1} \Delta \hat{u}(k+j|k)$$

なので，式 (3.35) はつぎのようになる．

$$\sum_{j=1}^{H_u} F_j \Delta \hat{u}(k|k) + \sum_{j=2}^{H_u} F_j \Delta \hat{u}(k+1|k) + \cdots + F_{H_u} \Delta \hat{u}(k+H_u-1|k)$$
$$+ \sum_{j=1}^{H_u} F_j u(k-1) + f \leq 0$$

いま，$\mathcal{F}_i = \sum_{j=i}^{H_u} F_j$，$\mathcal{F} = [\, \mathcal{F}_1 \,\cdots\, \mathcal{F}_{H_u} \,]$ と定義すると，式 (3.35) はつぎのように書き直される．

$$\mathcal{F}\Delta\mathcal{U}(k) \leq -\mathcal{F}_1 u(k-1) - f \tag{3.37}$$

ここで，この不等式の右辺はベクトルであり，これは時刻 k で既知である．このように，式 (3.35) を $\Delta \mathcal{U}(k)$ に関する線形不等式制約に変換することができた．

入力に関して，
$$u_{low}(k+i) \leq \hat{u}(k+i|k) \leq u_{high}(k+i) \tag{3.38}$$

のような単純な範囲の制約が課せられているならば，これに対応する線形不等式は簡単な形になる (演習問題 3.6 を参照)．

さて，式 (3.36) に対しても同様な作業を行わなければならない．幸運にも，ここで必要なことは，ほとんどすべて行ってしまった．全状態が測定できると仮定し，式 (3.5) を式 (3.36) に代入すると，次式が得られる．
$$G \begin{bmatrix} \Psi x(k) + \Upsilon u(k-1) + \Theta \Delta \mathcal{U}(k) \\ 1 \end{bmatrix} \leq 0$$

いま，g を G の最終列とし，$G = [\, \Gamma \quad g \,]$ と書く．この式はつぎのように書き直される．
$$\Gamma [\Psi x(k) + \Upsilon u(k-1)] + \Gamma \Theta \Delta \mathcal{U}(k) + g \leq 0$$

あるいは，
$$\Gamma \Theta \Delta \mathcal{U}(k) \leq -\Gamma [\Psi x(k) + \Upsilon u(k-1)] - g \tag{3.39}$$

とも書くことができる．よって，$\Delta \mathcal{U}(k)$ に関する線形不等式制約に変換することができた．

状態推定値のみが利用可能な場合には，3.1.4 項で行ったように $x(k)$ を $\hat{x}(k|k)$ に置き換えればよい．

最後に行うべきことは，式 (3.34) をつぎの形式に変形することである (演習問題 3.6 を参照)．
$$W \Delta \mathcal{U}(k) \leq w \tag{3.40}$$

すると，不等式 (3.37)，(3.39)，(3.40) を一つの不等式
$$\begin{bmatrix} F \\ \Gamma \Theta \\ W \end{bmatrix} \Delta \mathcal{U}(k) \leq \begin{bmatrix} -F_1 u(k-1) - f \\ -\Gamma [\Psi x(k) + \Upsilon u(k-1)] - g \\ w \end{bmatrix} \tag{3.41}$$

にまとめることができる (観測器を利用するときには，$x(k)$ を $\hat{x}(k|k)$ に置き換えればよい)．

さて，最小化されなければならない評価関数 $V(k)$ は，制約がない場合と同じである．よって，式 (3.10) よりつぎの制約つき最適化問題を解かなければいけないことがわかる．

$$\min \left[\Delta \mathcal{U}^T(k) \mathcal{H} \Delta \mathcal{U}(k) - \mathcal{G}^T \Delta \mathcal{U}(k) \right] \quad \text{subject to } (3.41) \tag{3.42}$$

なお，"subject to" は「～のもと」という条件を表す．この最適化問題は，つぎの形式をしている．

$$\min_{\theta} \left[\frac{1}{2} \theta^T \Phi \theta + \phi^T \theta \right] \tag{3.43}$$

$$\text{subject to} \quad \Omega \theta \leq \omega \tag{3.44}$$

これは，**二次計画法**(*Quadratic Programming*) 問題 (あるいは **QP 問題**) として知られている標準的な最適化問題である．そして，標準的なアルゴリズムを利用してそれを解くことができる．

制約なし問題を解いたときと同様に，「平方根」の形式

$$\min_{\Delta \mathcal{U}(k)} \left\| \begin{bmatrix} S_{\mathcal{Q}} \{ \Theta \Delta \mathcal{U}(k) - \mathcal{E}(k) \} \\ S_{\mathcal{R}} \Delta \mathcal{U}(k) \end{bmatrix} \right\|^2 \quad \text{subject to } (3.41) \tag{3.45}$$

に変形してから QP 問題を解いたほうがよい．

$\mathcal{H} \geq 0$ なので，われわれが解かなければいけない QP 問題は**凸** (*convex*) である．これはとてもよい知らせである (ミニ解説 3 を参照)．この凸性のために，最適化問題の終了が保証される．また，QP 問題の特殊な構造のために，その問題を解くために要する時間を推定できる．このことは，オンラインで用いられるアルゴリズムが，プラントの実時間操作に間に合うかどうかを判断するために，非常に望ましい性質である．

制約つき最適化において起こり得る大きな問題は，最適化問題が**実行不可能** (infeasible) かもしれないということである．標準的な QP の解法では，そのような場合，単に止まってしまう．そして，そのときは「`Problem Infeasible` (問題は実行不可能です)」というようなメッセージ，あるいは何らかの診断メッセージが表示されるだけである．これは，プラントに供給されなければならない制御信号として，明らかに許容できるものではない．よって，予測制御を実装する場合，実行不可能問題となることを避けるか，あるいは制御信号を計算する「バックアップ」の方法を準備するという処置をとることは必須である．このことを行うためにさまざまなアプローチが提案されているが，そのいくつかをつぎにまとめよう．

> **ミニ解説 3 —— 凸最適化，QP と LP 問題**
>
> 一般に，最適化問題は，それが最小化問題の場合，最小点に到達するまで「坂を下る」ことによって数値的に解かれる．この方法の大きな問題点は，一般の問題では，多数の**局所的**(local)最小値，すなわち，極小値が存在するということであり，アルゴリズムは，真の**大域的**(global)最小値が他のところにあることを知らずに，そのような局所的最小点で動けなくなってしまいやすいということである．
>
> 「凸」最適化問題は，このような問題が生じないものの一つである．目的関数の凸性のために，唯一の最小点しか存在しない．あるいは，平坦な谷底のように等しい最小点の連結した集合という場合もある．凸問題を解くとき，「坂を下り続ける」ならば，いつかは大域的最小点に到達することが保証されている．
>
> 「滑らかな」問題に対して，凸性は目的関数の**ヘシアン**から決定できる．すなわち，凸であるためにはヘシアンはいたるところで半正定でなければならない．しかし，制約つき問題は，通常（あるいは少なくともいくつかの場所では）滑らかではない．この場合，つぎのように，微分を用いることなく凸性を特徴づけることができる．すなわち，すべての θ_1 と θ_2 の対と，$0 \leq \lambda \leq 1$ を満たす任意の λ に対して，
>
> $$\lambda V(\theta_1) + (1-\lambda) V(\theta_2) \geq V(\lambda \theta_1 + (1-\lambda) \theta_2) \tag{3.46}$$
>
> がつねに成り立つならば，関数 $V(\theta)$ は凸である．この式は，「**評価面上**(*cost surface*)の任意の 2 点を結ぶ直線は，その面より決して下には存在しない」ということを意味している．
>
> **二次計画法**(*Quadratic Programming, QP*) は，つぎの形式をした最適化問題である．
>
> $$\min_{\theta} \left[\frac{1}{2} \theta^T \Phi \theta + \phi^T \theta \right] \quad \text{subject to} \quad \Omega \theta \leq \omega$$
>
> ここで，目的関数は $V(\theta) = \frac{1}{2}\theta^T \Phi \theta + \phi^T \theta$ で，そのヘシアンは Φ である．制約がない場合には，$\Phi \geq 0$ であれば明らかにこれは凸である（この条件がなければ，任意に大きな負の V が達成できるので，最小点はないだろう）．制約は線形不等式なので，その制約の境界は超平面である．よって，制約つき目的関数は，一部が多数の平坦な面によって切り取られている凸二次面として可視化できる．ここでは詳細な証明を与えないが，この制約つき最適化問題は凸のままであることは，直感的に明らかである．
>
> **線形計画法**(*Linear Programming, LP*) は $\Phi = 0$ としたときの，QP の特殊な場合である．よって，目的関数は二次ではなく線形である．最小点が存在するような Ω と ϕ のとき，この問題は凸である．この場合，最小点はつねに頂点（あるいは端点）に存在する．制約つき目的面は，平坦な表面からなる凸形の物体として可視化できる．そのような物体は**シンプレックス**(**単体**)(*simplex*) と呼ばれる．大規模 LP 問題を解くための標準的なアルゴリズムが存在する．これには有名な**シンプレックス法**(**単体法**)(*simplex method*) も含まれる．
>
> 凸最適化，LP，QP の文献は非常にたくさんある．最適化に関するよい文献は [Fle87, GMW81] である．制御系設計のために凸最適化を用いた本（しかし予測制御は取り扱っていないが）は [BB91] である．

- z に関する「ハード」制約を避ける．
- それぞれの k において，制約の定義を積極的に操作する．
- それぞれの k において，ホライズンを積極的に操作する．
- 非標準的な解法アルゴリズムを利用する．

これらの詳細については，以下の章で説明する．

3.2.2 コントローラの構造

どの制約も活性化されていない限り，予測コントローラの解は制約なしの場合とまったく同じである．しかし，一つでも制約が活性化されれば，コントローラは非線形になり，図 3.1, 図 3.2 に示した構造ではなくなってしまう．この場合のコントローラ構造を図 3.3 に示した．図で**最適化器（オプティマイザ）**(optimizer) と表記した部分が，その入力の非線形関数を計算するので，コントローラは非線形になる．

このコントローラ構造について，もう少し記述しておこう．制約のいくつかが活性化されているとする．すなわち，式 (3.43), (3.44) の QP 問題で，

$$\Omega_a \theta = \omega_a \tag{3.47}$$

とする．ただし，Ω_a は活性化されている制約に対応する Ω の行から構成されており，ω_a は対応する ω の要素から構成される．これらが活性化されている制約であることが問題を解く前に既知であれば，すなわち，不等式制約が等式制約になっていることが既知であれば，つぎのような最適化問題に (原則的にではあるが！) 変形することが

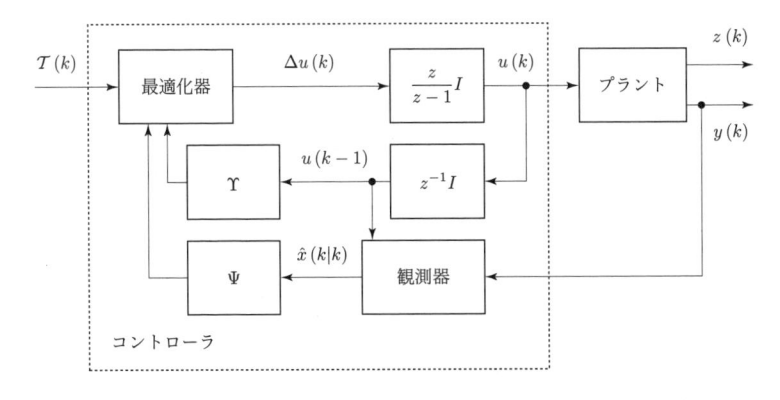

図 3.3 制約があり，状態観測器を用いた場合のコントローラの構造

できる.

$$\min_{\theta}\left[\frac{1}{2}\theta^T\Phi\theta+\phi^T\theta\right]\quad \text{subject to}\quad \Omega_a\theta=\omega_a \tag{3.48}$$

ラグランジュ乗数理論より，つぎの問題を解くことによってこの問題の最適解が得られる．

$$\min_{\theta,\lambda} L(\theta,\lambda) \tag{3.49}$$

ただし，

$$L(\theta,\lambda)=\frac{1}{2}\theta^T\Phi\theta+\phi^T\theta+\lambda(\Omega_a\theta-\omega_a) \tag{3.50}$$

である．ここで，

$$\nabla_\theta L(\theta,\lambda)=\Phi\theta+\phi+\Omega_a^T\lambda \tag{3.51}$$

$$\nabla_\lambda L(\theta,\lambda)=\Omega_a\theta-\omega_a \tag{3.52}$$

すなわち，

$$\nabla L(\theta,\lambda)=\begin{bmatrix}\Phi & \Omega_a^T \\ \Omega_a & 0\end{bmatrix}\begin{bmatrix}\theta \\ \lambda\end{bmatrix}-\begin{bmatrix}-\phi \\ \omega_a\end{bmatrix} \tag{3.53}$$

であるので，$\nabla L(\theta,\lambda)=0$ とおくことにより，次式より最適解を得ることができる．

$$\begin{bmatrix}\theta \\ \lambda\end{bmatrix}_{opt}=\begin{bmatrix}\Phi & \Omega_a^T \\ \Omega_a & 0\end{bmatrix}^{-1}\begin{bmatrix}-\phi \\ \omega_a\end{bmatrix} \tag{3.54}$$

さて，

$$\Omega=\begin{bmatrix}F \\ \Gamma\Theta \\ W\end{bmatrix}$$

であり，$\mathcal{H}=\Phi/2$ であったことを思い出そう．$F,\ \Gamma,\ \Theta,\ W,\ \mathcal{H}$ の定義より，これらは時刻 k における信号に依存しないことがわかる．よって，決まった制約のみが活性化されている限り，ここでその逆行列が求められる行列は変化しない．一方，式 (3.11) より $\phi=-\mathcal{G}=-2\Theta^T Q\mathcal{E}(k)$ であり，これは式 (3.6) から明らかなように時刻 k における信号に依存しており，また ω_a もそうである．

したがって，制約つき予測制御則は「決まった制約のみが活性化されている限り」線形時不変制御則になる．図 3.4 と図 3.5 を用いて，より直感的な説明を行うことができる．これらの図は，決定変数が二つだけの場合の二次評価関数を面で示してい

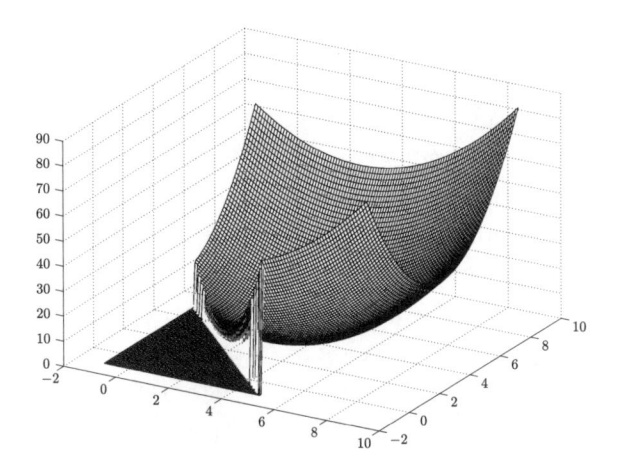

図 3.4 二次評価面と線形不等式制約：制約は不活性

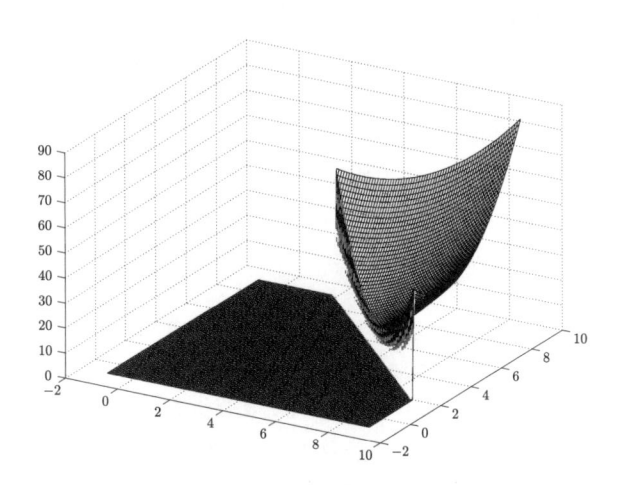

図 3.5 二次評価面と線形不等式制約：制約は活性

る．図 3.4 では，線形不等式制約が決定変数を制限し，評価面の一部分のみが**到達可能** (attainable) である．しかし，制約なしの場合の最小点はこの許容領域内にあるので，最適解は制約なし最小点と同じところにある．図 3.5 では制約は活性化されており，最適解は評価面と不等式制約の共通部分上にある．最適解は，二次面（しかし次元の低い）の大域的最小値（この場合では二次曲線の最小点）であることは明らかであ

る．この場合においても二次問題が解かれ，その結果，線形コントローラが得られる．実際には，活性化される制約は変化するので，多数の線形コントローラからなる制御則という形式になる．このとき，それぞれのコントローラは図 3.2 で示したものと同様の構造をとり，それらが切り替えられ，使用される．活性化される制約の集合の変化が生じることが十分まれであることが既知であれば (もちろん一般にこのようなことが仮定できる理由は何もないが)，制約つきコントローラの解析を行うためにこの構造を利用することができるだろう．

[BMDP, BMDP99] では，解析のための基礎としてだけでなく，小さな問題に対して最適解を効率よく計算する方法として，コントローラの区分的線形性を利用する有望な試みが行われている．ここで「小さな」とは，起こり得る活性化された制約集合の数が，難なく取り扱える程度しかないことを意味している．なぜならば，そのような集合のそれぞれに対する個々の解が事前に計算できるからである．起こり得る活性化された制約集合の数は，極端に大きいかもしれない．問題の定式化に q 個の制約がある (すなわち，Ω に q の行がある) ならば，起こり得る活性化された制約集合は 2^q 個存在する．具体的な問題の解析を行うことによって，しばしば，この集合の数をある程度まで小さくすることができる．たとえば，変数値の上限と下限は同時に活性化されることはない，などである．

Bemporad らによるアプローチ [BMDP, BMDP99] は，MPC 問題において式 (3.44) の不等式制約が，

$$\Omega\theta \leq \omega(\hat{x}) \tag{3.55}$$

という形式をとることに基づいている．この不等式右辺のベクトルは，現時刻における状態 (の推定値) に基づいており，これは QP 問題のパラメータ集合として考えることができる．そして，解集合を解析するために，**マルチパラメトリック計画法** (*multiparametric programming*) が用いられる．この方法によって得られる新しい結果の一つは，制御則は $\hat{x}$ に関して**連続**であるということである．ある区分的線形制御則から他の制御則への変化が起こる (状態空間における) 境界を，効率的に決定するアルゴリズムも与えられている．それにより，状態空間が操作できるくらい少数の (凸) 要素に分けられる小さな問題に対しては，それぞれの要素において適用されるべき制御則を (オフラインで) 事前に計算し，そして MPC アルゴリズムを現在の状態推定値に従って，**表引き** (table look-up) によって適切なゲイン行列を単に読み出すような形に構成することも行える．これは，帯域幅が高い適用例のように速い制御更新率が要求されるとき，特に有効であろう．

制約の数が多い(たとえば $q > 10$ のような)適用例においては、この考えは実行可能ではない。しかしながら、大きな問題であっても、以下のようにすることは可能であろう。すなわち、状態区間のある領域に初めて入ったときは(次節で記述されるような)従来の手法を用いて解を求めるが、そのようにして求めた結果を状態空間を探索しながら増大するデータベースに蓄えるのである。そして、再び同じ場所に戻った際には、解の再計算は行わず、データベースにある結果を用いるのである[3]。この方策をさまざまな形に変形できることは、容易に想像できるだろう。

3.3 QP問題の解法

本節では、つぎのような一般的なQP問題を考える。

$$\min_{\theta} \left[\frac{1}{2}\theta^T \Phi \theta + \phi^T \theta \right], \quad \Phi = \Phi^T \geq 0 \tag{3.56}$$

subject to

$$H\theta = h \tag{3.57}$$

$$\Omega\theta \leq \omega \tag{3.58}$$

等式制約 $H\theta = h$ が陽に表現された点を除けば、これは以前紹介したQP問題と同じである。ここでは、3.2.2項の終わりに記述したような方法で解をあらかじめ計算することは、不可能であると仮定しよう。

QP問題を解く高性能なアプローチが二つある。**アクティブセット法**(*active set method*) [Fle87] と、それより最近発表された**内点法**(*interior point method*) [NN94, Wri97, RTV97] である。内点法のほうが性能がよいと思いたくなるが、Wright [Wri96] は予測制御に対して、どちらの方法がよいかはまだ結論が出ていないとしている。彼は、予測制御問題は多くの特殊な構造をとるので、どちらのアプローチを用いたとしても、この構造を利用することによって主だった性能の向上が得られると指摘した。特殊な構造は主につぎの二つの特徴による。

1. 変数が特殊な並び方をしているので、予測制御で生じるQP問題は**疎**(*sparse*) である。

---

[3]. 〈訳者注〉この考え方は、G. Cybenko が提案した Just-in-Time 学習(あるいは、Just-in-Time モデリング)と似ている。

2. 大部分の時刻では大きな外乱や設定値変化がなく，その場合には前の時刻で計算された解から，解の非常によい初期推定値が得られる．

本節では，アクティブセット法と内点法の両方について，非常に簡潔に記述する．そして，予測制御問題の構造が利用可能な箇所のいくつかについて説明する．ここでの内容は，[Fle87, Wri96] に基づいている．

QP 問題は凸であるので，θ が大域的最適解になるための必要十分条件は，**カルーシュ・キューン・タッカー条件**(*Karush-Kuhn-Tucker condition*)（または略して **KKT 条件**と呼ばれる）によって与えられる [Fle87, Wri97]．すなわち，つぎの式を満たすようなベクトル(**ラグランジュ乗数**) $\lambda \geq 0$ と ζ，そしてベクトル $t \geq 0$ が存在しなければならない．

$$\Phi\theta + H^T\zeta + \Omega^T\lambda = -\phi \tag{3.59}$$
$$-H\theta = -h \tag{3.60}$$
$$-\Omega\theta - t = -\omega \tag{3.61}$$
$$t^T\lambda = 0 \tag{3.62}$$

3.3.1 アクティブセット法

アクティブセット法では，実行可能解が入手可能であると仮定する（これをどのようにして見つけるかについては後述する）．そのような解に対して，等式制約 (3.57) はもちろん満たされる．そして不等式制約 (3.58) の一部分は活性化される．すなわち，不等式制約の一部は等号が成立している．この部分集合を**アクティブセット** (active set, 活性化集合) と呼ぶ．現時刻の実行可能解で不等式制約が一つも活性化されていなければ，この集合は空である．以前と同じ記法を使って，アクティブセットにある制約に対応する式 (3.58) の行を下添え字 a を用いて表す．すなわち，

$$\Omega_a\theta = \omega_a$$

とし，r 回目の繰り返し時に実行可能解 θ_r が与えられているとする．アクティブセット法では，まず等式制約 $H\theta = h$ と $\Omega_a\theta_r = \omega_a$ を満たすもののうち，評価式 (3.56) を最小化する解 $\theta_r + \Delta\theta$ を見つける（活性化されていない不等式制約については考慮しない）．この新しい解が実行可能であれば，すなわち，$\Omega(\theta_r + \Delta\theta) \leq \omega$ であれば，r 回目の繰り返しは終了である．すなわち，$\theta_{r+1} = \theta_r + \Delta\theta$ とする．一方，実行不可能であれば，実行可能性が失われる点，すなわち，活性化されていない不等式制約のうち

の一つが活性化される点を探し出すために，$\Delta\theta$ の方向に直線探索を行う．この点での解をもって r 回目の繰り返しを終了する．すなわち，$\theta_{r+1} = \theta_r + \alpha_r \Delta\theta$ とし (ただし $0 < \alpha_r < 1$)，新しく活性化された制約はアクティブセットに加えられる．

この新しい解が QP 問題の大域的最適解になっているか，あるいはさらなる改善が可能かどうかを決定する問題が残っている．この決定は，KKT 条件 (3.59)～(3.62) が θ_{r+1} で満たされているかどうかをチェックすることによって行われる．式 (3.62) の**相補条件** (*complementarity condition*) は，活性化されていない制約に対応する λ の要素がゼロであることを意味している．なぜならば，対応する t の要素は正であるからである．よって，活性化されている制約に対応する λ の要素をチェックする必要がある．それらがすべて非負であれば，条件 $\lambda \geq 0$ より，大域解が見つかったことがわかる．そうでなければ，すなわち $\lambda_q < 0$ ならば，さらなる繰り返しが必要である．この場合には，以下のように進める．λ_q は q 番目の制約に対応するラグランジュ乗数であり，仮定よりそれは活性化されているので，それが非負の値をとるということは，その制約を不活性化することによって，すなわち解を $\Omega_q \theta < \omega_q$ となるように移動することによって，評価関数を低減化できることを意味している．したがって，q 番目の制約をアクティブセットから取り除く (もし二つ以上の λ の要素が負であったら，最小の値をもつものに対応する制約をアクティブセットから取り除く)．以上で，新しいアクティブセットが選択される．この全体の手順を θ_{r+1} と新しいアクティブセットに対して繰り返す．

$V(\theta_{r+1}) < V(\theta_r)$ (ただし，$V(\theta) = \frac{1}{2}\theta^T \Phi \theta + \phi^T \theta$ は評価関数) なので，この繰り返し手順が大域的最適値に向かうことは保証されている．なぜならば，QP 問題は凸だからである．他の方法と比べた場合のアクティブセット法の予測制御に対する潜在的利点は，ひとたび初期実行可能解が見つかれば，その繰り返し中に得られる解は実行可能であり続けることである．多くの予測制御問題で最も重要なことは，解の厳密な最適性ではなく，実行可能性である．よって，つぎの制御変化量が必要となるときまでに QP 解法器が終了していなかった場合，そのときまでに得られた最新の解を使用することは十分現実的な対応だろう．そして，多くの場合，最新の解は真の最適解とほとんど同じように効果的である．このような状況は，たとえば予期せぬ大きな外乱が加わったときに生じる．よって，安全な動作領域内にプラントをとどめることが最も重要なことである．すなわち，制約が動作領域の境界を形成するならば，実行可能解を見つけることが重要である．これらの状況下では，以前のステップから解のよい初期推定を得ることは難しいかもしれない．

さて，r 番目の繰り返しにおける評価関数の最小化について，より詳細に考えよう．

新しい評価関数値はつぎのようになる．

$$V(\theta_r + \Delta\theta) = \frac{1}{2}(\theta_r + \Delta\theta)^T \Phi(\theta_r + \Delta\theta) + \phi^T(\theta_r + \Delta\theta) \tag{3.63}$$

$$= V(\theta_r) + \frac{1}{2}\Delta\theta^T \Phi \Delta\theta + \left(\phi^T + \theta_r^T \Phi\right)\Delta\theta \tag{3.64}$$

よって，解くべき最小化問題は，つぎのように定式化することもできる．

$$\min_{\Delta\theta} \left[\frac{1}{2}\Delta\theta^T \Phi \Delta\theta + \phi_r^T \Delta\theta\right] \tag{3.65}$$

$$\text{subject to} \quad H\Delta\theta = 0, \quad \Omega_a \Delta\theta = 0 \tag{3.66}$$

ただし，$\phi_r = \phi + \Phi\theta_r$ である．これは凸 QP 問題だが，等式制約のみである．

このような等式制約問題を解く一つの方法は，ラグランジュ乗数法によるものである．すなわち，この部分問題に対して KKT 条件を用いることによる．しかし，等式制約だけなので，KKT 条件のうち，式 (3.59), (3.60) のみが必要になる．しかしながら，ベクトル ζ を，$H\Delta\theta = 0$ に対応する成分と，$\Omega_a \Delta\theta = 0$ に対応する部分に分離したほうが便利である．そこで，それぞれ $\Delta\zeta$ と $\Delta\lambda$ と呼ぶことにする．以上より，部分問題に対する KKT 条件は，つぎのようになる．次式を満たすベクトル $\Delta\zeta$ と $\Delta\lambda$ が存在しなければならない（ただし，符号は限定しない）．

$$\Phi\Delta\theta + H^T \Delta\zeta + \Omega_a^T \Delta\lambda = -\phi_r \tag{3.67}$$

$$-H\Delta\theta = 0 \tag{3.68}$$

$$-\Omega_a \Delta\theta = 0 \tag{3.69}$$

これらの方程式を行列・ベクトル形式にまとめると，次式が得られる．

$$\begin{bmatrix} \Phi & H^T & \Omega_a^T \\ H & 0 & 0 \\ \Omega_a & 0 & 0 \end{bmatrix} \begin{bmatrix} \Delta\theta \\ \Delta\zeta \\ \Delta\lambda \end{bmatrix} = \begin{bmatrix} -\phi_r \\ 0 \\ 0 \end{bmatrix} \tag{3.70}$$

ガウスの消去法 (Gaussian elimination) の一種を用いて，この方程式を解くことができる．この方法では，左辺の行列を下三角と上三角行列の積に分解する．すなわち，

$$\begin{bmatrix} \Phi & H^T & \Omega_a^T \\ H & 0 & 0 \\ \Omega_a & 0 & 0 \end{bmatrix} = LU \tag{3.71}$$

とする．ひとたびこの分解が得られれば，問題の解は簡単に得ることができる．なぜなら，

$$L\eta = \begin{bmatrix} -\phi_r \\ 0 \\ 0 \end{bmatrix}$$

を前進代入を用いて η について解き，さらに，

$$U \begin{bmatrix} \Delta\theta \\ \Delta\zeta \\ \Delta\lambda \end{bmatrix} = \eta$$

を後退代入によって解けばよいからである．よって，アクティブセット法の解法の速度は，この分解を行う速度に支配される．一見したところ，行列の対称構造を利用すべきであることは明らかであるように見え，事実，対称行列に対する効率のよい **LU 分解** が存在する [GL89]．しかし，[Wri96] で指摘されているように，可能であれば，行列が**帯状** (banded) になるように，$\begin{bmatrix} \Delta\theta^T, \Delta\zeta^T, \Delta\lambda^T \end{bmatrix}^T$ 内の変数を再配列したほうが，より効果的である．より多くの変数を問題に導入するという代償を払わなければならないが，予測制御問題の構造よりこのことは可能である．

予測制御 QP 問題が式 (3.41)，(3.42) によって定義されるとすると，Φ，Ω は，つぎのようになる．

$$\Phi = \mathcal{H} = \Theta^T \mathcal{Q} \Theta \tag{3.72}$$

$$\Omega = \begin{bmatrix} F \\ \Gamma\Theta \\ W \end{bmatrix} \tag{3.73}$$

また H は存在しない．$\mathcal{Q}$ はブロック対角であるが，Θ はほとんどすべての要素をもつ．よって，Φ は対称性を別にすれば，活用できる特殊な構造を有していない．

しかし，予測される状態 $\hat{x}(k+j|k)$ を問題から消去せず，それらを QP 解法器によって見つけられる変数としてそのままにしておくという別の定式化も可能である．この場合，われわれは依然として評価関数 (3.2) を最小化するが，式 (3.5) を用いて $\mathcal{Z}(k)$ を書き換える代わりに，式 (2.71) を用い，つぎの「等式」制約を課す．

$$\hat{x}(k+j+1|k) = A\hat{x}(k+j|k) + B\hat{u}(k+j|k), \quad j = 0, \ldots, H_p - 1 \tag{3.74}$$

$$\hat{u}(k+j+1|k) = \hat{u}(k+j|k) + \Delta\hat{u}(k+j+1|k), \quad j = 0, \ldots, H_u - 1 \tag{3.75}$$

ここで，$\hat{u}(k-1|k) = u(k-1)$ である．そして，変数 $\Delta\hat{u}(k+j|k)$ と $\hat{u}(k+j|k)$ $(j = 0, \ldots, H_u - 1)$ と $\hat{x}(k+j|k)$ $(j = 1, \ldots, H_p)$ に関して，最小化が行われる．このことにより，問題に $\ell H_u + n H_p$ 個の補助変数が導入される（ただし，ℓ は入力数で，n は状態の次元である）．これは悪い考えのように思えるが，アクティブセット法の中

で分解されるべき行列は，帯状になるという潜在的利点を有している．変数が

$$\theta = \begin{bmatrix} \hat{u}(k|k) \\ \Delta\hat{u}(k|k) \\ \hat{x}(k+1|k) \\ \hat{u}(k+1|k) \\ \Delta\hat{u}(k+1|k) \\ \hat{x}(k+2|k) \\ \vdots \\ \hat{u}(k+H_u-1|k) \\ \Delta\hat{u}(k+H_u-1|k) \\ \hat{x}(k+H_u|k) \\ \hat{x}(k+H_u+1|k) \\ \vdots \\ \hat{x}(k+H_p|k) \end{bmatrix} \tag{3.76}$$

のように並んでいれば，Φ と H はつぎのようになる (簡単のため，$H_w = 1$，$H_u < H_p$ と仮定した)．

$$\Phi = \begin{bmatrix} 0 & 0 & 0 & 0 & 0 & 0 & \cdots & 0 & 0 \\ 0 & R(0) & 0 & 0 & 0 & 0 & \cdots & 0 & 0 \\ 0 & 0 & \bar{Q}(1) & 0 & 0 & 0 & \cdots & 0 & 0 \\ 0 & 0 & 0 & 0 & 0 & 0 & \cdots & 0 & 0 \\ 0 & 0 & 0 & 0 & R(1) & 0 & \cdots & 0 & 0 \\ 0 & 0 & 0 & 0 & 0 & \bar{Q}(2) & \cdots & 0 & 0 \\ \vdots & \vdots & \vdots & \vdots & \vdots & \vdots & \ddots & \vdots & \vdots \\ 0 & 0 & 0 & 0 & 0 & 0 & \cdots & \bar{Q}(H_p-1) & 0 \\ 0 & 0 & 0 & 0 & 0 & 0 & \cdots & 0 & \bar{Q}(H_p) \end{bmatrix} \tag{3.77}$$

$$H = \begin{bmatrix} B & 0 & -I & 0 & 0 & 0 & 0 & \cdots & 0 & 0 \\ I & -I & 0 & -I & 0 & 0 & 0 & \cdots & 0 & 0 \\ 0 & 0 & A & B & 0 & -I & 0 & \cdots & 0 & 0 \\ 0 & 0 & 0 & I & -I & 0 & -I & \cdots & 0 & 0 \\ \vdots & \vdots & \vdots & \vdots & \vdots & \vdots & \vdots & \ddots & \vdots & \vdots \\ 0 & 0 & 0 & 0 & 0 & 0 & 0 & \cdots & A & -I \end{bmatrix} \tag{3.78}$$

ただし，$\bar{Q}(i) = C_z^T Q(i) C_z$ である．ここでのポイントは，不等式制約に関連する行列 Ω がそうであるように，Φ と H は両方とも帯状の構造 (すなわち，すべての非零要素は主対角に近いところにある) をしていることである．さて，このこと自体によって式 (3.71) で分解される行列はバンド化されないが，変数の順番を並び替えることに

よって，それも可能である．大切なことは，予測時刻 $k+j$ に関連するすべての変数（$\Delta\zeta$ と $\Delta\lambda$ の関連する要素も含めて）をまとめてグループ化しておくことである．そのバンド化は，分解を高速化するために利用できる．さらに，アクティブセット法の $r+1$ 番目の繰り返しで分解される行列は，r 番目の繰り返しで分解される行列とわずかしか違わない．Wright はこれらの両方の特徴を利用した方法を提案している [Wri96]．

このようにしてバンド化することは意味があるのだろうか？というのは，このことによって QP 問題に補助変数を導入してしまうからである．[Wri96] によると，半バンド幅[4]が b で，全体の次元が $N(b+1)$ のバンド行列を分解するのに要する時間は $O(N(b+1)^3)$ である．ここで，同じ大きさの**密行列** (*dense matrix*) では $O(N^3(b+1)^3)$ である．$H_u = H_p$（よって，バンド幅は行列の全体の対角に沿って一定である）とし，不等式制約の半分が活性化されているとすると，上で略述した方法での半バンド幅は，近似的に $2n + 3\ell + \nu/2$ である．ただし，ν は（入力，入力の変化，そして出力に関する）不等式制約の数である．そして，分解される行列の全体の大きさは，$H_p(2n + 3\ell + \nu/2)$ である．一方，元の方法に対しては，式 (3.41) と式 (3.42) を用いると，行列は密で，その大きさは近似的に $(\ell + \nu/2)H_p$ である．したがって，大まかにいえば，

$$H_p^2 \left(\ell + \frac{\nu}{2}\right)^3 > \left(2n + 3\ell + \frac{\nu}{2}\right)^3 \tag{3.79}$$

であれば，バンド化法の利用を考える価値がある．いくつかの典型的な数値に対して以下のような計算が行える．

典型的なプロセス応用　たとえば，$n=200$, $\ell=20$, $\nu=40$ とすると，$\ell+\nu/2=40$, $2n+3\ell+\nu/2=480$ となる．よって，$H_p > 41$ であれば，「バンド化」法を利用する価値がある．

典型的な航空宇宙応用　たとえば，$n=12$, $\ell=3$, $\nu=4$ とすると，$\ell+\nu/2=5$, $2n+3\ell+\nu/2=35$ となる．よって，$H_p > 18$ であれば，「バンド化」法を利用する価値がある．

これらの例は，多くの場合，バンド化法が役に立ちそうであることを示している．第

---

[4]　〈訳者注〉用いられるバンド化行列のバンド幅という意味である．制御系の帯域幅（バンド幅）とは異なることに注意する．

6章と第8章で述べるが，予測ホライズンを長くすることは，閉ループ安定性を保証するための一つの手段になる．さらに，プラントを**行き止まり** (dead-end, そこからは実行可能解が見つけられないようなところ) へ向かわせる危険性を最小にするための一助にもなる．それゆえに，H_p を計算速度が許す限りできるだけ大きくすることは，十分理にかなっている．$H_u \ll H_p$ であれば，不等式 (3.79) が示す以上に，元の「密」の方法のほうが，「バンド化」法よりもより好ましくなることに注意する．この比較は，それぞれの応用例に則して，より注意深く行われるべきである．なぜならば，通常どのくらいの数の制約が活性化されやすいか (特定の応用例ではこれを予測することは可能かもしれない) といった要素の影響を受けるからである．また，ここで行った比較では，初期実行可能解を見つける困難さの差を無視している．実際には，正確な判断をするために，二つの方法の実性能比較の必要があるかもしれない．

対処すべきことがもう一つある．初期実行可能解をどのようにして見つけるかである．アクティブセット法の繰り返し開始時に，初期実行可能解は必要である．基本的な考えを以下に示そう．実行不可能解 θ_0 があるとし，これは等式制約 $H\theta_0 = h$ を満たし，不等式制約の一部を満たすものとする．すなわち，$\Omega_s \theta_0 \leq \omega_s$ である．そして，残りの不等式制約は満たさないものとする．すなわち，$\Omega_u \theta_0 > \omega_u$ である．そして，つぎのように定式化された**線形計画** (LP) 問題の解 θ を見つける．

$$\min_{\theta} \sum_j \left(\omega_u^j - \Omega_u^j \theta \right) \tag{3.80}$$

subject to

$$H\theta = h \tag{3.81}$$

$$\Omega_s \theta \leq \omega_s \tag{3.82}$$

ただし，Ω_u^j は Ω_u の j 番目の行で，ω_u^j は ω_u の j 番目の要素である．LP 問題を解くための通常の**シンプレックス法** (*simplex method*) を用いることができる．この方法は，実行可能領域の頂点の中から解を探索する．しかしながら，新しい頂点に行き着くたびに，問題の定式化が変化する．なぜならば，Ω_s と Ω_u の行 (そして，対応する ω_s と ω_u の要素) の選定は，すべての頂点で変化するからである．最終的には，すべての不等式制約が満たされるか (すなわち，実行可能解が見つかった)，あるいは評価関数値 (3.80) はまだ正で，ラグランジュ乗数が，これ以上改善不可能であることを示すか (すなわち，この問題に解はない)，のどちらかになる．この基本的考えにおける問題点は，以下のとおりである．

1. ここで見つけられる実行可能解は随意であり，QP 問題の最適解から非常に遠く離れているかもしれない．
2. シンプレックス法は，θ の次元と同数の活性化された制約をつねに必要とする．よって，前のステップで解かれた QP 問題の解を初期値として**ホットスタート** (*hot starting*) [5]させることはできないかもしれない．なぜならば，活性化されていた制約の数が異なるかもしれないからである．

これらの問題点は，QP 評価関数値に小さな値をかけたものを評価関数 (3.80) に加えることによって解決できる．これは，初期実行可能解を QP 問題の最適解の方向へシフトさせ，うまくいけば，アクティブセット法の繰り返しが少なくなる．また，こうすることにより，初期実行可能問題[6]が LP 問題から QP 問題 (これは任意の数の活性化された制約をもって開始することができる) へ変更される．

3.3.2　内点法

20 年ほど前，**内点法**と総称される凸最適化問題を解くための一連の競合するアルゴリズムが提案された [NN94, Wri97, RTV97]．まず，LP 問題を解くための**カーマーカー法** (*Kamarkar's algorithm*) が大きな注目を集めた．これは，シンプレックス法にとって初めて現れた強敵だった．そして，この方法は大規模問題を劇的に高速に解く可能性を秘めていた．それ以降，多くの開発が行われ，特に QP 問題を効率よく解くための内点法のいくつかの手法が提案された．これらの新しい方法で注目される点は，それらの計算量 (繰り返しの数，終了までの時間) が，制約や変数の数といったパラメータの多項式関数で抑えられることである．一方，アクティブセット法を含む他の既知のアプローチの計算量は，最悪の場合，それらのパラメータ数に対して指数関数的に増大してしまう．一般的な凸最適化問題に対して内点法が利用可能であるため，制御や他の「システム」問題の解法として**線形行列不等式** (*Linear Matrix Inequality*, LMI) に対する関心が非常に高まっている [BGFB94]．なお，LMI に関しては 8.4 節で利用する．

---

[5]. 〈訳者注〉もともとコンピュータ用語で，デバイスやメモリの初期化を行わない再起動のことである．ソフトウェアリセットによって，ハードウェアチェックの一部を省略して高速に再起動すること．OS のメニューからの再起動や，「Ctrl+Alt+Delete」キーでの再起動がこれにあたる．最適化問題では，繰り返しの初期値を 0 などに初期化するのではなく，前回解いた問題の最適値や他の方法で求めた最適値の推定値とすることをいう．

[6]. 〈訳者注〉初期値を求めるという問題のこと．

本項では，内点法がどのように動作するかについて簡単に紹介する．アクティブセット法のときのように，予測制御問題を単なる標準的な QP 問題であるとみなして，予測制御問題に内点法を「単純に」適用できる．あるいは，予測制御問題に固有な構造を活用することもできる．後者については，Wright らによって詳細に検討されている [Wri96, RWR98]．

アクティブセット法では，各繰り返しにおいて，実行可能領域の境界上の点を探索するのに対して，初期の内点法では，この境界の**内部** (interior) の点を探索していた．言い換えれば，繰り返し中に得られる解は，つねに解かれるべき最適化問題の実行可能解であった．しかし，初期実行可能解を必要とするものの中で，この方法が特に効率のよい方策ではないことがわかってきた．最近の内点法では，繰り返し中に得られる解は，典型的には探索の最後まで，実行可能でないものが選ばれる．それらは実行可能領域の境界から離れているが，その意味で「内点」に存在する．事実，それらはある正の象限 (orthant) の内点である．

関数 $V(x)$ が，制約 $Ax \leq b$ の下で，x に関して最小化されるとしよう．内点法を考察するために，つぎの関数の最小化を考えよう．

$$f(x, \gamma) = \gamma V(x) - \underbrace{\sum_i \log\left(b_i - a_i^T x\right)}_{\text{障壁関数}} \tag{3.83}$$

ただし，a_i^T は A の i 番目の行，b_i はベクトル b の i 番目の要素で，γ はある正のスカラである．$f(x, \gamma)$ の最小化が実行可能領域から何らかの探索方策を用いて行われたとしたら，**対数障壁関数** (logarithmic barrier function) はこの実行可能領域から外に出ることを防ぐ役割を果たす．なぜならば，この領域の境界ではこれは無限大になってしまうからである[7]．$f(x, \gamma)$ を最小化するものを x_γ としよう．そして，x^* を元の問題の解としよう．すなわち，制約を満たしながら $V(x)$ の最小値を与えるものである．x_0 は，制約の**解析的中心** (analytic center) であることが既知としよう．実行可能領域が空でないとしたら，x_0 はその内点にあるだろう．そして，目的関数 $V(x)$ にはまったく依存しないだろう．一方，$\gamma \to \infty$ のとき，$x_\gamma \to x^*$ である．ここで根底にある考えは，もし初期（実行可能）解が x_0 の近傍で見つかれば，γ を増加させ，$f(x, \gamma)$ を最小化させることによって，解を連続的に改善することができ，$\|x^* - x_\gamma\|$ を十分小さくできるということである．x_γ の軌跡は**中心路** (central path) として知られている．

---

[7] 他の障壁関数も可能である．

例題 3.1

つぎの QP 問題を考える．なお，これは Fletcher によるものである [Fle87, 問題 10.4]．

$$\min_{\theta} V(\theta) = \min_{\theta_1, \theta_2} \left(\theta_1^2 - \theta_1\theta_2 + \theta_2^2 - 3\theta_1 \right)$$

subject to $\quad \theta_1 \geq 0, \quad \theta_2 \geq 0, \quad \theta_1 + \theta_2 \leq 2$

図 3.6 において，実行可能領域は三角形の内部である．また，$V(\theta)$ の等高線を破線で示した．最適解が $(1.5, 0.5)$ であることは明らかである．この点で $V(\theta) = -2.75$ の等高線が $\theta_1 + \theta_2 \leq 2$ の制約に接している．三角形の中心に描かれた小さな円は，解析的中心を表しており，$(2/3, 2/3)$ である．そして，点は γ を 0 から 100 まで増加させていったときの中心路を示している．ここで示した中心路を得るために，γ に 0.01 から 100 の間に対数的に等間隔 20 個の点を与えた (これを行う MATLAB コマンドは `logspace(-2,2,20)` である)．

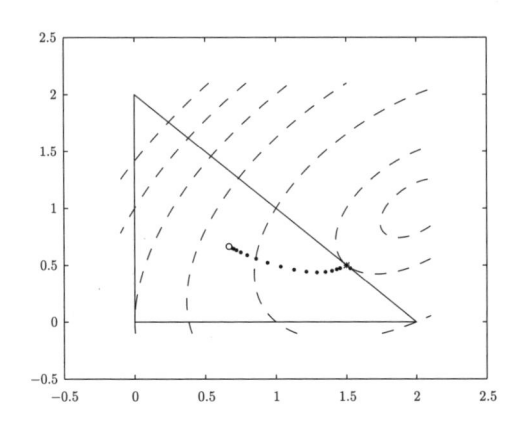

図 3.6 例題 3.1 のための基本的な内点法

図 3.6 において最適解の近傍を調べてみると，内点法を単純に実装することの欠点が明らかになってくる．解の一つは制約上にあるように見えるが，その最適値からほんのわずかだが離れている．事実，$(1.5266, 0.4742)$ にあり，これは実行不可能である．この解は γ の最後のほうの値で得られた解で，これは明らかに適切な解ではない．こうなってしまう理由は，このような γ の値を用いた場合，得られる解が制約の境界に非常に接近し，そのため対数障壁関数の値が極端なほど急激に増加し，その結果，最適化問題が非常に**悪条件**になってしまうからである．そして，得られ

た解は，用いられたアルゴリズムに強く依存する．図に示した解は，MATLABの *Optimization Toolbox* の関数 fmins に実装されている単純な**直接探索** (*direct-search*) アプローチを用いて得られたものである．優れた内点法が比較的複雑である理由は，この悪条件を取り扱うために，精巧な予防策を講じてあるからである．

現時点において，最も効率のよい内点法は，いわゆる**主双対法** (*primal-dual method*) であろう [Wri97]．この方法は，凸最適化問題と，その双対問題を同時に解く．QP問題に対するKKT条件 (3.59) 〜 (3.62) を思い起こそう．相補条件 (3.62) が

$$t^T \lambda = \frac{1}{\gamma} > 0 \tag{3.84}$$

のように緩和されるならば，式 (3.59) 〜 (3.61)，(3.84) は，$\gamma \to \infty$ のとき，QP問題，そして同時にその双対問題の最適解へ収束する中心路を規定する．主双対法の基本的なアイディアは，中心路へ向かうステップ (γ を固定して) と，中心路に「平行な」ステップ (γ を増加させて) を交互にとることである．両方の種類のステップに対して，探索方向はつぎの形式の方程式を解くことによって見つけられる．

$$\begin{bmatrix} \Phi & H^T & \Omega^T \\ H & 0 & 0 \\ \Omega & 0 & \Lambda^{-1}T \end{bmatrix} \begin{bmatrix} \Delta\theta \\ \Delta\zeta \\ \Delta\lambda \end{bmatrix} = \begin{bmatrix} r_\phi \\ r_H \\ r_\Omega \end{bmatrix} \tag{3.85}$$

ただし，$\Lambda = \text{diag}(\lambda_1, \lambda_2, \dots)$，$T = \text{diag}(t_1, t_2, \dots)$ である．式 (3.85) の右辺のベクトルは，どちらの種類のステップが行われるかによって，そして，どの主双対アルゴリズムの手法が用いられるかによって変化する．この式の左辺の行列は，式 (3.70) で登場した行列と同じ形式をしていることがわかる．アクティブセット法のときと同じように，解法の速度は式 (3.85) を解くために要する時間に依存する．したがって，前項で議論したことと同じようなことを考慮する必要がある．前と同じように，式 (3.85) がバンド化されるように変数の順番を変えることは有用である．詳細については [RWR98, Wri97] を見よ．

3.4 制約の緩和

これまでにわれわれが定式化してきた予測制御問題において，起こり得る最も深刻な問題は，最適化器が解の存在しない問題に直面し，実行不可能になってしまうことである．たとえば，予期せぬ大きな外乱が発生して，プラントを指定された制約内にとどまらせることができないような場合に，このようなことが起こる．あるいは，実プラントが内部モデルと異なるふるまいをしたときにも，このようなことが起こるだ

ろう．予測コントローラは，プラントとモデルのふるまいの差の原因を大きな外乱のせいにするかもしれない．そして，差が大きくなり続けたら，コントローラはついには，プラントを制約内に制御し続けるために十分なだけの権限 (authority) が与えられていないという (誤った) 判断を下すだろう．予測制御が実行不可能になる可能性はいろいろあるが，それらのほとんどは予想することが困難である．

このような理由のために，実行不可能な場合を取り扱うための方策を準備しておくことは極めて重要である．QP 問題を解く標準的な方法では，このような場合，ただあきらめるだけである．そして，出力メッセージとして，Infeasible problem (解のない問題) のような表示をするだけである．明らかに，これはオンラインコントローラの対応としては，受け入れがたいものである．たとえば，前のステップで得られた制御信号と同じものを出力したり，前のステップで計算された制御信号 $\hat{u}(k+2|k)$ を出力したりするようなアドホックな対策から，実行可能性が得られるように最も重要でない制約を緩和しようとする**制約の管理** (*constraint management*) (10.2 節を参照) といった洗練された対策まで，さまざまな可能性が存在する．

実行不可能問題を取り扱う系統的な方策の一つは，制約を**緩和する**ことである．すなわち，制約を，それを決して超えてはいけない**ハード制約**とはせずに，ときどきは (もちろん必要最小限の範囲で) 超えることを許容するのである．

入力制約と出力制約の間には，重要な相違がある．通常，入力制約は本当に「ハード」制約であり，それを緩和することはできない．たとえば，バルブ，舵面，そして他のアクチュエータの動作の範囲，そしてその変化率は限られているからである．ひとたび，それらの限界に達したら，より強力なアクチュエータに交換しない限り，それを超えることはできない．したがって，通常，入力制約を緩和することはできない．

出力制約を緩和する簡単な方法は，**スラック変数** (*slack variable*) と呼ばれる新しい変数を付け加えることである．制約が破られたときにのみ非零となるように，スラック変数を定義する．そして，それらが非零のとき，評価関数において非常に厳しくペナルティをかけられるようにする．それにより，最適化器は可能であればスラック変数をゼロに保とうと強く動機づけられることになる．

これを行う第一の方法は，**制約侵害** (constraint violation) [8] に対して二次のペナルティを課すことである [OB94]．このとき，式 (3.43), (3.44) の最適化問題は，つぎの

---

8. 〈訳者注〉制約が破られることを，本書では「制約侵害」と訳した．

ように修正される．

$$\min_{\theta,\varepsilon} \left[\frac{1}{2}\theta^T\Phi\theta + \phi^T\theta + \rho\|\varepsilon\|^2 \right] \tag{3.86}$$

$$\text{subject to} \quad \Omega\theta \leq \omega + \varepsilon, \quad \varepsilon \geq 0 \tag{3.87}$$

ただし，ε は ω と同じ次元の非負ベクトルであり，ρ は非負スカラである．変数の数は増えたが，これは依然として QP 問題である．制約のいくつかをハード制約のままとしても，同様の修正が行えることは明らかであろう．

$\rho = 0$ であれば，まったく制約のない問題になる．一方，$\rho \to \infty$ のとき，ハード制約問題を解くことに対応する．しかし，制約侵害に対して二次のペナルティを用いることの欠点は，制約が活性化されると，有限の ρ の場合，この定式化では制約がある程度 (ρ を増加させると減少する) まで破られてしまうことである (たとえ，制約侵害が不必要であったとしても)．

別の解決策は，制約侵害に対して，1 ノルム (破られた制約の和) あるいは ∞ ノルム (破られた制約の最大値) でペナルティをかけることである．これらを定式化すると以下のようになる．

【1 ノルムの場合】

$$\min_{\theta,\varepsilon} \left[\frac{1}{2}\theta^T\Phi\theta + \phi^T\theta + \rho\|\varepsilon\|_1 \right] = \min_{\theta,\varepsilon} \left[\frac{1}{2}\theta^T\Phi\theta + \phi^T\theta + \rho\sum_j \varepsilon_j \right] \tag{3.88}$$

$$\text{subject to} \quad \Omega\theta \leq \omega + \varepsilon, \quad \varepsilon \geq 0 \tag{3.89}$$

【∞ ノルムの場合】

$$\min_{\theta,\varepsilon} \left[\frac{1}{2}\theta^T\Phi\theta + \phi^T\theta + \rho\|\varepsilon\|_\infty \right] = \min_{\theta,\varepsilon} \left[\frac{1}{2}\theta^T\Phi\theta + \phi^T\theta + \rho\max_j \varepsilon_j \right] \tag{3.90}$$

$$\text{subject to} \quad \Omega\theta \leq \omega + \varepsilon, \quad \varepsilon \geq 0 \tag{3.91}$$

∞ ノルムの場合は，つぎのような効率的な定式化も可能である．

$$\min_{\theta,\varepsilon} \left[\frac{1}{2}\theta^T\Phi\theta + \phi^T\theta + \rho\varepsilon \right] \tag{3.92}$$

$$\text{subject to} \quad \Omega\theta \leq \omega + \varepsilon\mathbf{1}, \quad \varepsilon \geq 0 \tag{3.93}$$

この場合，ε はスカラである．また，$\mathbf{1}$ はすべての要素が 1 であるベクトルである．この形式をとると，たった一つのスラック変数を導入するだけでよいので，概して高速なアルゴリズムになる．制約侵害に対して 1 ノルムでペナルティをかける場合，制約が守られるべき予測ホライズンのすべての点で，それぞれの制約に対して別々のス

ラック変数を導入する必要がある．スラック変数の数は，元の「ハード制約」問題での決定変数の数を(大きく)超えてしまう可能性がある．これら両方の「ソフト」最適化問題もまた，QP問題として解くことができる．

ρ を十分大きくとって，制約侵害に対して，1ノルム，あるいは ∞ ノルムペナルティを用いると，「正確なペナルティ」法(これは，元の「ハード」問題の実行可能解が存在しない場合を除いて，制約侵害は起こらないということを意味している)を与えることを示すことができる．すなわち，実行可能解が存在するならば，「ハード」定式化のときに得られる解と同じものが得られる．これらの定式化と二次のペナルティ定式化の間のふるまいの差の理由は，つぎのとおりである．真の制約解 θ^* から出発して，評価関数が $o(\varepsilon)$ だけ減少するような実行不可能解 $\theta^* + \varepsilon d$ への移動が存在するからである(ここで d はあるベクトルである)．ε が小さい場合，「ソフト」評価関数 (3.86) に対する侵害によるペナルティは $o(\varepsilon^2)$ であるので，評価関数の値は減少する．しかし，評価関数 (3.88)，(3.92) では，ペナルティもまた $o(\varepsilon)$ であるので，係数 ρ が十分大きければ，そのような移動により評価関数の値は増加してしまう．「十分大きい」とは，「最適解において，$\left\| d\left(\frac{1}{2}\theta^{*T}\Phi\theta^* + \phi^T\theta^*\right)/d\omega \right\|_\infty$ より大きい」ことを意味している．これは，元の「ハード」問題の最適点におけるラグランジュ乗数に関係している．詳細は [Fle87] を参照せよ．不幸なことに，予測制御では，ラグランジュ乗数は現時刻における状態に依存してしまう．よって，どのくらい ρ を大きくすべきかを決定することは容易なことではない [OB94, SR96b]．[KM00b] では，この問題の解決策が示されている．[SR96b] では，制約侵害に関して線形と二次のペナルティを混合する方法が提案されている．

つぎの例は，実行不可能性に遭遇する状況を予測することは困難であり，制約を緩和することが，実際上必要であることを示すものである．この例では，モデリング誤差が原因で実行不可能性が引き起こされる．

例題 3.2

2.7 節で用いた線形化された航空機について再び考えよう．その節では，モデリング誤差の中にはそれほど苦労せずに許容できるものがあることを示した．しかし，すべてのモデリング誤差に対して容易に対処できるとは限らない．ここでは昇降舵角度から高度率までのゲインが 20％ 多めに推定されたとし，オーバーシュートをできるだけ少なくするように，高度に制約が課されるものとする．図 2.8 (p.82) におけるように高度を 400 m 上昇させるとき，制約

$$\hat{y}_2(k+i|k) < 405 \tag{3.94}$$

が，すべての k と i に対して課せられるものとする．そして，他のすべてのパラメータは図 2.8 のときと同じものとする．すると，その結果は図 3.7 で示したようになる．マヌーバに入って 13 秒経過すると，予測コントローラは実行不可能問題に直面し，動作が止まってしまう．

　図 3.8 は出力制約を緩和した場合の結果である．ここで，重み $\rho = 10^4$ として 1 ノルムペナルティを使用した．マヌーバ初期において，ピッチ角度の制約がわずかに破られている．これは，ハード出力制約のときには起こらなかったことである（図 3.7 を参照）．これは，ρ が大きな値であるにもかかわらず，ペナルティ関数が正確でないことを示している．もう一つ注目すべき点は，405 m の高度制約が破られていないことである．実際，オーバーシュートは存在していないし，高度も決して 400 m を超えていない．このことは，ハード制約問題が 13 秒経過後に実行不可能になったことと矛盾しているように思えるかもしれない．これは，図は航空機の実際の高度を示しているが，一方，実行不可能性はコントローラの高度の予測（それは不正確なモデルをもとにしている）から起こっていることから説明できる．実際には起こらない制約侵害をコントローラが予測するという現象は，極めて一般的である．この逆の現象は，図 2.11 (p.85) に見ることができる．そこでは高度率制約がわずかに破られているが，コントローラは実行不可能となることを検出していない．同様に，これは，コントロー

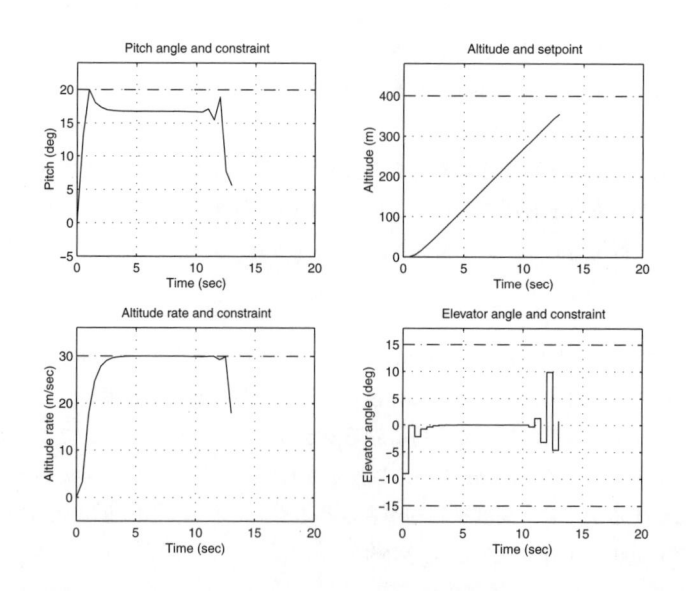

図 3.7　プラント・モデル誤差とハード制約の結果生じた実行不可能性

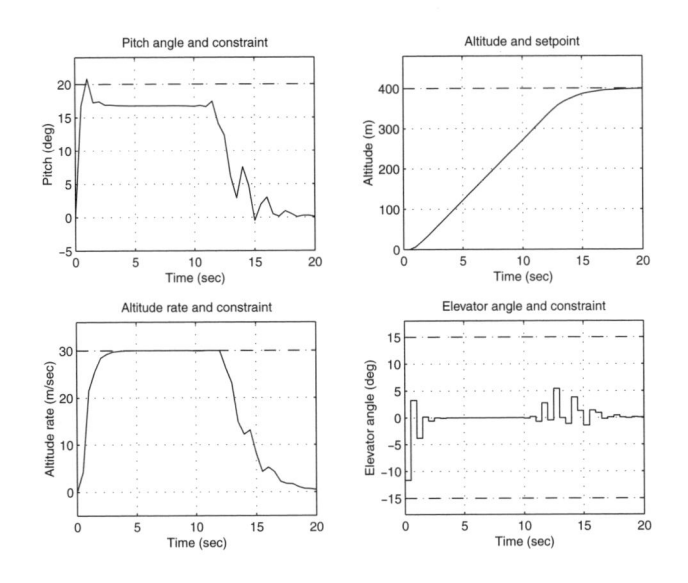

図 3.8 ソフト出力制約により回復された実行可能性 ($\rho = 10^4$ として 1 ノルムペナルティを使用)

ラの予測は不正確であり，当然起こる制約侵害を示さなかったと説明できる．

この例では，それぞれのステップで解かれる「ハード制約」QP 問題の決定変数は三つであった．$H_u = 3$ で一つの制御入力しかないので，$\hat{u}(k+i|k)$ $(i = 0, 1, 2)$ である．出力制約が 1 ノルムペナルティを用いて緩和されるとき，予測ホライズンのそれぞれの点で四つのスラック変数が導入される．それぞれの制約 (最大ピッチ角度，最小ピッチ角度，最大高度率，そして最大高度) に対して一つずつである．長さ $H_p = 10$ の予測ホライズンのそれぞれの点で，その制約を守らなければいけないので，全部で 40 個のスラック変数が存在する．よって，このように制約を緩和した結果，決定変数の総数は 3 から 43 に増加してしまう．333 MHz Pentium II プロセッサを用いて，最適化とシミュレーションに要した時間は，1 ステップ当たり平均 0.81 秒であった (この時間のほとんどは，最適化にとられている．というのは，線形モデルのシミュレーションは非常に速く終わるからである)．前と同じように $\rho = 10^4$ として ∞ ノルムペナルティを用いて同じ問題を解くと，ほとんど同じ結果を与えたが，1 ステップ当たり 0.15 秒しかかからなかった．ハード制約問題の場合，1 ステップ当たりに要した平

均時間は，0.04 秒であった[9]．これらの計算時間を表 3.2 にまとめた．

表 3.2　高度変化マヌーバの異なる定式化に対する計算時間の比較

問題の定式化	時間〔s〕
ソフト制約，1 ノルムペナルティ	0.81
ソフト制約，∞ ノルムペナルティ	0.15
ハード制約	0.04

　実行不可能性に遭遇する典型的な原因は，外乱の存在である．つぎの例は，外乱の存在に対する制約緩和の有効性を示したものである．また，「不正確なペナルティ関数」を用いることにより，制約の厳しさと設定値仕様の穏やかさの間でうまく妥協することができることも示している．

例題 3.3

　2.7 節の図 2.9 (p.83) で，航空機へ作用する乱気流から生じる高度率への 5 m/sec の外乱に対する応答を示した．しかしながら，その外乱が 5 m/sec ではなく，それよりわずかに強い 6 m/sec であったならば，コントローラは 1 サンプル周期の間で 30 m/sec より小さい高度率に引き戻すことはできないということを見出し（昇降舵角度が 15° に制限されているため），そして実行不可能性が起こる．たとえモデルが正確であっても，状況は変わらないことに注意する．

　しかしながら，制約が緩和されれば，この外乱を取り扱うことができる．図 3.9 は $\rho = 5 \times 10^5$ として ∞ ノルムペナルティを用いたときの応答を示したものである．この場合には，正確なペナルティ関数を得るために，このように大きな ρ の値が必要になる．図 2.9 で示したシミュレーションの間に得られたすべてのラグランジュ乗数の最高値は，約 4×10^5 だった．この応答は，図 2.9 に示した応答と非常によく似ている．したがって，大きな外乱が存在したにもかかわらずマヌーバが成功したけれども，制約の侵害を避けるために極端な応答が存在する欠点は，依然として残ったままである．

---

[9]. このシミュレーションでは，ハード制約問題に対しては Model Predictive Control Toolbox の scmpc を用い，ソフト制約の場合には，その修正版である scmpc2 を用いた（付録 C を参照）．後者では，前者で用いたものと異なる QP 最適化器を用いているため，解法の速度を直接比べることはできない．また，ここで示した計算時間は，達成可能な最短時間から大きく乖離していることも心に留めておく必要がある．

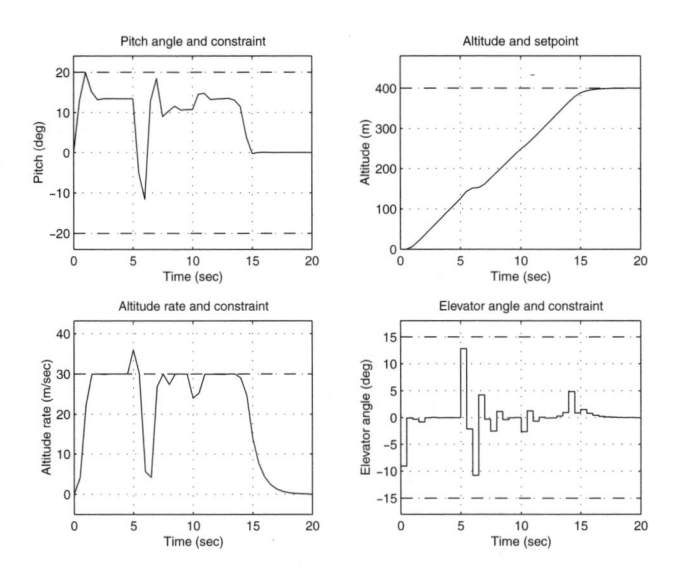

図 3.9 緩和された高度率制約の場合の外乱応答 ($\rho = 5 \times 10^5$)

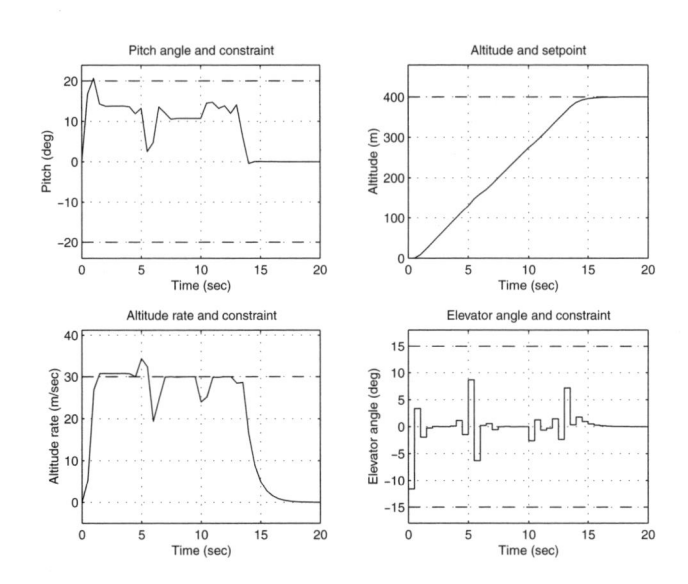

図 3.10 緩和された高度率制約の場合の外乱応答 ($\rho = 10^4$)

しかしながら，ペナルティ係数を $\rho = 10^4$ に減らすと，もはやペナルティ関数は正確ではなくなるが，図 3.10 に示した応答が得られた．外乱の開始に対する応答は，以前に比べるとはるかに激しくなくなっている．しかしながら，5 秒後に外乱の影響が消えたときの応答よりは，より激しい．ペナルティ関数の不正確さは，外乱が生じる前の高度率制約のわずかな侵害により，明らかである．

∞ ノルムペナルティの代わりに 1 ノルムペナルティを用いると，同じペナルティ係数 ρ の値が用いられるならば，この例ではほとんど同様の結果が与えられる．

[RK93] では，制約つき QP 問題を解くための一風変わった方法が紹介されている．この方法では，問題を重みつき最小二乗問題の繰り返しとして解き，最も侵害された制約に対して最も大きなペナルティがかけられるように，それぞれの繰り返しで，その重みを変化させている．この方法によって，QP 問題の正解 (もし存在するならば) が見つけられるということを示すことができる．しかも，問題が実行不可能であっても，この方法は解を生成するという利点をもっている．よって，この方法は，基本的にソフト制約を守らせることができる．さらに，生成された解は，侵害の最高値を最小化するという意味で，最悪制約侵害を最小化するものである．

しかしながら，制約侵害の値を最小化することは，不必要に長い時間にわたって制約を侵害し続けるということになってしまうかもしれない．そして，これは好ましいトレードオフではないかもしれない．[SR99] では，ソフト制約のいくつかの定式化について議論している．それらの定式化では，さまざまな大きさ/期間のトレードオフを課すことが可能である．

3.5　演習問題

3.1 *Model Predictive Control Toolbox User's Guide* の "Unconstrained MPC using state-space models"（状態空間モデルを用いた制約なし MPC）という節に記述されている制約なし予測制御の例について，初めから終わりまで勉強せよ．このツールボックスで，どのようにして伝達関数から状態空間形式への変換が行われているかについて悩む必要はない．また，どのようにして観測器（＝推定器）ゲインを設計するか (p.71) について悩む必要はない．現時点では，このツールボックスを実行する「操作」技術を習得すればよい．

☞ これを行うときに，関数 smpccon の詳細な記述を読むべきである．

3.2 *Model Predictive Control Toolbox User's Guide* の "State-space MPC with constraints"（制約つき状態空間 MPC）という節で記述されている制約つき予測制御の例について初めから終わりまで勉強せよ．

☞ これを行うときに，関数 scmpc の詳細な記述を読むべきである．

3.3 温水プールの水温 θ は，ヒータ入力パワー q および周囲の気温 θ_a と，次式のような関係にある．

$$T\frac{d\theta}{dt} = kq + \theta_a - \theta \tag{3.95}$$

ただし，$T = 1$ [hour]，$k = 0.2$ [°C/kW] である（水は完全に混合されているとする．よって，水温は均一である）．水温を望ましい温度に保つために，予測制御が適用しよう．なお，サンプリング周期は $T_s = 0.25$ [hour] とし，制御更新周期は T_s と同じとする．このとき，以下の問いに答えよ．

(a) MATLAB の *Control System Toolbox* を用いて，対応する離散時間モデルは次式のようになることを示せ．

$$\theta(k+1) = 0.7788\theta(k) + 0.0442q(k) + 0.2212\theta_a(k) \tag{3.96}$$

q を制御入力，θ_a を測定できない外乱と仮定して，対応するモデルを *Model Predictive Control Toolbox* の *MOD* フォーマットで構築せよ．

(b) 重みを $Q = 1$，$R = 0$ とし，ホライズンを $H_p = 10$，$H_u = 3$，$H_w = 1$ としたとき，次式が得られることを確認せよ．

$$K_s = K_{MPC} \begin{bmatrix} 1 & -\Psi & -\Upsilon \end{bmatrix} = \begin{bmatrix} 22.604 & -17.604 & -22.604 \end{bmatrix} \tag{3.97}$$

ただし，K_s は *Model Predictive Control Toolbox* の関数 smpccon により得られる制約なしコントローラゲイン行列 Ks である．さらに，閉ループ特性が安定であることを確認せよ．

(c) 気温 θ_a が 15°C で一定の場合，θ の設定値を 20°C としたとき，それは誤差なしで達成できることを確かめよ．プールのパラメータが $T = 1.25$ [hour]，$k = 0.3$ [°C/kW] に変化したとしても，これを達成できることを確かめよ．ただし，コントローラの内部モデルは変化させない．

(d) 気温は 1 日の間に，振幅が 10°C の正弦波状に変化するものとする．すなわち，

$$\theta_a(t) = 15 + 10\sin\left(\frac{2\pi}{24}t\right) \tag{3.98}$$

とする．ただし，t の単位は時間 (hour) である．定常状態において，水温の平均値はその設定値に正確に到達するが，θ はおよそ 0.5°C の振幅の微小な残留振動をすることを確かめよ．

(e) いま，入力パワーは次式のように制約されるものとする．

$$0 \leq q \leq 40 \quad \text{[kW]} \tag{3.99}$$

そして，気温は (d) のように正弦波状に変化するとする．*Model Predictive Control Toolbox* の関数 scmpc を用いて，予測制御システムのふるまいを調べよ．

☞ ここで求めたモデルと MATLAB のコマンドを，たとえば diary コマンドを用いて保存しておくことを勧める．この温水プールの例は，これからも例題や演習問題 (演習問題 5.1, 5.6, 例題 7.4, 演習問題 7.6) 中で利用されるからである．

3.4 *Model Predictive Control Toolbox* で行われているように，ブロッキングを利用したとき，式 (2.67) の細部はどのように変化するだろうか？

☞ 演習問題 1.14 も参照せよ．

3.5 予測制御定式化で用いられる評価関数を，追従誤差と制御入力変化に対するペナルティ項に加えて，次式のようなペナルティ項を含むように変形したとする．

$$\sum_{i=0}^{H_u-1} \|\hat{u}(k+i|k) - u_{ref}(k+i)\|^2_{S(i)}$$

ただし，u_{ref} は，指定されたプラント入力の未来の軌道である．このとき，以下の問いに答えよ．

(a) 予測と最適解の計算に対して必要となる変更点の詳細を記述せよ．

(b) このような修正を行うべきである理由と，行うべきではない理由を簡単に列挙せよ．

3.6 (a) 簡単な範囲制約 (3.38) から不等式 (3.35) を求めたとき，F はつぎの形式をとることを示せ．

$$F = \begin{bmatrix} I & 0 & \cdots & 0 \\ -I & 0 & \cdots & 0 \\ I & I & \cdots & 0 \\ -I & -I & \cdots & 0 \\ \vdots & \vdots & \cdots & \vdots \\ I & I & \cdots & 0 \\ -I & -I & \cdots & 0 \\ I & I & \cdots & I \\ -I & -I & \cdots & -I \end{bmatrix}$$

この場合，不等式 (3.37) の右辺のベクトルはどのような形式をとるだろうか？

☞ この場合，不等号の順番を入れ替えることにより，F を二つの下三角行列が上下に積み重なる形式にすることができる．それぞれの下三角行列は単位行列から構成される．これは，文献 [PG88] でよく使われる方法である．

(b) 不等式 (3.34) を $W\Delta\mathcal{U}(k) \leq w$ の形式に変形せよ．ただし，W は行列で，w はベクトルである．式 (3.34) が $-B(k+i) \leq \Delta\hat{u}(k+i|k) \leq B(k+i)$ の形式の簡単な速度 (レート) 制約から派生した場合，W と w はどのような形式をとるだろうか？

3.7 *Model Predictive Control Toolbox* の関数 smpccon のコードを type smpccon と入力することによって確認せよ．すると，制約なしゲイン行列 K_{MPC} を求める前に，どのように重みが対角化されているかがわかるだろう．この関数を読者自身のディレクトリにコピーして，そのファイル名を変えて，任意の重みを指定できるように修正せよ．そして，作成した新しい関数を用いて，第 6 章の例題 6.1 (p.205) と演習問題 6.2 を解け．smpcsim を用いてその設計をシミュレートせよ．

3.8 例題 3.1 で与えた QP 問題を標準形式 (3.56) 〜 (3.58) に変形せよ．$\Phi \geq 0$ であり，問題が凸であることを確認せよ．点 $(\theta_1, \theta_2) = (1.5, 0.5)$ が KKT 条件 (3.59) 〜 (3.62) を満たし，したがって，例題中で述べられているように最適解である

ことを確認せよ．

3.9 (a) 式 (3.86), (3.87) の最適化問題が，本文で述べられているように標準的な QP 問題であることを確認せよ．

(b) 式 (3.86), (3.87) の問題をつぎのような場合に対応できるように修正せよ．制約の一部 $\Omega_1\theta \leq \omega_1$ を「ハード」のままとし，残りの制約 $\Omega_2\theta \leq \omega_2$ は「ソフト」にする．そして，これが QP 問題であることを確認せよ．

3.10 式 (3.88) と (3.89)，式 (3.90) と (3.91)，式 (3.92) と (3.93) の最適化問題は，いずれも標準的な QP 問題であることを確認せよ．

3.11 航空機モデルの昇降舵角度から高度率までのゲインが，(例題 3.2 とは逆に) 20％低く見積もられたとする．それ以外の条件は例題 3.2 と同じとする．この場合，実行不可能とはならないことを示せ．しかし，その応答は比較的振動的になる (プラントゲインが予想よりも高い場合にこれが起こるということは，従来の制御からも予想できる)．

☞ 本書のウェブサイトから入手可能な関数 mismatch2 を用いることによって，このシミュレーションを容易に実行できる．20％ゲインが低くモデリングされた状況をシミュレートする場合には，パラメータとして percent = -20 を用いよ．そして，ハード制約を課す場合には，pencoeff = inf, normtype = 'inf-norm' を用いよ．

3.12 例題 3.3 で示した結果と同様の結果は，∞ ノルムペナルティ関数の代わりに，1 ノルムペナルティ関数を用いた場合にも，得られることを確認せよ．

☞ 本書のウェブサイトから入手可能な関数 disturb2 を用いることによって，このシミュレーションを容易に実行できる．パラメータ pencoeff は，ペナルティ係数 ρ に対応する．そして，それはスカラ (それぞれの制約侵害に対して同じ係数) かベクトル (一つの要素がそれぞれの制約に対応する) である．1 ノルムペナルティ関数を選ぶには normtype = '1-norm' とせよ．

第4章

ステップ応答と伝達関数を用いた定式化

　DMC [CR80, PG88] のような予測制御の初期の定式化では，状態空間モデルではなく，ステップ応答モデルあるいはインパルス応答モデル[1]が用いられていた．いくつかの商品化された製品では，これらのモデルをいまだに利用している．GPC[CMT87, Soe92] によって，伝達関数モデルあるいは差分方程式モデルを予測制御で用いることが普及した．これらのモデルは予測制御の理論的な文献では広く用いられており，商品化された製品でも利用されている．本章では，予測制御におけるこれらのモデルの使用法について詳細に解説する．また，状態空間モデルを用いてすでになされたことと可能な限り関連づけて述べていく．

4.1　ステップ応答モデルとインパルス応答モデル

4.1.1　ステップ応答とインパルス応答

　ステップ応答モデルを利用しようとする背景には，プラントのそれぞれの入力（「操作変数」(manipulated variable)，あるいはアクチュエータ）へステップ入力を印加でき，すべての出力変数が一定値に落ち着くまで，それぞれの出力変数の開ループ応答を記録できるだろうという考えがある．プラントの線形性を仮定すると，（多変数）ステップ応答を知ることができれば，他の任意の入力信号（ベクトル）に対する応答を推定できる．これは，容易でしかも直感的な考えであるが，つぎに列挙するような欠点も併せ持っている．

---

[1] 〈訳者注〉離散時間系を考えているので，厳密にいうと「インパルス応答モデル」ではなく，「パルス応答モデル」(pulse response model) であり，原著ではこの用語を用いている．しかし，インパルス応答のほうが日本では馴染み深いので，本書では「パルス」ではなく「インパルス」という用語を用いる．

- 漸近安定なプラントに対してしか利用することができない．
- ステップ入力を印加できない場合が多い．なぜならば，ステップ入力は通常の操業にダメージを与えてしまうかもしれないからである．
- ステップ応答からモデルを推定すると，低周波帯域を強調したモデルになってしまう．フィードバック制御では，通常，その他の周波数帯域のほうが重要である．特に，ステップ応答試験は定常ゲインを非常によく推定できるが，フィードバック設計に対しては，定常ゲインはそれほど重要ではない．どのみち，フィードバックによって定常ゲインは変化してしまうからである（しかしながら，アクチュエータの大きさの決定や，定常状態最適化のような特定な目的に対しては，定常ゲインは重要である）．
- すべての制御変数が測定可能な出力であるときにのみ，ステップ応答モデルは適切である（さもなければ，測定できない出力がどのようにふるまうのかを予測するために他の種類のモデルが必要になる）．
- 多変数ステップ応答を蓄えることは，記憶容量という観点から見ると，効率の悪いモデル表現である．

特にプロセス産業では，ステップ応答モデルに対してつぎに列挙するような神話が存在するが，それらはまったく正しくない．

- 「応答における複雑なパターンをとらえるために，ステップ応答モデルは必要である」という神話．——これは正しくない．多変数の場合においても，任意の与えられたステップ応答を「正確に」再現できる状態空間モデルを構築できる．このことについては，本章で示す．
- 「プラント内のむだ時間を記述するために，ステップ応答モデルは必要である」という神話．——これも正しくない．われわれは離散時間で作業を行うので，必要なだけのむだ時間を状態空間モデルの状態として簡単に導入することができる．

数学的には，ステップ応答より**インパルス応答**のほうが基本的な概念である．いま，プラントは定常状態であり，すべての入出力の初期値は0とする．時刻0で入力jに単位インパルスを印加する．

$$u_j(0) = 1, \quad u_j(k) = 0, \quad k > 0 \text{ のとき}$$

出力iの応答系列をつぎのように書く．

$$\{h_{ij}(0), h_{ij}(1), \ldots\}$$

4.1 ステップ応答モデルとインパルス応答モデル

すると，時刻 t におけるすべての出力の応答ベクトルはつぎのようになる．

$$\begin{bmatrix} h_{1j}(t) & h_{2j}(t) & \cdots & h_{pj}(t) \end{bmatrix}^T$$

それぞれの入力に単位インパルスを印加したとき，それぞれの出力応答がどのようになるかを示す行列を構成しよう．

$$H(t) = \begin{bmatrix} h_{11}(t) & h_{12}(t) & \cdots & h_{1m}(t) \\ h_{21}(t) & h_{22}(t) & \cdots & h_{2m}(t) \\ \vdots & \vdots & \ddots & \vdots \\ h_{p1}(t) & h_{p2}(t) & \cdots & h_{pm}(t) \end{bmatrix} \tag{4.1}$$

さて，線形性より，任意の入力ベクトル $\{u(0), u(1), \ldots\}$ に対する応答 $y(t)$ は，次式の**たたみこみ和** (*convolution sum*) によって与えられる．

$$y(t) = \sum_{k=0}^{t} H(t-k) u(k) \tag{4.2}$$

これは，連続時間線形システム理論で登場する**たたみこみ積分** (convolution integral) の離散時間における等価な表現である．

原理的には，インパルス応答行列系列 $\{H(0), H(1), \ldots, H(N)\}$ は，インパルス応答試験によって得られる．しかしながら，そのような試験ができることは，現実には非常にまれである．なぜならば，有用な結果を得るためにプラントを十分に励起するには，通常，許容できないほど大きな振幅のインパルスが必要だからである．また，$H(N) \approx 0$ となるくらい十分長い系列が必要になる．そのような試験を実際に行ったとしても，初期定常状態はゼロではないだろうし，結果として，その系列は実際には u へのインパルス入力に起因する差 $y(t) - y(-1)$ についての情報を与えてしまうだろう．

さて，プラントのステップ応答に戻ろう．入力 j への**単位ステップ** $\{u_j(t)\} = \{1, 1, 1, \ldots\}$ を考えよう．式 (4.2) を用いると，出力 i の応答は，

$$\begin{aligned} y_i(t) &= \sum_{k=0}^{t} h_{ij}(t-k) u_j(k) \\ &= \sum_{k=0}^{t} h_{ij}(t-k) \\ &= \sum_{k=0}^{t} h_{ij}(k) \end{aligned}$$

となる．これより，ステップ応答行列をつぎのように定義できる．

$$S(t) = \sum_{k=0}^{t} H(k) \tag{4.3}$$

この行列（あるいはおそらく全系列 $\{S(0), S(1), \ldots\}$．これは明確ではないが）はプラントの**動的行列** (*dynamic matrix*) と呼ばれることがある．これから Dynamic Matrix Control (DMC) という名前がつけられた．$S(N+1) \approx S(N)$ が成り立つくらいに N が十分大きければ，系列 $\{S(0), S(1), \ldots, S(N)\}$ をプラントのモデルとして利用できる．

標準的な定式化において，入力そのものではなく，入力変化 $\Delta u(t) = u(t) - u(t-1)$ を用いたことを思い起こそう．式 (4.2) で行ったようなインパルス応答行列と実際の入力の代わりに，ステップ応答行列と入力の変化を用いることによって，任意の入力系列から得られる出力を表現することができる．

$$y(t) = \sum_{k=0}^{t} H(t-k) u(k) \tag{4.4}$$

$$= \sum_{k=0}^{t} H(t-k) \sum_{i=0}^{k} \Delta u(i) \qquad (u(-1) = 0 \text{ と仮定}) \tag{4.5}$$

$$= \sum_{k=0}^{t} H(k) \Delta u(0) + \sum_{k=0}^{t-1} H(k) \Delta u(1) + \cdots + H(0) \Delta u(t) \tag{4.6}$$

$$= \sum_{k=0}^{t} S(t-k) \Delta u(k) \tag{4.7}$$

この表現と式 (4.2) の表現の類似性に注意せよ．ここでも実際には $y(t)$ の代わりに $y(t) - y(-1)$ を用いるべきである．

式 (4.7) では，たたみこみにおいて通常行われるように，変数 $t-k$ と k を入れ替えたほうが便利である．$\ell = t - k$ とすると，次式が得られる．

$$y(t) = \sum_{k=0}^{t} S(t-k) \Delta u(k) \tag{4.8}$$

$$= \sum_{\ell=t}^{0} S(\ell) \Delta u(t-\ell) \tag{4.9}$$

$$= \sum_{k=0}^{t} S(k) \Delta u(t-k) \tag{4.10}$$

4.1.2 状態空間モデルとの関係

プラントの**状態空間モデル**を次式とする．

$$x(k+1) = Ax(k) + Bu(k) \tag{4.11}$$
$$y(k) = C_y x(k) + D_y u(k) \tag{4.12}$$

そして，$x(0) = 0$ とする．いま，インパルス入力ベクトル ($u(0) \neq 0$, $u(k) = 0$, $\forall k > 0$) を印加する．すると，状態と出力の系列はつぎのようになる．

$$x(0) = 0, \qquad y(0) = D_y u(0) \tag{4.13}$$
$$x(1) = Bu(0), \qquad y(1) = C_y Bu(0) \tag{4.14}$$
$$x(2) = ABu(0), \qquad y(2) = C_y ABu(0) \tag{4.15}$$
$$\vdots \qquad\qquad \vdots$$
$$x(k) = A^{k-1} Bu(0), \qquad y(k) = C_y A^{k-1} Bu(0) \tag{4.16}$$
$$\vdots \qquad\qquad \vdots$$

これより明らかなように，インパルス応答行列系列は，次式で与えられる．

$$H(0) = D_y \quad (\text{これはたいてい } 0 \text{ である}) \tag{4.17}$$
$$H(1) = C_y B \tag{4.18}$$
$$H(2) = C_y AB \tag{4.19}$$
$$\vdots$$
$$H(k) = C_y A^{k-1} B \tag{4.20}$$
$$\vdots$$

行列 $C_y A^{k-1} B$ は状態空間モデルの k 番目の**マルコフパラメータ** (*Markov parameter*) と呼ばれる．

式 (4.3) を用いることによって，直ちにステップ応答系列を得ることができる．

$$S(0) = D_y \quad (\text{これはたいてい } 0 \text{ である}) \tag{4.21}$$
$$S(1) = C_y B + D_y \tag{4.22}$$
$$S(2) = C_y AB + C_y B + D_y \tag{4.23}$$
$$\vdots$$

$$S(k) = \sum_{i=0}^{k-1} C_y A^i B + D_y \tag{4.24}$$

$$= C_y \left(\sum_{i=0}^{k-1} A^i \right) B + D_y \tag{4.25}$$

$$\vdots$$

式 (2.67),(2.71),そして演習問題 2.11,2.12 を振り返り,さらに,ここで $y = z$ と仮定しなければならなかったことを思い起こすと,予測制御に必要な予測を計算するために必要な行列中に現れる表現のほとんどに,実はステップ応答行列が含まれていることがわかるだろう.特に,式 (3.5)

$$\mathcal{Z}(k) = \Psi x(k) + \Upsilon u(k-1) + \Theta \Delta \mathcal{U}(k)$$

と行列 Υ と Θ の定義を思い出すと,Υ と Θ は以下のように書くことができる.

$$\Upsilon = \begin{bmatrix} S(H_w) \\ S(H_w+1) \\ \vdots \\ S(H_p) \end{bmatrix} \tag{4.26}$$

$$\Theta = \begin{bmatrix} S(H_w) & S(H_w-1) & \cdots & 0 \\ S(H_w+1) & S(H_w) & \cdots & 0 \\ \vdots & \vdots & \ddots & \vdots \\ S(H_u) & S(H_u-1) & \cdots & S(1) \\ S(H_u+1) & S(H_u) & \cdots & S(2) \\ \vdots & \vdots & \ddots & \vdots \\ S(H_p) & S(H_p-1) & \cdots & S(H_p-H_u+1) \end{bmatrix} \tag{4.27}$$

よって,プラントのステップ応答モデルが利用できれば,予測についての第 2 章の結果と,解を得るための第 3 章の結果を直ちに利用することができる.いや,まったく直ちにというわけではない.なぜならば,第 2 章の予測は状態 $x(k)$ を利用しているからである.ステップ応答モデルだけでは状態がわかるわけではないので,$x(k)$ を何か別のもので代用しなければならない.システムの状態はその「過去の履歴」の要約である.$x(k)$ を知ることができるなら,その未来のふるまいを予測するために,時刻 k 以前に起こったことを知る必要はない.しかし,いまわれわれは状態を利用できないので,時刻 k 以前にシステムで起こったことについての「古い」情報を利用しなければいけなくなると思うのは,もっともなことである.原則的には,無限に過去を振り返る必要がある.

4.1.3 ステップ応答モデルを用いた予測

われわれが正確に何をなすべきかを知るためには，第一原理から始めることが最も容易である．プラントのモデルとしてわれわれが利用できるものは，（仮定より）ステップ応答(行列)系列 $\{S(0),\ldots,S(N)\}$，あるいは等価的にインパルス応答系列 $\{H(0),\ldots,H(N)\}$ とし，当面の間は外乱モデルはないものとする．すると，未来の出力の予測は次式のように記述できる．

$$\hat{z}(k+j|k) = \hat{y}(k+j|k) = \sum_{i=1}^{\infty} H(i)\tilde{u}(k+j-i) \tag{4.28}$$

ただし，入力系列 $\{\tilde{u}\}$ は過去の既知の入力と未来の予測入力から構成される．

$$\tilde{u}(i) = \begin{cases} u(i), & i < k \text{ のとき} \\ \hat{u}(i|k), & i \geq k \text{ のとき} \end{cases} \tag{4.29}$$

$i > N$ のとき $H(i) \approx 0$ と仮定したので，この予測は次式のように近似できる．

$$\hat{z}(k+j|k) = \sum_{i=1}^{N} H(i)\tilde{u}(k+j-i) \tag{4.30}$$

$$= \sum_{i=j+1}^{N} H(i)u(k+j-i) + \sum_{i=1}^{j} H(i)\hat{u}(k+j-i|k) \tag{4.31}$$

$$= \sum_{i=j+1}^{N} H(i)u(k+j-i)$$
$$+ \sum_{i=1}^{j} H(i)\left[u(k-1) + \sum_{\ell=0}^{j-i}\Delta\hat{u}(k+j-i-\ell|k)\right] \tag{4.32}$$

$$= \sum_{i=j+1}^{N} H(i)u(k+j-i) + \sum_{i=1}^{j} H(i)u(k-1)$$
$$+ H(1)\Delta\hat{u}(k+j-1|k) + [H(1)+H(2)]\Delta\hat{u}(k+j-2|k) + \cdots$$
$$+ [H(1)+H(2)+\cdots+H(j)]\Delta\hat{u}(k|k) \tag{4.33}$$

さて，$S(j) = \sum_{i=1}^{j} H(j)$ ($H(0)=0$ と仮定していれば) で，

$$\sum_{i=1}^{j} H(i)u(j-i) = \sum_{i=1}^{j} S(i)\Delta u(j-i) \tag{4.34}$$

なので，予測を次式のように書くことができる．

$$\hat{z}(k+j|k) = \sum_{i=j+1}^{N} S(i)\Delta u(k+j-i) + S(j)u(k-1)$$
$$+ \sum_{i=1}^{j} S(i)\Delta \hat{u}(k+j-i|k) \quad (4.35)$$

式 (2.67) からは次式が得られる．

$$\hat{z}(k+j|k) = C_y A^j x(k) + S(j)u(k-1) + \sum_{i=1}^{j} S(i)\Delta \hat{u}(k+j-i|k) \quad (4.36)$$

ここで，前項で導出した関係式を用い，また $z = y$ を利用した．右辺第 2 項と第 3 項は，どちらの場合も同じである．よって，状態空間モデルを用いた場合に予測の際に現れる項

$$\Psi x(k) = \begin{bmatrix} C_y A^{H_w} \\ \vdots \\ C_y A^{H_p} \end{bmatrix} x(k) \quad (4.37)$$

をつぎの項に取り替えなければならない．

$$\begin{bmatrix} S(H_w+1) & S(H_w+2) & \cdots & \cdots & \cdots & S(N-1) & S(N) \\ S(H_w+2) & S(H_w+3) & \cdots & \cdots & \cdots & S(N) & S(N) \\ \vdots & \vdots & \vdots & \vdots & \vdots & \vdots & \vdots \\ S(H_p+1) & S(H_p+2) & \cdots & S(N) & \cdots & S(N) & S(N) \end{bmatrix} \cdot$$
$$\cdot \begin{bmatrix} \Delta u(k-1) \\ \Delta u(k-2) \\ \vdots \\ \Delta u(k+H_w-N) \end{bmatrix} \quad (4.38)$$

意外なことではないが，$N > H_p$ としなければならない．それに加えて，直前の $N - H_w$ 個の入力変化（あるいは入力の値）をとっておかなければならない．これはシステムの過去の履歴を記述する際の状態空間モデルの「効率のよさ」を表す際立った例証である．

このような「反対角」(anti-diagonal) に沿ったブロックが等しい行列は**ブロックハンケル**(*block-Hankel*) **行列**と呼ばれる．このような行列はしばしばシステム理論において登場する．通常，ここでのように，「過去の入力」と「未来の出力」を関係づけている．

ステップ応答モデルで一般的に用いられる唯一の外乱モデルは，2.6.2 項で扱った「一定値出力外乱」モデルである．そして，その外乱はその際に述べた「DMC法」によって推定される．その外乱は，測定出力と予測出力の間の差として，簡単に推定される．

$$\hat{d}(k|k) = y(k) - \hat{y}(k|k-1) \tag{4.39}$$

予測ホライズンの間，この推定値は同じであると仮定する．

$$\hat{d}(k+j|k) = \hat{d}(k|k) \tag{4.40}$$

そして，この推定値が上で得られた予測に加えられるだけである．

$$\hat{z}(k+j|k) = \sum_{i=j+1}^{N} S(i)\Delta u(k+j-i) + S(j)u(k-1)$$
$$+ \sum_{i=1}^{j} S(i)\Delta \hat{u}(k+j-i|k) + \hat{d}(k+j|k) \tag{4.41}$$

いま，われわれは入出力モデルを用いているので，入力あるいは出力に直接加わる外乱しか仮定することができない．しかし，そのような外乱が一定であり続けるという仮定をすることは必ずしも必要ではない．たとえば，指数関数的に減衰する出力外乱を仮定することもできる．

$$\hat{d}(k+j|k) = \alpha^j \hat{d}(k|k), \quad 0 < \alpha < 1 \tag{4.42}$$

一定値外乱が通常仮定される主な理由は，こうすることにより，コントローラが積分動作を有するようになるからである．この点については後述する．状態空間，あるいは伝達関数モデルを用いれば，より複雑な外乱モデルを系統的に取り扱うことができる．

4.1.4 ステップ応答からの状態空間モデル

ステップ（あるいはインパルス）応答モデルを用いて作業する理由は特にない．そのようなモデルがあるならば，何も失うことなく，そのステップ応答を「正確に」再現する状態空間モデルが容易に得られる．しかし，プラントが l 入力 m 出力で，N 個のステップ応答行列に適合させたければ，このモデルの状態の次元は $N \times \min(l,m)$ と非常に大きくなってしまうだろう．通常，ステップ応答行列に非常によく適合する状態次元のかなり低い近似モデルを得ることができる．本項では，そのようなことを行う方法の一つを紹介しよう．

まず，例題を用いて，状態空間モデルを得る非常に簡単な方法から始めよう．

例題 4.1

手計算で行うことのできる簡単な例題を考えよう．SISO システムを考える．そのステップ応答を $S(0) = 0$, $S(1) = 0$, $S(2) = -1$, $S(3) = +2$, そして，$k > 3$ のとき $S(k) = S(3)$ とする．$S(1) = 0$ より，このシステムには入出力間にむだ時間が存在する．対応するインパルス応答は $H(0) = 0$, $H(1) = 0$, $H(2) = -1$, $H(3) = +3$, そして，$k > 3$ のとき $H(k) = 0$ である．3 ステップ後にインパルス応答は 0 になり，さらに 1 入力 1 出力なので，多くても 3 個の状態を用意すればよい．**有限インパルス応答** (Finite Impulse Response，FIR) モデルを得るために，A 行列のすべての固有値は 0 でなければならない．よって，適切な (しかし唯一ではない) A の選択は，

$$A = \begin{bmatrix} 0 & 1 & 0 \\ 0 & 0 & 1 \\ 0 & 0 & 0 \end{bmatrix}$$

である．これからは B と C は唯一には決定されないが，ここでは

$$B = \begin{bmatrix} 0 \\ 0 \\ 1 \end{bmatrix}$$

としてみよう (この A と B の組み合わせは，状態空間モデルの**コントローラ形式** (*controller form*) として知られている [Kai80]．いま，$C = [c_1, c_2, c_3]$ はつぎの方程式から唯一に決定される．

$$CB = c_3 = 0$$
$$CAB = c_2 = -1$$
$$CA^2B = c_1 = 3$$

これより，$C = [3, -1, 0]$ が得られる．また，$H(0) = 0$ なので，$D = 0$ である．

任意の SISO システムに対する状態空間モデルは，このようにしてステップ応答データから得ることができる．多変数システムの場合でも，一度に一つの入力に対してこの方法を用い，そして 1 入力モデルを結合させることで対応可能である．しかしながら，N が大きい場合，さらに多入力多出力の場合，数値的な問題が生じてしまう．そして，(「コントローラ形式」と呼ばれる) この形式で得られたモデルは，数値的問題を有する傾向がある．

そこで，より実用的なアルゴリズムをつぎに示そう．4.1.2 項より，インパルス応答行列と状態空間行列との間には

$$H(k) = \begin{cases} D, & k=0 \text{ のとき} \\ CA^{k-1}B, & k>0 \text{ のとき} \end{cases}$$

という関係がある．したがって，つぎの関係式を得る．

$$\begin{bmatrix} H(1) & H(2) & \cdots \\ H(2) & H(3) & \cdots \\ \vdots & \vdots & \ddots \end{bmatrix} = \begin{bmatrix} CB & CAB & \cdots \\ CAB & CA^2B & \cdots \\ \vdots & \vdots & \ddots \end{bmatrix} \tag{4.43}$$

$$= \begin{bmatrix} C \\ CA \\ CA^2 \\ \vdots \end{bmatrix} \begin{bmatrix} B & AB & A^2B & \cdots \end{bmatrix} \tag{4.44}$$

すなわち，インパルス応答行列から構成されるブロックハンケル行列は，**(拡大) 可観測行列**と **(拡大) 可制御行列**の積に分解できる．状態次元 n の最小状態空間システムに対して，これらのランクはどちらも n なので，このブロックハンケル行列のランクもまた n となる．

ステップ応答行列 $S(0), \ldots, S(N)$ が与えられたとき，対応するインパルス応答行列 $H(0), \ldots, H(N)$ を計算し，それから式 (4.43) のブロックハンケル行列を構成する．この行列のランクは通常大きいだろう．しかし，通常はるかに低いランクの行列に「近くなる」．よって，それを低いランクの行列で近似し，二つのランクの低い行列に分解し，それから A, B, C を計算するというのが，ここで紹介するアイディアである．これを行う際に重要なツールは，**特異値分解**であり，これについてミニ解説 4 にまとめた．

次式のように，利用可能なインパルス応答行列から「反上対角」(anti-upper triangular) ブロックハンケル行列が構成されたとする．

$$\mathcal{H}_N = \begin{bmatrix} H(1) & H(2) & \cdots & H(N) \\ H(2) & H(3) & \cdots & 0 \\ \vdots & \vdots & \ddots & \vdots \\ H(N) & 0 & \cdots & 0 \end{bmatrix} \tag{4.45}$$

いま，この行列の SVD が次式のように得られたとする．

$$\mathcal{H}_N = U\Sigma V^T \tag{4.46}$$

ミニ解説 4 ── 特異値分解

M を $p \times m$ 次元の任意の行列とする．この行列はつねに次式のように分解できる．

$$M = U\Sigma V^T \tag{4.47}$$

ただし，$UU^T = I_p$，$VV^T = I_m$，Σ は $p \times m$ 次元の矩形行列で，その首座対角要素にのみゼロではない値をもつ．$p < m$ の場合，Σ はつぎのようになる．

$$\Sigma = \begin{bmatrix} \sigma_1 & 0 & \cdots & 0 & 0 & \cdots & 0 \\ 0 & \sigma_2 & \cdots & 0 & 0 & \cdots & 0 \\ \vdots & \vdots & \ddots & \vdots & \vdots & \ddots & \vdots \\ 0 & 0 & \cdots & \sigma_N & 0 & \cdots & 0 \end{bmatrix}$$

ここで，$\sigma_1 \geq \sigma_2 \geq \cdots \geq \sigma_N \geq 0$ である．この分解は**特異値分解** (*Singular Value Decomposition, SVD*) と呼ばれ，σ_i は M の**特異値** (*Singular Value*) と呼ばれる．

正の (非零の) σ_i の数は，この行列のランクである．Σ_n を，Σ において $\sigma_{n+1}, \sigma_{n+2}, \ldots, \sigma_N$ をゼロとおいた行列とする (ただし $n < N$)．すると，行列

$$M_n = U\Sigma_n V^T$$

のランクは n である．さらに，行列 M_n は，すべてのランク n の行列の中で誤差 $\|M - M_n\|_F = \sigma_{n+1}$ が最小であるという意味で，「M **の最良ランク** n **近似**」(*best rank-n approximation to M*) である．ここで，$\|X\|_F$ は**フロベニウスノルム** (*Frobenius norm*) であり，これは $\|X\|_F = \sqrt{\mathrm{trace}\,(X^T X)}$，すなわち X のすべての要素の二乗和の平方根である．

計算負荷は非常に大きいが，SVD は非常に大きな行列に対してさえも高い信頼性で計算できる．「フロップ」(*flop*) 数は $(\min(m,p))^3$ で増加する．MATLAB では，関数 svd ([U,S,V] = svd(M)) によって特異値分解を計算できる．

SVD は数値線形代数において非常に重要である [GL89]．また，多変数ロバスト制御理論においても重要である [Mac89, ZDG96]．

M のムーア・ペンローズ型擬似逆行列 (Moore-Penrose pseudo inverse) は，その SVD から次式のように得られる．

$$M^\dagger = V\Sigma^\dagger U^T \tag{4.48}$$

ただし，$\Sigma^\dagger$ は Σ において，それぞれの正の σ_i を $1/\sigma_i$ に置き換えることによって得られる．

最大特異値 σ_1 は M の**誘導ノルム** (*induced norm*) である．

$$\sigma_1 = \sup_{x \neq 0} \frac{\|Mx\|}{\|x\|} \tag{4.49}$$

SVD の**ロバスト**制御理論における重要性は，この性質に起因する．

この行列のランクは $N \times \min(l,m)$ である.しかし,通常,特異値は非常に速くゼロに近づいていくので,$\mathcal{H}_N$ は低いランクの行列に近い.何らかの方法で $n < N \times \min(l,m)$ を満たす n を選ぶ.このステップは厳密ではなく,たとえば $\sigma_n < \sigma_1/100$,あるいは似たような(発見的な)基準によって,n が選ばれる.σ_n と σ_{n+1} の間に大きな「差」があるような n を選ぶべきであるといわれることもある.しかし,実データの場合,普通そのような明確な差は存在しない.Σ_n を Σ において $\sigma_{n+1}, \sigma_{n+2}, \ldots$ をゼロとおいたものとしよう.

さて,$\mathcal{H}_N$ のランク n 近似として,

$$\mathcal{H}_n = U \Sigma_n V^T \tag{4.50}$$

が得られた.それを以下のように分解する.まず,

$$\Omega_n = U \Sigma_n^{1/2} \begin{bmatrix} I_n \\ 0 \end{bmatrix} \tag{4.51}$$

$$\Gamma_n = \begin{bmatrix} I_n & 0 \end{bmatrix} \Sigma_n^{1/2} V^T \tag{4.52}$$

を定義する.ただし,$\Sigma_n^{1/2}$ は Σ_n と同じだが,それぞれの σ_i を $\sqrt{\sigma_i}$ に置き換えたものである.Ω_n は n 列,Γ_n は n 行である.そして,

$$\mathcal{H}_n = \Omega_n \Gamma_n \tag{4.53}$$

である.ここで行おうとしていることは,可観測・可制御行列として,それぞれ Ω_n と Γ_n をもつ n 状態モデルの A, B, C 行列を見つけることである.

B と C を見つけることは容易である.Γ_n の最初の l 列を B とし,Ω_n の最初の m 行を C にとればよいからである.A を見つけることも容易だといってよいだろう.(正確な)可観測行列 Ω を m 行だけ「上にシフト」して,行列 $\Omega^\uparrow$ を形成したならば,$\Omega^\uparrow = \Omega A$ である.よって,Ω_n を m 行,上にシフトすることによって,$\Omega_n^\uparrow$ が得られたならば,

$$\Omega_n^\uparrow = \Omega_n A \tag{4.54}$$

を解くことによって,適切な A を推定することができる.この方程式は,通常,過決定なので,正確な解は存在しない.しかし,最小二乗の意味で解くことができる.その最小二乗解は,次式で与えられる.

$$A = \Sigma_n^{-1/2} U^T U^\uparrow \Sigma_n^{1/2} \tag{4.55}$$

ただし,$U^\uparrow$ は U を p 行,上にシフトしたものである.

ここで記述したアルゴリズムは，Kung [Kun78]，Zeiger と McEwen [ZM74] によるものである．n を可能な最大値にとるならば，すなわち $n = N \times \min(l, m)$ ならば，得られた状態空間モデルはインパルス応答（したがってステップ応答）を正確に再現する．そして，A のすべての固有値はゼロとなり，よって，**デッドビート**モデル，すなわち**有限インパルス応答**モデルとなる．

<u>例題 4.2</u>

この方法を例題 4.1 の問題で使ってみよう．$n = N = 3$ とすると，次式が得られる．

$$A = \begin{bmatrix} -0.7021 & 0.5117 & -0.0405 \\ -0.5117 & 0.0023 & 0.4807 \\ -0.0405 & -0.4807 & 0.6998 \end{bmatrix}, \quad B = \begin{bmatrix} 1.0430 \\ -1.2499 \\ 0.6887 \end{bmatrix},$$

$$C = \begin{bmatrix} 1.0430 & 1.2499 & 0.6887 \end{bmatrix}, \quad D = 0$$

この状態空間モデルが，元のステップ応答を正確に再現することを確認せよ．

このアルゴリズムの興味深い性質は，与えられた n の値に対して，ひとたびモデルが求まったら，より小さな q に対するモデルが $A_q = A_n(1:q, 1:q)$，$B_q = B_n(1:q, :)$，$C_q = C_n(:, 1:q)$ のように行列を「打ち切る」ことによって得られることである．ここで MATLAB の記法を用いた．よって，SVD を計算するという計算負荷のかかる処理は，一度だけ行えばよい．その後はさまざまな状態次元の近似線形実現は容易に得られる．これについての詳細，そして**平衡打ち切り**（balanced truncation）あるいは**平衡モデル低次元化**（balanced model reduction）による近似という，関連する話題に関しては [Mac89, ZDG96] を参照せよ．

<u>例題 4.3</u>

図 4.1 は，3 入力 2 出力の蒸留塔の，高精度，第一原理，非線形シミュレーションによるステップ応答を示している．実線は元の応答を示し，点線は前述の特異値分解による方法を用いて得られた，「8 状態のみ」の近似モデルの応答を示す．応答のいくつかは，複雑に入り組んでいるが，このような状態の数が少ないモデルでも，精度よくステップ応答を再現していることがわかる．

元のステップ応答は 10 秒間隔でサンプリングされ，250 サンプルが利用できた（$N = 250$）．可能な最大状態次元のモデルが最初に得られた．これは $\min(2, 3) \times 250 = 500$ 状態をもつモデルである．予想されるように，このモデルは元のステップ応答に正確に適合する．

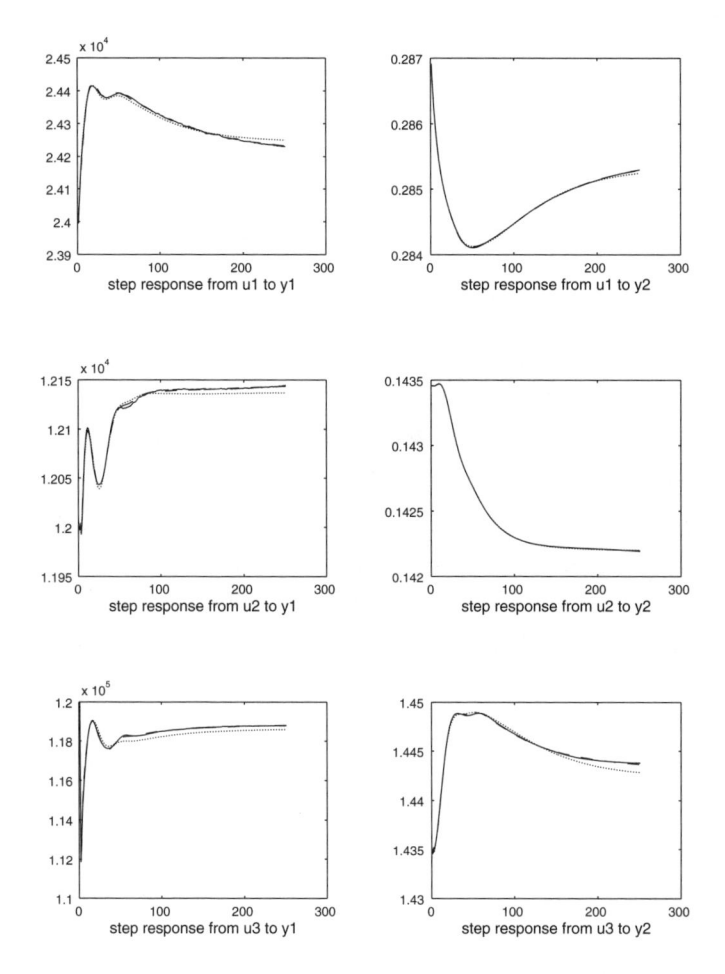

図 4.1 3入力2出力蒸留塔のステップ応答 (実線:元の応答, 点線:8状態モデルの応答)

図 4.2 はブロックハンケル行列 $\mathcal{H}_N$ の (500 個あるうちの) 最初の 15 個の特異値を示したものである. よい近似を得るためには, だいたい 8 個の状態で十分だということが, 「目視」によってわかる. 8 状態モデルは, $n=8$ として, 前述の特異値分解に基づく方法を用いることにより得られた.

この例題のデータは, さまざまなシステム同定の演習用のデータを格納したデータ

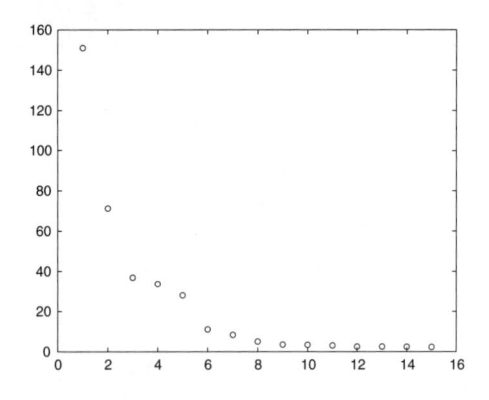

図 4.2 例題 4.3 の $\mathcal{H}_{250}$ の最初の 15 個の特異値

ベースである *DAISY* から入手可能である．これはウェブサイト[2]から入手できる．このデータに関する簡単な記述と関連する文献は，*DAISY* から得られる．

　前述の方法によって構成された状態空間モデルの状態は，直接的な物理的意味を何ももたない．ただし，より小さな状態ベクトルを用いるモデルによってモデルを近似しない限り，状態ベクトルの要素が物理的な意味をもつような状態空間モデルをステップ応答モデルから得ることは可能である．たとえば，Lee らは状態変数が未来の出力として解釈できるような状態空間モデルの構成法を与えている [LMG94]．[CC95, CC99] では，状態ベクトルが過去のプラント出力と制御量変化の値を含むような別の方法を与えている．
　この節で示したような

$$\text{ステップ試験} \longrightarrow \text{ステップ応答} \longrightarrow \text{状態空間モデル}$$

という手順は，とりわけよいものではない．一般に，望ましい統計的な性質をもつ**システム同定**という方法 [Lju89, Nor86] を用いて，ステップ，あるいは他の試験 (あるいは，もしかしたら通常の操業データ) から状態空間モデルを直接求めるほうがよい．最近，**部分空間法** (*subspace method*) が開発された．この同定法は，特に多変数システムに対して有効である [vOdM96]．部分空間法は，ここで記述したアルゴリズムに多少似ているが，ステップやインパルス応答だけではなく，任意の入出力データに対し

---

[2] http://www.esat.kuleuven.ac.be/sista/daisy/

て用いることができる[3].

4.2 伝達関数モデル

4.2.1 基礎

z を「時間進み」(time advance) 演算子として，また z 変換で用いられる複素変数として用いることにする．z^{-1} は一段時間遅れの伝達関数なので，信号 $\{y(k)\}$ の時間遅れの z 変換として $\bar{w}(z) = z^{-1}\bar{y}(z)$ と表記することと，$w(k) = y(k-1)$ を表すために $w(k) = z^{-1}y(k)$ と表記することの間に矛盾はない．多くの場合，z^{-1} は**時間遅れ演算子**であると解釈される (多くの教科書では，時間遅れ演算子の表記として q^{-1} が利用されているが，これはたぶん，変換ではなく時間遅れ演算子という点を強調するためであろう).

入出力差分方程式

$$A\left(z^{-1}\right)y(k) = z^{-d}B\left(z^{-1}\right)u(k) \tag{4.56}$$

によって，プラントを記述しよう．1 入力 1 出力プラントの場合，$A\left(z^{-1}\right)$ と $B\left(z^{-1}\right)$ は，多項式であり，次式のように書ける．

$$A\left(z^{-1}\right) = 1 + a_1 z^{-1} + \cdots + a_n z^{-n} \tag{4.57}$$
$$B\left(z^{-1}\right) = b_0 + b_1 z^{-1} + \cdots + b_n z^{-n} \tag{4.58}$$

これを用いると，式 (4.56) はつぎの差分方程式に書き直すことができる．

$$\begin{aligned}
&y(k) + a_1 y(k-1) + \cdots + a_n y(k-n) \\
&= b_0 u(k-d) + b_1 u(k-d-1) + \cdots + b_n u(k-d-n)
\end{aligned} \tag{4.59}$$

入出力遅れ d は多項式 $B\left(z^{-1}\right)$ から「抜き出されて」いる．これは利便性のためであり，本質的ではない．

---

[3]. 〈訳者注〉ここで紹介したアルゴリズムは，間接部分空間法，あるいは特異値分解法と呼ばれている．それに対して，1990 年代から精力的に研究されている，任意の入出力データに適用できる部分空間法は，区別する必要がある場合には，直接部分空間法と呼ばれる (足立修一著：MATLAB による制御のための上級システム同定 (第 11 章)，東京電機大学出版局 (2004) を参照).

多項式 $\tilde{A}(z)$, $\tilde{B}(z)$ をつぎのように定義する.

$$\tilde{A}(z) = z^n A\left(z^{-1}\right) = z^n + a_1 z^{n-1} + \cdots + a_n \tag{4.60}$$
$$\tilde{B}(z) = z^n B\left(z^{-1}\right) = b_0 z^n + b_1 z^{n-1} + \cdots + b_n \tag{4.61}$$

入出力系列の z 変換を行うと, **伝達関数表現** が得られる. すなわち,

$$\bar{y}(z) = P(z)\bar{u}(z) = z^{-d}\frac{B\left(z^{-1}\right)}{A\left(z^{-1}\right)}\bar{u}(z) = z^{-d}\frac{\tilde{B}(z)}{\tilde{A}(z)}\bar{u}(z) \tag{4.62}$$

多変数システムの場合には, $A\left(z^{-1}\right)$, $B\left(z^{-1}\right)$ は, つぎのような多項式行列になる.

$$A\left(z^{-1}\right) = I_m + A_1 z^{-1} + \cdots + A_n z^{-n} \tag{4.63}$$
$$B\left(z^{-1}\right) = B_0 + B_1 z^{-1} + \cdots + B_n z^{-n} \tag{4.64}$$

ただし, A_i はそれぞれ $m \times m$ 次元の行列で, B_i はそれぞれ $m \times \ell$ 次元の行列である. 多項式行列 $\tilde{A}(z)$, $\tilde{B}(z)$ をつぎのように定義する.

$$\tilde{A}(z) = z^n A\left(z^{-1}\right) \tag{4.65}$$
$$\tilde{B}(z) = z^n B\left(z^{-1}\right) \tag{4.66}$$

そして, この場合は**伝達関数行列** (*transfer function matrix*) 表現

$$\bar{y}(z) = P(z)\bar{u}(z) = z^{-d}A\left(z^{-1}\right)^{-1}B\left(z^{-1}\right)\bar{u}(z) = z^{-d}\tilde{A}(z)^{-1}\tilde{B}(z)\bar{u}(z) \tag{4.67}$$

を得る. 多入力多出力 (Multi Input, Multi Output, MIMO) システムの場合, むだ時間 d を抜き出すことは有効ではない. なぜならば, 一般に, それぞれの入出力チャネルは異なるむだ時間をもつかもしれないからである. しかしながら, $d = 1$ と設定することは, 入力 $u(k)$ は出力 $y(k)$ に影響しない, すなわちモデルは**厳密にプロパー**である, と仮定することを意味する. 原則的にはほとんどすべてのものが多変数の場合についても引き継がれるものの, これらの多項式行列と伝達関数行列表現は, SISO の場合と比べると, 有用ではないし便利でもない. したがって, 本章ではもっぱら SISO に限定して話を進めていく.

$d = 1$ としたときの伝達関数行列 (4.67) は, 多変数 (ベクトル) 差分方程式

$$\begin{aligned} y(k+1) = & -A_1 y(k) - A_2 y(k-1) - \cdots - A_n y(k-n+1) \\ & + B_1 u(k) + B_2 u(k-1) + \cdots + B_n u(k-n) \end{aligned} \tag{4.68}$$

に対応する. ただし, 行列 A_i と B_i は式 (4.63) と式 (4.64) のものと同じである. この形式は, たとえ多変数の場合でも, 予測を計算するときに非常に便利である. MPC

製品のいくつかではプラントの表現をこの形式で定義することが可能である．(ベクトル)**白色雑音**(*white noise*)項が式(4.68)の右辺に加わっていたら，このモデルは時系列解析で**外生項をもつ自己回帰モデル**(*AutoRegressive with eXogenous inputs model*)，あるいは **ARX モデル** (*ARX model*) として知られている形に対応する．いくつかの MPC 製品はこの用語を用いている (付録 A を参照)．

伝達関数表現と状態空間表現の間を行き来できることは非常に重要である．標準的な状態空間モデル

$$x(k+1) = Ax(k) + Bu(k), \quad y(k) = Cx(k) + Du(k) \tag{4.69}$$

について考える．これらを z 変換すると，次式を得る．

$$z\bar{x}(z) - x(0) = A\bar{x}(z) + B\bar{u}(z), \quad \bar{y}(z) = C\bar{x}(z) + D\bar{u}(z) \tag{4.70}$$

$x(0) = 0$ と仮定すると，これより

$$\bar{x}(z) = (zI - A)^{-1} B\bar{u}(z) \tag{4.71}$$

が得られる．よって，

$$\bar{y}(z) = \left[C(zI - A)^{-1} B + D \right] \bar{u}(z) \tag{4.72}$$

となる．したがって，次式を得る．

$$P(z) = C(zI - A)^{-1} B + D \tag{4.73}$$

これは，SISO と MIMO システムの両方において成り立つ．状態空間モデルが与えられたとき，伝達関数行列を得ることは容易であることがわかるだろう．しかしながら，多変数の場合，多項式行列 $A(z^{-1})$, $B(z^{-1})$ を得ることは容易ではない．伝達関数モデルから状態空間モデルを得るという逆の方向は，それほど単純ではない．しかし，これを行うアルゴリズムは存在する(たとえば [Kai80] を参照)．SISO システムに対してはこのアルゴリズムの信頼性は高い．MATLAB の *Control System Toolbox* には，これらの変換を行うために，`ss2tf`, `tf2ss` という関数が準備されている．

伝達関数モデルとステップ応答あるいはインパルス応答モデルの間を行き来することもできる．実際，伝達関数はインパルス応答の z 変換として定義される．よって，

$$P(z) = \sum_{k=0}^{\infty} H(k) z^{-k} \tag{4.74}$$

$$= H(0) + H(1) z^{-1} + H(2) z^{-2} + \cdots \tag{4.75}$$

$$= D + CBz^{-1} + CABz^{-2} + \cdots \tag{4.76}$$

である．ここで，最後の行は，状態空間モデルが利用できる場合のものである．この式は，少なくとも SISO の場合には**長除法**(long division) によって，伝達関数からインパルス応答を得ることができる，ということを意味している．

例題 4.4

つぎの伝達関数を考える．

$$P(z) = z^{-1} \frac{1 - 0.7z^{-1}}{1 - 1.6z^{-1} + 0.6z^{-2}} \tag{4.77}$$

$$= \frac{z - 0.7}{z^2 - 1.6z + 0.6} \tag{4.78}$$

長除法を行うことによって，$P(z)$ を z^{-1} の級数として展開することができる．

$$\frac{0\left(z^2 - 1.6z + 0.6\right) + z - 0.7}{z^2 - 1.6z + 0.6} \longrightarrow 0 + \frac{z - 0.7}{z^2 - 1.6z + 0.6}$$

$$\frac{z^{-1}\left(z^2 - 1.6z + 0.6\right) + 0.9 - 0.6z^{-1}}{z^2 - 1.6z + 0.6} \longrightarrow 0 + 1z^{-1} + \frac{0.9 - 0.6z^{-1}}{z^2 - 1.6z + 0.6}$$

$$\frac{0.9z^{-2}\left(z^2 - 1.6z + 0.6\right) + 0.84z^{-1} - 0.54z^{-2}}{z^2 - 1.6z + 0.6} \longrightarrow 0 + 1z^{-1} + 0.9z^{-2} + \cdots$$

以下同様である．したがって，インパルス応答 $H(0) = 0$, $H(1) = 1$, $H(2) = 0.9$, ... を得る．

式 (4.74) より，有限インパルス応答は，0 にすべての極をもつ伝達関数に対応することもわかる．

例題 4.5

$H(0) = 3$, $H(1) = -2$, $H(2) = 1$, そして $k > 2$ のときは $H(k) = 0$ であるならば，

$$P(z) = 3 - 2z^{-1} + 1z^{-2} = \frac{3z^2 - 2z + 1}{z^2}$$

である．

4.2.2 伝達関数を用いた予測

式 (4.59) はつぎのように書き直すことができる.

$$y(k) = -a_1 y(k-1) - \cdots - a_n y(k-n) + b_0 u(k-d) + \cdots + b_n u(k-d-n) \quad (4.79)$$

もし $d \geq 1$ であれば，この式を予測原理として用いることができる ($\hat{y}(k+i|k)$ を予測するとき，$u(k)$ はまだ既知でないと仮定することを思い出せ).

出力を予測するための自明な方法は，つぎのとおりである.

$$\hat{y}(k+1|k) = -\sum_{j=1}^{n} a_j y(k+1-j) + \sum_{j=0}^{n} b_j \tilde{u}(k+1-d-j) \quad (4.80)$$

$$\hat{y}(k+2|k) = -a_1 \hat{y}(k+1|k) - \sum_{j=2}^{n} a_j y(k+2-j) + \sum_{j=0}^{n} b_j \tilde{u}(k+2-d-j) \quad (4.81)$$

$$\vdots$$

これを一般的に書くとつぎのようになる.

$$\hat{y}(k+i|k) = -\sum_{j=1}^{n} a_j \tilde{y}(k+i-j) + \sum_{j=0}^{n} b_j \tilde{u}(k+i-d-j) \quad (4.82)$$

あるいは，

$$A(z^{-1}) \tilde{y}(k+i) = z^{-d} B(z^{-1}) \tilde{u}(k+i) \quad (4.83)$$

である. ただし,

$$\tilde{u}(\ell) = \begin{cases} u(\ell), & \ell < k \text{ のとき} \\ \hat{u}(\ell|k), & \ell \geq k \text{ のとき} \end{cases} \quad (4.84)$$

$$\tilde{y}(\ell) = \begin{cases} y(\ell), & \ell \leq k \text{ のとき} \\ \hat{y}(\ell|k), & \ell > k \text{ のとき} \end{cases} \quad (4.85)$$

である (このことを以前われわれはモデルを「**再編成**する」と呼んだ. 1.6 節, 2.6.4 項を参照). 予測 $\hat{y}(k+i|k)$ は他の予測出力に依存するが，それ自身は過去の出力測定値から得られるので, $\hat{y}(k+i|k)$ の表現として測定出力 $y(k)$, $y(k-1)$, ... だけに (そして，もちろん実際の過去の入力と，予測された未来の入力にも) 依存するものを見つけることができる．このことにより計算量を節約することができ，これは特に適応制御の応用例 (この場合，予測器と，もちろん予測もオンラインで計算しなければ

ならない)において重要である．これはまた，予測器設計が予測コントローラに与える影響に関する洞察も与えてくれる．

次式を満たすような，次数が $i-1$ を超えない多項式 $E_i(z^{-1})$（i は正の整数），次数 $n-1$ の多項式 $F_i(z^{-1})$ があるとしよう．

$$\frac{1}{A(z^{-1})} = E_i(z^{-1}) + z^{-i}\frac{F_i(z^{-1})}{A(z^{-1})} \tag{4.86}$$

すなわち，

$$E_i(z^{-1}) A(z^{-1}) = 1 - z^{-i} F_i(z^{-1}) \tag{4.87}$$

である．式 (4.83) に $E_i(z^{-1})$ を乗じると，次式を得る．

$$[1 - z^{-i} F_i(z^{-1})] \tilde{y}(k+i) = z^{-d} E_i(z^{-1}) B(z^{-1}) \tilde{u}(k+i) \tag{4.88}$$

すなわち，

$$\tilde{y}(k+i) = z^{-i} F_i(z^{-1}) \tilde{y}(k+i) + z^{-d} E_i(z^{-1}) B(z^{-1}) \tilde{u}(k+i) \tag{4.89}$$

である．さて，$z^{-i}\tilde{y}(k+i)$ は $y(k)$ であることに注意すると，$z^{-i}F_i(z^{-1})\tilde{y}(k+i)$ は過去の出力測定値しか含まないことがわかる．よって，予測出力を次式のように書くことができる．

$$\hat{y}(k+i|k) = F_i(z^{-1}) y(k) + z^{-d} E_i(z^{-1}) B(z^{-1}) \tilde{u}(k+i) \tag{4.90}$$

この式の右辺には予測出力はまったく含まれていない．予測出力の計算のためには，式 (4.87) の解 $E_i(z^{-1})$，$F_i(z^{-1})$ が得られればよい．これは**ディオファンティン方程式**[4]（*Diophantine equation*）の一例であり，この方程式の解法には多くの理論が存在する（ミニ解説 5（p.154）を参照）．

式 (4.90) に対して興味深い解釈を行うことができる．式 (4.86) の両辺に $B(z^{-1})$ を乗じると，次式が得られる．

$$E_i(z^{-1}) B(z^{-1}) = \frac{B(z^{-1})}{A(z^{-1})} - z^{-i}\frac{F_i(z^{-1}) B(z^{-1})}{A(z^{-1})} \tag{4.91}$$

---

[4]〈訳者注〉"Diophantine equation" は，制御の世界では英語読みから「ディオファンティン方程式」と訳されることが多いが，数学の世界では原語読みで「ディオファントス方程式」と訳されている．

これを式 (4.90) に代入すると，次式が得られる．

$$\hat{y}(k+i|k) = F_i(z^{-1}) y(k) + z^{-d} \left[\frac{B(z^{-1})}{A(z^{-1})} - z^{-i} \frac{F_i(z^{-1}) B(z^{-1})}{A(z^{-1})} \right] \tilde{u}(k+i) \tag{4.92}$$

$$= z^{-d} \frac{B(z^{-1})}{A(z^{-1})} \tilde{u}(k+i) + F_i(z^{-1}) \left[y(k) - z^{-d} \frac{B(z^{-1})}{A(z^{-1})} u(k) \right] \tag{4.93}$$

この式は，予測が**予測器・修正器** (predictor-corrector) の構造をとっていることを表している．これは，しかしながら，第 2 章で与えた観測器で用いられた予測器・修正器の構造とは異なるものである．ここでは，予測 $z^{-d}(B/A)\tilde{u}(k+i)$ と $z^{-d}(B/A)u(k)$ は，入力信号のみに基づいてなされた**長期** (long-term) **予測**[5]であり，出力測定値によってまったく修正されていない．第 2 章では，出力測定値 $y(k-1)$ に基づいて，観測器は一段先だけを予測し，その後，つぎの測定値 $y(k)$ を用いて修正を行った．そのような違いにもかかわらず，状態観測器によって得られた予測と，この予測を関連づけられることを後述する．

4.2.3　外乱モデルをもつ予測

本項では，プラントには測定できない出力外乱が存在すると仮定する．何らかの信号が伝達関数が $C(z^{-1})/D(z^{-1})$ であるフィルタを通ったものとして，この外乱をモデリングする．

$$y(k) = z^{-d} \frac{B(z^{-1})}{A(z^{-1})} u(k) + d(k) \tag{4.94}$$

$$d(k) = \frac{C(z^{-1})}{D(z^{-1})} v(k) \tag{4.95}$$

ただし，

$$C(z^{-1}) = 1 + c_1 z^{-1} + \cdots + c_\nu z^{-\nu} \tag{4.96}$$

$$D(z^{-1}) = 1 + d_1 z^{-1} + \cdots + d_\nu z^{-\nu} \tag{4.97}$$

である．$C(z^{-1})$, $D(z^{-1})$ ともに**モニック** (monic, 先頭項の係数が 1 である多項式) にとることができることに注意しよう．なぜならば，必要があれば $v(k)$ の大きさを調整して，C と D をモニック多項式にできるからである．

このモデルは，確定的そして確率的外乱の双方 (さらにはそれらの混合) をモデリン

---

[5]. 〈訳者注〉あるいは，**多段先予測** (multi-step-ahead prediction) とも呼ばれる．

ミニ解説 5 —— ディオファンティン方程式

ディオファンティン方程式 (Diophantine equation) とは，つぎのような形式をしている方程式のことである．

$$A\left(z^{-1}\right) X\left(z^{-1}\right) + B\left(z^{-1}\right) Y\left(z^{-1}\right) = C\left(z^{-1}\right) \tag{4.98}$$

あるいは，

$$X\left(z^{-1}\right) A\left(z^{-1}\right) + Y\left(z^{-1}\right) B\left(z^{-1}\right) = C\left(z^{-1}\right) \tag{4.99}$$

ただし，すべての変数は多項式か，あるいは多項式行列である．ここではスカラの場合のみを取り扱う．このときすべての変数が多項式であり，上述の二つの方程式は同じである．これらの方程式において $A\left(z^{-1}\right)$，$B\left(z^{-1}\right)$，$C\left(z^{-1}\right)$ は既知であると仮定する．一方，$X\left(z^{-1}\right)$ と $Y\left(z^{-1}\right)$ は未知多項式である．

X_0 と Y_0 がディオファンティン方程式の解であるならば，$X = X_0 - B_2 P$ と $Y = Y_0 + A_2 P$ もまた解となる．ここで，A_2 と B_2 は $B_2/A_2 = B/A$ を満たすような多項式であり，P は任意の多項式である．このことは，

$$A(X_0 - B_2 P) + B(Y_0 + A_2 P) = AX_0 + BY_0 + (BA_2 - AB_2)P = C$$

となることからわかる．よって，ディオファンティン方程式の解は唯一ではないことは明らかである．しかしながら，可能な X，あるいは Y の中で，最小の次数であるような解は，唯一である．これはつぎのようにして得られる．$Y_0 = A_2 Q + \Gamma$ を満たす多項式 Q，Γ を見つける（これ自身ディオファンティン方程式であるが，一般的なものより簡単なものである）．これは，「長除法」によって得ることができる．割り算 Y_0/A_2 において，Q は商であり，Γ は余りである．Γ の次数は必然的に A_2 の次数より低い．したがって，$Y = Y_0 + A_2 P = A_2 (Q + P) + \Gamma$ となる．さて，Y の次数をできる限り小さくするために，$P = -Q$ にとると，唯一解 $X = X_0 + B_2 Q$，$Y = \Gamma$ を得る．同様に，X あるいは Y のいずれかが指定された次数をもつような解も唯一である．

$C\left(z^{-1}\right) = 1$ という特殊な場合のディオファンティン方程式は重要であり，このときディオファンティン方程式は**ベズー恒等式**（$Bezout\ identity$）としても知られている．A と B が既約（共通因子がないこと）のときに限り，これは解をもつ．それらが共通因子 D をもつものとしてみよう．すると，$A = PD$，$B = QD$ と書け，ベズー恒等式は $D(PX + QY) = 1$ となる．これは $D = 1$ でなければ，解は求まらない．このため，ベズー恒等式はフィードバック安定理論やシステム理論において大きな役割を果たしている．

確率過程を予測する場合には，i 段先予測を行うとき，通常 $B\left(z^{-1}\right) = z^{-i}$ とする．すると，ディオファンティン方程式はつぎのようになる．

$$X_i\left(z^{-1}\right) + \frac{z^{-i}}{A\left(z^{-1}\right)} Y_i\left(z^{-1}\right) = \frac{C\left(z^{-1}\right)}{A\left(z^{-1}\right)} \tag{4.100}$$

> **ミニ解説 5 —— つづき**
>
> そして、X_i の次数は $i-1$ であるとすると、X_i の係数は伝達関数 C/A のインパルス応答の最初の i 個の項であることがわかる。A と C の次数が n であれば、Y_i の次数は $n-1$ になる。この詳細については [ÅW84] を参照せよ。一連の i の値に対して X_i と Y_i の係数を計算するための効率的な再帰アルゴリズムも提案されている [Soe92]。

グできる。確定的外乱は、通常、$C(z^{-1}) = 1$ $(c_i = 0)$ とし、$v(k)$ の最初のいくつかの値のみを非零とすることによって、モデリングできる。

例題 4.6 一定値出力外乱

$C(z^{-1}) = 1$, $D(z^{-1}) = 1 - z^{-1}$, $v(0) = v_0$, そして $k > 0$ のときは $v(k) = 0$ とすると、

$$d(k) - d(k-1) = v(k) \tag{4.101}$$

を得る。これより、$d(0) = v_0$, $d(1) = v_0$, $d(2) = v_0, \ldots$ となる。すなわち、大きさが v_0 の一定値出力外乱をモデリングしたことになる。よって、これは DMC 法によって仮定された外乱モデルと等価である。

例題 4.7 正弦波外乱

周波数 ω_0 は既知だが、振幅と位相が未知である正弦波出力外乱をモデリングしよう。このとき、$C(z^{-1}) = 1$ にとることができる。また、$D(z^{-1})$ は次式となる。

$$D(z^{-1}) = (1 - z^{-1}e^{j\omega_0 T_s})(1 - z^{-1}e^{-j\omega_0 T_s}) \tag{4.102}$$
$$= 1 - 2\cos(\omega_0 T_s)z^{-1} + z^{-2} \tag{4.103}$$

ただし、T_s はサンプリング周期である。さらに、$v(0) = v_0$, $v(1) = v_1$ とする。すると、$d(k)$ の z 変換は、

$$\bar{d}(z) = \frac{v_0 + v_1 z^{-1}}{1 - 2\cos(\omega_0 T_s)z^{-1} + z^{-2}} \tag{4.104}$$

となる。これは、

$$d(k) = A\cos(\omega_0 T_s k + \phi) \tag{4.105}$$

という形式をした信号の z 変換である。

平均値 0 の**定常確率外乱**をモデリングするためには，$v(k)$ を「白色雑音」過程にとればよい．この場合，$E\{v^2(k)\} = \sigma^2$，$E\{v(k)v(k-\ell)\} = 0\,(\ell \neq 0)$ であり，$v(k)$ の確率分布は，すべての k に対して同じで，それぞれの $v(k)$ は $\ell \neq k$ ならば $v(\ell)$ と独立である[6]．すると，$C(z^{-1})/D(z^{-1})$ が漸近安定伝達関数であれば，$d(k)$ は**スペクトル密度**

$$\Phi_{dd}(\omega) = \sigma^2 \frac{|C(e^{-j\omega T_s})|^2}{|D(e^{-j\omega T_s})|^2} \tag{4.106}$$

をもつ**定常過程**になる．ここで，$|C(e^{-j\omega T_s})|^2 = C(e^{-j\omega T_s})C(e^{+j\omega T_s})$ なので，$C(z^{-1})$ を，その根がつねに単位円内に存在するように選ぶことができる．すなわち，このようにモデリングできるスペクトル密度に限定することなしに行える．また，同じ理由より，$C(z^{-1})$ の z^{-j} の因子はスペクトル密度に影響を与えない．

例題 4.8

宇宙船内での乗組員の移動による外乱は，近似的に $\omega_0 = 0.12\,[\text{rad/sec}]$ にピーク値をもち，低周波数でゼロになるようなスペクトル密度をもつ確率過程によってモデリングできる．いま，サンプリング周期を $T_s = 0.6\,[\text{sec}]$ とすると，$\omega_0 T_s = 0.072\,[\text{rad}]$

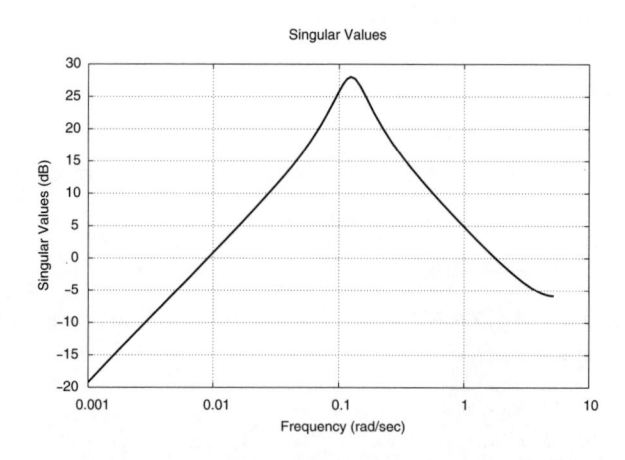

図 4.3 式 (4.107) によってモデリングされた乗組員外乱のスペクトル密度 ($\rho = 0.98$)

---

[6] 〈訳者注〉このような分布を**独立同一分布** (independently and identically distribution) といい，*i.i.d.* と略記されることが多い．

となる．したがって，次式のように選ぶ．

$$\frac{C(z^{-1})}{D(z^{-1})} = \frac{1 - z^{-1}}{(1 - \rho e^{-j0.072} z^{-1})(1 - \rho e^{+j0.072} z^{-1})} \quad (4.107)$$

ここで，$\rho < 1$ はピークの鋭さを決定するパラメータである．図 4.3 は $\rho = 0.98$，$\sigma = 1$ とした場合のスペクトル密度を示している．

☞ この乗組員外乱のモデルは，出力外乱よりも入力外乱(たとえば，トルクに対する)としたほうが，おそらく，より適切だと思われる．しかし，ここでのポイントは理解されたと思う．また，モデルの細部は，現実の乗組員外乱スペクトルに対して正確ではないかもしれない．

式 (4.94)，(4.95) の形式の外乱モデルがあるとき，ディオファンティン方程式の解を用いて予測出力を得ることができる．いま，方程式

$$\frac{C(z^{-1})}{D(z^{-1})} = E'_i(z^{-1}) + z^{-i} \frac{F'_i(z^{-1})}{D(z^{-1})} \quad (4.108)$$

の解である多項式 $E'_i(z^{-1})$ と $F'_i(z^{-1})$ があるとする．ただし，$E'_i(z^{-1})$ の次数は高々 $i-1$ で，$F'_i(z^{-1})$ の次数は高々 $\nu - 1$ である．すなわち，これらの多項式は，ディオファンティン方程式

$$E'_i(z^{-1}) D(z^{-1}) = C(z^{-1}) - z^{-i} F'_i(z^{-1}) \quad (4.109)$$

の解である．式 (4.87) では右辺第 1 項が 1 であったが，この場合は多項式 $C(z^{-1})$ であることに注意する．プラント入力 u は既知だが，外乱 v は未知であるので，この差が生じる．式 (4.108) を式 (4.95) に用いると，次式が得られる．

$$\hat{d}(k+i|k) = \left[E'_i(z^{-1}) + z^{-i} \frac{F'_i(z^{-1})}{D(z^{-1})} \right] \hat{v}(k+i|k) \quad (4.110)$$

$$= E'_i(z^{-1}) \hat{v}(k+i|k) + \frac{F'_i(z^{-1})}{D(z^{-1})} \hat{v}(k|k) \quad (4.111)$$

さて，ディオファンティン方程式の以前の使い方と比べると，予測を「未来」と「過去」の項に分けたものの，この場合には「過去」の過程 $\{v(k)\}$ が，既知ではないという違いがある．そのため，何らかの方法でこれを推定しなければならない．

式 (4.94)，(4.95) より次式を得る．

$$y(k) = z^{-d} \frac{B(z^{-1})}{A(z^{-1})} u(k) + \frac{C(z^{-1})}{D(z^{-1})} v(k) \quad (4.112)$$

したがって，$v(k)$ はつぎのように推定できる．

$$\hat{v}(k|k) = \frac{D(z^{-1})}{C(z^{-1})} \left[y(k) - z^{-d} \frac{B(z^{-1})}{A(z^{-1})} u(k) \right] \tag{4.113}$$

$$= \frac{D(z^{-1})}{C(z^{-1})} [y(k) - \hat{y}(k)] \tag{4.114}$$

ただし，$\hat{y}(k)$ は，入力 u をプラントのモデルでフィルタリングすることによって得られる出力予測である．ここで，$C(z^{-1})$ のすべての根が単位円内に存在することを保証する重要性がわかるだろう．そうでないと，この推定器は不安定になってしまう．

式 (4.113) を多様に解釈することができる．まず，$\hat{v}(k|k)$ は図 4.4 に示したように生成されるという意味に解釈することができる．この場合，$\hat{y}(k)$ は実際に測定された過去の値によって修正されることなしに得られる $y(k)$ の**長期予測**である．これは時刻 k でのみ，測定値 $y(k)$ によって修正される．そして，修正された値は D/C でフィルタリングされる．

もう一つの解釈は，$C(z^{-1}) A(z^{-1})$ を乗じることによって得られる

$$A(z^{-1}) C(z^{-1}) \hat{v}(k|k) = A(z^{-1}) D(z^{-1}) y(k) - z^{-d} B(z^{-1}) D(z^{-1}) u(k) \tag{4.115}$$

により行える．これは，$z^{-i}\hat{v}(k|k) = \hat{v}(k-i|k-i)$ と解釈することにより，**再編成差分方程式**として解くことができる (なお，これが唯一の解釈ではなく，別の解釈も可能である．たとえば $z^{-i}\hat{v}(k|k) = \hat{v}(k-i|k)$ と解釈することも可能であり，これは $v(k-i)$ の「**平滑化された**」(smoothed) 推定値を意味する)．これら二つの解釈は同じではなく，異なる推定値が得られてしまう．図 4.4 に示した解釈のほうが，より正しいように見える．一方，式 (4.115) の解釈のほうがより理にかなっているように思える．なぜならば，時刻 k において用いられるのは，$y(k)$ だけではなく過去の測定値 $y(k), y(k-1), \ldots$ であり，より多くの情報を用いているからである．そのため，実際には差分方程式 (再編成モデル) の解釈が用いられている．そしてわれわれはそれを仮定する．

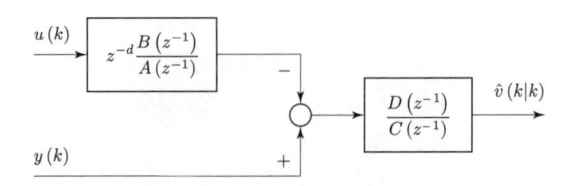

図 4.4　$\hat{v}(k|k)$ の生成 —— 一つの解釈

4.2 伝達関数モデル 159

さて，「i 段先」(i-step-ahead) 予測出力として次式を得る．

$$\hat{y}(k+i|k) = z^{-d}\frac{B(z^{-1})}{A(z^{-1})}\tilde{u}(k+i) + E'_i(z^{-1})\hat{v}(k+i|k) + \frac{F'_i(z^{-1})}{D(z^{-1})}\hat{v}(k|k) \tag{4.116}$$

$$= z^{-d}\frac{B(z^{-1})}{A(z^{-1})}\tilde{u}(k+i) + E'_i(z^{-1})\hat{v}(k+i|k)$$
$$+ \frac{F'_i(z^{-1})}{C(z^{-1})}\left[y(k) - z^{-d}\frac{B(z^{-1})}{A(z^{-1})}u(k)\right] \tag{4.117}$$

ここで，二番目の式を得るために式 (4.113) を用いた．

この表現に対して過度に心配する前に，たとえば，次項で説明するように，通常，いくつかの簡略化が導入されることを読者は理解しておくべきである．

この予測には，$E'_i(z^{-1})\hat{v}(k+i|k)$ という項が含まれている．これは，$v(k)$ の未来値の予測のみからなっている．この予測を行う最良の方法は，外乱の特性についての仮定に依存する．しかしながら，$v(k)$ が何らかの方法で予測できる信号であると仮定することは現実的ではない．なぜならば，そのように仮定できれば，C と D 多項式の選定にすでに反映されているべきだからである．外乱 $d(k)$ が確定的だと信じられるのならば，これまでの例題で見てきたように，通常 $v(k) = 0$ とするだろう．そのような場合，推定値 $\hat{v}(k|k)$ は「初期条件」の役割を果たす (たぶん一つ，あるいは二つ過去の推定値とともに) が，そのときは，$i > 0$ に対しては，$\hat{v}(k+i|k) = 0$ と仮定するのが適切である．

一方，外乱が確率的であると仮定されるならば，何らかの方法で予測 $\hat{y}(k+i|k)$ を最適化するように $v(k+i)$ を予測することが考えられる．ここでの通常の選択は，**最小分散** (*minimum variance*) 予測を用いることである．その場合の目的は，予測と実際の値の間の誤差分散 $E\{\|y(k+i) - \hat{y}(k+i|k)\|^2\}$ を可能な限り小さくするように，予測を行うことである．しかし，確率論の定理で知られているように，最小分散予測は，$\hat{y}(k+i|k) = E\{y(k+i)|k\}$，すなわち**条件つき期待値** (ここで，条件は時刻 k までに利用可能なすべての情報に基づくというもの) に選ぶことにより得ることができる (詳細は [Mos95, ÅW84] を参照)．いま，項の総和の条件つき期待値は条件つき期待値の総和であるので，$\hat{v}(k+i|k) = E\{v(k+i)|k\}$ と選ぶべきである．しかし，確率的な場合，$\{v(k)\}$ は平均値 0 の白色雑音過程と仮定されているので，その条件つき期待値は，単なる過程の期待値と同じで 0 になってしまう．すなわち $\hat{v}(k+i|k) = 0$ である．よって，結局，つぎの**最小分散予測器** (*minimum variance predictor*) を得る．

$$\hat{y}(k+i|k) = z^{-d}\frac{B(z^{-1})}{A(z^{-1})}\tilde{u}(k+i) + \frac{F_i'(z^{-1})}{C(z^{-1})}\left[y(k) - z^{-d}\frac{B(z^{-1})}{A(z^{-1})}u(k)\right] \tag{4.118}$$

予測制御問題を解くためには，この式を**自由応答** (*free response*) の部分 (すなわち $\Delta\hat{u}(k+i|k) = 0$ とした場合に生じる予測応答) と**強制応答** (*forced response*) の部分 (すなわち $\Delta\hat{u}(k+i|k)$ に依存する項) に分ける必要がある．言い換えると，過去に依存する部分を，未来の入力に依存する部分から分離する必要がある．これは，ディオファンティン方程式をもう一つ解くことによって行うことができる．

式 (4.118) の予測において，「過去と未来」の境目を横切る唯一の信号は，$\tilde{u}$ である．また，それは伝達関数 $z^{-d}B/A$ によってフィルタリングされる．そのため，$\hat{y}(k+i|k)$ を見つけるとき，B/A のインパルス応答の最初の $i-d+1$ 個の項を取り出す必要がある (その信号は d 段遅れるので，$i-d+1$ 個だけでよい．よって，$k+i-d$ 以降に生じた入力を考慮する必要はない．ここでの「過去と未来」の境目は，$k-1$ と k の間である)．われわれはディオファンティン方程式

$$\frac{B(z^{-1})}{A(z^{-1})} = E_i(z^{-1}) + z^{-(i-d)}\frac{F_i(z^{-1})}{A(z^{-1})} \tag{4.119}$$

の解 $(E_i(z^{-1}), F_i(z^{-1}))$ を見つける必要がある．ここで，$E_i(z^{-1})$ の次数は $i-d$ を超えない (これは式 (4.86) とはまったく同じではないことに注意せよ)．これを式 (4.118) に代入すると，次式を得る．

$$\hat{y}(k+i|k) = z^{-d}\left[E_i(z^{-1}) + z^{-(i-d)}\frac{F_i(z^{-1})}{A(z^{-1})}\right]\tilde{u}(k+i)$$
$$+ \frac{F_i'(z^{-1})}{C(z^{-1})}\left[y(k) - z^{-d}\frac{B(z^{-1})}{A(z^{-1})}u(k)\right] \tag{4.120}$$

$$= \underbrace{E_i(z^{-1})\hat{u}(k+i-d)}_{\text{未来}}$$
$$+ \underbrace{\frac{F_i(z^{-1})}{A(z^{-1})}u(k-1) + \frac{F_i'(z^{-1})}{C(z^{-1})}\left[y(k) - z^{-d}\frac{B(z^{-1})}{A(z^{-1})}u(k)\right]}_{\text{過去}} \tag{4.121}$$

$$= \underbrace{E_i(z^{-1})\hat{u}(k+i-d)}_{\text{未来}}$$
$$+ \underbrace{\frac{F_i'(z^{-1})}{C(z^{-1})}y(k) + \frac{z^{-1}F_i(z^{-1})C(z^{-1}) - z^{-d}F_i'(z^{-1})B(z^{-1})}{A(z^{-1})C(z^{-1})}u(k)}_{\text{過去}}$$
$$\tag{4.122}$$

4.2 伝達関数モデル

式 (2.24) と同じように行列・ベクトル形式で $i = 1, \ldots, H_p$ に対する出力予測 $\hat{y}(k+i|k)$ を表現するために，フィルタリングされた信号 $(1/C)y$ と $(1/AC)u$ を計算する必要がある．それらは，それぞれのステップで各信号の新しい項を一つ計算することによって行うことができる．それぞれの (すなわち，それぞれの i に対する) 予測は，これらのフィルタリングされた信号の多項式演算に依存するので，それらの過去の値の線形結合になる．よって，予測の全体を行列・ベクトル形式で表現することができる．詳細については，[Soe92, BGW90, Mos95, CC95, CC99] を参照せよ．これらの計算を行う方法がいくつか存在する．

確率的な場合には，最小分散予測器を用いることによって，評価関数 (2.9) の最小平均値が得られるとは限らないことに注意する．しかし，これは一般的に行われていることである．状態空間の場合同様，これは一般に，**分離** (*separation*)，あるいは確実等価性原理の発見的な応用である．

例題 4.9

それぞれの多項式をつぎのようにおく．

$$A\left(z^{-1}\right) = 1 - 0.9z^{-1}, \quad B\left(z^{-1}\right) = 0.5,$$
$$C\left(z^{-1}\right) = 1 + 0.5z^{-1}, \quad D\left(z^{-1}\right) = 1 - z^{-1},$$
$$d = 1$$

まず，式 (4.108) を解く．$E_1'\left(z^{-1}\right)$ は次数 0，すなわち定数である．すると，

$$\frac{C\left(z^{-1}\right)}{D\left(z^{-1}\right)} = \frac{1 - z^{-1} + 1.5z^{-1}}{1 - z^{-1}} = 1 + \frac{1.5z^{-1}}{1 - z^{-1}}$$

なので，次式が得られる．

$$E_1' = 1, \quad F_1' = 1.5$$

いま，

$$\frac{B\left(z^{-1}\right)}{A\left(z^{-1}\right)} = \frac{0.5\left(1 - 0.9z^{-1}\right) + 0.45z^{-1}}{1 - 0.9z^{-1}} = 0.5 + \frac{0.45z^{-1}}{1 - 0.9z^{-1}}$$

なので，次式が得られる．

$$E_1 = 0.5, \quad F_1 = 0.45$$

4.2.4 GPC モデル

一般化予測制御 (*Generalized Predictive Control, GPC*) の場合には，通常，確率的な外乱が仮定される．そして，式 (4.95) の分母多項式 $D\left(z^{-1}\right)$ は，つねに次式のように選ばれる．

$$D\left(z^{-1}\right) = \left(1 - z^{-1}\right) A\left(z^{-1}\right) \tag{4.123}$$

ここではプラントの伝達関数表現が用いられているのであるが，外乱に対して確率的な解釈がされていて，さらにプラントが不安定な場合，問題が生じることに注意しよう．安定なプラントに対してでさえ，このモデルを利用すると，$D\left(z^{-1}\right)$ の根は単位円上の 1 に存在するので，外乱は定常ではなくなる．これは，$v(k)$ が白色雑音であっても，外乱 $d(k)$ は**ランダムウォーク** (*random walk*) してしまうことを意味している．外乱モデルをこのように選択することは，以下の非確率的な議論によって正当化できる．外乱が出力ではなく，プラントの「内部」に加わる場合 (状態方程式を用いているならば，外乱が状態方程式に入ることを考えればよい)，その外乱は $C\left(z^{-1}\right)/A\left(z^{-1}\right)$ の形式の伝達関数によってフィルタリングされたかのように，プラントの出力に現れるだろう．たいていの現実的な外乱はこのように生じるので，$D\left(z^{-1}\right)$ の因子として $A\left(z^{-1}\right)$ を含むことは理にかなっているように思える．$D\left(z^{-1}\right)$ に因子 $\left(1 - z^{-1}\right)$ を含むことによって，非常に一般的で重要である一定値外乱も表すことができる．さらに，$v(k)$ が不規則な時刻で生起するインパルスにより構成されるとすると，不規則な時刻でジャンプする区分的一定な外乱を記述することができる．このことにより，プラントでの負荷外乱のような現象 (たとえば，負荷トルクの急激な増加のような現象．この場合，コントローラが実際に利用できるトルクが減少してしまう) を，現実に則して記述できる．また，非常に重要なことであるが，因子 $\left(1 - z^{-1}\right)$ を含むことにより，コントローラは**積分動作**を有することになる．より精巧な外乱モデルを作ることはできるが，式 (4.123) を使うことにより，いくつかのよい解釈が行え，また，簡単さを保つことができる．

式 (4.115) に式 (4.123) を代入し，$A\left(z^{-1}\right)$ を消去すると，次式が得られる．

$$C\left(z^{-1}\right)\hat{v}(k|k) = A\left(z^{-1}\right)\left(1 - z^{-1}\right)y(k) - z^{-d}B\left(z^{-1}\right)\left(1 - z^{-1}\right)u(k) \tag{4.124}$$

$\Delta u(k)$ の定義と同じように，$\Delta y(k) = \left(1 - z^{-1}\right)y(k)$ という表記を用いると，この式はつぎのようになる．

$$C\left(z^{-1}\right)\hat{v}(k|k) = A\left(z^{-1}\right)\Delta y(k) - z^{-d}B\left(z^{-1}\right)\Delta u(k) \tag{4.125}$$

この式より $\hat{v}(k|k)$ を計算できる．すると，「最小分散」出力予測は次式となる．

$$\hat{y}(k+i|k) = z^{-d}\frac{B(z^{-1})}{A(z^{-1})}\tilde{u}(k+i) + \frac{C(z^{-1})}{A(z^{-1})(1-z^{-1})}\hat{v}(k+i|k) \tag{4.126}$$

$$= z^{-d}\frac{B(z^{-1})}{A(z^{-1})}\tilde{u}(k+i) + \frac{F_i'(z^{-1})}{A(z^{-1})(1-z^{-1})}\hat{v}(k|k) \tag{4.127}$$

ただし，二番目の式を得るために，$i > 0$ のとき，$\hat{v}(k+i|k) = 0$ とした．式 (4.125) から得られる $\hat{v}(k|k)$ の表現を代入すると，式 (4.118) と同一の式が得られる．

4.2.5 状態空間での解釈

第 2 章で，観測器で推定される状態の時間更新式として，

$$\hat{x}(k+1|k) = (A - LC_y)\hat{x}(k|k-1) + B\hat{u}(k|k) + Ly(k) \tag{4.128}$$

を利用したことを思い出そう．この式を z 変換すると，次式を得る．

$$\bar{x}(z) = [zI - (A - LC_y)]^{-1}[L\bar{y}(z) + B\bar{\tilde{u}}(z)] \tag{4.129}$$

たとえば $\hat{x}(k+i|k) = A^{i-1}\hat{x}(k+1|k) + \cdots$ のように，これ以降の時刻のすべての予測は $\hat{x}(k+1|k)$ に基づいている．よって，出力測定値 $y(k)$ は，予測を生成するために用いられる前に，$[zI - (A - LC_y)]^{-1}L$ によりフィルタリングされることがわかる．しかし，伝達関数アプローチでは，たとえば式 (4.118)，(4.122) からわかるように，出力測定値は予測を生成するために用いられる前に，$1/C(z^{-1})$ によってフィルタリングされることがわかる．逆行列は $X^{-1} = \mathrm{adj}\,X/\det X$ で与えられることより，状態空間と伝達関数定式化の間には，次式の関係があることがわかる．

$$z^\nu C(z^{-1}) \leftrightarrow \det[zI_\nu - (A - LC_y)] \tag{4.130}$$

($C(z^{-1})$ での z の級数因子は，外乱のスペクトル密度に影響しないことを思い出せ)．
以上より得られることをつぎにまとめておこう．

- 伝達関数定式化における多項式 $C(z^{-1})$（あるいは $z^\nu C(z^{-1})$）は，しばしば**観測器多項式**(observer polynomial) と呼ばれる(**極配置**(pole-placement) の文献でもこのように呼ばれている)．
- 状態空間モデルを用いることにより，外乱の影響を表現する状態を含む拡大モデルを構築できる．これらの状態の動特性は，伝達関数定式化での多項式 $D(z^{-1})$ に対応する．そして，**観測器の動特性**(observer dynamics) が任意の望ましい分子多項式 $C(z^{-1})$ に一致するように，観測器ゲイン L を選ぶことができる．

- 真に確率的な外乱が存在すると信じる必要はない．どちらのアプローチにおいても，多項式 $C(z^{-1})$，あるいは観測器ゲイン L を「チューニングパラメータ」とみなすことができる．予測コントローラが望ましい性能特性をもつようにそれらを調整すればよい．実際，たとえば，GPC モデルによって明らかなように，同様なことが分母多項式 $D(z^{-1})$ に対してもいえる．
- 一度に一つの信号を扱うときは，状態空間よりも伝達関数を用いるほうがたいていの場合，簡単である．多変数システムの場合でも，それぞれの出力への外乱は，互いに独立だと考えて十分である．そのような場合，「$C(z^{-1})$ と $D(z^{-1})$」を用いて考え，しかし計算と実装化には状態空間法を用いるのが容易だと思う設計者もいるだろう．

例題 4.10

例題 4.8 (p.156) で扱った乗組員外乱の例について，再び考えよう．例題 4.8 では，

$$C(z^{-1}) = 1 - z^{-1}, \quad D(z^{-1}) = \left(1 - \rho e^{-j\omega_0 T_s}\right)\left(1 - \rho e^{+j\omega_0 T_s}\right)$$

であった．これに等価な状態空間モデルは，次式で与えられる．

$$x_d(k+1) = A_d x_d(k) + B_d v(k), \quad d(k) = C_d x_d(k)$$

ただし，

$$A_d = \begin{bmatrix} 0 & 1 \\ -\rho^2 & 2\rho\cos(\omega_0 T_s) \end{bmatrix}, \quad B_d = \begin{bmatrix} 0 \\ 1 \end{bmatrix}, \quad C_d = \begin{bmatrix} -1 & 1 \end{bmatrix}$$

である（これは，実際には $C(z^{-1}) = z^{-1}(1 - z^{-1})$ を与える）．これをプラントモデル

$$x_p(k+1) = A_p x_p(k) + B_p u(k), \quad y(k) = C_p x_p(k)$$

と組み合わせると，次式を得る．

$$\begin{bmatrix} x_p(k+1) \\ x_d(k+1) \end{bmatrix} = \begin{bmatrix} A_p & 0 \\ 0 & A_d \end{bmatrix} \begin{bmatrix} x_p(k) \\ x_d(k) \end{bmatrix} + \begin{bmatrix} B_p \\ 0 \end{bmatrix} u(k) + \begin{bmatrix} 0 \\ B_d \end{bmatrix} v(k) \tag{4.131}$$

$$y(k) = \begin{bmatrix} C_p & C_d \end{bmatrix} \begin{bmatrix} x_p(k) \\ x_d(k) \end{bmatrix} \tag{4.132}$$

観測器ゲイン行列を $L = \begin{bmatrix} L_p^T, L_d^T \end{bmatrix}^T$ のように分割すると，観測器ゲイン行列全体は次式のようになる．

$$\mathcal{A} - L\mathcal{C} = \begin{bmatrix} A_p - L_p C_p & -L_p C_d \\ -L_d C_p & A_d - L_d C_d \end{bmatrix} \tag{4.133}$$

プラントは安定であると仮定すると，可能な選択の一つは $L_p = 0$ である．すなわち，開ループプラント動特性をそのまま観測器動特性の一部とすることである．その場合，

$$\mathcal{A} - L\mathcal{C} = \begin{bmatrix} A_p & 0 \\ -L_d C_p & A_d - L_d C_d \end{bmatrix} \tag{4.134}$$

となる．(A_d, C_d) が可観測であれば，適切な L_d を選ぶことによって，$A_d - L_d C_d$ の固有値を望みの場所に配置できる．乗組員外乱の例では $L_d = [1, 2\rho\cos(\omega_0 T_s)]^T$ と選ぶことにより，$A_d - L_d C_d$ の固有値を1と0 ($z^{-1}C(z^{-1})$ の根) に配置することも可能である．この場合，

$$A_d - L_d C_d = \begin{bmatrix} 1 & 0 \\ -\rho^2 + 2\rho\cos(\omega_0 T_s) & 0 \end{bmatrix}$$

となり，確かに1と0が固有値である．ところで，なぜ $L_p = 0$ とおいたのだろうか？伝達関数モデルが通分された形

$$y(k) = \frac{z^{-d} D(z^{-1}) B(z^{-1}) u(k) + A(z^{-1}) C(z^{-1}) v(k)}{A(z^{-1}) D(z^{-1})}$$

で書かれたならば，開ループプラント極多項式は観測器の動特性に含まれるべきであることが明らかだからである．

この例題は，状態空間定式化を用いる場合の，外乱モデルの回復方法を示している．しかしながら，また，状態空間定式化には，より多くの設計の自由度が存在することも示している．たとえば，$L_p = 0$ と選ぶ必要はなく，他の選択も可能である．特に，状態空間定式化では，外乱モデルの分子多項式と独立に観測器動特性を選ぶことができる．設計者にとってこの付加的な自由度が実際に有益かどうかは，議論の余地があるところである．乗組員の運動のような物理的な外乱モデルがあるときには，$C(z^{-1})$ は既知の物理特性を表現するので，この自由度を利用することは有効であろう．測定雑音の統計的性質が利用できる場合には，特に有効である．なぜならば，**カルマンフィルタ**理論を用いて観測器ゲイン行列 L を最適に選ぶことができるからである．

カルマンフィルタ理論を用いて，伝達関数と状態空間定式化の間の他の関連性を見出すこともできる．システム雑音と測定雑音がどのような組み合わせでプラントに作用していても，同じスペクトルをもつ出力外乱が次式のモデルから得られることが知

られている．

$$x_d(k+1) = A_d x_d(k) + L_d v(k) \tag{4.135}$$
$$y(k) = C_d x_d(k) + v(k) \tag{4.136}$$

これは，外乱の**イノヴェーション** (*innovation*) 表現として知られている [Mos95]．このモデルで，L_d は**カルマンフィルタゲイン**で，状態を最適推定するために観測器で用いられるべきものである．式 (4.73) の公式を適用することによって，状態空間表現から伝達関数を求めると，次式が得られる．

$$\bar{y}(z) = \left[C_d(zI - A_d)^{-1} L_d + I\right] \bar{v}(z) \tag{4.137}$$

これより，$z^\nu D(z^{-1}) \to \det(zI - A_d)$ であり，$C(z^{-1})$ は

$$\det\left[C_d(zI - A_d)^{-1} L_d + I\right]$$

の根と同じ根をもつ多項式であることがわかる．1 出力の場合，

$$\det\left[C_d(zI - A_d)^{-1} L_d + I\right]$$

は単に多項式

$$\left[C_d(zI - A_d)^{-1} L_d + 1\right] \det(zI - A_d)$$

になる．これは，式 (4.130) で得られた関係とは異なるように見えるかもしれない．しかし，**逆行列補題** (*matrix inversion lemma*)[7]を用いると，次式を示すことができる．

$$[zI - (A_d - L_d C_d)]^{-1} = (zI - A_d)^{-1} \left[L_d C_d(zI - A_d)^{-1} + I\right]^{-1} \tag{4.138}$$

これより，$((I + XY)^{-1} X = X(I + YX)^{-1}$ を用いると) 次式を示すことは容易である．

$$[zI - (A_d - L_d C_d)]^{-1} L_d = (zI - A_d)^{-1} L_d \left[C_d(zI - A_d)^{-1} L_d + I\right]^{-1} \tag{4.139}$$

式 (4.139) 左辺の分母は，

$$\det[zI - (A_d - L_d C_d)]$$

右辺の分母は，

---

[7] $(W + XYZ)^{-1} = W^{-1} - W^{-1}X(ZW^{-1}X + Y^{-1})^{-1}ZW^{-1}$．この場合は，$W = (zI - A_d)$，$X = L_d$，$Y = I$，$Z = C_d$ として逆行列補題を適用すればよい．

$$\det\left[C_d\left(zI-A_d\right)^{-1}L_d+I\right]$$

である．右辺の $\det\left(zI-A_d\right)$ は分子と相殺される．ゆえに，$C\left(z^{-1}\right)$ に関する二つの関係に矛盾はない．

通常，状態空間定式化において外乱をモデリングする方法はいくつかある．これらはすべて 1 出力外乱と等価である．GPC 外乱モデルが用いられたら（すなわち，$D\left(z^{-1}\right)=\left(1-z^{-1}\right)A\left(z^{-1}\right)$ の場合），そのほとんどの動特性はプラントのそれと共有される．したがって，+1 に極をもつ付加的な外乱をモデリングするために必要なものは，以下のように m 個の状態を加えることだけである（ただし，m は出力数）．

$$x_p\left(k+1\right)=A_px_p\left(k\right)+x_d\left(k\right)+B_pu\left(k\right) \tag{4.140}$$

$$x_d\left(k+1\right)=x_d\left(k\right)+B_dv_2\left(k\right) \tag{4.141}$$

$$y\left(k\right)=\begin{bmatrix}C_p & C_d\end{bmatrix}\begin{bmatrix}x_p\left(k\right)\\x_d\left(k\right)\end{bmatrix} \tag{4.142}$$

さて，GPC モデル（そして，「再編成」モデルの利用）に正確に対応する状態空間モデルと観測器をどのように定義できるかを示していこう．すなわち，2.6.4 項で行った結果を，GPC の場合と同様にモデリングできる外乱が存在する場合へ拡張しよう．式 (4.125) で用いたものと同様の表記を用いると，次式のように GPC モデルを記述することができる．

$$A\left(z^{-1}\right)\Delta y\left(k\right)=B\left(z^{-1}\right)\Delta u\left(k\right)+C\left(z^{-1}\right)v\left(k\right) \tag{4.143}$$

ただし，$d=1$ とした．多項式行列 $A\left(z^{-1}\right)$, $B\left(z^{-1}\right)$, $C\left(z^{-1}\right)$ は次式で与えられるとする（この方法では多変数の場合も取り扱える）．

$$A\left(z^{-1}\right)=I-A_1z^{-1}-\cdots-A_nz^{-n} \tag{4.144}$$

$$B\left(z^{-1}\right)=B_1z^{-1}+\cdots+B_pz^{-p} \tag{4.145}$$

$$C\left(z^{-1}\right)=Iz^{-1}+C_2z^{-2}+\cdots+C_qz^{-q} \tag{4.146}$$

ここで，一般性を失うことなく，$A\left(z^{-1}\right)$ と $C\left(z^{-1}\right)$ の先頭係数行列を，単位行列 I に選べることに注意する．このモデルは，次式のように差分方程式で表現できる．

$$\begin{aligned}&y\left(k\right)-y\left(k-1\right)\\&=A_1\left[y\left(k-1\right)-y\left(k-2\right)\right]+\cdots+A_n\left[y\left(k-n\right)-y\left(k-n-1\right)\right]\\&\quad+B_1\left[u\left(k-1\right)-u\left(k-2\right)\right]+\cdots+B_p\left[u\left(k-p\right)-u\left(k-p-1\right)\right]\\&\quad+v\left(k-1\right)+C_2v\left(k-2\right)+\cdots+C_qv\left(k-q\right)\end{aligned} \tag{4.147}$$

いま，状態ベクトルをつぎのように定義する．

$$x(k) = \begin{bmatrix} y^T(k) & y^T(k-1) & \cdots & y^T(k-n) & u^T(k-1) & \cdots & u^T(k-p) \\ & v^T(k-1) & \cdots & v^T(k-q+1) \end{bmatrix}^T \tag{4.148}$$

すると,式 (4.147) は次式で与えられる (非最小) 状態空間モデルと等価になる.

$$x(k+1) = \mathcal{A}x(k) + \mathcal{B}_u u(k) + \mathcal{B}_v v(k) \tag{4.149}$$
$$y(k) = \mathcal{C}x(k) \tag{4.150}$$

ただし,

$$\mathcal{A} = \begin{bmatrix} \mathcal{A}_{11} & \mathcal{A}_{12} & \mathcal{A}_{13} \\ 0 & \mathcal{A}_{22} & 0 \\ 0 & 0 & \mathcal{A}_{33} \end{bmatrix} \tag{4.151}$$

である.そして,その部分行列は次式で与えられる.

$$\mathcal{A}_{11} = \begin{bmatrix} I+A_1 & A_2-A_1 & \cdots & A_n-A_{n-1} & -A_n \\ I & 0 & \cdots & 0 & 0 \\ \vdots & \vdots & \vdots & \vdots & \vdots \\ 0 & 0 & \cdots & I & 0 \end{bmatrix} \tag{4.152}$$

$$\mathcal{A}_{12} = \begin{bmatrix} B_2-B_1 & \cdots & B_p-B_{p-1} & -B_p \\ 0 & \cdots & 0 & 0 \\ \vdots & \vdots & \vdots & \vdots \\ 0 & \cdots & 0 & 0 \end{bmatrix} \tag{4.153}$$

$$\mathcal{A}_{13} = \begin{bmatrix} C_2 & \cdots & C_q \\ 0 & \cdots & 0 \\ \vdots & \vdots & \vdots \\ 0 & \cdots & 0 \end{bmatrix} \tag{4.154}$$

$$\mathcal{A}_{22} = \underbrace{\begin{bmatrix} 0 & 0 & \cdots & 0 & 0 \\ I & 0 & \cdots & 0 & 0 \\ \vdots & \vdots & \vdots & \vdots & \vdots \\ 0 & 0 & \cdots & I & 0 \end{bmatrix}}_{p \text{ ブロック}} \tag{4.155}$$

$$\mathcal{A}_{33} = \underbrace{\begin{bmatrix} 0 & 0 & \cdots & 0 & 0 \\ I & 0 & \cdots & 0 & 0 \\ \vdots & \vdots & \vdots & \vdots & \vdots \\ 0 & 0 & \cdots & I & 0 \end{bmatrix}}_{q-1 \text{ ブロック}} \tag{4.156}$$

4.2 伝達関数モデル 169

行列 $\mathcal{B}_u$, $\mathcal{B}_v$ はそれぞれ次式で与えられる.

$$\mathcal{B}_u = [B_1^T, \underbrace{0,\ldots,0}_{n \text{ ブロック}}, I, \underbrace{0,\ldots,0}_{p-1 \text{ ブロック}}, \underbrace{0,\ldots,0}_{q-1 \text{ ブロック}}]^T \qquad (4.157)$$

$$\mathcal{B}_v = [I, \underbrace{0,\ldots,0}_{n \text{ ブロック}}, \underbrace{0,\ldots,0}_{p \text{ ブロック}}, I, \underbrace{0,\ldots,0}_{q-2 \text{ ブロック}}]^T \qquad (4.158)$$

出力行列 $\mathcal{C}$ は, つぎの形式をとる.

$$\mathcal{C} = [I, 0, \ldots, 0] \qquad (4.159)$$

離散時間「積分」がこのモデルに組み込まれていることに注意しよう. すなわち, $\mathcal{A}$ は $+1$ に m 個の固有値をもっている. これはつぎのことから理解できる. $y(k) = y(k-1) = \cdots = y(k-n) = y_\infty$, $u(k-1) = \cdots = u(k-p) = 0$, $v(k-1) = \cdots = v(k-q+1) = 0$ とする. また, x_∞ を次式のような値に対応する状態ベクトルとする.

$$x_\infty = [\underbrace{y_\infty^T, \ldots, y_\infty^T}_{n+1 \text{ 回}}, \underbrace{0,\ldots,0}_{p \text{ 回}}, \underbrace{0,\ldots,0}_{q-1 \text{ 回}}]^T \qquad (4.160)$$

すると, x_∞ が次式を満たすことは容易に示せる.

$$\mathcal{A} x_\infty = x_\infty \qquad (4.161)$$

これは, この形式をとる任意の x_∞ は, $\mathcal{A}$ の固有値 $+1$ に対応する固有ベクトルであることを示している. これはまた, 入力と外乱がすべてゼロのとき, 任意の一定値出力の状態は, このシステムの平衡点であることを示している.

さて, 観測器ゲイン

$$L' = [I, \underbrace{0,\ldots,0}_{n+p \text{ 回}}, I, 0, \ldots, 0]^T \qquad (4.162)$$

を考えよう. L' の中の最初の単位行列は, $\hat{y}(k|k) = y(k)$ を与える. 2.6.4 項と同様に, $\mathcal{A}$ と $\mathcal{B}_u$ の構造により, 観測器が動作してから $\max(n+1, p)$ ステップ後, $\hat{x}(k|k)$ の最初の $n+p+1$ 要素は, 測定された出力と入力を含むことが保証される. L' の中の二番目の単位行列は, 外乱推定値 $\hat{v}(k|k) = y(k) - \hat{y}(k|k-1)$ を与える. ここで, いつものように $\hat{y}(k|k-1) = \mathcal{C}\hat{x}(k|k-1)$, $\hat{x}(k|k-1) = \mathcal{A}\hat{x}(k-1|k-1) + \mathcal{B}_u u(k-1)$ である. モデルが与えられたとき, これは理にかなった外乱の推定値である. ところで, この観測器は安定だろうか? 2.6.4 項では外乱がないとした場合, 観測器は**デッドビート**だった. また, $A - LC = A(I - L'C)$ のすべての固有値はゼロだった. い

ま，状況は少し複雑である．行列 $\mathcal{A} - \mathcal{LC} = \mathcal{A}(I - L'\mathcal{C})$ は，最初のブロック列 (すなわち，最初の m 列 (m は出力の数)) が，

$$[-C_2^T, \underbrace{0, \ldots, 0}_{n+p \text{ 回}}, 0, -I, 0, \ldots, 0]^T \tag{4.163}$$

に置き換わった点を除いて $\mathcal{A}$ と同じである．この行列の固有値は，ゼロと多項式 $C(z^{-1})$ の根に等しい．したがって，$C(z^{-1})$ の根がすべて単位円内に存在すれば，観測器は安定である．この条件は，式 (4.114) から外乱を推定するときに必要だった条件と同じである．このゼロ固有値は，過去の入出力値に対応する状態ベクトルの要素は，有限回のステップ後に正確に推定できるという事実を表している．

2.6.4 項のときと同じように，この観測器は不安定プラントに対しても適用できることに注意しよう．

さらなる GPC モデルの状態空間解釈の例については [OC93] を見よ．

【Model Predictive Control Toolbox の利用に関する注意】 Model Predictive Control Toolbox では，式 (2.38) に示した別の状態空間表現を利用している．そこでは y と z は同一であると仮定されている (これは GPC でも同じように仮定されている)．Model Predictive Control Toolbox の関数に与えられるべき観測器ゲインは，この状態ベクトルの形に対応していなければならない．この場合，観測器ゲイン

$$\mathcal{L}' = \begin{bmatrix} L' \\ I \end{bmatrix} \tag{4.164}$$

を用いると (ここで，L' は式 (4.162) で与えられる)，GPC モデルが得られる (演習問題 4.11 を参照)．$\mathcal{L}'$ は，Model Predictive Control Toolbox の関数 (たとえば scmpc) に引数 Kest として供給されなければならない行列である．

例題 4.11

例題 1.8 (p.29) の不安定なヘリコプタについて考えよう．第 1 章において，プラントが不安定な場合には，単純な DMC 外乱モデルはオフセットなしの追従を得るには十分でないことがわかった．なぜならば，独立モデルが利用できないからである (演習問題 1.11 を参照)．この問題点を解決するために，式 (4.143) の GPC モデルが利用できる．

サンプリング周期を 0.6 秒とすると，ヘリコプタの離散時間伝達関数は，

$$\frac{6.472z^2 - 2.476z + 7.794}{z^3 - 2.769z^2 + 2.565z - 0.7773} \tag{4.165}$$

となる．この式の分母と分子を z^{-3} で割ると，次式を得る．

$$A\left(z^{-1}\right) = 1 - 2.769z^{-1} + 2.565z^{-2} - 0.7773z^{-3} \tag{4.166}$$
$$B\left(z^{-1}\right) = 6.472z^{-1} - 2.476z^{-2} + 7.794z^{-3} \tag{4.167}$$

よって，$n = p = 3$ である．その根がすべて単位円内に存在するような $C\left(z^{-1}\right)$ を選ぶ必要がある．ここでは，$q = 2$ として，つぎの多項式を選ぼう．

$$C\left(z^{-1}\right) = z^{-1} - 0.8z^{-2} = z^{-1}\left(1 - 0.8z^{-1}\right) \tag{4.168}$$

この根の一つは $z = 0.8$ である．なお，この選び方については，7.4.2 項で説明する．この場合，式 (4.148) の状態ベクトルは次式のようになる．

$$x(k) = \begin{bmatrix} y(k) & y(k-1) & y(k-2) & y(k-3) & u(k-1) & u(k-2) \\ u(k-3) & v(k-1) \end{bmatrix}^T \tag{4.169}$$

また，

$$\mathcal{A} = \begin{bmatrix} 1+A_1 & A_2-A_1 & A_3-A_2 & -A_3 & B_2-B_1 & B_3-B_2 & -B_3 & C_2 \\ 1 & 0 & 0 & 0 & 0 & 0 & 0 & 0 \\ 0 & 1 & 0 & 0 & 0 & 0 & 0 & 0 \\ 0 & 0 & 1 & 0 & 0 & 0 & 0 & 0 \\ 0 & 0 & 0 & 0 & 0 & 0 & 0 & 0 \\ 0 & 0 & 0 & 0 & 1 & 0 & 0 & 0 \\ 0 & 0 & 0 & 0 & 0 & 1 & 0 & 0 \\ 0 & 0 & 0 & 0 & 0 & 0 & 0 & 0 \end{bmatrix}$$

$$= \begin{bmatrix} 3.769 & -5.334 & 3.3423 & -0.7773 & -8.948 & 10.27 & -7.794 & -0.8 \\ 1 & 0 & 0 & 0 & 0 & 0 & 0 & 0 \\ 0 & 1 & 0 & 0 & 0 & 0 & 0 & 0 \\ 0 & 0 & 1 & 0 & 0 & 0 & 0 & 0 \\ 0 & 0 & 0 & 0 & 0 & 0 & 0 & 0 \\ 0 & 0 & 0 & 0 & 1 & 0 & 0 & 0 \\ 0 & 0 & 0 & 0 & 0 & 1 & 0 & 0 \\ 0 & 0 & 0 & 0 & 0 & 0 & 0 & 0 \end{bmatrix}$$

$$\mathcal{B}_u = \begin{bmatrix} 6.472 & 0 & 0 & 0 & 1 & 0 & 0 & 0 \end{bmatrix}^T$$
$$\mathcal{B}_v = \begin{bmatrix} -0.8 & 0 & 0 & 0 & 0 & 0 & 0 & 1 \end{bmatrix}^T$$

である．観測器ゲイン行列 L' を式 (4.162) のように選ぶ．すなわち，

$$L' = \begin{bmatrix} 1 & 0 & 0 & 0 & 0 & 0 & 0 & 1 \end{bmatrix}^T \tag{4.170}$$

とすると，観測器状態遷移行列は次式のようになる．

$$
\mathcal{A} - L\mathcal{C} = \begin{bmatrix} 0.8 & -5.334 & 3.3423 & -0.7773 & -8.948 & 10.27 & -7.794 & -0.8 \\ 0 & 0 & 0 & 0 & 0 & 0 & 0 & 0 \\ 0 & 1 & 0 & 0 & 0 & 0 & 0 & 0 \\ 0 & 0 & 1 & 0 & 0 & 0 & 0 & 0 \\ 0 & 0 & 0 & 0 & 0 & 0 & 0 & 0 \\ 0 & 0 & 0 & 0 & 1 & 0 & 0 & 0 \\ 0 & 0 & 0 & 0 & 0 & 1 & 0 & 0 \\ 0 & 0 & 0 & 0 & 0 & 0 & 0 & 0 \end{bmatrix}
$$
(4.171)

予想どおり，これは 0 に 7 個，0.8 に 1 個の固有値をもつ．

　図 4.5 の実線は，制約なしの GPC を適用したときの応答を示している．ただし，$H_p = 5$，$H_u = 2$，$Q = 1$，$R = 0$ とした．また，完全なモデルを仮定した．設定値は $s(k) = 1$ とした．プラントと内部モデルは，双方とも初期状態をゼロとした．また，最初の 10 秒間は外乱は加わらないものとした．その後，-0.1 の測定できないステップ外乱が「入力」に加わった．約 10 秒間の過渡状態の後，出力はその設定値に戻っていることがわかる．外乱を補償するために，入力は増加している．

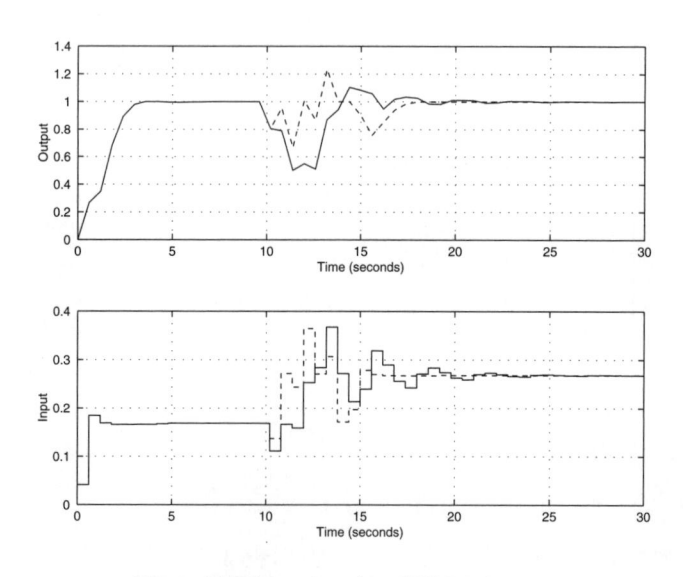

図 4.5　不安定なヘリコプタに適用された GPC

図 4.5 の破線は，**デッドビート観測器**が用いられたときの応答を示している．すなわち，観測器の極を $z = 0.8$ の代わりに $z = 0$ に配置した場合である．実線の応答と比べると，設定値からの誤差のピークは低減化されていることがわかる．しかし，制御動作はより活発な動きをしている．そして，過渡状態はより長くなっている．最初の 10 秒間は，二つの応答は同じであることに注意しよう．この理想的な状況では，内部モデルの状態は，プラントの状態を正確に追従するからである．そして，外乱が加わるまで，観測器は何の影響も与えないからである．

4.2.6 多変数システム

予測制御において，伝達関数定式化を用いて行えることは何であれ（あるいはそれ以上のことも），状態空間定式化を用いて行えるので，伝達関数を用いる理由はないように思うかもしれない．これは，特に多変数システムの場合にはそのとおりである．SISO システムの場合，状態空間モデルではそれほど明確にはならない有用な解釈が少なくともいくつか行える．しかし，これは多変数の場合にはもはや真ではなくなる．

伝達関数定式化は適応制御への応用において，より適切であるといわれることがある．この主張の詳細な正当化はなされているようには思えない．プラントパラメータ推定は，一般の伝達関数モデルを用いる場合に比べて，状態空間モデルを用いた場合のほうが，より難しいというわけではない．SISO システムの場合には両者は同程度に難しいし，多変数の場合には状態空間モデルのほうがたぶん簡単である（たとえば，[CM97] を参照）．おそらく，**ARX モデル**の推定は簡単である．なぜならば，線形回帰を利用するだけでよいからである．しかし，アルゴリズムの簡単化のために，モデルの形式を限定している．それはむだなトレードオフではないだろうか？　もちろん，多変数 ARX モデルを推定する場合であっても，標準的なアルゴリズムを用いて等価な状態空間モデルに容易に変換することができる．

多変数システムに対する伝達関数アプローチの詳細な取り扱いについては，[Mos95, CC95, CC99] を見よ．

4.3 演習問題

4.1 プラントのステップ応答行列系列 $\{S(0), S(1), \ldots, S(N)\}$ が与えられたとする．このとき，インパルス応答行列系列 $\{H(0), H(1), \ldots\}$ の求め方を示せ．また，得ることのできる最後のインパルス応答行列は何か？

4.2 (a) 状態空間モデルのステップ応答行列 $\{S(M), S(M+1), \ldots, S(N)\}$ を計算し，それを三次元配列に格納する（$S_{ij}(t)$ は S(i,j,t) に格納される）MATLAB 関数 ss2step を作成せよ．ここで，インタフェース仕様はつぎのようにする．

        S = ss2step(A,B,C,D,M,N)

(b) ステップ応答系列から行列 Υ と Θ を計算する MATLAB 関数 step2ups, step2the を作成せよ．ただし，入力データは(a)で生成した $\{S(1), \ldots, S(N)\}$ を格納している三次元配列とする（ただし，$N \geq H_p$）．また，H_w, H_p, H_u を入力引数とせよ．インタフェース仕様はつぎのようにする．

        upsilon = step2ups(S,Hw,Hp)
        theta = step2the(S,Hw,Hp,Hu)

4.3 プラントは「正方」，すなわち $\ell = m$ とし，ホライズン $H_p = H_w$，$H_u = 1$ の場合について考える．そして，入力変化に関してはペナルティを課さないものとする，すなわち $\mathcal{R} = 0$ とする．このとき，式 (4.26), (4.27)，および第3章の結果を用いて，制約がない場合には，$K_{MPC} = S(H_w)^{-1}$ が得られることを示せ．また，そのため，すべての状態が測定可能なときには，コントローラは動特性をもたない，すなわちゲインのみから構成されることを示せ．

4.4 ステップ応答系列が $S(0) = [0, 0]$, $S(1) = [0, 2]$, $S(2) = [1, 3]$，そして $k > 2$ のとき $S(k) = S(2)$ である2入力1出力システムを考える．このステップ応答を正確に再現する状態空間モデルを見つけよ．

    ☞ 四つの状態が必要である．

4.5 式 (4.54) に代わる方程式として，

$$\Gamma_n^{\leftarrow} = A\Gamma_n$$

から A を推定できることを示せ．ただし，$\Gamma_n^{\leftarrow}$ は適切に定義された行列である．

4.6 例題 4.9 において二段先予測器が必要な場合の二つのディオファンティン方程式 (4.108), (4.119) を解け．

4.7 未知の傾きをもつランプ(直線)状の出力外乱は,4.2.3項において $D(z^{-1}) = (1-z^{-1})^2$ ととることによってモデリングできることを示せ.このとき,$C(z^{-1})$ と $v(k)$ はどのように選ぶべきだろうか？

4.8 外乱 $w(k)$ が状態方程式の入力の一つになっている状態空間モデル

$$x(k+1) = Ax(k) + Bu(k) + Ww(k) \tag{4.172}$$
$$y(k) = C_y x(k) \tag{4.173}$$

において,ベクトル $w(k)$ から出力 $y(k)$ までの伝達関数は,入力 $u(k)$ から $y(k)$ までの伝達関数と同じ分母を有することを示せ.

☞ 一般的な場合ではなく,2個あるいは3個の状態をもつ例について考えてもよい.

4.9 式 (4.140)〜(4.142) のモデルは,GPC 外乱モデルに対応していることを確かめよ.

4.10 式 (4.149)〜(4.158) の状態空間モデルは,差分方程式 (4.147) に対応していることを確かめよ.

4.11 式 (4.164) で与えられる観測器ゲイン $\mathcal{L}'$ は,状態ベクトルを

$$\xi(k) = \begin{bmatrix} \Delta x^T(k) & \eta^T(k) \end{bmatrix}^T \tag{4.174}$$

すなわち Model Predictive Control Toolbox の場合と同じように選んだとき,また状態空間モデルの A, C 行列をそれぞれ

$$\begin{bmatrix} \mathcal{A} & 0 \\ \mathcal{C}\mathcal{A} & I \end{bmatrix}, \quad \begin{bmatrix} 0 & I \end{bmatrix} \tag{4.175}$$

と選んだときの GPC モデルと一致することを確かめよ.

☞ まず,

$$\hat{x}(k|k) = (I - L'\mathcal{C})\hat{x}(k|k-1) + L'y(k)$$

であれば,

$$\Delta \hat{x}(k|k) = (I - L'\mathcal{C})\Delta \hat{x}(k|k-1) + L'[y(k) - y(k-1)] \tag{4.176}$$

であることを確認せよ.そして,観測器ゲイン

$$\mathcal{L}' = \begin{bmatrix} L_{\Delta x} \\ L_\eta \end{bmatrix}$$

を利用すると，$L_\eta = I$ であれば，$\hat{\eta}(k|k) = y(k)$，そして

$$\Delta\hat{x}(k|k) = (I - L_{\Delta x}C)\Delta\hat{x}(k|k-1) + L_{\Delta x}[y(k) - y(k-1)] \quad (4.177)$$

を与えることを示せ．これより求めたい結果が導かれる．

4.12 *Model Predictive Control Toolbox* の関数 scmpc を用いて，例題 4.11 の図 4.5 に示した結果を再現せよ．

☞ 用いた入力外乱は，0 から -0.1 まで，3 サンプルの間に変化している，すなわち，$k = 17, 18, 19$ に対して $d_u(k) = (-0.03, -0.07, -0.1)$ とした．ここで，k は時刻サンプルを表し，サンプリング周期は 0.6 秒である．これは，wu = [zeros(16,1);-0.03;-0.07;-0.1] を関数 scmpc に引数として入力することによって実現できる．また，観測器ゲイン引数 Kest は式 (4.164) で示した形式で関数 scmpc に入力されなければならない．

観測器の極を違う値 (たとえば 0.3 と 0.99 など) に変えたときの応答についても調べよ．

第 5 章

予測制御のその他の定式化

5.1　測定可能な外乱とフィードフォワード

　外乱の影響が予想でき，適切な制御動作によってそれを近似的に打ち消すことができることがよくある．これは**フィードフォワード制御**（*feedforward control*）と呼ばれ，フィードバック制御より効果的である．なぜならば，フィードバック制御の場合，外乱の影響が現れないと修正動作を行えないからである．外乱の影響を予想するためには，影響が現れることを示す何らかの測定値がなくてはならない．このように影響を打ち消すことができる測定可能な外乱の例を以下に示そう．

- 上流での原材料の構成の変化
- 上流工程からの供給率
- 上流と下流の原油蒸留塔の熱効率要求（それぞれの塔は独立に制御されていると仮定した場合（最良の方法ではないが）[PG88]）
- （航空機において）前向きドップラーレーダによって測定された風シアー（windshear）[1]

外乱を厳密に相殺するためには，「外乱から出力まで」の伝達関数の正確なモデルと，プラントの入出力モデルの正確な逆システムが必要である．しかしながら，これらどちらも利用可能ではないので，フィードフォワード制御は，フィードバック制御と併用されなければならない．すなわち，フィードフォワード制御によって測定可能な外乱の影響の大部分を取り除き，そしてフィードバック制御で残りの部分を取り除く

---

[1]. 〈訳者注〉風シアーは「風のずれ」とも呼ばれ，風向きが突然変わることである．これは航空機にとっては危険な状況である．

のである．もちろん測定できない外乱に対してもフィードバック制御によって対処する．

概念的には，制御構造は図 5.1 に示すように表現できる．プラントは線形モデルとして示されており，これはいくつかのブロックに分かれている．この構造では，制御入力と外乱は，しばしば共通の動特性を通過するということが考慮されている．この図では，$P_2(z)$ がその共通の動特性に相当する．図では，測定可能な外乱は，伝達関数行列 $P_d(z)$ を最初に通過してくるものとした．そのために，それらの影響は制御入力に信号 $-P_1^{-1}(z)P_d(z)\bar{d}(z)$ を加えることによって完全に相殺でき，この様子を図示した．ただし，伝達関数を正確に知ることは不可能であり，さらにはそれらの逆を正確に実現することも通常不可能であることを強調するために，$\hat{P}_1(z)$，$\hat{P}_d(z)$ という表記を使用した．実際，$P_1(z)$ は正方行列ですらないかもしれない．その場合，逆を見つけることは，原理的にすら不可能であろう．

フィードフォワード制御を予測制御に組み込むことは容易である．測定可能な外乱の影響を未来出力の予測に含めればよいだけである．そうしたならば，最適化器は，制御信号を計算するときに外乱の影響を考慮する．第 3 章を振り返ってみると，必要な変更は，予測出力ベクトル $\mathcal{Z}(k)$ に測定可能な外乱の影響を含めることだけであることがわかるだろう．

測定可能な外乱ベクトル $d_m(k)$ を含めるために，式 (2.1) 〜 (2.3) のモデルをつぎのように修正しよう．

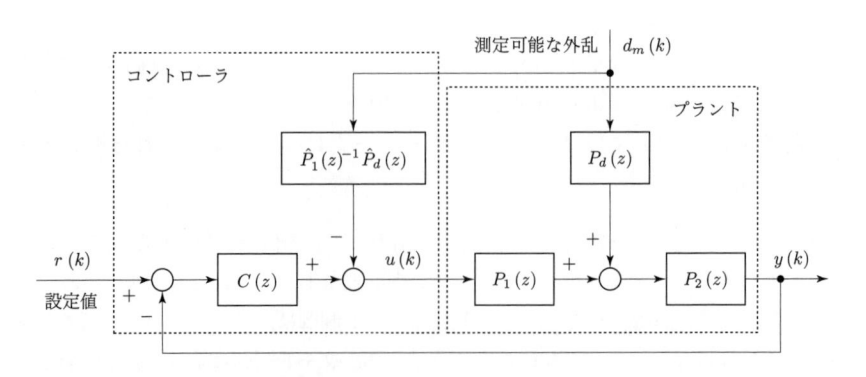

図 5.1 測定可能な外乱からのフィードフォワード

測定可能な外乱を有するプラントモデル

状態： $\hat{x}(k+1|k) = A\hat{x}(k|k) + Bu(k) + B_d d_m(k)$ (5.1)

測定出力： $\hat{y}(k|k) = C_y \hat{x}(k|k)$ (5.2)

制御出力： $\hat{z}(k|k) = C_z \hat{x}(k|k)$ (5.3)

ただし，外乱は測定されてからある時間が経過するまで出力に影響を与えないと仮定する．

例題 5.1

図 5.1 における三つの伝達関数 $P_1(z)$, $P_2(z)$, $P_d(z)$ の状態空間実現をそれぞれ (A_1, B_1, C_1, D_1), (A_2, B_2, C_2, D_2), $(A_d, B_d, C_d, 0)$ とし，それぞれの状態ベクトルを x_1, x_2, x_d とする．また，$D_2 D_1 = 0$ とする．よって，$u(k)$ から $y(k)$ までの**直達項**は存在しないものとする．すると，全体の状態空間モデルは次式で表される．

$$\begin{bmatrix} x_1(k+1) \\ x_2(k+1) \\ x_d(k+1) \end{bmatrix} = \begin{bmatrix} A_1 & 0 & 0 \\ B_2 C_1 & A_2 & B_2 C_d \\ 0 & 0 & A_d \end{bmatrix} \begin{bmatrix} x_1(k) \\ x_2(k) \\ x_d(k) \end{bmatrix}$$
$$+ \begin{bmatrix} B_1 \\ B_2 D_1 \\ 0 \end{bmatrix} u(k) + \begin{bmatrix} 0 \\ 0 \\ B_d \end{bmatrix} d_m(k) \quad (5.4)$$

$$z(k) = \begin{bmatrix} D_2 C_1 & C_2 & D_2 C_d \end{bmatrix} \begin{bmatrix} x_1(k) \\ x_2(k) \\ x_d(k) \end{bmatrix} \quad (5.5)$$

状態推定値 $\hat{x}(k|k)$ は，以前と同じように式 (2.82) で与えられる．ここで，L' はもちろん式 (5.1)〜(5.3) のモデルを用いて設計される．一方，式 (2.83) を次式のように変更しなければならない．

$$\hat{x}(k+1|k) = A\hat{x}(k|k) + Bu(k) + B_d d_m(k) \quad (5.6)$$

$\mathcal{Z}(k)$ を得るために，式 (3.32) を次式のように変更する．

$$\mathcal{Z}(k) = \Psi \hat{x}(k|k) + \Upsilon u(k-1) + \Theta \Delta \mathcal{U}(k) + \Xi \mathcal{D}_m(k) \quad (5.7)$$

ただし,

$$\mathcal{D}_m(k) = \begin{bmatrix} d_m(k) \\ \hat{d}_m(k+1|k) \\ \vdots \\ \hat{d}_m(k+H_p-1|k) \end{bmatrix} \tag{5.8}$$

$$\Xi = \begin{bmatrix} C_z B_d & 0 & \cdots & 0 \\ C_z A B_d & C_z B_d & \cdots & 0 \\ \vdots & \vdots & \ddots & \vdots \\ C_z A^{H_p-1} B_d & C_z A^{H_p-2} B_d & \cdots & C_z B_d \end{bmatrix} \tag{5.9}$$

である.行列 Ψ, Υ, Θ は以前のままである.ここで,$d_m(k)$ は $y(k)$ と同時刻に測定され,$u(k)$ の計算に利用できると仮定した.

測定される外乱の未来のふるまいを $\hat{d}_m(k+1|k), \ldots, \hat{d}_m(k+H_p-1|k)$ と表記したことからわかるように,出力予測は未来の外乱に関する仮定に明らかに影響を受ける.最後に測定された外乱の値がそのまま一定値として存続すると仮定する,すなわち,$d_m(k) = \hat{d}_m(k+1|k) = \cdots = \hat{d}_m(k+H_p-1|k)$ と仮定することは一般的である(これは,たとえば *Model Predictive Control Toolbox* でも用いられている仮定である).よりよい外乱モデルが利用できれば,違う仮定をしたほうが適切な場合もあるだろう.

もう一つ行うべきことは,「追従誤差」$\mathcal{E}(k)$ (式 (3.33) を参照) を次式のように定義し直すことである.

$$\mathcal{E}(k) = \mathcal{T}(k) - \Psi \hat{x}(k|k) - \Upsilon u(k-1) - \Xi \mathcal{D}_m(k) \tag{5.10}$$

ひとたびこれらの変更を行えば,第 3 章で詳細を述べたような方法により,制約なしと制約つきのそれぞれの場合の最適解を見つけることができる.

5.2　予測の安定化

数値的な問題が起こるかもしれないので，予測を計算するときには注意が必要であると第2章ですでに述べた．特に，プラントが不安定な場合，数値的問題が非常に起こりやすい．この問題を緩和するための有効な方法は，予測を「安定化」させることである．ここで用いられるのは，プラントの入力信号の再パラメトリゼーションの一種である．

これまではつねに，プラントが「開ループ」で動作しているという仮定の下で予測を計算してきた．そして，「何もしない」方策からの変化分として制御信号を計算してきた．さらに，制御ホライズンの終端以降，入力信号は一定値を取り続けると仮定してきた．しかし，これが唯一の可能な方策ではない．

無限の未来まで，線形状態フィードバック制御

$$u(k) = -K\hat{x}(k|k) \tag{5.11}$$

を適用することが，「何もしない」方策であると仮定しよう．そして，もちろん，状態フィードバックゲイン K は，線形モデルを安定化する，すなわち，$A - BK$ のすべての固有値は単位円内に存在すると仮定する．すると，「何もしない」予測は，つぎのように構成される．

$$\begin{align}\hat{x}(k+1|k) &= A\hat{x}(k|k) + B\hat{u}(k|k) \\ &= (A-BK)\hat{x}(k|k) \tag{5.12}\\ \hat{x}(k+2|k) &= A\hat{x}(k+1|k) + B\hat{u}(k+1|k) \\ &= (A-BK)\hat{x}(k+1|k) \\ &= (A-BK)^2\hat{x}(k|k) \tag{5.13}\\ &\vdots \\ \hat{x}(k+H_p|k) &= (A-BK)^{H_p}\hat{x}(k|k) \tag{5.14}\end{align}$$

いま，制御ホライズン H_u にわたって，基準となるこの「何もしない」予測を修正して，評価関数を最小化し，また，予測されたふるまいが制約内にとどまることが保証されるように最適化を行うことができる．このことは，未来の入力の予測値 $\hat{u}(k+i|k)$ は，もはや $-K\hat{x}(k+i|k)$ ではなく，

$$\hat{u}(k+i|k) = -K\hat{x}(k+i|k) + q(i) \tag{5.15}$$

によって与えられることを意味している．ただし，$i \geq H_u$ に対しては $q(i) = 0$ である．また，$q(i)$ $(i = 0, 1, \ldots, H_u - 1)$ の値は，最適化器によって選ばれる．以上より，

次式を得る.

$$\hat{x}(k+1|k) = (A-BK)\hat{x}(k|k) + Bq(1) \tag{5.16}$$

$$\begin{aligned}\hat{x}(k+2|k) &= (A-BK)\hat{x}(k+1|k) + Bq(2) \\ &= (A-BK)^2\hat{x}(k|k) + (A-BK)Bq(1) + Bq(2)\end{aligned} \tag{5.17}$$

$$\vdots$$

$$\begin{aligned}\hat{x}(k+H_u-1|k) &= (A-BK)^{H_u-1}\hat{x}(k|k) + (A-BK)^{H_u-2}Bq(1) \\ &\quad + \cdots + Bq(H_u-1)\end{aligned} \tag{5.18}$$

$$\begin{aligned}\hat{x}(k+H_u|k) &= (A-BK)^{H_u}\hat{x}(k|k) + (A-BK)^{H_u-1}Bq(1) \\ &\quad + \cdots + (A-BK)Bq(H_u-1)\end{aligned} \tag{5.19}$$

$$\vdots$$

$$\begin{aligned}\hat{x}(k+H_p|k) &= (A-BK)^{H_p}\hat{x}(k|k) + (A-BK)^{H_p-1}Bq(1) \\ &\quad + \cdots + (A-BK)^{H_p-H_u+1}Bq(H_u-1)\end{aligned} \tag{5.20}$$

ここで重要な点は，(第 2 章での「開ループ」予測の表現で登場した) A の高次のべき乗の代わりに，ここでは $(A-BK)$ の高次のべき乗が現れている点である．そして，K は安定化するように選ばれているので，$i \to \infty$ のとき $(A-BK)^i \to 0$ となる．よって，有限語長演算による数値的問題が生じる可能性は非常に低くなる．

この定式化における最適化問題の「決定変数」は，以前の $\Delta\hat{u}(k+i|k)$ の代わりに $q(i)$ となる．この問題が依然として QP 問題のままであるかどうかを確認する必要がある．式(5.15)より，予測されたプラント入力 $\hat{u}(k+i|k)$ は $q(i)$ の一次式である (また，$\hat{x}(k+i|k)$ は $q(j)$ $(j<i)$ と線形関係にある)．そして，明らかに次式が成り立つ．

$$\begin{aligned}\Delta\hat{u}(k+i|k) &= [-K\hat{x}(k+i|k) + q(i)] - [-K\hat{x}(k+i-1|k) + q(i-1)] \\ &= -K\Delta\hat{x}(k+i|k) + \Delta q(i)\end{aligned} \tag{5.21}$$

この式より，$\Delta q(i)$，そして $q(i)$ 自身が $\Delta\hat{u}(k+i|k)$ と線形関係にあることは明らかである．よって，変数 $\Delta\hat{u}(k+i|k)$ に関する線形不等式は，変数 $q(i)$ に関しても線形不等式のままである．したがって，解くべき問題は QP 問題のままである．

安定化された予測の利用は，最初に [KR92, RK93] で導入された．これらの論文では，閉ループ安定性を証明するための方策として，最適化を行う前に，デッドビート，すなわち有限インパルス応答(FIR)のふるまいを得るためにフィードバックを利用するという点が強調された(6.2 節を参照)．予測における数値的な利点は，後に [RRK98] によって指摘された．[MR93b, MR93a, RM93, SR96b] では，

$u(k) = -K\hat{x}(k|k)$ の形式のパラメトリゼーションが,「制御ホライズンの終端以降」に仮定された.そして,このパラメトリゼーションは,どのようにしたら制約つき予測制御問題を無限ホライズンにわたって解くことができるかを示す重要なステップだった(これについては 6.2 節で説明する).[RRK98] では,そのようなパラメトリゼーションをホライズン全体にわたって仮定することにより,予測の数値的な条件がよくなるという利点が得られることが指摘された.

残された問題は,安定化状態フィードバックゲイン K の選び方である.原理的には,たとえば**極配置法**によって得られたものを選ぶなど,多くの可能性がある.しかし,現実には,状態次元が 5 より大きくなると,(閉ループ極をどこへなら無理なく配置できるかを知ることが困難であるため)極配置法を適用することは非常に困難になる.実用的な代替策として**線形二次**($Linear\ Quadratic$),あるいは「H_∞」問題を解くことによって,K を得ることがあげられる.二次評価関数を用いた予測制御の場合では,予測制御問題の定式化で用いる評価関数と同じものを用いた無限ホライズン線形二次問題の解として得られる K を利用することが自然な選択だろう.「ロバスト」予測制御を得るために,K を「決定変数」とする,すなわち(それぞれの k に対して)K を最適化器によって選ぶ方法も提案されている (8.4 節を参照).

安定化された予測を用いる利点はほかにもある.完全に既知ではない外乱が存在したり,プラントの真のふるまいについて何らかの不確かさが存在するとき,予測ホライズンの間中,実行可能領域にとどまる可能性について,予測コントローラが楽観的になることが許容されるのである.開ループ予測では,コントローラは悲観的になりすぎてしまうだろう.そして,実行可能解の存在を保証する方法がないと誤って結論づけてしまうかもしれない [BM99b].これについては,第 8 章で検討しよう.

5.3 不安定モデルの分解

Richalet の **PFC アプローチ**は,GPC がとったアプローチと非常に異なる方法で不安定システムに対処している [Ric93b].*PFC* は**独立モデル**(すなわち内部モデルを修正するためにプラント出力を用いないモデルのこと)を必要とするので,内部モデルの極はコントローラによって必然的に相殺されてしまう.しかし,内部モデルが不安定のときには,内部安定でなくなってしまうので(たとえば,フィードバックループを閉じたとき,プラント入力からプラント出力までの伝達関数が不安定になってしまう),この不安定な極零相殺は許容できない(詳細は第 6 章を参照).

したがって,Richalet は図 5.2 に示したように,不安定プラントを二つの**安定な**シ

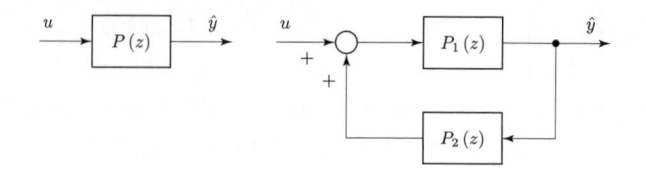

図 5.2 不安定システム (左図) を二つの安定システムのフィードバック結合の形へ (右図) 分解

ステムのフィードバック結合で表現した．このような表現（「分解」(decomposition) と Richalet は呼んだ）はつねに見つけられるが，この分解の仕方は唯一ではない．元のシステム $P(z)$ と二つの安定システム $P_1(z)$, $P_2(z)$ は，次式を満たす．

$$P(z) = P_1(z)\left[I - P_2(z)P_1(z)\right]^{-1} \tag{5.22}$$

SISO システムの場合には，これはつぎのように簡単になる．

$$P(z) = \frac{P_1(z)}{1 - P_2(z)P_1(z)} \tag{5.23}$$

この表現は，図 5.3 のように書き直される．この図では，$P_1(z)$ が入力によって駆動され，フィードバックループは，モデルの「出力」によって駆動される開ループブロック $P_2(z)P_1(z)$ に置き換わっている．この点で Richalet が用いた巧妙なトリックは，$P_1(z)$ を内部モデルにとり，$P_2(z)$ を通過してくるモデル出力の影響を，測定できる外乱とみなしたことである．もちろん，そこではいくつかの近似を行っている．未来の出力の予測を行うためには，その未来の出力自身の推定が必要であるからである．Richalet は，$P_2(z)$ の入力におけるモデル出力 $\hat{y}$ を実際の出力 y に置き換え，妥当な仮定をすることによって，これから予測を導出することを提案した．たとえば，設定値が一定であれば，未来の出力値は最新の測定値と等しいと仮定してもよいだろう．

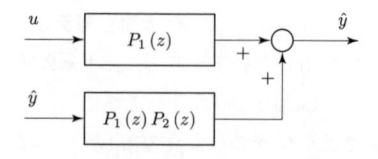

図 5.3 不安定システムを安定モデルと「測定される準外乱」へ分解

このアイディアは，つぎのように一般化できる．伝達関数(行列)の**既約分解** (*coprime factorization*)

$$P(z) = \tilde{M}^{-1}(z)\tilde{N}(z) \tag{5.24}$$

を見つけることはつねに可能である．ただし，$\tilde{M}(z)$ と $\tilde{N}(z)$ は安定である．また，既約分解を効率的に行うアルゴリズムが存在する [Mac89, ZDG96]．ここで，**既約** (coprime) とは，因子の間に不安定な極零相殺が存在しないことを意味する．この分解に対応したブロック線図を，図 5.4 の左に示した．$\tilde{M}(z)$ が安定なので，システム $I - \tilde{M}(z)$ は安定であることに注意する．図 5.4 の右には，出力の推定値 $\hat{y}$ をフィードバックブロックへの入力として用いたときの既約分解の近似を示した．

PFC の詳細については，5.6 節で与える．

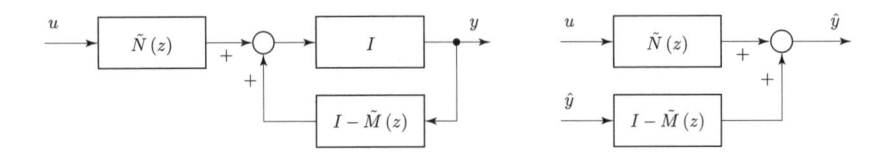

図 5.4 不安定システムの既約分解 (左図) とその近似 (右図)

5.4 非二次評価

5.4.1 LP, QP 問題の特徴

予測制御で用いる評価関数を偏差の二乗ではなく，次式のように偏差の絶対値にペナルティをかけるように修正することも可能である．

$$V(k) = \sum_{i=1}^{H_p} \sum_{j=1}^{m} |\hat{z}_j(k+i|k) - r_j(k+i|k)| q_j \tag{5.25}$$

ただし，これまでどおり $\hat{u}(k+i|k)$, $\Delta\hat{u}(k+i|k)$, $\hat{z}(k+i|k)$ に関する制約の下で最適化を行う．また，q_j は非負の重みである．この評価関数は [CS83] で用いられた．このような問題は二次計画 (QP) 問題ではなく，**線形計画** (*Linear Programming, LP*)

問題[2]である.そこで,線形計画問題について簡単に紹介しよう.

そのような定式化を採用する歴史的な理由の一つは,**LP 問題**は **QP 問題**より速く解くことができ,信頼性の高い,高性能なソフトウェアが利用でき,LP 問題を解くためのノウハウが(特に産業界では)蓄積されているからである.この理由の重要性は,急速に根拠を失ってきている.なぜならば,QP 問題や他の凸問題を解くためのアルゴリズムやソフトウェアが日進月歩の勢いで開発されているからである(3.3 節を参照).

しかし,予測制御問題に対して線形計画の定式化を採用する別の(しかも正当な)理由は,結果として得られるふるまいが異なることにある.LP 問題の解は,つねに制約の交点に存在する(時折一つの制約上のこともあるが).それに対して,QP 問題の解は,制約から離れているか,単一の制約上,あるいは(ほとんどまれであるが)制約の交点にある.図 5.5 にこの様子を示した.図では二つだけの「決定変数」x_1, x_2 をもつ問題を示した.太い実線は線形不等式制約を表している.そして,実行可能領域は,これらの線で境界づけられた領域の内部である.破線は評価の等高線を表している.図 5.5 の左が LP 問題に対する図であり,右が QP 問題に対する図である.LP 問題の場合には等高線は直線になっており,一般的にはそれは超平面である.QP 問題

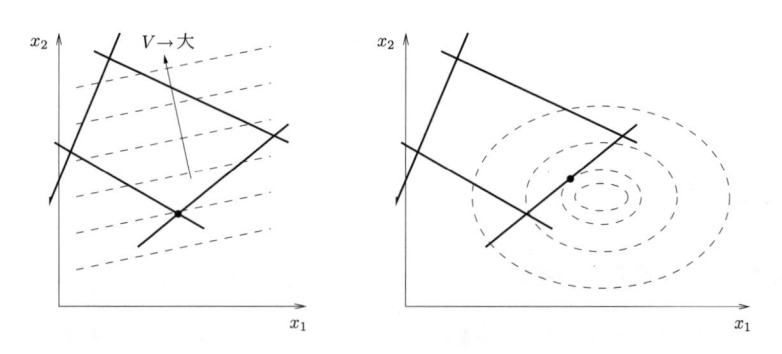

図 5.5 LP 問題(左図)と QP 問題(右図)に対する評価等高線と制約(黒点はそれぞれの場合の最適解)

---

[2]. **線形最適化** (linear optimization) という表現も使われ始めている.なぜならば,「プログラミング」(programming) の意味が 1940 年代以降変化したからである.この表現は明らかに正しく,論理的であるが,ここでは混乱を避けるために,伝統的な用語である「線形計画法」(linear programming) を用いる.
〈訳者注〉日本語訳では "programming" を「計画法」と先人が訳してくれているので,計算機の「プログラミング」と混同する人はほとんどいないだろう.

の場合には等高線は楕円になっており，一般的にはそれは超楕円である．LP問題のとき，図において上に移動するにつれて評価は増加する．QP問題のときには楕円の中心から離れるにつれて評価は増加する．

　左の図からわかるように，LP問題の最適解はつねに少なくとも一つの制約上に存在しなければならない．また，二つ以上の制約の交点に存在することも予想できる．唯一の例外は，評価等高線の傾きと，少なくとも一つの制約の傾きが同一の場合である．さらに，その解は評価関数に関して比較的ロバストである．すなわち，最適解が実際に変化するまでに，評価等高線の傾きが非常に大きく変化できる．しかし，ひとたび最適解が変化すると，解は実行可能領域の他の交点の一つに突然ジャンプしてしまう．一方，最適解は制約に対して感度が高く，制約が変化するとき，(たいてい)連続的に変化する．

　図5.5の右は，QP問題の最適解がまったく異なるふるまいをすることを示している．図示したように，最適解は一つの制約上にある．しかし，楕円の中心が実行可能領域にあるという状況は容易に想像できる．その場合，解はどの制約上にも存在しない．また，その解が二つ以上の制約の交点に存在することは，非常に起こりにくいことも容易に理解できるだろう(特殊な構造の問題においては，これはそれほど起こりにくくはないかもしれない．たとえば，予測制御では，大きな外乱が起こると，予測ホライズンの数ステップにわたって，出力制約が活性化されるかもしれない．QP問題の観点から見ると，この場合，最適解はいくつかの制約の交点上に存在することになる)．この場合，最適解が実行可能領域の内部に存在すれば，最適解は制約の変化に対して完全に不感となる．しかし，最適解は評価関数には連続的に依存する．最適解が実行可能領域の境界上に存在すれば，すなわち，いくつかの制約が活性化されていれば，評価関数と制約の双方に連続的に依存する．

　これら二つの方法には，それぞれ利点がある．たとえば，いくつかの制約の交点でプラントを操業することにより最も利益がもたらされることが既知であり，それらの制約が正確に既知であり，さらにモデルがかなり正確であれば(「真の」(経済的な)評価関数はそれほど正確にわかっていなくても)，LP解のロバストなふるまいは望ましい．真の評価関数に不確かさがあるにもかかわらず，LP解は真の最適動作点にプラントを保ち続けるようにするだろう．しかしながら，実際の制約上にプラントを維持するようなことは，現実には行わないだろう．予期せぬ外乱，プラントのモデル化誤差，測定誤差，そして制約仕様自身の誤差などのために，避けられない**制約侵害**が起こる．そのため，仮想的な制約を用いて，避けられない制約侵害に対してある余裕を許容するようにするだろう．よって，実際には，LP解はプラントを決まった動作点

でロバストに保とうとするが，それは真の最適動作点ではないだろう．このような場合には，QP 解のほうがより魅力的に見える．

上で示したような状況では，図 5.6 に示すように，QP 定式化では実行可能領域の内側ぎりぎりの，最適動作点に近い点にプラントを保つようにするだろう．予測制御定式化では，制約が考慮されていて，制約に近づくと非線形動作をするので，この動作点は線形コントローラを利用したときに予想されるものよりも制約に近くなる．いまや，QP 定式化は以下に列挙するようにさまざまな柔軟性を提供し，それらすべてがプラントオペレータによってオンラインで利用できる潜在能力を有している．

1. 望ましい動作点，すなわち等評価楕円の中心は，自然な形で実行可能領域内を動き回れる (LP 定式化では，制約を再定義しない限り，このようにはできない)．
2. 評価関数内の相対的な重みを変更することにより，制約なしの状況下のふるまいを変化させることができる．たとえば，図 5.6 の右図では左図と同じ動作点が定義されているが，変数 x_1 より変数 x_2 をずらしたときのほうが評価関数の増加が少ないことを示している．
3. 図 5.5 のように，制約が持続的に活性化されていれば，実行可能領域の境界上の動作点の位置は，重みを変えることによって変更できる (その最適解を図 5.5 の実線上で上下に移動させることができる)．

コントローラのふるまいの解析に関しては，制約が活性化されていないか，あるいはある特定の制約だけがつねに活性化されている限り，QP 定式化には，得られるコ

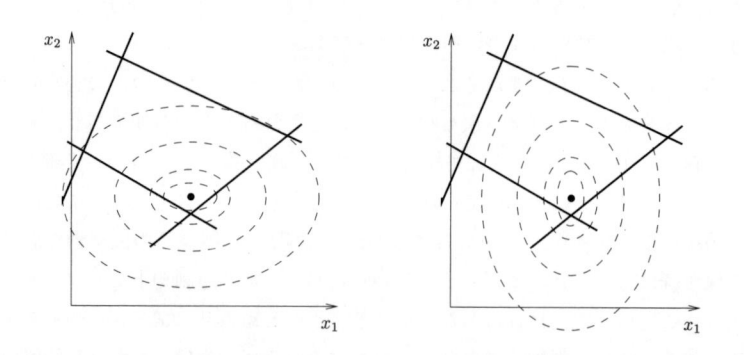

図 5.6 実行可能領域の内側ぎりぎりに望ましい動作点を配置するための QP 定式化の利用 (左図：x_2 のずれより，x_1 のずれのほうが評価関数への影響が少ない場合，右図：x_1 のずれより，x_2 のずれのほうが評価関数への影響が少ない場合)

ントローラが線形にふるまうという非常に大きな利点がある．線形制御理論のすべてのツールは，このような状況下のコントローラを解析するために適用できる．それに対して，LP 定式化ではこのようなことは行えない．

5.4.2 絶対値定式化

さて，式 (5.25) の評価関数について考えよう．入力変化および入力と出力に関する通常の制約の下でこの評価関数を最小化することは，確かに LP 問題であることを示したい．**LP 問題**の標準形は，次式で与えられる．

$$\min_\theta c^T \theta \quad \text{subject to} \quad A\theta \geq b, \quad \theta \geq 0 \tag{5.26}$$

ただし，θ は決定変数ベクトルで，b と c はベクトル，A は行列である．つぎの形式の問題が LP 問題になることを以下で示していこう．

$$\min_\theta |c^T \theta| \quad \text{subject to} \quad A\theta \geq b, \quad \theta \geq 0 \tag{5.27}$$

この問題は，つぎの問題と等価である．

$$\min_{\gamma,\theta} \gamma \quad \text{subject to} \quad \begin{cases} \gamma \geq c^T \theta \\ \gamma \geq -c^T \theta \\ A\theta \geq b \\ \theta \geq 0 \end{cases} \tag{5.28}$$

ただし，γ は新しく導入したスカラ変数である．さらに，これはつぎのように変形できる．

$$\min_{\gamma,\theta} \begin{bmatrix} 1 & 0 \end{bmatrix} \begin{bmatrix} \gamma \\ \theta \end{bmatrix}$$

$$\text{subject to} \quad \begin{bmatrix} 1 & -c^T \\ 1 & c^T \\ 0 & A \end{bmatrix} \begin{bmatrix} \gamma \\ \theta \end{bmatrix} \geq \begin{bmatrix} 0 \\ 0 \\ b \end{bmatrix}, \quad \begin{bmatrix} \gamma \\ \theta \end{bmatrix} \geq 0 \tag{5.29}$$

これは，式 (5.26) の標準的な形式である（なお，制約 $\gamma \geq 0$ は冗長である）．

同様にして，「**1 ノルム**」問題

$$\min_\theta \|C\theta - d\|_1 = \min_\theta \sum_j |c_j^T \theta - d_j| \quad \text{subject to} \quad A\theta \geq b \tag{5.30}$$

（ただし，c_j^T は行列 C の j 番目の行である）は，つぎの LP 問題と等価である．

$$\min_{\gamma,\theta} \sum_j \gamma_j \quad \text{subject to} \quad \begin{bmatrix} I & -C \\ I & C \\ 0 & A \end{bmatrix} \begin{bmatrix} \gamma \\ \theta \end{bmatrix} \geq \begin{bmatrix} -d \\ d \\ b \end{bmatrix} \tag{5.31}$$

ただし，γ はここではベクトルである．これは，われわれが解きたい予測制御問題に非常に近い形式になっている．

評価関数 (5.25) は，次式のように書くことができる．

$$V(k) = \|\mathcal{Q}[\Theta \Delta \mathcal{U}(k) - \mathcal{E}(k)]\|_1 \tag{5.32}$$

ただし，$\Theta, \mathcal{E}(k), \Delta \mathcal{U}(k)$ は 3.1.1 項で定義したものである．また，$Q = \mathrm{diag}(q_1, \ldots, q_m)$ としたとき，$\mathcal{Q}$ は Q を H_u 個対角上に並べた行列である．すなわち，

$$\mathcal{Q} = \mathrm{diag}\underbrace{(Q, \ldots, Q)}_{H_u 個}$$

である．これは，不等式 (3.41) の下で最小化されなければならない．この問題は式 (5.30) と同じ形式なので，これも LP 問題であることがわかる．

5.4.3 ミニマックス定式化

[CM86] では，次式で与えられる「∞ ノルム」評価関数を，通常の制約の下で最小化することによって，予測制御問題を解くことが提案された．

$$V(k) = \|\mathcal{Q}[\Theta \Delta \mathcal{U}(k) - \mathcal{E}(k)]\|_\infty = \max_i \max_j |\hat{z}_j(k+i|k) - r_j(k+i|k)| q_j \tag{5.33}$$

これは，すべての制御出力に関して，そして予測ホライズンにわたって，設定値からの最大偏差を最小化しようとするものである．式 (5.25) でのように「1 ノルム」，あるいは式 (3.45) でのように「2 ノルム」を利用することは，おおざっぱにいえば，平均的な偏差のようなものを最小化することに対応する．しかし，時折起こる大きな偏差を許容してしまう．そのようなことが問題であれば，「∞ ノルム」を利用することにより解決できるかもしれない．

これもまた LP 問題であることは，つぎのようにして理解できる．この問題は，つぎの形式をしている．

$$\min_\theta \|C\theta - d\|_\infty \quad \text{subject to} \quad A\theta \geq b \tag{5.34}$$

これは，つぎと等価である．

$$\min_\theta \max_j |c_j^T \theta - d_j| \quad \text{subject to} \quad A\theta \geq b \tag{5.35}$$

さらに，これはつぎと等価である．

$$\min_{\gamma,\theta} \gamma \quad \text{subject to} \quad \begin{bmatrix} 1 & -C \\ 1 & C \\ 0 & A \end{bmatrix} \begin{bmatrix} \gamma \\ \theta \end{bmatrix} \geq \begin{bmatrix} -d \\ d \\ b \end{bmatrix} \tag{5.36}$$

ただし，γ はここではスカラであり，$\mathbf{1}$ はすべての要素が1のベクトルである．明らかに，これはLP問題である．

5.5　領域，じょうご，一致点

これまで制御目的を，制御出力が追従すべき参照軌道として表現してきた．応用例によっては，制御出力が正確にある目標値に追従する必要はなく，図5.7に示すようにある指定された範囲，すなわち**領域**(*zone*)内に入っていればよいということもある．これは，われわれの「標準問題」において，$Q(i)=0$ と設定し，性能目的の定義として制御出力に関する制約のみを残しておくことによって，容易に対応できる．さらに $R(i)=0$ ならば，最適化が良設定となるように，何らかの対策を施さなければならない．すべての目的が「領域」目的であれば，最適化問題は一般にQPからLP問題に簡単化される．

この変形として，目的を**じょうご**(*funnel*)で記述することもできる．これは，予測ホライズンの先に行くに従って領域が細くなっていくことを除けば，「領域」と同じである．たとえば低い値の $z_j(k)$ から設定値 s_j に向かって移動するならば，図5.8に

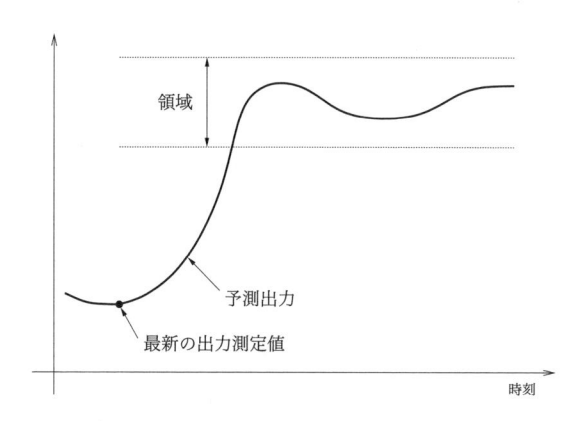

図 5.7 「領域」の目的

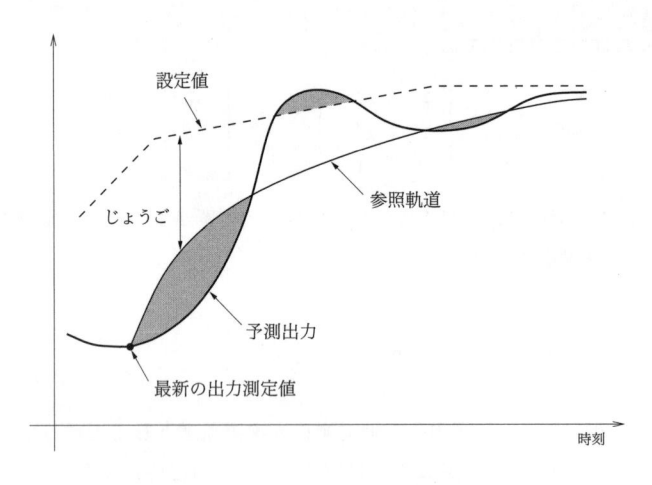

図5.8 「じょうご」の目的

示すように，上限が s_j で下限が一次「軌道」となるように「じょうご」を定義できる．すなわち，

$$(1-\alpha^i)s_j + \alpha^i z(k) \leq \hat{z}_j(k+i|k) \leq s_j, \quad 0 < \alpha < 1 \tag{5.37}$$

である．図 5.8 において影をつけた部分は，予測された軌道がじょうごから外れたときにのみペナルティがかけられることを示している．参照軌道を

$$r(k+i|k) = (1-\alpha^i)s_j + \alpha^i z(k)$$

のように定義することと比較すると，この方法を用いる利点は，多変数の場合，異なる出力に対する参照軌道の影響を受けないことである．一つの参照軌道に追従すると，他の出力はその参照軌道が指示するよりも速く，設定値に戻れてしまうということもあるだろう．このような状況ではじょうごを使用することにより，両方の出力がそれらの設定値に戻ろうとすることを不必要に邪魔するのではなく，この都合のよい一連の動作を上手にコントローラが利用できる．

また，図 5.9 に示すように，じょうごの下限を直線にすることもできる．これは Honeywell の製品 *RMPCT* で採用されている方法である．

[QB96] によると，製品化されているものでは，じょうごの境界を横切ったり近づいたりしたとき，ペナルティ重みを非常に大きく切り替えることによって，「ソフト」制約としてじょうご制約を利用している．

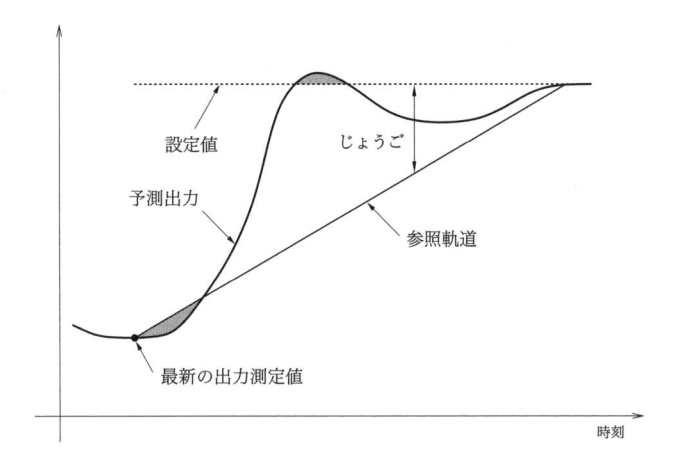

図 5.9 直線境界をもつ「じょうご」の目的

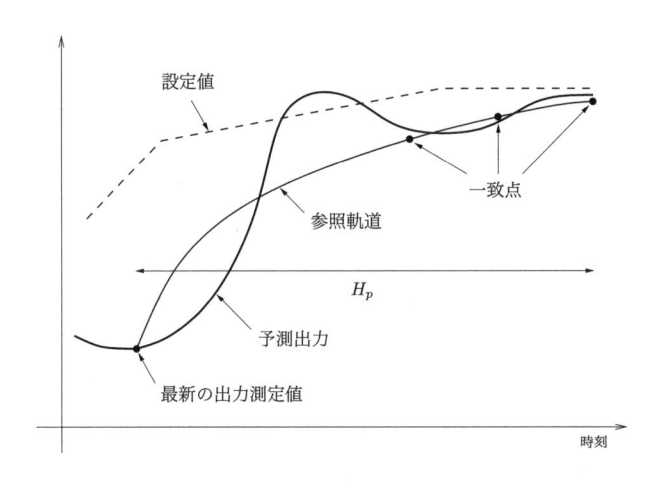

図 5.10 少数の「一致点」のみをもつ参照軌道

三番目の方法は，予測ホライズン全域にわたって $r(k+i|k)$ と $\hat{z}(k+i|k)$ の間の偏差にペナルティをかけるのではなく，第1章の簡単な例題（たとえば，例題 1.3～1.5）で行ったように，少数の「一致点」のみを用いることである．この様子を図 5.10 に示した．これは，ある意味では「領域」のアイディアに似ている．すなわち，一致点が予測ホライズンの終端のほうにあるならば，これは最終的に制御出力が設定値にかな

り近づく限り，制御出力の軌道そのものには無頓着であることを意味する．異なる制御出力が異なる時間スケールで応答するならば，いくつかの変数に対する一致点は，他の変数のそれとは異なるように設定できる．このアイディアをわれわれの標準的な定式化に組み込むことは容易である．ほとんどの i に対して $Q(i)$ のほとんどの要素をゼロに設定すればよい．

5.6 予測関数制御

予測関数制御 (*Predictive Functional Control, PFC*) は Richalet により開発された予測制御の一種である [RRTP78, Ric93b]．原理的には，PFC とわれわれがこれまでに説明してきた予測制御との違いはないが，PFC では本書で強調してきたものと異なる特徴を強調している．これらのうちの二つの特徴，すなわち，比較的少ない一致点を利用する点と，設定値軌道とまったく異なる参照軌道を利用する点については，すでに第 1 章で紹介した．

おそらく PFC に最も特有な特徴は，未来の入力が数個の単純な**基底関数** (*basis function*) の線形結合で記述されると仮定することである．原理的には，これらは適切な関数であれば何でもよいが，実際には，多項式基底が通常用いられる (図 5.11 を参照)．この場合，未来の入力はつぎの形式であると仮定される．

$$\hat{u}(k+i|k) = u_0(k) + u_1(k)i + u_2(k)i^2 + \cdots + u_c(k)i^c \tag{5.38}$$

よって，未来の入力プロファイルは，$c+1$ 個の係数 $u_0(k), u_1(k), \ldots, u_c(k)$ によってパラメトライズされる．実際には，1 あるいは 2 といった小さい値の c が用いられる．よって，1 入力システムの場合，二つか三つのみのパラメータに関して最適化が行われる．したがって，「制御ホライズン」という概念は存在せずに，基底関数の数がその代わりになる．$u_0(k), \ldots, u_c(k)$ を係数ベクトルにとることにより，同様のアイディアを多入力システムに拡張できる．これらの係数はそれぞれの k で最適であるように選ばれ，またそのため，それぞれのステップでは異なることを強調するために，時間引数によって指標づけされて (すなわち $u_0(k)$ のように) 示される．

PFC で用いられる入力の別のパラメトリゼーションとして，遅れステップ関数を用いる方法がある．これは，第 2 章以降で用いてきた，増分 $\Delta u(k)$ によるパラメトリゼーションとまったく等価であるので，これ以上はここでは述べない．

評価関数が最小化される時間窓，すなわち $i = H_w$ から $i = H_p$ まで (PFC の文献では**一致ホライズン** (*coincidence horizon*) と呼ばれている) は，通常ほんの数個の点しか

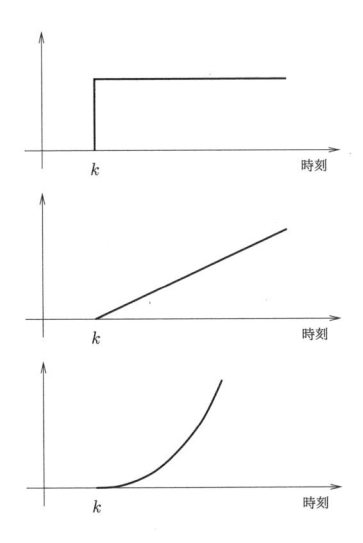

図 5.11 多項式基底から構成される未来の入力

含んでおらず，また多くの場合 1 点だけである．よって，しばしば評価関数は次式のような形式になる．

$$V(k) = \|r(k+H_p|k) - \hat{y}(k+H_p|k)\|_Q^2 \tag{5.39}$$

一致ホライズンの中の一致点の個数は，式 (5.38) で予測入力をパラメトライズするために用いた基底関数の数以上にとられなければならない．ここでは入力変化に関するペナルティは課されていないことに注意しよう．その理由を後ほど明らかにする．場合によってはそのようなペナルティが PFC に課される．そして，そのようなときは，いつものように定常状態の精度を劣化させず，その結果，オフセットなし追従になるように配慮される．すなわち，定常状態の入力が一定値であると予想できれば，入力変化 $\Delta\hat{u}(k+i|k)$ にペナルティを課す．また，定常状態の入力がランプであると予想できれば，$\Delta^2\hat{u}(k+i|k)$ にペナルティを課す．以下，同様である．

一致点の個数が式 (5.38) 中のパラメータ数と同じである SISO システムの場合，最適化の必要はない．なぜならば，$V(k) = 0$ とするような入力を (少なくとも，制約が無視されれば) 解析的に解くことができるからである．このような例について第 1 章ですでに見てきた．

プラント・モデルの定常ゲインの不一致および持続的外乱に対する修正は，**自己補償** (auto-compensation) によって達成される．これは，出力外乱のモデリングと等価

である．たとえば，プラントが漸近安定のとき，モデルの定常ゲイン誤差は，ひとたび定常状態になれば，実際のプラント出力を推定することによって補償できる．たとえば，直前の数個の測定値を平均化することによって，このことを行うことができる．そして，この推定されたプラント出力と以前に予測されたモデル出力の間の差は，未来にわたって継続すると仮定する．これは第1章で紹介したオフセットなし追従を得る方法，そして第2章で紹介した出力外乱の「DMC モデル」とほとんど等価である．唯一の差は，第1章と第2章では「トレンド」が最後の測定出力にとられたのに対して，PFC では実際のプラント出力のより一般的な推定値を用いることができることである．

これは，つぎのように一般化することができる．設定値が次数 ν の多項式であり，入力が次数 ν の多項式として構成されていれば（すなわち式 (5.38) で $c = \nu$ にとれば），プラント・モデル不一致が存在したとしても，誤差なしで追従できる．次数 ν の多項式をプラント出力に適合し，そして，この多項式を外挿してモデル予測を修正することによって「自己補償」が達成できる．実際には，ランプあるいは放物線設定値軌道に追従するために，$\nu = 1$ あるいは $\nu = 2$ が用いられる．PFC ではこの特徴が強調されている．なぜならば，そのような設定値が一般的に用いられるサーボ機構に適用されてきたからである [RRTP78, ReADAK87, Ric93a]．いま，設定値軌道が

$$s(k) = s_0 + s_1 k + \cdots + s_\nu k^\nu \tag{5.40}$$

であるとしよう．そして，簡単のために，参照軌道は設定値軌道に一致する，すなわち $r(k|k) = s(k)$ と仮定する．プラントが漸近安定で，その出力が次数 ν の多項式に追従する「定常状態」に到達したならば，その入力もまた次数 ν の多項式で表現されなければならない．

$$u(k) = v_0 + v_1 k + \cdots + v_\nu k^\nu \tag{5.41}$$

この入力はモデルとプラントの両方に印加されるので，モデル出力とプラント出力の間の誤差は，最悪でも次数 ν の多項式となる．したがって，予測されたプラント・モデル誤差は，次式の形式になると仮定できる．

$$\hat{e}(k+i|k) = e(k|k) + \sum_{j=1}^{\nu} e_j i^j \tag{5.42}$$

ただし，$e(k|k) = y(k) - \hat{y}(k|k-1)$ は，現時刻におけるプラント出力とモデル出力の間の誤差である．係数 $e_1, \ldots, e_\nu$ は，たとえば最小二乗適合のような方法を用いて，トレンドを以前の誤差に適合させることによって得られる．このプラント・モデル誤

差によってモデル予測は修正される．その結果，未来の入力軌道は，評価

$$V(k) = \sum_{i=1}^{\nu+1} \|s(k+P_i) - \hat{y}(k+P_i|k) - e(k+P_i|k)\|^2 \tag{5.43}$$

を最小にすることによって選ばれる．ここで，時刻 $k+P_1, \ldots, k+P_{\nu+1}$ の $\nu+1$ 個の一致点を選んだ．この評価において，未来の入力軌道に依存する唯一の項は $\hat{y}(k+P_i|k)$ なので，入力軌道を

$$\hat{y}(k+P_i|k) = s(k+P_i) - e(k+P_i|k), \quad i = 1, \ldots, \nu+1 \tag{5.44}$$

のように選ぶことによって評価をゼロにできる．そして，入力数が出力数以上であれば，このようにすることができる．いま，仮定より，$y(k+P_i) = \hat{y}(k+P_i|k) + e(k+P_i|k)$ なので，$y(k+P_i) = s(k+P_i)$ を得る（そうでなければ，プラント・モデル誤差は多項式によって外挿できるという，もともとの仮定は妥当ではないだろう）．この議論は，$\hat{y}(k+P_i|k)$ を生成するモデルがいかなる点においても正確であるということによらないことに注意する．ただし，入力が多項式の場合，出力が同じ次数の多項式とならなければいけないという特徴を有していなければならない．

誤差なし追従を達成するためには，入力の多項式パラメトリゼーションは必要ないという点が重要である．主要な点を以下に列挙する．

1. 十分高次の (少なくとも ν 次の)「自己補償」を有すること．すなわち，持続的なプラント・モデル不一致の**内部モデル**を有すること．
2. 一致点で参照軌道に適合することが，他のすべての点で参照軌道に適合することを保証するのに十分な数の一致点を有すること．すなわち，少なくとも $\nu+1$ 個の一致点があること[3]．
3. 参照軌道に一致点で適合できるくらい，未来の入力動作の選択の自由度が十分あること．

したがって，適度に複雑なプラント・モデル不一致の内部モデルを用いることができ，十分多くの一致点があり，制御ホライズンが十分長ければ，このような入力パラメトリゼーションを用いない他の形式の予測制御を用いても，誤差なしの追従性を達成できる．

第 1 章ですでに記述したように，一般に PFC は「最新の出力測定値に再固定される」参照軌道を用いる．現時刻の設定値を $s(k)$ としたとき，現時刻の偏差は

---

[3]. 〈訳者注〉一次式ならば 2 点で，二次式ならば 3 点で一致すれば，すべての点で一致するということ．

$\varepsilon(k) = s(k) - y(k)$ であり,参照軌道 $r(k+i|k)$ は,i が増加するにつれて,$s(k+i) - r(k+i|k) = \varepsilon(k+i)$ が $\varepsilon(k)$ からゼロに次第に減少するように定義したことを思い出そう.多くの場合,$\varepsilon(k+i) = \lambda^i \varepsilon(k)$ のように指数関数的に減少するように選ばれる.ただし,$0 \leq \lambda < 1$ である.

λ は PFC において重要なパラメータである.なぜならば,外乱から回復する際のコントローラの活発さを定義するからである.$\lambda = 0$ とすると最も速い過激な応答になる.一方,$\lambda \approx 1$ とすると,遅く穏やかな応答になる.複数の出力が制御されている場合には,それぞれの出力に対して異なる λ の値を定義することも可能である.

しかし,多出力システムでは,それぞれの出力に対して,適切な参照軌道を定義することは困難であるかもしれない.なぜならば,異なる外乱に対して,異なる「うってつけ」の出力応答のパターンが存在するかもしれないからである.この場合,参照軌道のアイディアを,5.5 節で述べた「じょうご」のアイディアと結びつけると非常に有用になる.それぞれの出力に対して,たとえば,通常許容できる最も遅い誤差の低減速度を指定するような値の λ をとることができる.しかし,参照軌道から見て「悪い方向への」出力誤差にのみペナルティがかけられる.このアイディアは,Honeywell の製品である RMPCT に実装されており,これについては付録 A で記述する.しかしながら,この製品では,参照軌道として指数関数ではなく,現時刻の出力から未来の設定値軌道上のある点までの直線を用いている.参照軌道がどのようにフィードバックループを変更するかについてのさらなる議論は,7.5 節で行われる.

PFC で用いられる評価関数では,しばしば制御入力変化にペナルティを課さないが,その理由は二つある.一番目の理由は,要求される性能は参照軌道によって大きく決定されるので,要求性能を得るために評価関数中の重み Q と R をチューニングパラメータとして用いる必要がないことである.もう一つの理由は,未来の入力信号が多項式の形をしているため,最適化器が利用できる自由度が相対的に少なくなってしまうからである(なぜならば,低次多項式が通常用いられるからである).その結果,得られる入力軌道は比較的滑らかになる.したがって,入力信号の「粗さ」を減らすために,制御入力変化にペナルティを課す必要はないのである.

多項式設定値軌道の誤差なし追従に対して得られたこれまでの結果は,上述のような参照軌道が用いられれば,引き続き成り立つ.これは本質的に,定常外乱なしの条件が仮定されれば,参照軌道は(漸近的に)設定値軌道と一致するからである.詳細は [Ric93b] を見よ.

PFC はヒューリスティックな方法で制約を取り扱っている.すなわち,一般には真の制約つき最適解を生成しないような方法である.このようなアプローチは,PFC

を高帯域幅サーボ機構システムに適用してきたことから始まったが，このような適用例では，特に，この予測制御が開発された 1970 年代には，真の最適解は実時間では得ることができなかった．しかしながら，多くの応用例で，特に SISO プラントでは，ヒューリスティック解で十分であると主張されている．

PFC では入力レベルと変化率に関する制約は，単に**切り取り** (*clipping*) によって取り扱われる．簡単のために，1 入力プラントを考えよう．入力レベルに関する制約を $u_{min} < u(k) < u_{max}$ とし，入力変化に関するそれを $\Delta u_{min} < \Delta u(k) < \Delta u_{max}$ とする．制約をまったく考慮せずに，解法アルゴリズムは入力変化 $\Delta u^*(k)$ を計算するとしよう．そして，実際にプラントに印加される入力変化を次式のようにする (ただし，$u_{min} < 0, \ u_{max} > 0$ と仮定する)．

$$\Delta u(k) = \begin{cases} \min\left(\Delta u^*(k), \Delta u_{max}, u_{max} - u(k-1)\right), & \Delta u^*(k) > 0 \text{ のとき} \\ \max\left(\Delta u^*(k), \Delta u_{min}, u_{min} - u(k-1)\right), & \Delta u^*(k) < 0 \text{ のとき} \end{cases} \tag{5.45}$$

もちろん，プラントに対するものと同じ入力変化を内部モデルにも印加しなければならない．これは，予測精度を保つ助けとなるばかりか，**積分器ワインドアップ**に類似した問題を避けることになる．このヒューリスティックなアプローチは，一般には真の最適解を与えないが，しばしば非常に似た結果を与える (この例としては演習問題 5.6 を参照)．

PFC では，状態制約や出力制約を取り扱うための明確な方策はない．PFC に基づく製品では，いくつかの他の MPC 製品同様，そのような制約が活性化されているときは準最適解を見つけるヒューリスティックな方法を採用している．

5.7 連続時間予測制御

1.3 節ですでに述べたが，予測制御では必ずしも離散時間モデルを必要とはしない．一致点におけるステップ応答の値さえわかれば十分である．しかし，さらに進んで，すべての予測制御問題とその解を連続時間で定式化することも可能である．これは Gawthrop らによって提案された [DG91, DG92, GDSA98]．

彼らはつぎの形式の二次評価関数

$$V(t) = \int_{\tau_1}^{\tau_2} \|r(t+\tau|t) - \hat{y}(t+\tau|t)\|^2 \, d\tau + \lambda \int_{\tau_1}^{\tau_2} \|\hat{u}(t+\tau|t)\|^2 \, d\tau \tag{5.46}$$

と連続時間モデルの利用を提案した．出力予測は，打ち切り**テイラー級数展開**

$$\hat{y}(t+\tau|t) = y(t) + \tau\dot{y}(t) + \frac{\tau^2}{2!}\ddot{y}(t) + \cdots + \frac{\tau^n}{n!}y^{(n)}(t) \tag{5.47}$$

を用いて行われる．未来の入力軌道をパラメトライズするためにもテイラー級数が利用される．そのパラメータは，（プラントに印加される）現時刻での入力とその最初の m 個の導関数である．

$$\hat{u}(t+\tau|t) = u(t) + \tau\dot{u}(t) + \frac{\tau^2}{2!}\ddot{u}(t) + \cdots + \frac{\tau^m}{m!}u^{(m)}(t) \tag{5.48}$$

m は離散時間定式化における制御ホライズン H_u と同様の役割を果たす．すなわち，$\hat{u}(t+\tau|t)$ の（τ に関する）最初の m 個の導関数のみが非零であるという意味で，m は仮定された未来の入力軌道の複雑さを制限している（これが PFC で用いた多項式基底と，概念的に似通っていることに注意する）．

線形モデルを利用する場合，制約がなければ，最適パラメータ $u(t)$, $\dot{u}(t)$, $\ldots$, $u^{(m)}(t)$ は最小二乗問題を解くことによって見つけられる．いま，次式の状態空間モデルを用いるものとする．

$$\dot{x}(t) = Ax(t) + Bu(t), \quad y(t) = Cx(t) \tag{5.49}$$

すると，次式が得られる．

$$\begin{aligned}
\mathcal{Y}(t) &= \begin{bmatrix} y(t) \\ \dot{y}(t) \\ \vdots \\ y^{(n)}(t) \end{bmatrix} \\
&= \begin{bmatrix} C \\ CA \\ \vdots \\ CA^n \end{bmatrix} x(t) + \begin{bmatrix} 0 & 0 & \cdots & 0 & 0 \\ CB & 0 & \cdots & 0 & 0 \\ \vdots & \vdots & \ddots & \vdots & \vdots \\ CA^{n-1}B & CA^{n-2}B & \cdots & CB & 0 \end{bmatrix} \begin{bmatrix} u(t) \\ \dot{u}(t) \\ \vdots \\ u^{(n-1)}(t) \end{bmatrix}
\end{aligned} \tag{5.50}$$

よって，現時刻の状態が既知で，それが $u(t)$, $\dot{u}(t)$, $\ldots$, $u^{(m)}(t)$ に関して線形であると仮定できれば，式 (5.47) の予測を得ることができる．いま，式 (5.47) は次式のように書くことができる．

$$\hat{y}(t+\tau|t) = \begin{bmatrix} 1 & \tau & \cdots & \frac{\tau^n}{n!} \end{bmatrix} \mathcal{Y}(t) \tag{5.51}$$

いま簡単のために 1 出力であると仮定すると，y と r はスカラになり，次式が得られる．

$$\int_{\tau_1}^{\tau_2} \|r(t+\tau|t) - \hat{y}(t+\tau|t)\|^2 d\tau = \mathcal{Y}^T(t)\Phi(\tau_1,\tau_2)\mathcal{Y}(t) - 2\phi(\tau_1,\tau_2)\mathcal{Y}(t)$$
$$+ \int_{\tau_1}^{\tau_2} r^2(t+\tau|t)\,d\tau \qquad (5.52)$$

ただし，

$$\Phi(\tau_1,\tau_2) = \int_{\tau_1}^{\tau_2} \begin{bmatrix} 1 \\ \tau \\ \vdots \\ \dfrac{\tau^n}{n!} \end{bmatrix} \begin{bmatrix} 1 & \tau & \cdots & \dfrac{\tau^n}{n!} \end{bmatrix} d\tau \qquad (5.53)$$

$$\phi(\tau_1,\tau_2) = \int_{\tau_1}^{\tau_2} \begin{bmatrix} 1 & \tau & \cdots & \dfrac{\tau^n}{n!} \end{bmatrix} r(t+\tau|t)\,d\tau \qquad (5.54)$$

である．式 (5.48) を用いると，$\int_{\tau_1}^{\tau_2} \|\hat{u}(t+\tau|t)\|^2 d\tau$ に対しても同様な表現を得ることができる．

以上より，評価関数 $V(t)$ は $\mathcal{Y}(t)$ および入力とその導関数の二次関数で，また $\mathcal{Y}(t)$ はそれ自身，入力とその導関数に関して線形なので，$V(t)$ はパラメータ $u(t)$，$\dot{u}(t)$，$\ldots$，$u^{(m)}(t)$ の二次関数になる．よって，前述したようにそれを最小化するためには最小二乗問題を解けばよい．Gawthrop らの研究では触れられていないが，入力と出力，およびそれらの導関数に関する線形不等式制約を加えると，離散時間の場合と同じように，二次計画問題になる．

この定式化は離散時間定式化とうまく対応しているが，どのようにしてその解を実装すべきであるかを規定していないので，ここで提案された方法は完全ではない．概念的には，最適 $u(t)$ が計算され，連続的に印加される（解の一部として見つけられた導関数は利用されない．これは，離散時間定式化の場合に，最適入力軌道の最初の部分だけを用い，それ以外は捨てることに類似している）．実際上，これは実行可能ではないだろう．おそらく，ある種の頻繁な更新が実装される必要があるだろう．その場合に，プラントに実際に印加される入力軌道が，十分滑らかになるように注意を払って，式 (5.50) と矛盾しないようにする必要がある．予測を計算するときにテイラー級数を利用すると，測定雑音に非常に弱くなる．なぜならば，高階時間微分を計算しなければいけないからである．[DG91, DG92, GDSA98] では，連続時間法のロバスト性をどのようにして増加させるかについて議論されている．

5.8 演習問題

5.1 演習問題 3.3 の温水プールの例題について再び考える．ここでも式 (3.98) で定義したように，周囲の気温 θ_a が 1 日の間に正弦波状に変化するものとする．いま，気温が測定でき，フィードフォワードに利用できるものとする．重みとホライズンは演習問題 3.3 と同じものと仮定する．このとき，以下の問いに答えよ．

(a) モデルは完全で，入力パワーに関する制約がないとき，制御システムは気温の変化を完全に補償することを，シミュレーションによって示せ．

(b) 演習問題 3.3 (c) のように，モデリング誤差が存在するとき，水温に約 0.2°C の残留振動が存在することを示せ．

☞ 気温が測定できない外乱であり，またパワーに制約がないとき，θ の残留振動は，完全あるいは不完全モデルの双方の場合とも約 0.5°C であったことを思い出せ．

(c) 入力パワーが $0 \leq q \leq 40$ 〔kW〕に制約されている場合を考える．気温が測定でき，それがフィードフォワードに用いられる場合，入力制約が活性化されない期間においてのみ，水温は設定値により正確に保たれることを示せ．入力パワーが制約されている期間では，気温が測定されるかどうかにかかわらず，水温変動はほとんど同じである．

5.2 式 (5.25) の「1 ノルム」評価関数に，入力変化に関するペナルティが加わった場合について考える．

$$V(k) = \sum_{i=1}^{H_p} \sum_{j=1}^{m} |\hat{z}_j(k+i|k) - r_j(k+i|k)| q_j + \sum_{i=1}^{H_u} \sum_{j=1}^{\ell} |\Delta \hat{u}_j(k+i|k)| \rho_j \quad (5.55)$$

ただし，ρ_j は非負の重みである．これを通常の制約の下で最小化することは，LP 問題であることを示せ．

5.3 例題 4.11 (p.170) の不安定なヘリコプタモデルについて考える．このモデルの伝達関数は，次式のように書ける．

$$P(z) = \frac{6.472 z^2 - 2.476 z + 7.794}{(z - 0.675)(z - 1.047 + 0.2352i)(z - 1.047 - 0.2352i)}$$

このとき，$P(z) = \tilde{N}(z)/\tilde{M}(z)$ で $\tilde{N}(z)$ と $\tilde{M}(z)$ の両方が安定となるような，既約因子対 $\left(\tilde{N}(z), \tilde{M}(z)\right)$ を見つけよ．（それぞれの因子が）状態空間システム

として実現できるように，それぞれの因子をプロパー（分子多項式の次数は分母多項式のそれを超えないこと）となるようにせよ．

☞ 可能な解は多数存在する．式 (5.22) の形式の「分解」を見つけることは，困難であることに注意せよ．

5.4 1.3 節と 5.6 節の表記を用いると，入力を $u_0(k) + u_1(k)i$ としたとき得られる予測「モデル」出力は，

$$\hat{y}(k+H_p|k) = S(H_p)u_0(k) + [S(H_p-1) + \cdots + S(1)]u_1(k) + \hat{y}_f(k+H_p|k)$$

と書けることを示せ．ただし，$\hat{y}_f$ は予測された自由応答を表す．

5.5 制御出力が一つの漸近安定プラントに対して，PFC を用いてランプ設定値に偏差なしで追従させる問題を考える．

(a) 用いなければならない一致点は最低いくつか？

(b) 1 入力で，仮定された未来の入力軌道を構成するために多項式基底が用いられるとき，その多項式の次数をいくつにすべきか？

(c) 二つの入力が利用できるものとする．このとき，未来の入力軌道の構成法としてどのような可能性があるか議論せよ．

(d) ランプ設定値に誤差なしで追従するためには，他のどのような特徴が制御方策になければいけないだろうか？

5.6 演習問題 3.3 の温水プールの例題について再び考える．ここでも式 (3.98) で定義したように，周囲の気温 θ_a が 1 日の間に正弦波状に変化するものとする．また，入力パワーは $0 \leq q \leq 40$ 〔kW〕に制約されているものとする．

(a) この場合，制約なし解を「切り取る」ことによって得られるふるまいは，QP 問題を解くことによって得られるそれと同じであることを示せ．

(b) さらに回転率制約 $|\dot{q}| < 20$ 〔kW/h〕を課した場合，QP 解と切り取り解は非常に似通っているが，もはや同じではないことを示せ．

☞ 切り取り解を得るために Model Predictive Control Toolbox の関数 smpcsim を利用せよ．

5.7 $y(t)$ とその時間導関数を含むベクトル $\mathcal{Y}(t)$ は式 (5.50) で与えられることを確認せよ．

5.8 $u(t)$ とその時間導関数を含むベクトル $\mathcal{U}(t)$ を $\mathcal{Y}(t)$ と同じように定義する．式 (5.46) で定義される連続時間評価 $V(t)$ を $\mathcal{U}(t)$ の二次関数で表現せよ．

第6章

安定性

オフラインで予測コントローラを設計する場合，閉ループの**公称安定性**(nominal stability) を達成することは，ほとんど問題にならない．問題の定式化においてパラメータを調整することによって安定性を得ることは非常に簡単であり，（正確なプラントモデルが仮定できれば）設計したシステムが安定かどうかを確認することは非常に容易だからである．少なくとも，これが予測制御の現状の応用における典型的な状況であろう．現状の応用例では，予測制御は例外なく安定プラントに適用されており，予測コントローラに要求される動的性能は，通常それほど厳しいものではない．しかしながら，厳しい動的仕様をもつ広範囲な対象に予測制御が適用されるようになるにつれて，特に不安定プラントに適用されるならば，この状況は変わっていくだろう．

オンライン再設計が要求される状況で予測制御が用いられるならば，閉ループ安定性は重要な問題となる．これは従来の枠組みの適応制御（ここではプラントモデルの再推定とそれに伴うコントローラの再設計が絶えず行われると仮定される）の場合もそうである．また，たとえば故障やプラント構成の変更などが起こったときだけ，再推定と再設計が行われるような状況も含まれる．

本章では，公称安定性を保証するためのいくつかの方法について検討する．少なくとも**公称安定性**[1]，すなわちモデルは完全であるという仮定の下で閉ループシステムの安定性を保証するための方法がいくつかあることがわかるだろう．

予測制御は後退ホライズンの考えを用いるのでフィードバック制御である．したがって，結果として得られる閉ループシステムが不安定になってしまうかもしれないという危険性をはらんでいる．プラントの性能が予測ホライズンにわたって最適化されるにもかかわらず，そしてその最適化が繰り返し行われるにもかかわらず，それぞ

---

[1]. 〈訳者注〉公称安定性に対して，モデルに不確かさが含まれるときの安定性を「ロバスト安定性」(robust stability) という．第8章を参照．

れの最適化が予測ホライズンの外側で起こることに対して「注意を払わず」，よってプラントを最終的に安定化できないような状況に追いやってしまう可能性がある．これは，おそらく，制御入力信号に関する制約が存在するときに特に起こりやすいが，制約がない場合でさえも，このようなことが起こる例を作ることは容易である．

例題 6.1

二つの遅れが直列接続されている離散時間システムを考える．

$$x_1(k+1) = u(k)$$
$$x_2(k+1) = x_1(k)$$

これを行列・ベクトルを用いて表すと，次式になる．

$$x(k+1) = \begin{bmatrix} 0 & 0 \\ 1 & 0 \end{bmatrix} x(k) + \begin{bmatrix} 1 \\ 0 \end{bmatrix} u(k)$$

予測ホライズンを $H_p = 1$ とし，最小化される評価を次式とする．

$$V(k) = \hat{x}_1^2(k+1|k) + 6\hat{x}_2^2(k+1|k) + 4\hat{x}_1(k+1|k)\hat{x}_2(k+1|k)$$
$$= \hat{x}^T(k+1|k) \begin{bmatrix} 1 & 2 \\ 2 & 6 \end{bmatrix} \hat{x}(k+1|k)$$

いま，この二次形式は正定であることに注意する．ここでは，$V(k)$ を最小にする $u(k)$ を見つける予測制御問題を考える．

このモデルを用いると，予測は $\hat{x}_1(k+1|k) = u(k)$，$\hat{x}_2(k+1|k) = x_1(k)$ となる．これらを $V(k)$ に代入すると次式が得られる．

$$V(k) = u^2(k) + 6x_1(k) + 4u(k)x_1(k)$$

この最小値を見つけるために，$V(k)$ を微分してゼロとおく．

$$\frac{\partial V}{\partial u(k)} = 2u(k) + 4x_1(k) = 0$$

これより，$u(k) = -2x_1(k)$ が得られる．

これをモデルに代入すると，つぎの閉ループ方程式が得られる．

$$x_1(k+1) = -2x_1(k)$$
$$x_2(k+1) = x_1(k)$$

これはつぎのように記述することもできる．

$$x(k+1) = \begin{bmatrix} -2 & 0 \\ 1 & 0 \end{bmatrix} x(k)$$

閉ループ遷移行列の固有値が単位円外の -2 に存在するので，明らかにこれは不安定である．

この例題では，予測ホライズンがあまりに短すぎたため制御が「近視眼的」になりすぎて，問題が生じたことに気づくだろう．これは正しい．そして，予測ホライズンを十分長く，場合によっては無限大にとることによって，通常，安定性を保証することができることがわかる．このことについては，本章の後のほうで見ていく．

6.1 終端制約による安定性の保証

安定性を保証するもう一つの方法は，ホライズンの長さは任意でよいが，予測ホライズンの終端で，状態がある値をとるようにする**終端制約** (*terminal constraint*) を加えることである．そして，非常に一般的な場合に対してもリアプノフ関数を用いて驚くほど容易に安定性を証明することができる．これは Keerthi と Gilbert [KG88] により最初に示された．安定性を証明するためには，状態をある初期条件から原点に移動させる場合を考えれば十分である．

定理 6.1

プラント

$$x(k+1) = f(x(k), u(k))$$

に対して，評価関数

$$V(k) = \sum_{i=1}^{H_p} \ell(\hat{x}(k+i|k), \hat{u}(k+i-1|k))$$

を最小化することによって，予測制御が得られるものとする．ただし，$\ell(x,u) \geq 0$ で，また $x=0$, $u=0$ のときにのみ，$\ell(x,u)=0$ とする．そして，ℓ は終端制約

$$\hat{x}(k+H_p|k) = 0$$

の下で「減少」特性（ミニ解説6を参照）を有しているものとする．この最小化は，制約 $\hat{u}(k+i|k) \in U$, $\hat{x}(k+i|k) \in X$ の下で，入力信号 $\{\hat{u}(k+i|k) : i=0,1,\ldots,H_u-1\}$ にわたって行われる．ただし，U と X はある集合であり，簡単のために $H_u = H_p$ とする．プラントの平衡状態を $x=0$, $u=0$ と仮定する．すなわち，$0 = f(0,0)$ とする．そして，後退ホライズンが適用され，得られた最適解 $\{u^0(k+i|k) : i=0,1,\ldots,H_u-1\}$ のうちの $u^0(k|k)$ だけが用いられる．

ミニ解説6 —— 安定性とリアプノフ関数

平衡点 (equilibrium)

$x(k+1) = f(x(k), u(k))$ は，$x_0 = f(x_0, u_0)$ ならば，状態 x_0 と入力 u_0 で平衡点（あるいは「固定点」(fixed point)）を有する．

つねに座標変換 $z(k) = x(k) - x_0$，$v(k) = u(k) - u_0$ を導入できることに注意する．すると，新しい座標において，平衡点は $(0,0)$ である．というのは，

$$z(k+1) = x(k+1) - x_0 = f(z(k)+x_0, v(k)+u_0) - f(x_0, u_0)$$
$$= g(z(k), v(k))$$
$$0 = g(0,0)$$

なので，つねに $(0,0)$ を平衡点に仮定することができる．

安定性 (stability)

非線形システムに対しては，システムではなく，個々の平衡点の安定性を考えなければいけない（ある平衡点は安定かもしれないし，ほかの平衡点は不安定かもしれない）．

状態あるいは入力が微小摂動したとき，その後の状態と入力軌道が「連続的に」摂動するならば，平衡点 $(0,0)$ は（リアプノフの意味で）**安定** (*stable*) である．より正確に述べると，任意の $\varepsilon > 0$ に対して，$\|[x^T(0), u^T(0)]\| < \varepsilon$ ならば，すべての $k > 0$ に対して $\|[x^T(k), u^T(k)]\| < \delta$ となるような $\delta > 0$ （これは ε とシステムに依存する）が存在するとき安定である*．

さらに，$k \to \infty$ のとき，$\|[x^T(k), u^T(k)]\| \to 0$ ならば，**漸近安定** (*asymptotically stable*) である．

閉ループシステムに対しては，$u(k)$ 自身が $x(k)$ に依存する．よって，$x(k+1) = f(x(k))$ と書くことができる．ただし，ここでは f は閉ループシステム方程式を表す．

リアプノフ定理 (Lyapunov's Theorem)

$V(x,u)$ が正定関数，すなわち，$V(x,u) \geq 0$ で，等号が成り立つのは $(x,u) = (0,0)$ のときのみで，かつ「減少(非増加)」特性

$$\left\|[x_1^T, u_1^T]\right\| > \left\|[x_2^T, u_2^T]\right\| \Rightarrow V(x_1, u_1) \geq V(x_2, u_2)$$

を有する関数で，さらに $(0,0)$ のある近傍においてシステム $x(k+1) = f(x(k), u(k))$ の任意の軌道に沿って，

$$V(x(k+1), u(k+1)) \leq V(x(k), u(k))$$

が成り立つならば，$(0,0)$ は**安定平衡点**である．

さらに，$k \to \infty$ のとき，$V(x(k), u(k)) \to 0$ であれば，漸近安定である．

このような関数 V は**リアプノフ関数** (*Lyapunov function*) と呼ばれる．

---

* 〈訳者注〉よく知られた $\varepsilon - \delta$ 法である．

すると，最適化問題が実行可能で，各ステップごとに解かれるならば，平衡点 $x=0$, $u=0$ は安定になる.

証明 6.1

この証明には，ミニ解説 6 で与えた概念を利用する．$V^0(t)$ は時刻 t で評価された V の最適値で，最適入力信号 u^0 に対応するものとする．明らかに，$V^0(t) \geq 0$ で，$x(t)=0$ のときにのみ，$V^0(t)=0$ となる．なぜならば，$x(t)=0$ ならば，すべての i に対して $u(t+i)=0$ と設定することが最適解となるからである．$V^0(t+1) \leq V^0(t)$ であること，すなわち，$V^0(t)$ が閉ループシステムのリアプノフ関数であることを示していこう．

安定性の証明でよく行われるように，プラントモデルは完全であると仮定する．すると，予測された状態軌道と実際のものは一致する，すなわち，$u(t+i) = \hat{u}(t+i|t)$ であれば，$x(t+i) = \hat{x}(t+i|t)$ となる.

この仮定より，次式を得る．

$$\begin{aligned}
V^0(t+1) &= \min_u \sum_{i=1}^{H_p} \ell(x(t+1+i), u(t+i)) \\
&= \min_u \left[\sum_{i=1}^{H_p} \ell(x(t+i), u(t-1+i)) - \ell(x(t+1), u(t)) \right. \\
&\quad \left. + \ell(x(t+1+H_p), u(t+H_p)) \right] \\
&\leq -\ell(x(t+1), u^0(t)) + V^0(t) + \min_u [\ell(x(t+1+H_p), u(t+H_p))]
\end{aligned}$$

なぜならば，最適値は，時刻 t で見つけられた最適解 (これは時刻 $t+H_p$ まで考慮している) を維持し続け，そして最終ステップに向けて最善を尽くした場合よりも悪くはならないからである．

しかし，制約 $x(t+H_p) = 0$ が満たされると仮定した．なぜならば，最適化問題は実行可能であると仮定したからである．よって，$u(t+H_p) = 0$ とすれば，$x=0$ にとどまることができる．これより，

$$\min_u [\ell(x(t+1+H_p), u(t+H_p))] = 0$$

を得る．$\ell(x(t), u^0(t)) \geq 0$ なので，$V^0(t+1) \leq V^0(t)$ であることがわかる．よって，$V^0(t)$ はリアプノフ関数で，リアプノフの安定定理より，平衡点 $x=0$, $u=0$ は安定であるといえる． ∎

これは，とても話がうますぎて本当とは思えないかもしれない．安定性を保証する

には，簡単すぎるように映るかもしれない．問題は，最適化問題がそれぞれのステップで解をもち，それぞれのステップで大域的最適解を見つけることができると仮定した点である．一般的な制約つき最適化問題は，解くことが非常に困難であり，終端制約をただ付け加えるだけではうまくいかないかもしれない．しかし，この証明で用いたアイディアを，より現実的な状況においても今後利用していく．

| 例題 6.2 |

例題 6.1 について再び考えよう．終端制約 $x(k+1) = 0$ を付け加えることによって，安定性を得ることを試みる．しかしながら，$x_1(k) = 0$ （これは一般的には成り立たないだろう）のときに限りこれは達成されるので，実行不可能問題になってしまう（一般に，状態が二つの線形システムを原点に移動させるためには，少なくとも 2 ステップ必要である）．演習問題 6.2 において，この例題では終端制約を加えなくても，予測ホライズンを $H_p = 2$ に増加させることによって，安定性を達成できることを示す．

これと同様の基本的なアイディアを，いろいろな方法で適用することができる．GPC に関連する二つの方法が特によく知られている．そして，それらはある種の GPC に組み込まれている．すなわち，**安定入出力後退ホライズン制御**（*Stable Input-Output Receding Horizon Control, SIORHC*）（[Mos95 の 5.8 節] を参照）と**制約つき後退ホライズン予測制御**（*Constrained Receding Horizon Predictive Control, CRHPC*）（[CC95 の 6.5 節] を参照）である．

しかしながら，以下の節で見ていくように，安定性は **1 点終端制約**のような厳しい条件を与えなくても達成できるので，このアプローチについてはこれ以上言及しない．

終端制約のアイディアの非常に重要な一般化および修正は，1 点終端制約ではなく，原点を含む**終端制約「集合」**X_0 を規定することである．通常，この狙いは，予測制御を用いて状態をそのような集合内へ移動させ，そして別の制御則へ切り替えて，集合内の状態からシステムを安定化させることである．この場合，後者の制御則は，状態が X_0 内に移動されたならば，状態を原点に移動させることを保証するものでなければならない．すべての制約は X_0 内では活性化されないと仮定され，よって，状態がこの終端集合内にあるときには，従来の制御（ただし線形制御である必要はない）で十分である．終端制約集合を用いるアイディアは，非線形システムのロバスト安定予測制御を得るための方法の一部として，[MM93] で導入された．これに関する注意点を 8.5.2 項と 10.3 節で与える．まず予測制御を用いて状態を終端制約集合に移動させ，

つぎに別の制御則に切り替えるという方法は，しばしば2モード (*dual-mode*) 予測制御法と呼ばれている．

これまでに提案され，閉ループ安定性が保証されているMPC法はすべて終端制約集合を用いていると，最近論じられている [MRRS00]（それは暗黙のうちに用いられているかもしれないし，単一点の終端制約かもしれないが）．さらに，そのMPC法には，終端集合内で定義され，すべての制約を考慮し，また，ひとたび状態軌道がこの集合内に入ってきたら，状態をその集合内に維持するような制御則が含まれている．最後に，それらはすべて (暗黙のうちかもしれないが) 終端評価を含んでいる．すなわち，予測ホライズンの終端における非零の状態にペナルティをかける評価である．また，終端評価関数は，終端制約集合内に限定されたとき，リアプノフ関数となる．これまでに発表された文献の多くでは，これらの一つあるいはそれ以上の要素は自明である．たとえば，終端制約集合は原点のみからなっているかもしれないし，この集合 (点) 上での制御則は $u \equiv 0$ であるかもしれない．また，終端評価関数は，$x \neq 0$ のとき $F(x) = \infty$ で，$x = 0$ のとき $F(x) = 0$ であるかもしれない．しかしながら，これらの要素を陽に同一のものであるとみなすことは，今度の研究に有意義なことであろう．特に，終端制約集合と終端評価の両方ともが成功のための「処方箋」の一部として有効であるという認識は，驚くべき発見である．

6.2 無限ホライズン

本節で紹介するアプローチは，[RM93] によって始められ，[MR93b, MR93a] に詳しく述べられている．しかしながら，その根底にあるアイディアは [KG88] のそれと類似している ([KG88] では，無限ホライズン制約つき問題が，終端制約をもつ有限後退ホライズン問題で近似できることが示されている)．予測制御でホライズンを無限大にすることで，安定性が保証されると知られて久しい (たとえば [BGW90] を参照) が，無限ホライズン問題で制約をどのように取り扱ったらよいかは知られていなかった．しかし，Rawlings と Muske の研究によって，この問題は打開された．同じ考えが，伝達関数定式化にも適用されている [Sco97]．驚くほどのことではないが，伝達関数定式化においても，上記で考案されたことと同様なことが行える．

鍵となるアイディアは，無限ホライズンをもつ予測制御問題を，(無限個の制御変数 $\Delta u(k|k)$, $\Delta u(k+1|k)$, ... の代わりに) 有限個のパラメータを用いて再パラメトライズすることである．すると，有限次元空間において最適化を行うことができ，実際，それは依然として QP 問題のままとなる．Rawlings と Muske の最初の研究以降,

無限ホライズン問題の異なった形の再パラメトリゼーションと解釈できる他の提案がいくつかなされている [RK93, SR96b].

[Mor94] では，少なくとも線形モデルの場合には，有限ホライズンを利用する理由はもはや何もないという意見も述べられている．

なぜ無限ホライズンを利用すると安定性が保証されるのかについて検証することから始めよう．

6.2.1 無限ホライズンによる安定化

図 6.1 は，予測制御の有限後退ホライズン定式化と，無限ホライズン定式化の本質的な違いを示したものである．図の上半分は，有限ホライズン定式化において，プラント出力が一定の設定値に向かっている状況を示している．時刻 k において，ある軌道が長さ H_p の予測ホライズンにおいて最適であるとする．外乱が存在しないものとし，完全なモデルが利用できるものとすると，時刻 $k+1$ におけるプラントは，まさに前の時刻ステップで予測された状態になる．したがって，時刻 $k+1$ から時刻 $k+H_p+1$ までの予測ホライズンにわたる最適軌道の初期部分は，前時刻で計算された最適軌道に一致することを期待するかもしれない．しかし，以前の最適化が行われたときには考慮されなかった新しい時間区間，すなわち時刻 $k+H_p$ と $k+H_p+1$ の

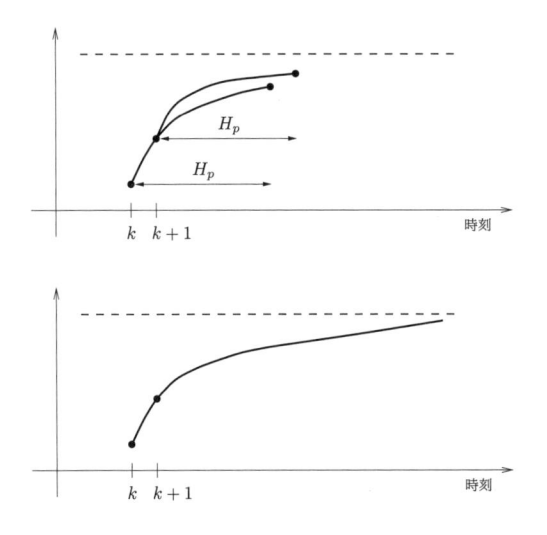

図 6.1 有限ホライズン（上図），無限ホライズン（下図）（外乱なし，完全モデル）

間の区間が最適化の区間に入ってくる．この新しい時間区間が存在するため，1時刻前に計算された最適軌道とはまったく異なる最適軌道が計算されるかもしれない．

図 6.1 の下半分は，無限ホライズンの場合を示したものである．時刻 k において，無限ホライズン全体にわたる最適軌道が，(暗黙のうちに) 決定される．時刻 $k+1$ において，この最適化問題には何も新しい情報は入ってこない．よって，この時刻からの最適軌道は，1時刻前に計算された軌道の「後部」と同じになる (これは，よく知られたベルマンの**最適性の原理** (*principle of optimality*) であり，任意の最適軌道の後部は，それ自身その出発点からの最適軌道であることを述べている．これは，有限ホライズンの場合には適用できない．なぜならば，それぞれのステップで異なる最適化問題を解いているからである)．このことより，(繰り返しになるが，外乱がなく，モデルが完全ならば) k が増加するとき，評価関数 $V(k)$ は減少する．したがって，$V(k)$ をリアプノフ関数として利用することができ，安定性を示すことができる．

図 6.2 は，有限ホライズンを用いたにもかかわらず，閉ループ安定性が達成できる場合を示したものである．これは，予測ホライズンの間に設定値に整定するように，**デッドビート応答**させた場合である．この場合，それぞれのステップで最適軌道は以前に計算されたものの後部になっているという点で，無限ホライズンの場合と状況が似ている (終端制約をもつ有限ホライズンの場合とみなすこともできる)．よって，この場合もまた $V(k)$ は減少するので，安定性が達成できる．閉ループ安定性を保証するため，この方策は [KR92] で用いられた．

さて，無限ホライズン定式化の詳細について考えていこう．無限ホライズンに対応するために，われわれの標準設定を少し修正する．まず，重みを予測ホライズンにわたって一定であるとする．すなわち，$Q(i) = Q$, $R(i) = R$ とする．つぎに，無限ホライズンにわたって，制御変化と同様に制御「レベル」にもペナルティをかける．三番目に，**レギュレータ**の定式化を仮定する．すなわち，出力を最終的にゼロにするも

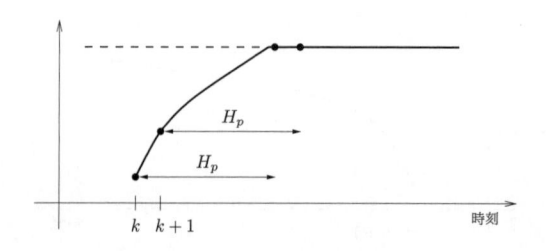

図 6.2　有限ホライズンとデッドビート応答

のとする．これらより，つぎの評価関数を得る．

$$V(k) = \sum_{i=1}^{\infty} \left\{ \|\hat{z}(k+i|k)\|_Q^2 + \|\Delta\hat{u}(k+i-1|k)\|_R^2 + \|\hat{u}(k+i-1|k)\|_S^2 \right\} \quad (6.1)$$

しかしながら，ここでも最初の H_u 個の制御変化のみが非零である，すなわち，

$$\Delta\hat{u}(k+i-1|k) = 0, \quad i > H_u \text{ のとき} \quad (6.2)$$

と仮定する．また，$S > 0$，$Q \geq 0$，$R \geq 0$ と仮定する（[RM93] では制御変化ではなく，制御レベルにペナルティがかけられると仮定された．[MR93b] では，制御レベルと制御変化の両方にペナルティがかけられた．一般の場合に対する証明は，[MR93a] で与えられている．あいにく，ここで用いられている重み R，S の意味は，[RM93, MR93b, MR93a] におけるものの反対である）．

まず，全状態が測定できると仮定する，すなわち，$x(k) = y(k)$ とする．また，プラントは安定であるとする．すると，最適化問題が依然として実行可能で，それぞれのステップで大域的最適値が見つけられれば，以下の議論により，任意の $H_u > 0$ に対して閉ループ安定性が得られることを示すことができる．

時刻 k における評価関数の最適値を $V^0(k)$ とする．計算された最適入力レベルを u^0 とし，u^0 を印加した結果得られる制御出力値を z^0 とする．すべての $i \geq H_u$ に対して，$u^0(k+i) = u^0(k+H_u-1)$ であり，また z を 0 に保つために必要な u^0 の定常値は 0 なので（最適化器の内部モデルより），最適化器は間違いなく $i \geq H_u$ に対しては $u^0(k+i) = 0$ のようになる（さもなければ，評価の値が無限大になってしまう）．以上より，次式を得る．

$$\begin{aligned} V^0(k) = & \sum_{i=1}^{\infty} \left\| \hat{z}^0(k+i|k) \right\|_Q^2 \\ & + \sum_{i=1}^{H_u} \left\{ \left\| \Delta\hat{u}^0(k+i-1|k) \right\|_R^2 + \left\| \hat{u}^0(k+i-1|k) \right\|_S^2 \right\} \end{aligned} \quad (6.3)$$

公称安定性の証明で通常行われているように，われわれのモデルは正確で，外乱がないものと仮定すると，$z^0(k+1) = \hat{z}^0(k+1|k)$ となる．よって，時刻 k で計算された制御系列 $\hat{u}^0(k+i|k)$ を用い続けたとしたときに，時刻 $k+1$ での V の値は次式となる．

$$V(k+1) = V^0(k) - \left\| z^0(k+1) \right\|_Q^2 - \left\| \Delta\hat{u}^0(k|k) \right\|_R^2 - \left\| \hat{u}^0(k|k) \right\|_S^2 \quad (6.4)$$

しかし，時刻 $k+1$ では初期条件が $z^0(k+1) = C_z x^0(k+1)$（いま全状態が測定可能と仮定しているので，これは既知である）の新しい最適化問題が解かれることになる．

よって，

$$V^0(k+1) \leq V(k+1) \tag{6.5}$$
$$= V^0(k) - \|z^0(k+1)\|_Q^2 - \|\Delta \hat{u}^0(k|k)\|_R^2 - \|\hat{u}^0(k|k)\|_S^2 \tag{6.6}$$
$$< V^0(k) \tag{6.7}$$

となる．$S > 0$ と仮定したので，上式は等号のない厳密な不等式になっている（なおここでは，状態が原点にないことが暗に仮定されている）．

安定性を導き出すために，$V^0(k+1) < V^0(k)$ は $\|x(k)\|$ が減少することを意味することを示さなければならない．$S > 0$ と仮定したので，$u^0(k)$ が減少することは明らかである（$u^0(k) = \hat{u}^0(k|k)$ であるから）．ここでは安定プラントを仮定したので，これは $x^0(k)$ が最終的には減少することを意味している．しかし，条件 $S > 0$ を何か別のものに置き換えて，緩和することができる．たとえば，われわれの標準定式化におけるように，たとえ $S = 0$ であったとしても，$Q > 0$ と z からの状態の可観測性を仮定することによって，$\|x^0\|$ が減少することを示すことができる．よって，V^0 が減少することが，$\|x^0\|$ が減少することを意味することを保証するようなさまざまな仮定が可能である．そのような仮定で，V^0 が閉ループシステムに対するリアプノフ関数であることを示すのに十分であり，その結果，今度は閉ループが安定であることが示される．

つぎに，不安定プラントの場合を考えなければならない．この場合の本質的な違いは，不安定モードを H_u ステップの間に 0 に移動しなければいけないという点である．さもないと，これらのモードは $i \geq H_u$ において制御されないので非有界になってしまい，評価の値を無限大にしてしまう．しかし，n を状態の次元とすると，一般にシステムの状態を n ステップ未満で 0 に移動できないことが知られている．不安定モードのみを 0 に移動させる必要があるので，n_u を不安定モードの数とすると，実際には n_u ステップのみ必要となる．したがって，不安定プラントに対しては，$H_u \geq n_u$ としなければならない．また，何らかの入力を用いて不安定モードを 0 に移動できることを保証する必要がある．より正確には，対 (A, B) は**可安定**（*stabilizable*）である，すなわち，不安定モードは入力から可制御であると仮定しなければならない．ほうっておいても安定モードは自然に 0 に減衰していくので，可制御である必要はない．

以上の条件の下で，実行可能性が維持できると仮定されるならば，安定プラントに対する議論と同様の議論により安定性を示すことができる．

全状態を測定できない場合（$y(k) \neq x(k)$）には，状態推定値 $\hat{x}(k|k)$ を得るために，観測器を利用しなければならない．いくつかの条件の下で，そしてこれまでと同

様に完全なモデルの仮定の下では，観測器動特性が安定であれば，$k \to \infty$ のとき $\hat{x}(k|k) \to x(k)$ となる．したがって，k が増加するとき，最適評価関数の値 $V^0(k)$ は，$y(k) = x(k)$ の場合と同じ値に近づく．そして，安定性もまた導き出される．

無限ホライズン全体にわたって実行可能であるような問題にするために，二つの新しいパラメータ C_w と C_p を導入する必要がある．これらは H_w や H_p と似た意味をもつが，出力制約が課せられる時刻を指示するために用いられる．より正確には，出力制約がつぎの形式をしているものとする．

$$z_{i,min} \leq \hat{z}_i(k+j|k) \leq z_{i,max}, \quad j = C_w, C_w+1, \ldots, C_p \text{ のとき} \tag{6.8}$$

安定定理を適用するために，C_w と C_p の両者とも十分大きく選ばなければならない．C_w は，時刻 k において問題が実行可能になるように十分大きく選ばれなければならない．また，C_p は，時刻 $k+C_p$ までの有限ホライズンにわたって問題が実行可能であるならば，時刻 $k+C_p$ 以降の無限ホライズンにわたっても実行可能であり続けるように十分大きく選ばれなければならない．[RM93] では，有限な C_w と C_p の値はつねに存在することが示されている．しかし，不安定プラントに対しては，一般にそれらは $x(k)$ に依存する．

6.2.2 制約と無限ホライズン —— 安定プラントの場合

ホライズンが無限大のときの制約つき予測制御問題の解法について考える必要がある．これまでにわかったように，レギュレータ問題については，$i \geq H_u$ に対して，計算された入力信号 $\hat{u}(k+i-1|k)$ はゼロとなる必要があった．したがって，評価関数は次式のように記述できる．

$$V(k) = \sum_{i=H_u+1}^{\infty} \|\hat{z}(k+i-1|k)\|_Q^2 + \sum_{i=1}^{H_u} \left\{ \|\hat{z}(k+i-1|k)\|_Q^2 \right.$$
$$\left. + \|\Delta\hat{u}(k+i-1|k)\|_R^2 + \|\hat{u}(k+i-1|k)\|_S^2 \right\} \tag{6.9}$$

この式の右辺第 1 項について考える．$i \geq H_u$ に対して $\hat{u}(k+i-1|k) = 0$ なので，次式を得る．

$$\hat{z}(k+H_u|k) = C_z \hat{x}(k+H_u|k) \tag{6.10}$$
$$\hat{z}(k+H_u+1|k) = C_z A \hat{x}(k+H_u|k) \tag{6.11}$$
$$\vdots$$
$$\hat{z}(k+H_u+j|k) = C_z A^j \hat{x}(k+H_u|k) \tag{6.12}$$

よって，次式が得られる．

$$\sum_{i=H_u+1}^{\infty} \|\hat{z}(k+i-1|k)\|_Q^2 = \hat{x}^T(k+H_u|k)\left[\sum_{i=0}^{\infty}(A^T)^i C_z^T Q C_z A^i\right]\hat{x}(k+H_u|k) \tag{6.13}$$

いま，

$$\bar{Q} = \sum_{i=0}^{\infty}(A^T)^i C_z^T Q C_z A^i \tag{6.14}$$

とおくと（なお，プラントが安定であればこの級数は収束する），次式を得る．

$$A^T \bar{Q} A = \sum_{i=1}^{\infty}(A^T)^i C_z^T Q C_z A^i \tag{6.15}$$
$$= \bar{Q} - C_z^T Q C_z \tag{6.16}$$

これは**行列リアプノフ方程式** (*matrix Lyapunov equation*) としてよく知られており，A, C_z, Q を与えれば，$\bar{Q}$ に関して解くことができる（MATLAB では *Control System Toolbox* の関数 `dlyap` を用いて解くことができる）．さらに，$Q \geq 0$ で，かつ A の固有値がすべて単位円内に存在すれば（すなわち安定であれば），$\bar{Q} \geq 0$ であることがよく知られている．したがって，次式のように評価関数を書くことができる．

$$V(k) = \hat{x}^T(k+H_u|k)\bar{Q}\hat{x}(k+H_u|k) + \sum_{i=1}^{H_u}\Big\{\|\hat{z}(k+i-1|k)\|_Q^2$$
$$+ \|\Delta\hat{u}(k+i-1|k)\|_R^2 + \|\hat{u}(k+i-1|k)\|_S^2\Big\} \tag{6.17}$$

いま，これは終端評価ペナルティをもつ長さ H_u の有限ホライズンにわたって定式化された予測制御問題のように見える．付け加えると，安定性を得るために終端等式制約を課すことは，過度の制限になることも示している．

最終値が非零である設定値に制御出力を追従させたい場合には，有界な評価を得るために，評価関数中の $\|\hat{u}(k+i-1|k)\|_S^2$ を $\|\hat{u}(k+i-1|k) - u_s\|_S^2$ に替える必要がある．ここで，u_s は，制御出力を要求された定常値 r_s にすると予測された定常入力値である．すなわち，

$$r_s = P(1)u_s = C_z(I-A)^{-1}Bu_s \tag{6.18}$$

である．しかし，われわれの標準定式化の場合と同様に $S=0$ であれば，これは不要である．未来の目標軌道が H_u より長いホライズン H_p にわたって既知であれば，ここで説明したアプローチをこの状況を取り扱うように容易に修正できる．$\hat{x}^T(k+H_p|k)\bar{Q}\hat{x}(k+H_p|k)$ の形式の終端評価をもつ，ホライズンが H_u ではなく H_p の有限ホライズン問題として，単に問題を書き直せばよい．

この予測制御問題を標準的な QP 問題として定式化するために，第 2 章や第 3 章と同様に進める．まず，式 (2.24) とまったく同じように予測された状態ベクトル $\left[\hat{x}^T(k+1|k), \ldots, \hat{x}^T(k+H_u|k)\right]^T$ を構成する．ここで，必要な予測数は H_u であることに注意する．そのほかで唯一必要な変更は，式 (3.3) の $\mathcal{Q}$ を次式のように修正することである．

$$\mathcal{Q} = \underbrace{\begin{bmatrix} C_z^T Q C_z & 0 & \cdots & 0 & 0 \\ 0 & C_z^T Q C_z & \cdots & 0 & 0 \\ \vdots & \vdots & \ddots & \vdots & \vdots \\ 0 & 0 & \cdots & C_z^T Q C_z & 0 \\ 0 & 0 & \cdots & 0 & \bar{Q} \end{bmatrix}}_{H_u \text{ブロック}} \tag{6.19}$$

ここで，最後のブロックだけ他とは異なっていることに注意せよ．

例題 6.3

[BGW90] では，制御しにくいプラントの一例として，次式が用いられている．

$$P(z) = \frac{-0.0539z^{-1} + 0.5775z^{-2} + 0.5188z^{-3}}{1 - 0.6543z^{-1} + 0.5013z^{-2} - 0.2865z^{-3}} \tag{6.20}$$

この伝達関数の状態空間実現の一つを次式で与える．

$$A = \begin{bmatrix} 0.6543 & -0.5013 & 0.2865 \\ 1 & 0 & 0 \\ 0 & 1 & 0 \end{bmatrix}, \quad C_z = \begin{bmatrix} -0.0536 & 0.5775 & 0.5188 \end{bmatrix} \tag{6.21}$$

$Q = 1$ とすると，次式を得る．

$$\bar{Q} = \begin{bmatrix} 1.243 & -0.1011 & 0.1763 \\ -0.1011 & 0.8404 & 0.1716 \\ 0.1763 & 0.1716 & 0.3712 \end{bmatrix} \tag{6.22}$$

6.2.3 制約と無限ホライズン —— 不安定プラントの場合

不安定プラントの場合，これまでと同じように扱うことができない理由は二つある．

- 制御ホライズンの終端で不安定モードがゼロになるという制約を課す必要がある．

- 式 (6.14) の無限級数が収束しない．

固有値・固有ベクトル分解 (ジョルダン分解) を用いて，プラントを安定な部分と不安定な部分に分解する[2]．

$$A = WJW^{-1} \tag{6.23}$$

$$= \begin{bmatrix} W_u & W_s \end{bmatrix} \begin{bmatrix} J_u & 0 \\ 0 & J_s \end{bmatrix} \begin{bmatrix} \tilde{W}_u \\ \tilde{W}_s \end{bmatrix} \tag{6.24}$$

不安定モードと安定モードは，これよりつぎのようにして得られる．

$$\begin{bmatrix} \xi_u(k) \\ \xi_s(k) \end{bmatrix} = \begin{bmatrix} \tilde{W}_u \\ \tilde{W}_s \end{bmatrix} x(k) \tag{6.25}$$

そして，これは次式に従って時間発展する．

$$\begin{bmatrix} \xi_u(k+1) \\ \xi_s(k+1) \end{bmatrix} = \begin{bmatrix} J_u & 0 \\ 0 & J_s \end{bmatrix} \begin{bmatrix} \xi_u(k) \\ \xi_s(k) \end{bmatrix} + \begin{bmatrix} \tilde{W}_u \\ \tilde{W}_s \end{bmatrix} Bu(k) \tag{6.26}$$

不安定モードに関する終端等式制約は次式のようになる．

$$\xi_u(k+H_u) = \tilde{W}_u x(k+H_u) = 0 \tag{6.27}$$

この制約のために，安定モードだけが式 (6.9) の無限和に寄与する．したがって，無限和は以下のように有限値になる．

$$\sum_{i=H_u+1}^{\infty} \|\hat{z}(k+i-1|k)\|_Q^2 = \sum_{i=H_u+1}^{\infty} \left\| C_z \tilde{W}_s \hat{x}(k+i-1|k) \right\|_Q^2 \tag{6.28}$$

$$= \hat{x}^T(k+H_u|k) \bar{Q} \hat{x}(k+H_u|k) \tag{6.29}$$

ここで，以前と同じように，

$$\bar{Q} = \tilde{W}_s^T \Pi \tilde{W}_s \tag{6.30}$$

を計算する．ただし，Π は**行列リアプノフ方程式**

$$\Pi = W_s^T C_z^T Q C_z W_s + J_s^T \Pi J_s \tag{6.31}$$

の解である．ここでも Q は式 (6.19) のような形式をとる．ただし，$\bar{Q}$ は式 (6.30) から求められる．予測は以前と同様に得られる．

---

[2] ジョルダン分解を行う数値的に安定なアルゴリズムは存在しない．しかし，不安定と安定モードのそれぞれによって張られる状態空間の部分空間を見つける数値的に安定なアルゴリズムは存在する [Mac89, 第 8 章]．これらの空間と対応する射影行列を見つければ十分なので，実装の際はそのようにすることを勧める．

以前との大きな違いは，式 (6.27) の等式制約が導入されたことである．これは，QP 定式化に等式制約として簡単に付け加えることができる．しかし，Scokaert [Sco97] によって GPC の枠組みで指摘されたように，この等式制約によって最適化問題の (存在する不安定モードと同じ数だけの) 自由度が奪われてしまう．また，問題を再パラメトライズして，より少ない決定変数をもつ最適化問題にすることができる．

状態空間設定において，以上のことはつぎのように行われる．式 (2.67) より，次式が得られる．

$$\hat{\xi}_u(k+H_u|k) = \tilde{W}_u \hat{x}(k+H_u|k) \tag{6.32}$$

$$= \tilde{W}_u \Biggl\{ A^{H_u}\hat{x}(k|k) + \sum_{i=0}^{H_u-1} A^i B u(k-1) + \left[\sum_{i=0}^{H_u-1} A^i B \;\; \cdots \;\; AB+B \;\; B \right] \Delta \mathcal{U}(k) \Biggr\} \tag{6.33}$$

不安定モードの個数が n_u であれば，これは n_u 個の方程式を表している．これらの方程式を用いて，ベクトル $\Delta \mathcal{U}(k)$ 中の任意の n_u 個の変数を，残りの変数を用いて表すことができる．したがって，最適化問題からこれらの変数を消去できる．Scokaert [Sco97] は 1 入力システムを考え，$\Delta \mathcal{U}(k)$ の最後の n_u 個の要素を，すなわち，計算される入力信号の最後の n_u 要素を他の要素を用いて表現した．同様のことは多入力システムでも行うことができる．しかし，他の可能性も同様に理にかなっているかもしれない．たとえば，j 番目の入力信号 $\Delta \hat{u}_j(k+i|k)$ の最後の (すなわち $i = H_u - n_u, H_u - n_u + 1, \ldots, H_u - 1$ に対する) n_u 要素を選ぶ方法などである．しかし，1 入力の場合でさえも，これらの n_u 要素の選び方が重要かどうかは明らかではない．通常，不安定モードは一つか二つであり，計算量の節約はわずかである．したがって，どのように等式制約を「利用する」かを最適化器に任せるのも適切かもしれない[3]．

---

[3]. 多変数不安定モデルの場合，状態空間定式化は不可欠である．伝達関数行列から不安定モードの正確な個数を計算することは，数値的感度の問題のため，ほとんど不可能である．

6.3 偽代数リカッチ方程式

[BGW90, Mos95] では，陽な終端制約がない場合でも，有限ホライズンで安定性が保証される場合があることが示されている．有限ホライズン予測制御問題は，時変リカッチ差分方程式 (これは評価関数の最適値に密接に関係している) と関連している．**偽代数リカッチ法** (*Fake Algebraic Riccati Technique*) により，この方程式を無限ホライズン LQ (Linear Quadratic) 問題で登場するものに似た，代数 (時不変) リカッチ方程式に置き換えることができる．この方程式が無限ホライズン制御の (実) 代数リカッチ方程式のもつ性質と同様な性質を有していれば，安定性を示すことができる．詳細について考えていくためには，**線形二次最適制御**に関する結果が必要となる (ミニ解説 7 を参照)．

ミニ解説で取り扱われている有限ホライズン問題と，われわれの標準予測制御問題の間には，いくつかの違いがあることに注意する必要がある．第一に，ミニ解説では，Q と R の指標は「逆向きに動く」．すなわち，$x(t)$ は Q_{N-1} によって重みづけられているが，$x(t+N-1)$ は Q_0 によって重みづけられている．同様に，時刻 t で適用される定常フィードバックゲインは K_{N-1} であるが，時刻 $t+N-1$ で適用されるものは K_0 である．

第二に，LQ 評価関数は $\|x(k)\|$，$\|u(k)\|$ を重みづけるが，われわれの標準問題では，$\|z(k)\|$，$\|\Delta u(k)\|$ に重みをかける．そこで，以下のようにして，われわれの標準問題を LQ の枠組みに変換する．つぎのような拡大状態 ξ，新しい行列 $\tilde{A}$，$\tilde{B}$ を導入する．

$$\xi(k) = \begin{bmatrix} x(k) \\ u(k-1) \end{bmatrix}, \quad \tilde{A} = \begin{bmatrix} A & B \\ 0 & I \end{bmatrix}, \quad \tilde{B} = \begin{bmatrix} B \\ I \end{bmatrix} \tag{6.34}$$

すると，つぎの二つのモデル

$$x(k+1) = Ax(k) + Bu(k) \quad \text{と} \quad \xi(k+1) = \tilde{A}\xi(k) + \tilde{B}\Delta u(k) \tag{6.35}$$

は等価になる．ただし，これまでと同様に $\Delta u(k) = u(k) - u(k-1)$ である．さらに，$\|z(k)\|_Q = \|\xi(k)\|_{\tilde{Q}}$ である．ただし，

$$\tilde{Q} = \begin{bmatrix} C_z^T Q C_z & 0 \\ 0 & 0 \end{bmatrix} \tag{6.36}$$

である (ここで，$z(k) = C_z x(k)$ である．式 (2.3) を思い出せ)．よって，プラントモデルの行列 A，B をそれぞれ $\tilde{A}$，$\tilde{B}$ に置き換え，評価関数の重み Q_{N-j-1} を $\tilde{Q}_{N-j-1}$ に

ミニ解説7 ── 線形二次最適制御

有限ホライズン (finite horizon)

時刻 t における初期状態が $x(t)$ のとき,有限ホライズン評価関数

$$V_N(x(t)) = \sum_{j=0}^{N-1} \left\{ \|x(t+j)\|_{Q_{N-j-1}}^2 + \|u(t+j)\|_{R_{N-j-1}}^2 \right\} + \|x(t+N)\|_{P_0}^2 \quad (6.37)$$

を最小にする制御系列を見つける問題を考える.ただし,$Q_j \geq 0$, $R_j \geq 0$, $P_0 \geq 0$ とする.**最適制御**はつぎのようにして見つけることができる [BH75, KR72, Mos95, BGW90].
リカッチ差分方程式 (*Riccati difference equation*)

$$P_{j+1} = A^T P_j A - A^T P_j B \left(B^T P_j B + R_j \right)^{-1} B^T P_j A + Q_j \quad (6.38)$$

を繰り返し計算し,状態フィードバックゲイン行列

$$K_{j-1} = \left(B^T P_{j-1} B + R_{j-1} \right)^{-1} B^T P_{j-1} A \quad (6.39)$$

を構成する.最適制御系列は次式で与えられる.

$$u(t+N-j) = -K_{j-1} x(t+N-j) \quad (6.40)$$

このようにして得られる評価 (6.37) の最適値は,$V_N^0(x(t)) = \|x(t)\|_{P_N}^2$ である.

無限ホライズン (infinite horizon)

ホライズンを無限大 ($N \to \infty$) とした無限ホライズン評価

$$V_\infty(x(t)) = \lim_{N \to \infty} V_N(x(t)) \quad (6.41)$$

を考える.ただし,重み行列は定数とする,すなわち,$Q_j = Q$, $R_j = R$ とする.$R > 0$ で,対 (A, B) が**可安定** (*stabilizable*) で,対 $(A, Q^{1/2})$ が**可検出** (*detectable*) であれば,$j \to \infty$ のとき,$P_j \to P_\infty \geq 0$ となり,式 (6.38) は次式の**代数リカッチ方程式** (*Algebraic Riccati Equation, ARE*) に置き換わる.

$$P_\infty = A^T P_\infty A - A^T P_\infty B \left(B^T P_\infty B + R \right)^{-1} B^T P_\infty A + Q \quad (6.42)$$

したがって,

$$K_j \to K_\infty = \left(B^T P_\infty B + R \right)^{-1} B^T P_\infty A \quad (6.43)$$

となり,最適制御は**定数状態フィードバック則**になる.

$$u(t+j) = -K_\infty x(t+j) \quad (6.44)$$

これは安定化フィードバック則であることを示すことができる(さもないと,評価 $V_\infty(x(t))$ が無限大になってしまう).よって,(ここで与えた条件が満たされていれば)閉ループ状態遷移行列 $A - BK_\infty$ のすべての固有値は単位円内に存在する.そして,最適評価は $V_\infty^0(x(t)) = \|x(t)\|_{P_\infty}^2$ となる.

置き換えれば，われわれの標準予測制御問題は LQ 問題と同じになる (重み R_{N-j-1} は評価関数中では，特に変化させない．しかし，もちろんそれは $\Delta u(k)$ にペナルティをかける重みであると解釈される)．最適制御は，$\Delta u(t+N-j) = -\tilde{K}_{j-1}\xi(t+N-j)$ として得られる．ここで，$\tilde{K}$ は，式 (6.39) に上記の置き換えをして得られる定常フィードバックゲイン行列である．

三番目に，LQ 評価関数では単一ホライズン N が利用されるが，われわれは二つのホライズン H_p, H_u を利用する．しかし，$H_u \leq H_p$ である限り，これは問題にならない．なぜならば，$j \geq H_u$ に対して $R_{N-j-1} = \infty$ と設定することがつねに可能であり，その結果，制御ホライズンを実際上 H_u にすることができるからである[4]．

後退ホライズン制御方策を適用するとき，有限ホライズン制御方策の最初の要素のみをつねに印加する．すなわち，定数状態フィードバック則

$$\Delta u(t) = -\tilde{K}_{N-1}\xi(t) \tag{6.45}$$

を印加する．ただし，ここでは制約は存在しないと仮定した．ここでの最大の疑問は，「どのような場合に，この制御則が安定化するものであることが保証されるのだろうか？」である．すなわち，どのような場合に，$\tilde{A} - \tilde{B}\tilde{K}_{N-1}$ のすべての固有値が単位円内に存在することが保証されるのだろうか？

LQ 問題で用いた表記を再び利用することにする．すなわち A, Q, K などを，必要に応じて $\tilde{A}$, $\tilde{Q}$, $\tilde{K}$ などで置き換えられているものとみなして利用する (演習問題 6.6 を参照)．「無限ホライズン」LQ 問題より，$(Q \geq 0, (A, B)$ は可安定，$(A, Q^{1/2})$ は可検出であるという条件の下で) 代数リカッチ方程式 (6.42) が半正定解 $(P \geq 0)$ をもち，そして定数状態フィードバックゲイン行列が公式 (6.43) から得られる限り，結果として得られるフィードバック則が安定であることは明らかである．有限ホライズン問題では，式 (6.42) の代わりにリカッチ差分方程式 (6.38) を用いる．一定重み行列 $Q_{N-j-1} = Q$, $R_{N-j-1} = R$ を用いると，式 (6.38) は次式のようになる．

$$P_{j+1} = A^T P_j A - A^T P_j B \left(B^T P_j B + R\right)^{-1} B^T P_j A + Q \tag{6.46}$$

いま，つぎの行列を導入する．

$$\mathcal{Q}_j = Q - (P_{j+1} - P_j) \tag{6.47}$$

---

[4]. リカッチ差分方程式 (6.38) は，$R_j = \infty$ としたとき，リアプノフ方程式 $P_{j+1} = A^T P_j A + Q_j$ になることに注意せよ．

そして，式 (6.46) の P_{j+1} にこれを代入すると，次式が得られる．

$$P_j = A^T P_j A - A^T P_j B \left(B^T P_j B + R\right)^{-1} B^T P_j A + \mathcal{Q}_j \tag{6.48}$$

しかし，これは「代数」リカッチ方程式である (なぜならば，両辺に同じ行列 P_j が現れるからである)．これは**偽代数リカッチ方程式** (*Fake Algebraic Riccati Equation, FARE*) と呼ばれている．というのは，無限ホライズン LQ 問題から直接生じたものではないからである．この方程式が解 $P_j \geq 0$ をもち，そして「$\mathcal{Q}_j \geq 0$ であれば」，「定数」状態フィードバックゲイン K_j を適用すると (すなわち，それぞれの時刻において，同じゲイン K_j を適用すると)，安定フィードバック則が与えられる．ただし，K_j は式 (6.43) を用いて P_j から得られる．よって，安定 (制約なし) 予測制御則を保証する一つの方法は，偽代数リカッチ方程式

$$P_{N-1} = A^T P_{N-1} A - A^T P_{N-1} B \left(B^T P_{N-1} B + R\right)^{-1} B^T P_{N-1} A + \mathcal{Q}_{N-1} \tag{6.49}$$

が確実に解 $P_{N-1} \geq 0$ をもつようにすることである．ただし，$\mathcal{Q}_{N-1} \geq 0$ である (なお，A を $\bar{A}$ に変えるなどの変更は適宜行う必要がある)．代数リカッチ方程式を解くための標準的なアルゴリズムが存在することに注意する．たとえば MATLAB の *Control System Toolbox* では関数 dare を用いて解くことができる．

$Q \geq 0$ から始めたので，$P_N \leq P_{N-1}$ ならば $\mathcal{Q}_{N-1} \geq Q \geq 0$ となる．[BGW90] では，つぎの単調性が証明されている．すなわち，$P_{t+1} \leq P_t$ ならば，すべての $j \geq 0$ に対して $P_{t+j+1} \leq P_{t+j}$ である．その結果，予測制御問題に適切な P_0 を導入することによって (これは適切な終端制約を導入することと同じである (式 (6.37) を参照))，安定性が保証できることが示される．実際には，$\mathcal{Q}_0 \geq Q$ は安定性のための十分条件である．[BGW90] では，安定性が得られるくらいに P_0 を「大きく」する方法は存在するものの，P_0 を単に「非常に大きく」するだけでは不十分であることが示されている．安定性を得る方法の一つは，$W_0 = P_0^{-1} = 0$ とし，P_j の代わりに $W_j = P_j^{-1}$ を逐次更新することである[5]．これは P_0 を無限大にするための方法の一つであり，終端制約を課すことと等価であることに注意しよう．このことは，このような P_0 の選択がなぜ安定性を保証するかについての，別の説明にもなっている．

もう一つ仮定が満たされなければならない．対 $(A, \mathcal{Q}_{N-1}^{1/2})$ が**可検出**でなければならないことである．しかし，$(A, Q^{1/2})$ が可検出で，$\mathcal{Q}_{N-1} \geq Q$ であれば，$(A, \mathcal{Q}_{N-1}^{1/2})$ が可検出であることが [BGW90] で示されているので，これは問題ない．[BGW90] で

---

[5]. これは，カルマンフィルタの**情報フィルタ** (*information filter*) や逐次最小二乗法の共分散行列で行われていることである．

は，関連する興味深い結果が他にも記述されている．特に，偽代数リカッチ方程式 (FARE) アプローチが，ある無限ホライズン問題から得られる制御則と同じ予測制御則を生成するという解釈もできることが示されている．このことにより，なぜこのアプローチが有効なのかが説明できる．また，前述した単調性は，最適評価の同様な単調性に関連している．このことは，最適評価をリアプノフ関数として利用できることを意味し，したがって，このアプローチの有効性の別の解釈を与える．

FARE アプローチは，予測制御則の安定性のための十分条件を与えるが，必要条件を与えないことに注意しなければならない．特に，予測制御の GPC 定式化が用いられたならば (その場合，$P(0)$ は $P(0) = Q = C_y^T C_y$ のように固定され，また $R = \lambda I$ である)，そして，予測ホライズンと制御ホライズンが同じ (すなわち $H_p = H_u$) ならば，P_j は非増加ではなく，単調非減少となることが示される [BGW90]．それにもかかわらず，このようなホライズンを選択し，GPC 則を用いたとしても，安定化することができる．

われわれはこれまでに，安定性を保証する三つの方法について調べてきた．終端制約を課すこと，無限ホライズンの利用，そして FARE アプローチの利用である．それらはすべて，何らかの方法による終端制御誤差に関する重みの修正とみなすことができることがわかった．その意味において，三つのアプローチの間には大きな違いはない．しかし，安定性を達成するための第一の，そして最も明らかな方法 (すなわち終端制約を課す方法) は，一般に不必要に厳しいことを注意しておく．安定性を得るために，終端重みを無限に大きくする必要はないのである．また，サーヴェイペーパー [MRRS00] について再び言及しておこう．そこでは，予測制御を用いる場合に安定性を保証するこれらや他の方法に共通な事柄がほかにも示されている．

[BGW90] の著者らは，無限ホライズンの利用を示唆して論文を締めくくっている．よって，たぶん FARE 法は現在となっては歴史的な意味で興味をもたれるだけであろう．しかしながら，最近，この方法は，制約なし問題において，非線形内部モデルを用いた場合に安定性を得るための**偽ハミルトン・ヤコビ・ベルマン方程式法** (*Fake Hamilton-Jacobi-Bellman Equation Method*) に一般化された [MS97a]．

6.4 Youla パラメトリゼーションの利用

プラントが安定であれば，図 6.3 に示したフィードバックシステムが内部安定であることと，図中で **Youla** パラメータ (*Youla parameter*) とラベルをつけたブロックが安定であることは等価である [Mac89, ZDG96]．ただし，内部モデルはプラントの正確なモデルであるとする．これは，たとえば，図中のすべてのブロックが非線形オペレータであるような一般的な場合に対しても成り立つ．さらに，線形システムに対しては，(プラントが安定ならば)「すべての」安定フィードバックシステムは，このように表現できることが知られている．よって，この形式を仮定することによって，一般性は何も失われない(「パラメータ」という用語は，Youla パラメータがすべての安定システムにわたって変化すると，与えられたプラントに対する安定化コントローラすべてが生成されるという事実に由来する．パラメータとはいうものの，必ずしも数字だけではないことに注意せよ)．

図 6.3 に示した Youla パラメータの伝達関数 (行列) を $Q(z)$ とし，プラントと内部モデルの伝達関数は双方とも $P(z)$ とすると，次式が得られる．

$$u(z) = Q(z)[y(z) - P(z)u(z)] \tag{6.50}$$

よって，

$$[I + Q(z)P(z)]u(z) = Q(z)y(z) \tag{6.51}$$

となり，次式が得られる．

$$u(z) = [I + Q(z)P(z)]^{-1} Q(z)y(z) \tag{6.52}$$

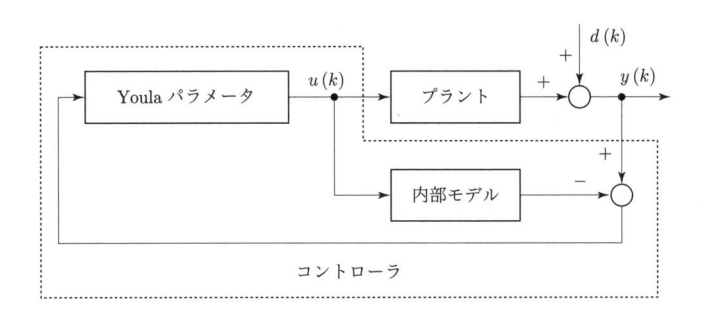

図 6.3 すべての安定フィードバックシステムの Youla パラメトリゼーション (プラントが安定な場合)

これを，次章の図 7.1 (p.232) に示すフィードバックシステムの従来の表現 (そこで参照信号 r と雑音 n を無視すれば，$u(z) = -K(z)H(z)y(z)$ である) と比較すると，次式の対応関係が成り立つことがわかる．

$$K(z)H(z) = -[I + Q(z)P(z)]^{-1}Q(z) \tag{6.53}$$

これより，逆方向の対応関係を得ることは容易である．

$$Q(z) = -K(z)H(z)[I + P(z)K(z)H(z)]^{-1} \tag{6.54}$$

プラントが不安定であっても (線形であれば)，Youla パラメータの安定性によって，閉ループ安定性を保証することができる．しかし，コントローラに関するパラメータの定義は複雑になり [Mac89, ZDG96]，図 6.3 を複雑なブロック線図に変更しなければならなくなる．

数学的には，すべての安定 Youla パラメータの集合は無限次元空間なので，それにわたる最適化は，特殊な問題 (たとえば，制約なし *LQG* (*Linear Quadratic Gaussian*) あるいは H_∞ **問題**) に対してしか行うことができない．しかし，有限個のパラメータによってすべての安定システムのある部分集合をパラメトライズすることも可能である．こうすることにより，最適化問題を有限次元問題に変換できる．さらに，パラメトリゼーションが線形で，評価関数が二次であれば，問題は凸のままである．これは以下の Youla パラメータの特筆すべき性質のためである．すなわち，着目すべきすべての閉ループ伝達関数はこのパラメータに関して**アフィン** (*affine*) である．つまり，それらはすべて $XQY + Z$ の形式をとることである (ただし Q は Youla パラメータであり，X, Y, Z は，ある固定された伝達関数行列である)[6]．このアプローチを用いて制約つき予測制御問題を解くための方法がいくつか提案されている [RK93, vdBdV95]．

> **例題 6.4**

次数 n のすべての SISO FIR システムは，$n+1$ 個のインパルス応答 $H(0)$, $H(1)$, ..., $H(n)$ によって線形にパラメトライズされる．

図 6.3 より，$u(z) = Q(z)d(z)$ であることは明らかである．ただし，d は出力外乱である．$Q(z)$ が次数 n の FIR フィルタならば，$Q(z) = H(0) + H(1)z^{-1} + \cdots +$

---

[6] この結果，閉ループ伝達関数の任意の**誘導ノルム** (induced norm) $\|XQY + Z\|$ の最小化は，凸最適化問題になる．[BB91] の全般において，このことが利用されている．

$H(n) z^{-n}$ である．したがって，制御信号は

$$\hat{u}(k+j|k) = \sum_{i=0}^{n} H(i) \hat{d}(k+j-i|k) \tag{6.55}$$

あるいは，この等価表現である，

$$\Delta \hat{u}(k+j|k) = \sum_{i=0}^{n} H(i) \left[\hat{d}(k+j-i|k) - \hat{d}(k+j-i-1|k) \right] \tag{6.56}$$

から計算できる．$\Delta \hat{u}(k+j|k)$ はインパルス応答係数 $H(0), \ldots, H(n)$ に関して線形であることに注意する．さらに，外乱推定値 $\hat{d}(k+j-i|k)$ は，未来の入力 $\hat{u}(k+j|k)$ には依存しない．よって，たとえば式 (6.56) を式 (2.67) に代入すると，インパルス応答係数に線形に依存する状態予測を得ることができる．したがって，評価関数 (2.20) は，これらの係数に関して二次となる．以上より，問題は二次形式のままである．

しかしながら，この場合，入力レベルと入力変化に関する制約は，伝達関数によって「決定変数」，すなわちインパルス応答係数と関連づけられている．

6.5 演習問題

6.1 MATLAB を用いて，例題 6.1 のモデルと制御則をシミュレートせよ．そして，閉ループが不安定であることを確認せよ．

☞ 【推奨する手順】　「閉ループ」システムに対応する状態空間行列 a,b,c,d を生成する．そして，

　　clsys = ss(a,b,c,d,1);

を用いて，この閉ループシステムを記述する MATLAB オブジェクトを生成する（このコマンドの詳細については help ss を用いて調べよ）．そして，初期条件 x0 = [1;0]，（あるいは他の初期条件）からの応答を得るために，つぎのように入力する．

　　initial(clsys,x0);

6.2 例題 6.1 で与えたプラントについて再び考える．しかし，今回は予測ホライズンを $H_p = 2$ とし，評価を次式のようにする．

$$V(k) = \hat{x}^T(k+1|k) \begin{bmatrix} 1 & 2 \\ 2 & 6 \end{bmatrix} \hat{x}(k+1|k) + \hat{x}^T(k+2|k) \begin{bmatrix} 1 & 2 \\ 2 & 6 \end{bmatrix} \hat{x}(k+2|k)$$

このとき，以下の問いに答えよ．

(a) $H_u = 1$ のままとする．よって，$u(k+1) = u(k)$ という仮定の下で，$u(k)$ のみが最適化される．このとき，予測制御則は，

$$u^0(k) = -\frac{1}{6}x_1(k)$$

となり，閉ループは安定になることを示せ．

(b) つぎに，$H_u = 2$ とする．よって，$u(k)$ と $u(k+1)$ が最適化されなければならない．このとき，二つの導関数 $\partial V/\partial u(k)$, $\partial V/\partial u(k+1)$ をゼロとおくことによって（あるいは，$\nabla_u V = 0$ という表記を好む読者もいるだろう），予測制御則は，

$$u^0(k) = -\frac{2}{3}x_1(k)$$

となり，閉ループは安定になることを示せ．

(c) これら二つの場合について，MATLAB を用いて閉ループのふるまいをシミュレートせよ．

☞ *Model Predictive Control Toolbox* では，非対角重みを用いることができないことに注意する．

6.3 例題 6.1 と演習問題 6.2 について再び考える．*Model Predictive Control Toolbox* を用いて，それらを解き，シミュレートせよ．しかしながら，このツールボックスでは，重み行列として対角行列しか指定できない．読者が演習問題 3.7 を解いていれば，指示された非対角重みをそのまま用いることができる．さもなければ，重みを diag(1,6) に変更せよ（すなわち，対角要素だけをそのまま用いよ）．残念ながら，これからは異なる結果が得られるだろう．しかし，つぎのような条件の場合に，それぞれの結果がどのように異なるかを調べることはよい練習問題になる．

- $H_p = H_u = 1$
- $H_p = 2$, $H_u = 1$
- $H_p = H_u = 2$

6.4 不安定プラントの場合，$\bar{Q}$ が式 (6.30) と式 (6.31) によって与えられることを確かめよ．

6.5 無限ホライズン ($H_p = \infty$) の場合，次式で与えられるプラント

$$x(k+1) = 0.9x(k) + 0.5u(k), \quad y(k) = x(k)$$

に対して，以下の問いに答えよ．

(a) $Q(i) = 1$, $R(i) = 0$, そして $H_u = 2$ の場合, 等価な有限ホライズン問題を定式化せよ.

(b) 予測コントローラを見つけ, 設定値応答をシミュレートせよ.

(c) 一般に, この手順に従おうとするとき, *Model Predictive Control Toolbox* のどの点が障害となるだろうか？

6.6 無限ホライズン LQ 問題では, (A, B) が可安定対で, $(A, Q^{1/2})$ が可検出対であるという仮定が必要となる. 標準予測制御問題を LQ の枠組みにもっていくためには, 式 (6.34) と式 (6.36) で定義されたような行列 $\tilde{A}, \tilde{B}, \tilde{Q}$ を用いる必要がある. $(\tilde{A}, \tilde{B})$ が可安定対であれば, (A, B) も可安定対になり, また, $(\tilde{A}, \tilde{Q}^{1/2})$ が可検出対であれば, $(A, Q^{1/2}C_z)$ が可検出対になることを示せ.

☞ $\tilde{Q}^{1/2} = [Q^{1/2}C_z, 0]$ ととることができることに注意せよ.

6.7 有限ホライズン LQ 問題を考える. プラントの A, B 行列は次式とする.

$$A = \begin{bmatrix} 0 & 2 \\ 2 & 0 \end{bmatrix}, \quad B = \begin{bmatrix} 1 \\ 0 \end{bmatrix} \tag{6.57}$$

もし,

$$P_{N-1} = \begin{bmatrix} 16 & 0 \\ 0 & 16 \end{bmatrix} \tag{6.58}$$

で, $R = 1$ であれば, 対応する状態フィードバックゲイン行列は $K_{N-1} = [0, 1.8824]$ となり, これは安定なフィードバック則を与えることを確かめよ. それにもかかわらず, この解は正定ではない Q_{N-1} の値に対応することを示せ.

☞ この例より, FARE アプローチは, 安定性のための十分条件を与えるが, 必要条件を与えないということが明らかになる.

第7章

チューニング

標準的な定式化においてですら，つぎに列挙するように，予測制御にはたくさんの可調整パラメータが存在する．

- 重み
- ホライズン
- 外乱モデルと観測器動特性
- 参照軌道

本章では，これらのパラメータが与える影響を洞察し，それらを系統的にチューニングする方法を与える．

その結果，チューニングはいくつかの定理に基づくことがわかるだろう．しかし，ほとんどの場合，「典型的な」問題のシミュレーションから得られる経験に強く基づく「経験則」によることが多い．

(より重要な)多変数プラントの場合に比べて，SISO プラントの場合のほうが，より多くのことがいえる．特に，Soeterboek は [Soe92] において，SISO の場合について本章で述べる以上のことを詳細に記述している．

7.1 われわれは何をしようとしているのだろうか

つぎのことをつねに心に留めておくべきである．

- フィードバックは危険である．
- フィードバックを用いる「唯一の」目的は，不確かさの影響を低減化することである．

フィードバックは危険である．なぜならば，それ自身は非常に安定なシステムを，不安定にしてしまう可能性があるからである．フィードバックを利用する理由は，予期あるいは測定できない外乱の影響を低減化したり，システムのふるまいに関する不確かさの影響を低減化するために，フィードバックが非常に有効な方策であるからである．これがフィードバックを用いることを正当化できる唯一の理由であると理解することが重要である（フィードバックの重要な利用法の一つに，不安定システムの安定化がある．しかし，これもまた不確かさのために必要であると主張することができる．すなわち，モデルと初期条件が完全に既知であれば，開ループ方策を用いて不安定プラントを安定化できるからである[1]）．

非常に特殊な状況を除いて，ステップ設定値変化に対する応答をシミュレートすることは，フィードバックシステムを評価するための有意義な方法ではない．設定値に本当に追従させたくて，そして不確かさがないのであれば，それを行う最善の方法は，あらかじめ計算された開ループの制御信号を用いることである．設定値ステップ応答を見ることは，つぎのような状況下においてのみ意味がある．

- 設定値ステップ応答から，閉ループ特性のモデル化誤差に対する**ロバスト性**(**低感度性**)に関して何か推論できるとき．――これは線形制御システムの場合，通常成り立つ．
- 設定値ステップ応答が，フィードバックループの外乱への応答と，容易に関係づけられるとき．――これは，設定値応答が完全に外乱応答を決定する**一自由度**(one degree of freedom)線形フィードバックシステムに対しては正しい．しかし，これは予測制御システムに対しては一般的に正しくない．
- ステップ応答から，そのシステムが他の信号に対してどのように応答するかが推論できるとき．――これは線形システムに対しては成り立つ．したがって，制約が活性化されない限り，ほとんどの予測制御システムに対しても成り立つ．しかし，制約が活性化されているときには成り立たない．

図 7.1 は**二自由度**(two degree of freedom)フィードバックシステムを示したものである．図では，設定値信号が，フィードバックループへの「参照」(reference) 入力になる前に，前置フィルタ (pre-filter) $F(z)$ によってフィルタリングされている．また，

---

[1]. 〈訳者注〉実際には，モデルと初期条件が完全に既知であるという理想的な仮定は成り立たないのだが，仮に成り立ったとしたら，プラントの逆システムをプラントの前に接続すれば，参照入力からプラント出力までの伝達関数は 1（全域通過フィルタ）になるからである．このあたりの議論については，片山徹著：新版 フィードバック制御の基礎（第 6 章），朝倉書店 (2002) が参考になる．

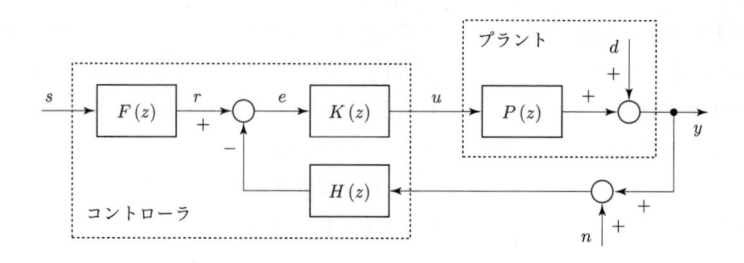

図7.1 二自由度フィードバックシステム

コントローラのフィードバックループの内部にある部分は、二つの伝達関数に分かれている。すなわち、**フォワード路**（*forward path*）にある $K(z)$ と、**フィードバック路**（*feedback path*）にある $H(z)$ に分かれている。これにより、図 3.2 (p.98) に示した制約なし予測コントローラと同様の構造になっている。簡単のために、測定出力と制御出力は同じである、すなわち $z(k) = y(k)$ と仮定する。

図では設定値信号 s のほかに、出力外乱 d と測定雑音 n がシステムに加わっている。システムへのこれらの入力信号と、プラントの入出力信号 u および y とを関係づける伝達関数を見つける必要がある。以下では、すべての信号がベクトルで、すべての伝達関数が行列であるような一般的な場合について考えていく。$y(k)$ の z 変換を $\bar{y}(z)$ とし、他の信号に対しても同様に表記すると、次式を得る。

$$\bar{y}(z) = \bar{d}(z) + P(z) K(z) \bar{e}(z) \tag{7.1}$$

$$\bar{e}(z) = F(z) \bar{s}(z) - H(z) [\bar{n}(z) + \bar{y}(z)] \tag{7.2}$$

これより

$$\bar{y}(z) = \bar{d}(z) + P(z) K(z) \{ F(z) \bar{s}(z) - H(z) [\bar{n}(z) + \bar{y}(z)] \} \tag{7.3}$$

が得られる。したがって、

$$\begin{aligned}[I + P(z) K(z) H(z)] \bar{y}(z) \\ = \bar{d}(z) + P(z) K(z) F(z) \bar{s}(z) - P(z) K(z) H(z) \bar{n}(z)\end{aligned} \tag{7.4}$$

となり、最終的に次式が得られる。

$$\bar{y}(z) = S(z) \bar{d}(z) + S(z) P(z) K(z) F(z) \bar{s}(z) - T(z) \bar{n}(z) \tag{7.5}$$

ただし、

$$S(z) = [I + P(z) K(z) H(z)]^{-1} \tag{7.6}$$

$$T(z) = [I + P(z) K(z) H(z)]^{-1} P(z) K(z) H(z) \tag{7.7}$$

である．最後の二つの伝達関数はフィードバック理論において重要なものであり，つぎのように呼ばれる．

- $S(z)$：**感度関数**（*sensitivity function*）
- $T(z)$：**相補感度関数**（*complementary sensitivity function*）

おおざっぱにいって，感度関数を「小さく」すると，出力外乱 d の影響が小さくなるという意味でフィードバック動作は向上する．また，開ループの変化に対する閉ループ性能の感度は，$S(z)$ に依存する．そして，$S(z)$ がある意味で「小さければ」，その感度は小さくなる．一方，相補感度関数 $T(z)$ を小さくすると，測定雑音の影響を小さくできる．また，$T(z)$ の「ゲイン」は一種の安定余裕であることが示される．すなわち，$T(z)$ がある意味で「大きければ」，わずかなプラント・モデル不一致によってもフィードバックループが不安定になってしまう可能性がある．$S(z)$ と $T(z)$ は，

$$S(z) + T(z) \equiv I, \quad \forall z \tag{7.8}$$

という相補関係にある．したがって，$S(z)$ と $T(z)$ の両方を同時に「小さく」する（0 に近くする）ことはできない．しかしながら，それらを周波数応答で測るのであれば，$S(z)$ と $T(z)$ を同時に非常に大きくすることは可能である．なぜならば，周波数応答は複素量だからである．よって，非常に悪いフィードバック設計をすることは可能である．一方，どのくらいよいフィードバック設計ができるかには限界が存在する．

前置フィルタ $F(z)$ を用いることによって，設定値に対する出力の応答を，外乱あるいは雑音に対する応答と独立に設計できることに注意しよう．$K(z)$ と $H(z)$ を独立に設計できれば，実際 $F(z)$ がなくても独立に設計することが可能である．しかしながら，予測コントローラでは，$K(z)$ と $H(z)$ とに独立に影響を与えることは容易なことではない．しかし，前置フィルタ $F(z)$ がない場合（すなわち $F(z) = I$ のとき）でさえ，出力の設定値変化に対する応答（この伝達関数は $S(z)P(z)K(z)$ である）は，出力外乱に対する応答（この伝達関数は $S(z)$ である）と非常に異なっていることに注意すべきである．

予測制御問題の定式化では，制約の下で参照信号 r に追従することが重要視されている．これは，実世界での要求に容易に関連づけられる直感的でよい定式化であるように思われる．しかし，これは部分的にしか正しくないということがわかるだろう．予測制御は追従の要求と実際の制約には容易に関連づけられるが，よいフィードバック特性との関連づけは容易なことではない．

予測制御を用いる第一の理由は，それが制約を取り扱う能力を有することであったことを思い出そう．これは，予測コントローラをチューニングするとき，制約が活性化されている場合のフィードバック特性を含む性能を考えるべきであることを意味する．不幸にも，われわれはこのことを行うための，あるいはこれらの条件下で適切な性能測度を定量化するための，理論的な道具をほとんど持ち合わせていない．制約が活性化されている場合の性能を評価するためには，シミュレーションに頼らざるを得ないのである．なぜならば，さしあたってそれに代わる手段がないからである．本章では，ほとんどの場合，制約が活性化されていない場合を取り扱う．というのは，その場合にはコントローラは線形なので解析を行うことができるからである．しかし，これは必要に迫られてそうしているだけであることを肝に銘じておく必要がある．

7.2 特殊な場合

パラメータをいろいろ変更することにより，予測コントローラがどのようにふるまうかをヒューリスティックに推論できる．

7.2.1 制御重みの影響

追従偏差に関する重み $Q(i)$ よりも制御変化に関する重み $R(i)$ を増加させると，制御の活発さを鈍らせる効果があることを，まず注意しておこう（評価関数 (2.20) を思い出せ）．このため，いくつかの MPC の製品では，$R(i)$ の要素は**変化抑制因子**と呼ばれている．この重みを無制限に増加させていくと，制御の活発さはゼロになり，これはフィードバック動作の「スイッチを切った」ことに相当する．プラントが安定であれば，このことにより安定なシステムになるが，プラントが不安定の場合，安定にはならない．したがって，安定プラントに対しては，制御重みを十分大きくすることによって安定な閉ループが得られることが予想できる．こうすることによる代償は，外乱に対する応答を遅くしてしまうことである．なぜならば，制御動作が小さくなってしまうからである．不安定なプラントに対して $R(i)$ を非常に大きくしてしまうと，不安定なフィードバックループが形成されてしまうことが予想できる．

第 6 章ですでに見てきたように，閉ループの安定性を保証するためには，重み $R(i)$ を大きくするよりも適切な方法がある．

7.2.2 平均レベル制御

プラントは安定であるとし，$H_u = 1$, $R(i) = 0$ とする．ここでは，参照値が新しい一定値 $r(k+i|k) = r_1$ に変化するとする．よって，予測コントローラは，唯一の制御変化量 $\Delta u(k|k)$ だけを用いて

$$\sum_{i=H_w}^{H_p} \|\hat{y}(k+i|k) - r_1\|^2_{Q(i)} \tag{7.9}$$

を最小化しようとする．H_w が固定されて，$H_p \to \infty$ であれば，明らかにここで行うべき最適な動作は，定常状態において $y = r_1$ となるようなレベルに制御出力を動かすことである．よって，外乱が存在しなければ，制御信号はステップ（ベクトル）になる．したがって，プラント出力における過渡応答は，単にプラントの開ループ応答になる．すなわち，「正方」プラント[2]を仮定すると，次式を得る．

$$\bar{y}(z) = P^{-1}(1) P(z) \frac{r_1}{1 - z^{-1}} \tag{7.10}$$

ただし，定常レベルを正確に調整するために，**ゼロ周波数プラントゲイン**（*zero-frequency plant gain*）[3] $P(1)$ を導入した．これを式 (7.5) と比較すると，

$$S(z) P(z) K(z) = P^{-1}(1) P(z) \tag{7.11}$$

が得られる．プラントが SISO であれば，式 (7.11) は次式のように簡単になる．

$$S(z) = \frac{1}{P(1) K(z)} \tag{7.12}$$

これは，出力外乱に対する応答を表す伝達関数である．観測器をデッドビートにすること（すなわち $A - LC$ のすべての固有値をゼロに配置すること）によって，外乱に対して最短時間でデッドビート応答になることがわかる．なお，**平均レベルコントローラ**（*mean-level controller*）に関する詳細な議論は，[CM89] を参照せよ．

ここでの議論は，演習問題 4.3 で見たことと整合していることに注意せよ．演習問題 4.3 では，パラメータが平均レベルコントローラになるように選ばれ，全状態が測定可能であれば，コントローラは動特性をもたないことが示された．

平均レベルコントローラは，多くの応用例に適していると議論されている．平均レベルコントローラを用いると，プラントが「自然な」速度で設定値変化へ追従し，そ

---

[2]. 〈訳者注〉入力数と出力数が同じプラントのこと．この場合，伝達関数行列は正方になる．

[3]. 〈訳者注〉定常ゲインのこと．

の一方で外乱に対しても，観測器設計により（あるいは伝達関数定式化における多項式 $C(z^{-1})$ の選択により）決定される速度で，非常に速く反応できる．

7.2.3 デッドビート制御

$H_w = H_u = n$ とする．ただし，n は外乱モデルのために追加された状態も含むプラントの状態数とする．再び $R(i) = 0$ とし，$r(k+i|k) = r_1$，そして $H_p \geq 2n$ と選ぶ．よって，今回最小化される評価関数は，

$$\sum_{i=1}^{2n} \|\hat{y}(k+i|k) - r_1\|_{Q(i)}^2 \tag{7.13}$$

となる．ここでのアイディアは，コントローラに，出力を r_1 にもっていき，その後，出力をそこにとどめるための時間を十分に与えるということである．一般に，これを行うためには高々 n ステップあればよい．$H_w = n$ なので，設定値が正確に達成されるまで，偏差は評価関数に入ってこない．結局，この方策により評価関数はゼロになり，したがって，これが最適となる．

$H_p \geq 2n$ とする理由は，十分に長い評価区間をもたせることである．このことにより，少なくとも n ステップは出力がゼロのままであることが保証される．これは，未来に現れるかもしれないコントローラ内部の**遅れモード** (delayed mode) が存在しないことを保証するのに十分である．

このようなふるまいは，「デッドビート」閉ループによってのみ実現される．すなわち，すべての閉ループ極をゼロに配置することによってである．よって，式 (7.5) より次式を得る．

$$S(z)P(z)K(z) = z^{-n}N(z) \tag{7.14}$$

ただし，$N(z)$ は $N(1) = I$ である z に関する**多項式**行列である (SISO の場合には，これはただ単に分子多項式である)．SISO の場合には，次式を導くことができる．

$$S(z) = \frac{N(z)}{z^n P(z)K(z)} \tag{7.15}$$

プラントの零点は，$N(z)$ の零点によって相殺されなければ，$S(z)$ の（そして結果として $T(z)$ の）極の中に含まれることになる．$P(z)$ が単位円外に零点を有していれば，不安定になってしまうだろう．また，$P(z)$ が単位円の近くに零点をもっていれば，非常に振動的なふるまいをするだろう（単位円外に零点をもつプラントは，通常**逆応答** (inverse response) し，**非最小位相** (non-minimum-phase) プラントと呼ばれる）．[CM89] では，$N(z)$ の零点は，実際には $P(z)$ の零点を含み，その結果，閉ループシステムは安定になることが示されている．

サンプリング周期が短い場合，デッドビート制御を達成するために必要とされる制御信号は，非常に過激になってしまい，使用できないかもしれない．というのは，そのような場合，入力制約が活性化してしまうので，期待されるふるまいが得られないからである．しかし，「平均レベル」制御と「デッドビート」制御は，$R(i) = 0$ の場合の，ある意味，二つの両極端の制御である．この二つの中間の制御を得るための主な「パラメータ」は，制御ホライズンと窓ホライズン H_u と H_w の組み合わせである（$H_w < n$ のときには，デッドビートのふるまいは得られないことに注意せよ）．

7.2.4 「完全」制御

Model Predictive Control Toolbox User's Guide において**完全コントローラ**(perfect controller) と呼ばれている場合について検証していこう．これは，$H_u = H_p = 1$, $R(i) = 0$ と選ぶことによって得られる．この場合，最小化される評価は，$\|\hat{y}(k+1|k) - r(k+1|k)\|^2_{Q(1)}$ である．明らかに，この場合に行うべき「最適」なことは，未来の成り行きについて何も考慮せず，つぎの出力が参照信号にできるだけ近くなるように入力信号を選ぶことである．こうすることにより何が起こるかを理解するために，つぎのスカラの場合を考えよう．

$$\bar{y}(z) = P(z)\bar{u}(z) = \frac{B(z^{-1})}{A(z^{-1})}\bar{u}(z) \tag{7.16}$$

これを差分方程式を用いて書くと，次式が得られる．

$$b_0 u(k) = y(k+1) + \cdots + a_n y(k+1-n) - b_1 u(k-1) - \cdots - b_n u(k-n) \tag{7.17}$$

明らかに，次式のように入力 $u(k)$ を選べば，$y(k+1) = r(k+1)$ にすることができる．

$$b_0 u(k) = r(k+1) + a_1 y(k) + \cdots + a_n y(k+1-n) \\ - b_1 u(k-1) - \cdots - b_n u(k-n) \tag{7.18}$$

しかし，各ステップでこれを行うと，外乱がないと仮定すれば，結局，$y(k) = r(k)$, $y(k-1) = r(k-1), \ldots$ が得られる．したがって，最終的には

$$b_0 u(k) = r(k+1) + a_1 r(k) + \cdots + a_n r(k+1-n) \\ - b_1 u(k-1) - \cdots - b_n u(k-n) \tag{7.19}$$

が得られる．すなわち，

$$B(z^{-1})u(k) = A(z^{-1})r(k+1) \tag{7.20}$$

となる.これより,この場合,コントローラはプラントの逆システムであることが示された.

この方法を用いた場合,プラントが単位円外に零点を有していれば,フィードバックループは不安定になってしまい,単位円の近くに零点をもっていると,フィードバックループの性能は許容できないものになってしまう.$B(z^{-1})$ の零点は,$S(z)$ と $T(z)$ の極には現れない.なぜならば,それはコントローラとプラントの伝達関数の積 $P(z)K(z)H(z)$ を構成するときに相殺されるからである.しかし,不安定極と不安定零点の相殺による**内部不安定性**(internal instability)が生じてしまう.それは,外乱 d とプラント入力 u の間の伝達関数中の不安定極の形で現れる.

例題 7.1

例題 2.4 (p.56) で記述した製紙機械ヘッドボックスに,制約なし予測制御を適用する.このシステムの入力は,つぎの二つである.

- 原料流量
- 水面率

そして,つぎの三つの測定出力がある.

- ヘッドボックスレベル
- 供給タンク濃度
- ヘッドボックス濃度

いま,一番目の出力(出力 1 とする)と三番目の出力(出力 3 とする)のみを制御したい.これを行うためには,*Model Predictive Control Toolbox* では(ツールボックスのデモファイル pmlin.m でされているように)ywt = [1,0,1] のように出力重みを設定すればよい.

この例題では,$R(i) = 0$ とする.すなわち,制御変化 Δu に関してペナルティをかけない.

まず,開ループプラントについて少し解析しよう.

- **極**(*pole*):0.0211, 0.2837, 0.4266, 0.4266
- **零点**(*zero*):$-0.4937, -0.2241$

よって,プラントは安定であり,負の実数の零点をもつ.

☞ デモファイル pmlin.m での変数名を用いると,極は eig(PHI) を用いて計算される.一方,零点はつぎのように計算される.

  tzero(PHI,GAM,C([1,3],:),D([1,3],:))

ここで,制御されるものは出力 1 と出力 3 なので,C と D の第 1 行と第 3 行のみが用いられる.

平均レベル制御　　$H_u = 1$, $H_p = 10$ (M = 1, P = 10) とする.平均レベル制御のときは,$H_p \to \infty$ であったことを思い出そう.しかし,$H_p > 10$ に対しては,その応答は大きく変化しない.

ステップ設定値変化に対する応答を図 7.2 と図 7.3 に示した.これらは開ループ極から予想できる応答と一致した応答を示している.すなわち,0.4266 に存在する最も遅い極のために,初期値の 5 % 以下になるまでに 4 ステップ要している ($0.4266^4 < 0.05$).

図 7.4 と図 7.5 は,状態に加わる測定できない単位ステップ外乱に対する応答を示している.図 7.4 はデフォルトの DMC 観測器 (ゲイン $[0, I]^T$) を用いたときの応答であり,図 7.5 はデッドビート観測器を用いたときの応答である.後者の場合,入力信号が振動的になっていることより,観測器の極が負の実軸上に存在することを示して

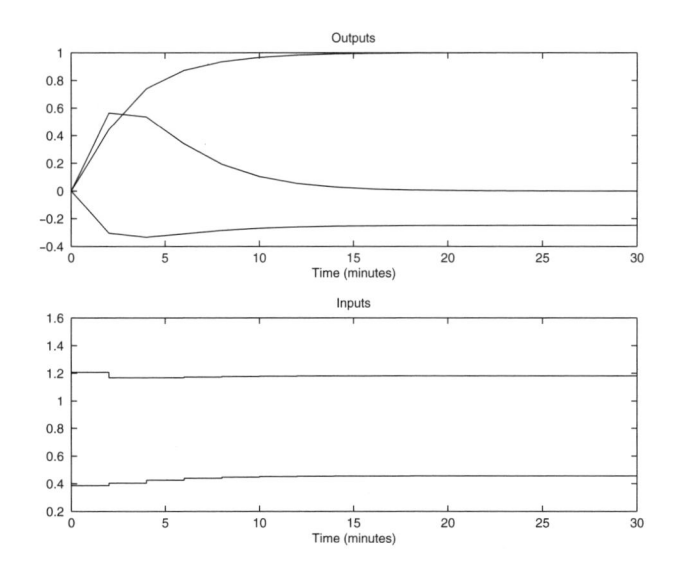

図 7.2　平均レベル制御:r_1 のステップ設定値変化

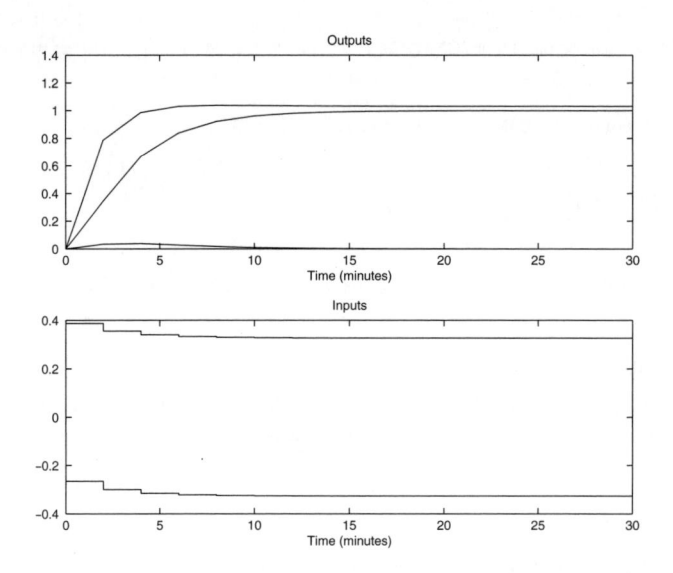

図 7.3　平均レベル制御：r_3 のステップ設定値変化

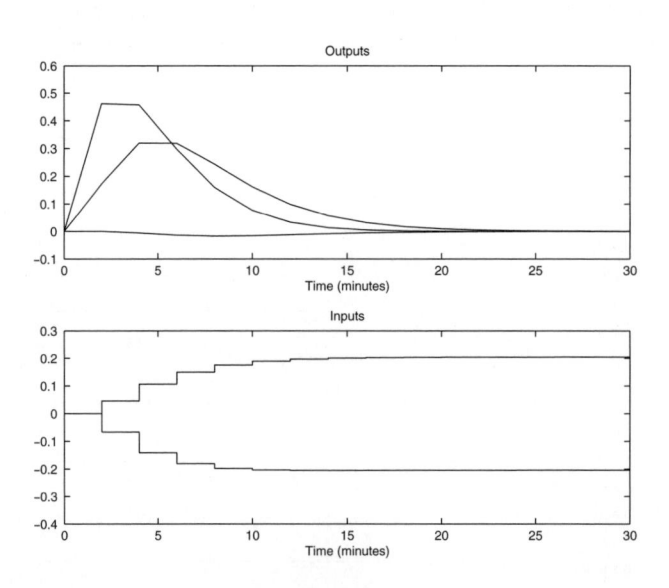

図 7.4　デフォルト (DMC) 観測器：ステップ外乱に対する応答

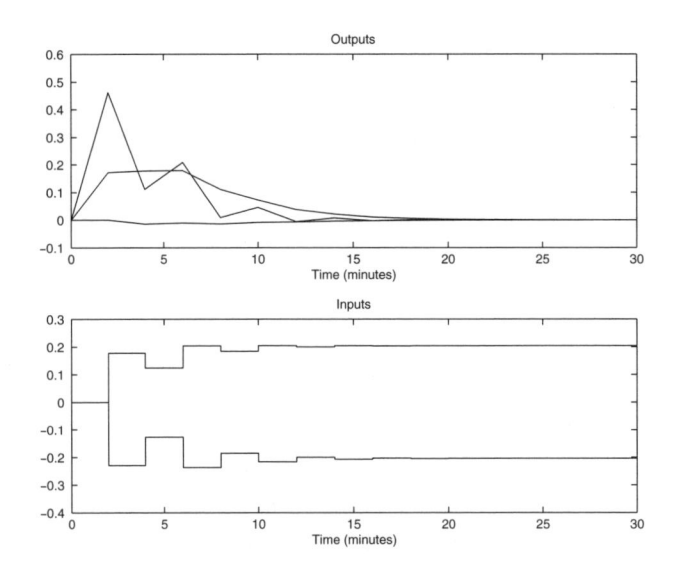

図7.5 デッドビート観測器：ステップ外乱に対する応答

いる．この極は，負の実軸上に存在するプラントの零点に起因するものである．しかしながら，外乱は効果的に低減化されている．それぞれの場合において，設定値変化への応答はまったく同じである．観測器設計はこれに影響しない．

Model Predictive Control Toolbox における観測器設計では，ちょっとしたトリックが必要である．なぜならば，このツールボックスは，2.4 節で述べたような拡大状態ベクトル $[\Delta x^T, y^T]^T$ を用いているからである．このモデルは，通常のモデルを関数 mpcaugss を用いて，変換することにより得られる．デッドビート観測器は，つぎのように設計された．

```
[phia,gama,ca] = mpcaugss(PHI,GAM,C);   % 拡大モデル
% 双対極配置
Kest = place(phia',ca',[0,0,0,0.01,0.01,0.01,0.005]);
Kest = Kest';     % 双対問題なので転置した
```

ここで，ベクトルによって指定された位置に観測器の極を配置するために関数 place を用いた (拡大系の状態は七つである)．理想的には，これらはすべて 0 におくべきであるが，place では，それぞれの極の重複度を出力数以下にしか設定できず，この場合は重複度 3 が最高である．よって，三つの極を 0 に配置し，残りの三つを 0.01 に，そしてもう一つを 0.005 に配置した．こうすることにより，デッドビートにほとんど

近いふるまいになるはずである.

デッドビート制御　図 7.6 は, $H_w = H_u = 4$, $H_p = 8$ としたときの設定値応答を示したものである. プラントの状態数は 4 なので, デッドビート応答が得られるはずである. そして, 図よりそのとおり達成されていることがわかる.

$H_w = 4$ は *Model Predictive Control Toolbox* では, 出力重みをつぎのように定義することによって表現できる. これは, 最初の 4 ステップに対してゼロ重みを与える.

```
ywt = [ 0 0 0
        0 0 0
        0 0 0
        0 0 0
        1 0 1 ]
```

完全制御　最後に, 図 7.7 と図 7.8 は, $H_u = H_p = 1$ とおいた設定値ステップ応答を示している. これは, いわゆる「完全」コントローラである. 予想されるように, 負の実数のプラント零点が閉ループ設定値応答の極に現れている. これは両方の制御入力とプラント出力の一つが, 振動的になっていることから理解できる.

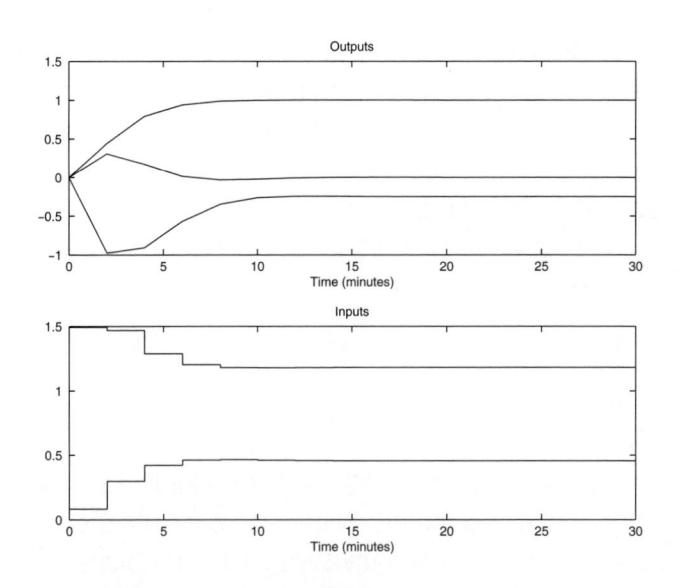

図 7.6　デッドビート制御：r_1 のステップ設定値変化

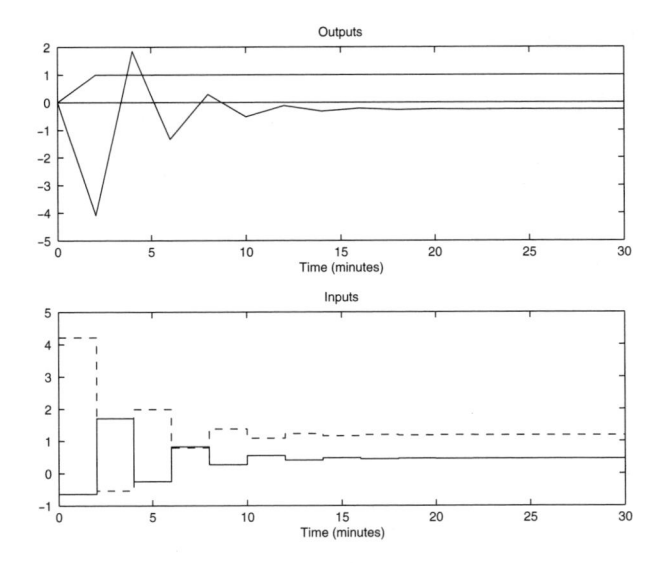

図 7.7　完全制御：r_1 のステップ設定値変化

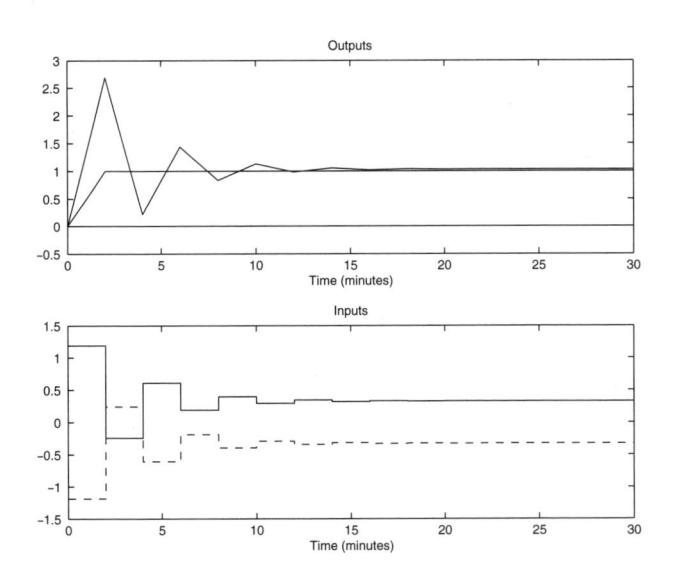

図 7.8　完全制御：r_3 のステップ設定値変化

7.3 周波数応答解析

時間応答解析はフィードバック性能の一側面を見ているにすぎない．もう一つの重要な側面は，周波数応答解析により得られる（これをミニ解説 8 (p.246) で紹介する）．周波数応答は，まず伝達関数を計算することなしに，状態空間モデルから直接生成できる．たとえば，式 (4.73) を用いると，$P(z)$ の周波数応答は次式をさまざまな ω の値に対して評価することによって得られる．

$$P\left(e^{j\omega T_s}\right) = C\left(e^{j\omega T_s}I - A\right)^{-1}B + D \tag{7.21}$$

プラントとコントローラを含む閉ループを記述するすべての方程式は状態空間形式で記述できるので，制約が活性化されていない限り[4]，予測制御システムを含めたシステム全体の周波数応答を簡単に計算することができる．

☞ *Model Predictive Control Toolbox* の関数 `mod2frsp` と `smpccl` を用いて，**感度関数** $S(z)$ と**相補感度関数** $T(z)$ の周波数応答を計算し，`plotfrsp` あるいは `svdfrsp` を用いてそれらのボード線図を容易に表示できる．しかしながら，`smpccl` によって計算される閉ループモデルは，付加的な入出力を有しているので，$T(z)$ を得るためにこれらを取り除かれなければならない．個々の状態空間行列を得るために `mod2ss` を，そしてそれらを再びまとめるために `ss2mod` を用いて最初の ℓ 入力と最初の m 出力を選ばなければならない．

例題 7.2

図 7.9 は，製紙機械ヘッドボックスに対するデフォルト (*DMC*) 観測器を用いた平均レベル制御の感度関数 $S(z)$ と相補感度関数 $T(z)$ の特異値をプロットしたものである．図より，$\bar{\sigma}[T(z)]$ のピーク値が，ほとんど 2 に達していることがわかる．これは，通常よいフィードバック設計とされているもの（$\sqrt{2}$ がしばしば「よい」ピーク値だとされているが，これはある程度応用例に依存する）より，やや高い値である．

それぞれの周波数において S と T の特異値はそれぞれ二つある．なぜならば，二つの出力（ヘッドボックスレベルとヘッドボックス濃度）だけが用いられ，$S(z)$ と $T(z)$ は 2×2 伝達関数行列であるからである．ナイキスト周波数 $\pi/T_s = \pi/2$ [rad/min] ま

---
[4] 第 3 章で示したように，活性化された制約の集合が不変である限り，予測コントローラは線形時不変であるので，そのような場合の周波数応答解析も行うことができる．

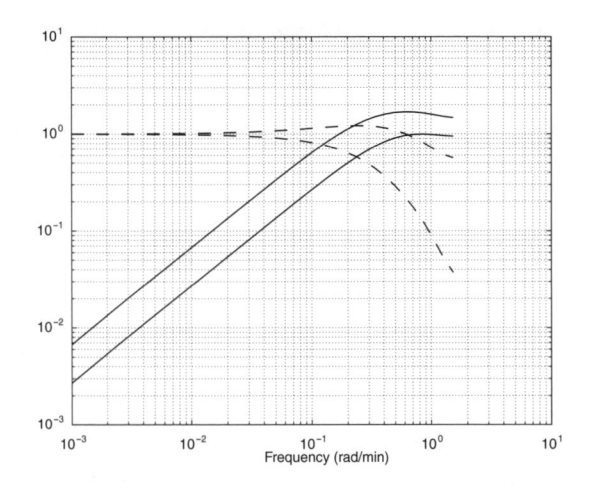

図 7.9 ヘッドボックスを平均レベル制御した場合の $S(z)$ (実線) と $T(z)$ (破線) の特異値でプロットされている (ヘッドボックスのサンプリング周期は $T_s = 2$ [min] であったことを思い出せ).

この例は，製紙機械ヘッドボックスに対して平均レベルコントローラは，フィードバックコントローラとしてそれほどよいものではないことを示している．フィードバック性能を向上させるために，設計パラメータを変更することは可能である．しかし，現在のところは，性能を向上させるために，それらをどのように変更したらよいかという知識はほとんどない．よって，解析のためのツールはあるのだが，設計の大部分は試行錯誤に頼っている．系統的なアプローチに向けての進展は，[LY94] で報告されている (8.2 節を参照).

7.4 外乱モデルと観測器動特性

7.4.1 外乱モデル

予測制御には非常に重要なチューニング「パラメータ」が二つある．すなわち，**外乱モデル**と**観測器動特性**である．伝達関数定式化の場合，これらはそれぞれ多項式 $D(z^{-1})$ と $C(z^{-1})$ の選択に対応する．GPCでは $D(z^{-1}) = (1 - z^{-1}) A(z^{-1})$ と固定

ミニ解説 8 —— 周波数応答の解釈

SISO フィードバック設計は，しばしば**開ループ周波数応答**を用いて行われる．すなわち，閉ループの安定性を保証するために**ナイキストの定理**を用い，ナイキスト軌跡と点 -1 の「近さ」によって**安定余裕**を見積もることがある．多変数システムの場合，開ループ周波数軌跡を検証することはそれほど有用ではない（しかしながら，依然としてナイキストの定理は一般化された形式で成立する [Mac89]）．しかし，SISO 設計の閉ループ伝達関数 $S(z)$，$T(z)$ に対する規則が用いられるのならば，それらを多変数の場合に一般化することは，極めて容易である．

図 7.1 (p.232) において，$C(z) = K(z) H(z)$ とすると，$S(z) = [I + P(z) C(z)]^{-1}$ が得られる．SISO の場合，これは $S(z) = 1/[1 + P(z) C(z)]$ となる．よって SISO の場合，点 -1 と $P(z) C(z)$ のナイキスト軌跡の間の最小距離の逆数は，$|S(e^{j\omega T_s})|$ のピーク値となる．よって，このピーク値が大きければ大きいほど，安定余裕は小さくなる．これは多変数の場合に，つぎのように一般化できる．

多変数システムの**ゲイン** (gain) は，入力信号の**方向** (direction) に依存する．**有限エネルギー信号** (finite energy signal) が安定なシステムの入力に印加されたら，その出力もまた有限エネルギー信号になる．与えられた周波数 ω において，多変数システムの「ゲイン」を，とり得るすべての入力の方向に対する最大振幅（**出力エネルギー/入力エネルギー** (output energy/input energy)) として定義できる．これは，与えられた周波数における**周波数応答行列の最大特異値** (largest singular value of the frequency response matrix) として測ることができる．これは，最大特異値が行列の**誘導ノルム**であるという事実による（ミニ解説 4 (p.142) を参照）．

$$\left\| S\left(e^{j\omega T_s}\right) \right\| = \bar{\sigma} \left[S\left(e^{j\omega T_s}\right) \right] \tag{7.22}$$

ただし，$\bar{\sigma}$ は最大特異値を表す．よって，多変数の場合，ボード線図上に $\bar{\sigma}\left[S\left(e^{j\omega T_s}\right)\right]$ を表示でき，安定余裕の指標としてそのピーク値を用いることができる（プラントのモデル化誤差に対するロバスト性に関する厳密な解釈も行える [Mac89, ZDG96]）．

従来から SISO 設計の際に用いられている規範は，**M ピーク値** (peak-M-value) である．これは，開ループナイキスト軌跡がどのくらい点 -1 に近いかを示す別の測度である．しかし，これは $|T(e^{j\omega T_s})|$ のピーク値にほかならない．これもまた多変数の場合に一般化できる．ボード線図上に $\bar{\sigma}\left[T\left(e^{j\omega T_s}\right)\right]$ をプロットし，そのピーク値を読み取ればよい．この値もまた，ロバスト性の測度として厳密に解釈できる．単位円に非常に近い場所に存在する**共振** (resonant) 閉ループ極の結果としてのみ，$\bar{\sigma}\left[S\left(e^{j\omega T_s}\right)\right]$ あるいは $\bar{\sigma}\left[T\left(e^{j\omega T_s}\right)\right]$ のピーク値が大きくなることに注意する．よって，それは，安定性が失われることの危険性を示すだけではなく，ループ内の信号が，たぶん**リンギング** (ringing, 低減衰の振動のこと）の傾向があることを示している．

ピーク値の話はさておき，$\bar{\sigma}\left[S\left(e^{j\omega T_s}\right)\right]$ と $\bar{\sigma}\left[T\left(e^{j\omega T_s}\right)\right]$ のプロットは，フィードバックループがどの周波数でよく外乱を遮断するか（$\bar{\sigma}\left[S\left(e^{j\omega T_s}\right)\right]$ が小さいほどよい）を見るためや，測定雑音をどのくらい通しにくいか（$\bar{\sigma}\left[T\left(e^{j\omega T_s}\right)\right]$ が小さいほどよい）を見るために用いられる．これらの二つの目的は互いに相反する．

> **ミニ解説8 ── つづき**
>
> 他の閉ループ伝達関数の特異値もまた，必要があればプロットされる．現代多変数ロバスト理論では，$S(z)$ と $T(z)$ に加えて，伝達関数 $S(z)P(z)$, $C(z)S(z)$ を検証することの重要性が強調されている．
>
> **特異値プロット**は閉ループが安定かどうかを示すわけではないことに注意する．これは，(たとえば，閉ループ極を調べるなどして) 別に調べなければならない．もし安定であれば，その安定性が**ロバスト** (*robust*) なのか，**脆弱** (*fragile*) なのかを示すために，特異値プロットを用いることができる．

されているので，$C(z^{-1})$ だけを選択することになる．なお，DMCでは両方とも固定されている．

外乱モデルに関して非常に重要なことは，その極がコントローラの (開ループ) 極になるということである．よって，(+1 に極がある) DMC と GPC の外乱モデルを用いた場合は，いずれもコントローラは**積分動作**を有することになる．その結果，一定値出力外乱が存在した場合，オフセットなし追従 (定常偏差が 0 であること) が達成される．これは**内部モデル原理** (*internal model principle*) [Won74][5] として知られる一般的な現象の一例である．**持続的**な確定的外乱，すなわちゼロに減衰しない外乱がシステムに加わるものとする．実際に存在する外乱は，しばしば，一定値，ランプ，あるいは正弦波信号によって近似できる．しかし，原理的には，これは単位円上ないし単位円外に存在する極をもつ任意の信号に適用できる議論である．すると，外乱信号の極がコントローラの極の一部に含まれている場合にのみ，フィードバックコントローラは時間とともに漸近的にその外乱を完全に補償できる (詳細な要求条件は，もう少し厳しい．すなわち，コントローラは，その状態空間構造が外乱のそれと同じであるような**内部モデル** (internal model) をもたなければいけない)．外乱モデルによって予測コントローラの内部モデルを拡大させることは，この原理の必要条件を満たすことに対応する．

---

[5] Wonham による内部モデル原理と**内部モデル制御** (*Internal Model Control, IMC*) を混同してはいけない．内部モデル制御は，Morari [GM82, MZ88] の提案による，フィードバックシステムを検討する手段の一つであり，もともと予測制御を理解する手段となるように考案されたものである．

例題 7.3

DMC/GPC 外乱モデルを用いると，コントローラに積分動作を与える．その結果，一定値外乱を完全に(時間とともに漸近的に)除去できる．したがって，出力外乱から制御出力までの定常ゲインは，ゼロでなければならない．しかし，これは図 7.1 (p.232) における d から y までの伝達関数のゼロ周波数応答である．よって，式(7.5) から，$S(1) = 0$ であることが予想できる ($\omega = 0$ は $z = 1$ に対応することを思い出せ)．例題 7.2 の周波数応答プロットを見ると，$\omega \to 0$ のとき，$\bar{\sigma}\left[S\left(e^{j\omega T_s}\right)\right]$ はまさしくゼロに近づいていることがわかる．さらに，ゲインの傾きは 20 dB/dec であり，これはコントローラに 1 個の積分器が存在することから予想できることである．実際にはこのコントローラはそれぞれの出力に対して 1 個ずつの計 2 個の積分器を含んでいる．

$S(z) + T(z) = I$ なので，$T(1) = I$ であることも予想できる．これは，低周波帯域で $T(z)$ の両方の特異値が 1 ($= 0$ dB) となっていることから確認できる．

確かに，外乱モデルを用いてプラントモデルを拡大することにより，コントローラに外乱極をもたせることは可能になるが，これが起こることを保証するために十分とは思えない．それというのも，プラントモデルが同様な方法でコントローラにとって利用可能であったとしても，プラントの極は，通常，コントローラの極として現れないからである．

厳密な導出をせずに，なぜ DMC モデルがコントローラに**積分動作**をもたせるかを理解することができる．1.5 節でもすでに説明しているので，ここでは違った説明を試みよう．積分動作をもつコントローラの重要な性質は，図 7.10 のような場合，偏差 e がゼロである場合を除いて，閉ループシステムが平衡点にとどまることができないということである (この図では，説明のために **PI コントローラ**を示した)．なぜなら

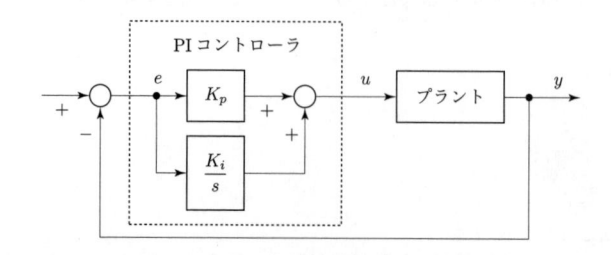

図 7.10 比例・積分 (PI) コントローラ

ば，偏差が非零ならば，積分器の出力は変化する．そして，それによりプラント入力 u も一定値にとどまらない．いま，DMC 外乱モデルを有する予測コントローラを考える．簡単のために，すべての設定値は一定であるとする．各ステップにおいて，コントローラは出力外乱の大きさを推定し，それを打ち消す制御信号を生成する．一般に，その推定値は不正確であるので，プラント出力はその予測値とは異なる値となるだろう．予測コントローラはこの差を外乱 ($\hat{d}(k|k) = y(k) - \hat{y}(k|k-1)$) の変化であると考え，その推定値を変更し新しい制御信号を生成する．外乱が実際には一定であるならば，そして閉ループが安定であれば，コントローラはこのようにして外乱の大きさを繰り返し**学習**し，最終的には外乱を正確に補償する．したがって，すべての出力がその設定値にない限り，閉ループシステムが平衡点にとどまることは不可能なのである．これは，まさに積分動作の鍵となる性質である（この議論では，どの制約も活性化されていないと仮定した．同様に，PI コントローラに対して，その積分器は飽和していないと仮定した）．

一般に，「内部モデル原理」は，ランプや正弦波のような持続的外乱に対して機能する．なぜならば，ひとたびランプあるいは正弦波を規定する初期条件が推定できれば，そのような外乱は完全に予測でき，よってそれらの影響を打ち消すことができるからである．この原理を用いるためには，そのような外乱を支配する動的方程式がコントローラに含まれ，さらには（安定な）観測器によって外乱の初期条件が推定される必要がある．拡大モデルの中の外乱動特性は，プラント入力 u から可制御ではない．典型的な拡大モデルは，次式のような形式をしていることを思い起こそう．

$$\begin{bmatrix} x_p(k+1) \\ x_d(k+1) \end{bmatrix} = \begin{bmatrix} A_p & X \\ 0 & A_d \end{bmatrix} \begin{bmatrix} x_p(k) \\ x_d(k) \end{bmatrix} + \begin{bmatrix} B_p \\ 0 \end{bmatrix} u(k) \tag{7.23}$$

したがって，外乱動特性は閉ループの固有値中でも変化しない．なぜならば，実際にはそれらのまわりにフィードバックループが存在しないからである．しかしながら，それらは閉ループ伝達関数のいずれにも現れない．なぜならば，可制御・可観測なモードのみが伝達関数の極に現れるからである．

7.4.2 観測器動特性

引き続いて本項では観測器動特性について考えていこう．ここでは，図 7.1 (p.232) の伝達関数 $H(z)$ の導出を詳細に行う．それにより観測器動特性の重要性が明らかになるだろう．図 7.11 は，制約なしの場合のコントローラをブロック線図で表したものである．この図は，図 3.2 (p.98) に観測器の詳細を加えることによって得られた．

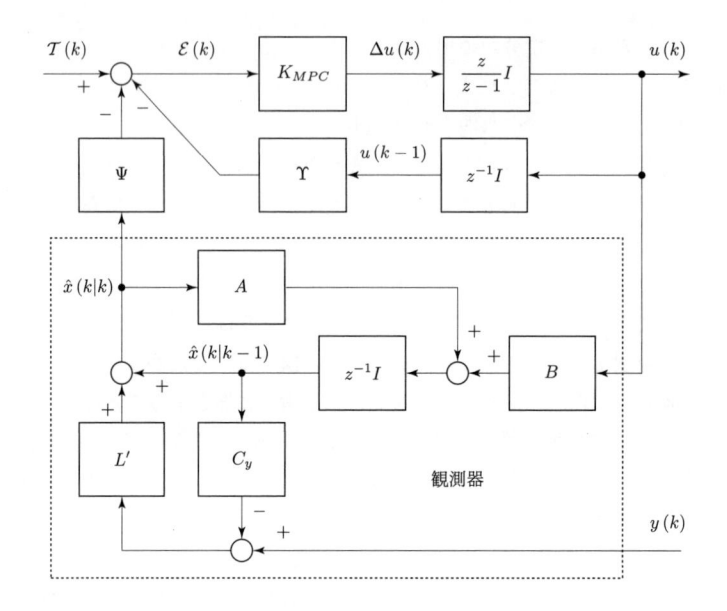

図 7.11 予測コントローラ (制約なしの場合)

このブロック線図は，図 7.12 に示したものに簡略化することができる．さらに，それは図 7.13 のように簡単にできる．

図 7.1 と図 7.13 を比較すると，次式が得られる．

$$H(z) = \Psi \left[I - z^{-1} A \left(I - L' C_y \right) \right]^{-1} L' \tag{7.24}$$
$$= z \Psi \left[zI - (A - LC_y) \right]^{-1} L' \tag{7.25}$$

これより，測定出力はコントローラ内で何か作用をする前に，フィルタリングされ，またそのフィルタの極は観測器の固有値であることが確認できる．このフィルタリングは，明らかに外乱に対するコントローラの応答 (なぜならば，コントローラは外乱を測定出力を通してのみ検出するからである) と閉ループの安定性に影響を与える．

さらに進めて，フォワード路伝達関数 $K(z)$ に対する表現を得ることもできるだろう．しかし，それは複雑すぎてほとんど何の示唆も与えないだろう．

制約が活性化されている場合でも，状態推定値 $\hat{x}(k|k)$ を構成するために，測定出力 $y(k)$ は同じ極をもつフィルタによって依然としてフィルタリングされることに注意する．非線形性は，これ以後，最適化の際に現れる．

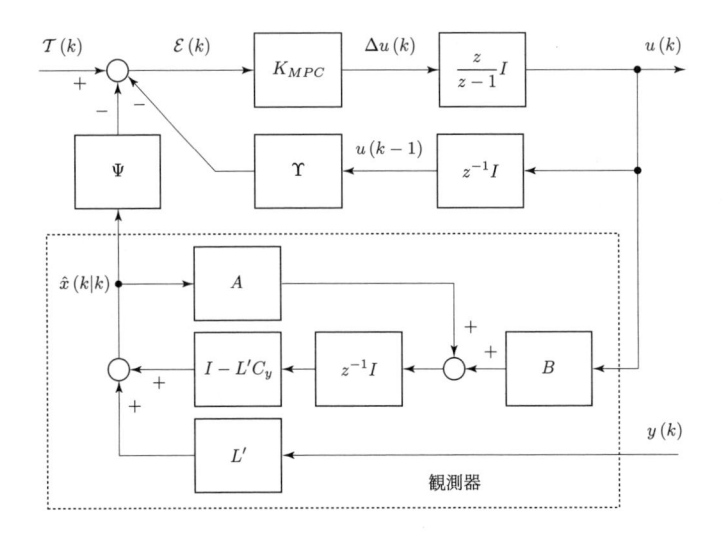

図 7.12 簡略化された予測コントローラ

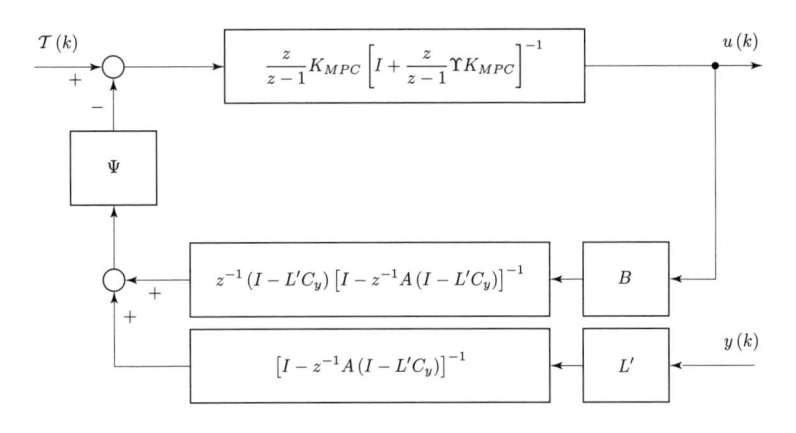

図 7.13 さらに簡略化された予測コントローラ

　それでは，どのようにして観測器動特性を選定したらよいのだろうか？ デッドビート動特性を選ぶと，外乱に対して速い応答を与える．しかし，典型的な外乱の大きさが，アクチュエータの飽和をしばしば起こしてしまうようなものであれば，外乱に対して，より遅い応答を許容し，異常に大きな外乱に対処するときのために，アクチュエータの飽和をとっておくほうがよいだろう．また，観測器動特性を速くすれ

ば，システムは測定出力信号中の高周波変動に，過敏に反応してしまう．信号に大量の測定雑音が存在する場合には，雑音に対して低域通過フィルタリングが行われるように，観測器動特性を遅く設定したほうがよいだろう（これは，通常のフィードバック設計で行われている，$S(z)$ を小さくすることと，$T(z)$ を小さくすることのトレードオフである）．外乱や雑音の相対的な強さに関する統計的な性質が利用可能であれば，観測器の設計にカルマンフィルタ理論を用いることによって状態推定に対する最適トレードオフを図ることができる．そのような情報が利用できない場合に，Clarke [Cla94] は観測器多項式 $C\left(z^{-1}\right) = A\left(z^{-1}\right)\left(1 - \beta z^{-1}\right)^{H_w}$ を用いることを提案した．このとき，$\beta = 0.8$ とすると，つねに満足できる結果が得られるようだとしている（これは，GPC 外乱モデル，すなわち，$D\left(z^{-1}\right) = \left(1 - z^{-1}\right) A\left(z^{-1}\right)$ を仮定している）．

例題 7.4　温水プール

演習問題 3.3 の温水プールについて考える．演習問題 3.3 では，標準的な DMC 外乱モデルをもつ予測コントローラでは，気温が測定できない場合，1 日の間の気温の正弦波周期変動に対して，完全に補償できないことを示した．そこで用いられたパラメータ値では，気温の振幅が 10°C の場合，そしてヒータパワーに関する制約がない場合には，水温は約 0.5°C の振幅で振動した．また，演習問題 5.1 では，気温が測定でき，それがフィードフォワード制御に利用できれば，モデルが完全であるという仮定の下で，気温による影響は完全に補償できることが示された．モデル化誤差が存在すると，気温が測定できないときと比べると非常に小さな振幅であるが，水温の残留振動が存在した．

温水プールの場合にはそのような微小振動は許容できるだろうが，産業プロセスの場合には，微小振動を完全に取り除くことが重要であるかもしれない．たとえ気温が測定されない場合でも，正弦波外乱をモデリングし，適切な観測器を設計することによってこれを実現することができる．さらに，これを**ロバスト**に行うことができる．すなわち，モデルが完全でない場合でも，この振動を完全に取り除くことができる．その方法を以下に示そう．

気温振動は正弦波的であり，その周期は物理的な洞察により既知であると仮定することは，理にかなっているだろう．しかしながら，その振動の振幅と位相は前もってわからない．したがって，気温はつぎの微分方程式によってモデリングできる．

$$\ddot{\theta}_a + \left(\frac{2\pi}{24}\right)^2 \theta_a = 0 \tag{7.26}$$

ただし，振幅と位相を決定する θ_a と $\dot{\theta}_a$ の初期条件は未知である．状態変数として θ_a と $\dot{\theta}_a$ を選ぶと，つぎの状態空間モデルが得られる．

$$\frac{d}{dt}\begin{bmatrix} \theta_a \\ \dot{\theta}_a \end{bmatrix} = \begin{bmatrix} 0 & 1 \\ -\left(\frac{2\pi}{24}\right)^2 & 0 \end{bmatrix}\begin{bmatrix} \theta_a \\ \dot{\theta}_a \end{bmatrix} \tag{7.27}$$

これより，拡大状態空間モデルは次式となる．

$$\frac{d}{dt}\begin{bmatrix} \theta \\ \theta_a \\ \dot{\theta}_a \end{bmatrix} = \begin{bmatrix} -1/T & 1/T & 0 \\ 0 & 0 & 1 \\ 0 & -\left(\frac{2\pi}{24}\right)^2 & 0 \end{bmatrix}\begin{bmatrix} \theta \\ \theta_a \\ \dot{\theta}_a \end{bmatrix} + \begin{bmatrix} k/T \\ 0 \\ 0 \end{bmatrix} q \tag{7.28}$$

公称パラメータを $T=1$ [hour]，$k=0.2$ [°C/kW] とした場合，対応する離散時間モデルは次式のようになる．

$$\begin{bmatrix} \theta(k+1) \\ \theta_a(k+1) \\ \dot{\theta}_a(k+1) \end{bmatrix} = \begin{bmatrix} 0.7788 & 0.2210 & 0.0288 \\ 0 & 0.9979 & 0.2498 \\ 0 & -0.0171 & 0.9979 \end{bmatrix}\begin{bmatrix} \theta(k) \\ \theta_a(k) \\ \dot{\theta}_a(k) \end{bmatrix} + \begin{bmatrix} 0.0442 \\ 0 \\ 0 \end{bmatrix} q(k) \tag{7.29}$$

ただし，サンプリング周期を $T_s=0.25$ [hour] とした．予想されるように，これは単位円上に二つの固有値を有している．

このプラントモデルを DMC 推定器を用いた予測制御に適用しても，性能はまったく改善されないだろう．すなわち，以前と同じように，水温の残留振動が存在するだろう．DMC 推定器は，プラントの極と原点極を極としてもつ観測器を生成するからである（2.6.3 項の解析を参照）．しかし，プラントの極は単位円上に存在する二つの外乱極を含むので，観測器は漸近安定にはならない．その結果，θ の測定値が利用可能となったとき，初期条件 $\theta(0)$, $\dot{\theta}(0)$ を推定する際に初期誤差が少しでもあれば，（減衰しない）振動誤差が発生してしまう．この対応策としては，観測器を漸近安定とするような，別の観測器ゲインを用いることがあげられる．

例題 7.1 (p.238) では，観測器ゲインを得るために**極配置**を用いた．ここでは，気温外乱は不規則にふるまうものとモデリングすることにする．そして，水温の測定値は，不規則雑音の影響を受けるものとする．このような準備の下，観測器ゲインを得るために，**カルマンフィルタ**理論を用いる．この例のように，状態ベクトルが三つの要素しかないとき，どちらの方法もうまく動作する．しかし，状態の次元が 5 を超えると，実用上，カルマンフィルタだけが有効に動作する．カルマンフィルタ法を用いるために，別の入力 w（これは $\dot{\theta}_a$ に働く不規則外乱である）を組み込むように式 (7.29) のモ

デルを修正しなければならない．すると，次式が得られる．

$$\begin{bmatrix} \theta(k+1) \\ \theta_a(k+1) \\ \dot{\theta}_a(k+1) \end{bmatrix} = \begin{bmatrix} 0.7788 & 0.2210 & 0.0288 \\ 0 & 0.9979 & 0.2498 \\ 0 & -0.0171 & 0.9979 \end{bmatrix} \begin{bmatrix} \theta(k) \\ \theta_a(k) \\ \dot{\theta}_a(k) \end{bmatrix}$$
$$+ \begin{bmatrix} 0.0442 & 0 \\ 0 & 0 \\ 0 & 1 \end{bmatrix} \begin{bmatrix} q(k) \\ w(k) \end{bmatrix} \tag{7.30}$$

また，測定雑音 v を組み込むことによって，出力方程式は次式のようになる．

$$y(k) = \begin{bmatrix} 1 & 0 & 0 \end{bmatrix} \begin{bmatrix} \theta(k) \\ \theta_a(k) \\ \dot{\theta}_a(k) \end{bmatrix} + v(k) \tag{7.31}$$

いま，w と v のそれぞれの分散 W，V に対する仮定に応じて，さまざまな観測器ゲインが導かれる．したがって，いろいろな観測器極配置が得られる．モデルをこのように修正することは，観測器ゲインを計算するためだけに必要であることに注意する．コントローラの内部モデルのためには必要ではなく，内部モデルとしては式 (7.29) を用いなければならない．

Model Predictive Control Toolbox は，2.4 節の式 (2.38) で定義される拡大状態ベクトルを用いる．したがって，この例題を *Model Predictive Control Toolbox* を用いて行うためには，四つの状態変数，よって四つの観測器極が必要になる．$W = 1$，$V = 10^{-6}$ とした場合，観測器の極 (式 (7.24) における $A(I - L'C_y)$ の固有値) は，-0.5402, -0.1783, $0.0562 \pm 0.0618i$ となった．これらはすべて単位円内に存在するので，予想どおり観測器は漸近安定である．V は W に比べて非常に小さいので，測定値は非常に正確であるとみなされる．よって，二つの極が原点に非常に近いところに配置されていることからわかるように，観測器による $\theta_a(0)$ と $\dot{\theta}_a(0)$ の推定は，非常に速く行われる ($V = 0$ とすると，**デッドビート推定** (極がゼロにある) が得られることが予想される[6])．このため比較的活発な制御動作が得られる．図 7.14 は，その結果得られた予測コントローラの応答を示したものである．この図は *Model Predictive Control Toolbox* の関数 scmpc を用いて生成された．この関数では，シミュレーションの開始時において，プラントと初期モデルの両方の初期状態をゼロに設定する．したがって，約 10 サンプル (2.5 時間) にわたって，初期過渡状態が続いている．その

---

[6]. 観測器ゲインは *Model Predictive Control Toolbox* の関数 smpcest を用いて計算された．この関数では V が正定である必要がある．

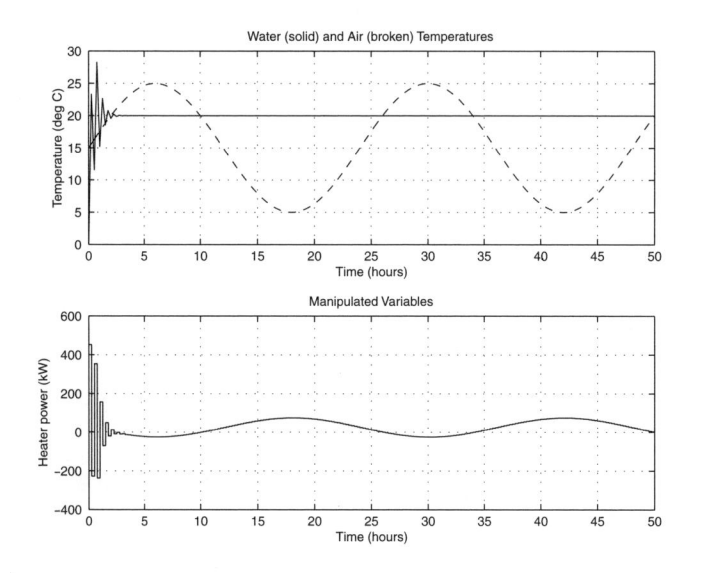

図 7.14 水温制御(完全なプラントモデルとし,気温外乱モデルを利用).$W = 1$, $V = 10^{-6}$ とおいた.破線は気温を示している.

間に,気温外乱が推定され,水温が設定値である 20°C になっている.ひとたびこの過渡状態が終了すると,正弦波的な気温変動を完全に補償して,設定値は非常に正確に維持される.正弦波的な変動を補償することに加えて(これは式 (7.27) のモデルを含めたことによる),平均気温 (15°C) も補償している.これは,拡大状態 (その結果,暗黙のうちに DMC 一定値外乱モデルが含まれる) を利用したことによる.

図 7.14 に示した結果は,プラントの完全なモデルが利用できるという仮定の下のものである.すなわち,パラメータ T と k (それぞれ,1 hour, 0.2°C/kW であるが) は完全に推定できるとした.これらのパラメータが変化して,$T = 1.25$ [hour], $k = 0.3$ [°C/kW] になったときにこのコントローラを適用すると,閉ループは不安定になる.観測器を $W = 1$, $V = 1$ として再設計すると,観測器の極は,$0.7397 \pm j0.3578$ と $0.6118 \pm j0.1136$ となる.この場合,測定値は以前より多くの雑音を含んでいると仮定されているので,観測器は外乱を以前の場合に比べて,よりゆっくりと推定するが,それでも漸近安定のままである.図 7.15 で実線で示したように,このときの制御は活発ではなく,この場合の初期過渡状態は約 20 サンプル (5 時間) であり,前回よりは長

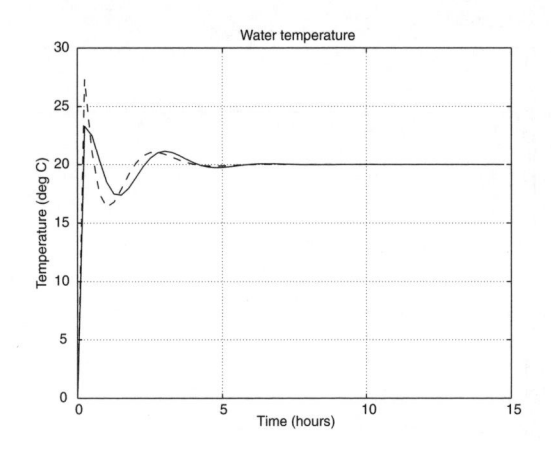

図 7.15 水温制御(気温外乱モデルを利用).完全モデル(実線)と不完全モデル(破線).$W = 1$, $V = 1$ とおいた.

く続いている.この**劣チューニング**[7] (de-tuning) の利点は,制御がはるかにロバストになっていることである.同じコントローラを,$T = 1.25$〔hour〕,$k = 0.3$〔°C/kW〕というパラメータの場合に適用しても,閉ループは安定のままであり,その応答はほとんど変化していない(これは図 7.15 で破線で示されている).ここで注意しておくべき最も重要なことは,コントローラはパラメータ T と k の正確な値を知らないにもかかわらず,正弦波的な気温外乱に対する補償は相変わらず完璧である点である.このことにより,外乱を正確にモデリングすることは,外乱が測定可能でない場合でさえも,ロバスト外乱補償を与えることがわかる.

図 7.14 と図 7.15 に示した応答は,ヒータパワーに関する制約が何もない場合のものであった.特に,気温が設定値気温を上回ったときに,その時刻においてヒータパワーが負であることが許容されていた[8].そこで,ヒータパワーが

$$0 \le q \le 60 \quad \text{〔kW〕}$$

のように制限されている場合の応答を図 7.16 に示した.ここで,コントローラは図 7.15 と同じものを用い,不完全なモデルを想定した.今回は,気温が設定値を超えている場合において,コントローラは補償できていない.しかし,その他の時刻に対し

---

[7]. 〈訳者注〉性能が劣化するように調整することを,ここでは「劣チューニング」と呼んでいる.
[8]. 〈訳者注〉このようなことは現実には行えない.

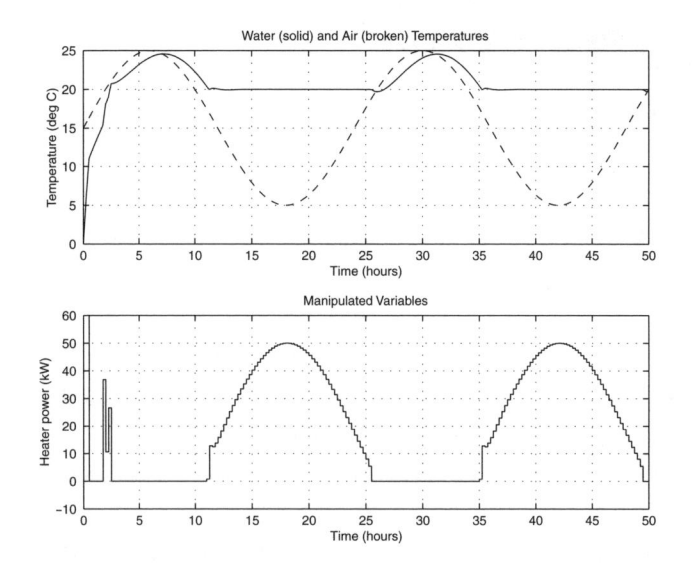

図 7.16 水温制御（不完全なプラントモデルとし，気温外乱モデルを利用）．$W=1$, $V=1$ とおいた．ヒータパワー制約を新たに追加した．破線は気温を示している．

ては，正弦波外乱を完全に補償していることは，注目すべき特徴である．このようなことが可能な理由は，ヒータが実際に供給しているパワーを知っているからである．そのため，効果的な制御を行うことができていない区間においても，気温の推定は正確なままであるからである．

測定できない持続的外乱のモデルは，完全である必要はない．すなわち，「外乱が一定である」という仮定がわずかでも改善できれば，大きな性能の向上が期待できる．演習問題 7.6 では，実際には気温が正弦波的に変化しているのにもかかわらず，ランプとして変化すると仮定することによって，大きな改善が得られることを示す．観測器は絶えず外乱をランプとして再推定しており，コントローラが短い区間に対して正弦波外乱を十分よく予測できるようになるので，このようになるのである．

この例題におけるすべての応答は，MATLAB の関数 `swimpool`（これは本書のウェブサイトから入手可能である）を用いて計算され，表示された．この関数により，読者は外乱モデル，観測器設計，プラント・モデル誤差，そしてヒータパワー制約の例題を実行できる．

7.5 参照軌道と前置フィルタ

予測制御のもう一つのチューニングパラメータは，それぞれの制御出力に対する**参照軌道**である．Richalet [Ric93b] によって導入された参照軌道については，すでに 1.2 節と 5.6 節で議論した．そこでは，さまざまな参照軌道の効果を示した．Soeterboek [Soe92] が指摘したように，最新の出力測定値で参照軌道を初期化することは，もう一つのフィードバックループを導入することに相当する．直感的には，参照軌道をゆっくりさせることによってフィードバック動作は活発でなくなり，そのためモデル化誤差に対するロバスト性が向上すると予想されるが，つねにそうなるとは限らない．しかしながら，ほんのわずかな特殊な場合しか解析されていないように思える．すなわち，参照軌道の設定の影響には解析の余地が十分にある．

参照軌道を用いた場合，どのようにフィードバックループが修正されるかを理解するために，つぎのように進めていくことができる[9]．まず，未来の設定値変化は未知であると仮定する．それぞれの制御出力に対する指数関数的参照軌道の集合は，次式のように表現できる．

$$r(k+i|k) = (I - \Lambda^i) s(k) + \Lambda^i z(k) \tag{7.32}$$

ただし，$s(k)$ は現時刻での設定値であり，$z(k)$ は現時刻での制御出力値である．また，$\Lambda = \mathrm{diag}\left(e^{-T_s/T_{ref,1}}, e^{-T_s/T_{ref,2}}, \ldots, e^{-T_s/T_{ref,n}}\right)$ であり，$T_{ref,j}$ は j 番目の出力 z_j に対する時定数である．このとき，式 (3.2) における $\mathcal{T}(k)$ は次式のようになる．

$$\mathcal{T}(k) = \begin{bmatrix} I - \Lambda^{H_w} \\ I - \Lambda^{H_w+1} \\ \vdots \\ I - \Lambda^{H_p} \end{bmatrix} s(k) + \begin{bmatrix} \Lambda^{H_w} \\ \Lambda^{H_w+1} \\ \vdots \\ \Lambda^{H_p} \end{bmatrix} z(k) \tag{7.33}$$

$\mathcal{T}(k)$ をこのように修正すると，図 7.17 のブロック線図が得られる．この図は，制御出力 $z(k)$，測定出力 $y(k)$，そして状態 $x(k)$ がすべて同じであるという（非常に簡単化された）場合に対するものである．この図を図 3.1 (p.96) と比べると，フィードバックループが付加されていることが明らかである．

コントローラが未来の設定値変化を知っていれば，この情報を参照軌道の定義で活用することができる．この場合に指数関数的参照軌道を生成する最も簡単な方法は，

---

[9]. この節で示される内容は，著者の学生である Simon Redhead によるものである．

7.5 参照軌道と前置フィルタ

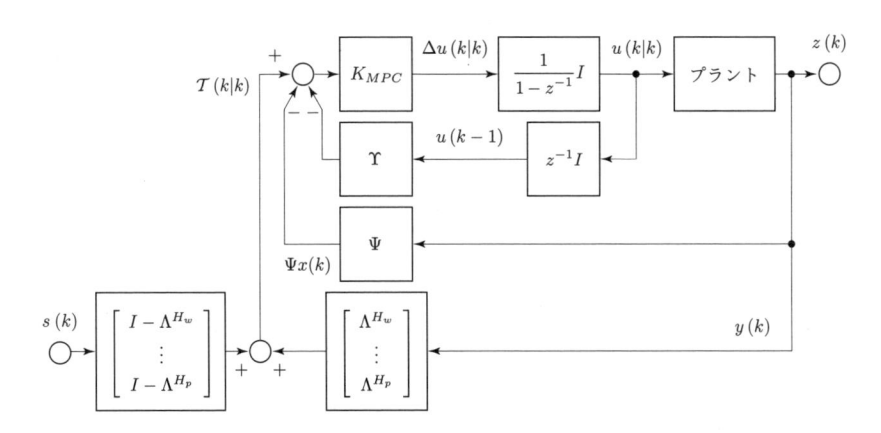

図 7.17 参照軌道を有するコントローラ構造 (設定値が予測されない場合)

繰り返しループを使うことである．なお，そのループの中では，y_{traj} は「ダミー」変数である．

- $y_{traj} = y(k)$ とする．
- for $i = 1 : p$
- $\quad y_{traj} = s(k+i) - \Lambda \{s(k+i) - y_{traj}\}$
- $\quad r(k+i|k) = y_{traj}$
- end

これは，次式と同じである．

$$\mathcal{T}(k) = \begin{bmatrix} (I-\Lambda)s(k+H_w) \\ (I-\Lambda)s(k+H_w+1) \\ \vdots \\ (I-\Lambda)s(k+H_p) \end{bmatrix} + \begin{bmatrix} \Lambda r(k+H_w-1|k) \\ \Lambda r(k+H_w|k) \\ \vdots \\ \Lambda r(k+H_p-1|k) \end{bmatrix} \tag{7.34}$$

$H_w = 1$ であれば，次式が得られる．

$$\mathcal{T}(k) = \begin{bmatrix} r(k+1|k) \\ r(k+2|k) \\ \vdots \\ r(k+H_p|k) \end{bmatrix} = \begin{bmatrix} (I-\Lambda)s(k+1) \\ (I-\Lambda)s(k+2) \\ \vdots \\ (I-\Lambda)s(k+H_p) \end{bmatrix} + \begin{bmatrix} \Lambda r(k|k) \\ \Lambda r(k+1|k) \\ \vdots \\ \Lambda r(k+H_p-1|k) \end{bmatrix} \tag{7.35}$$

ただし，$r(k|k)$ は現時刻の制御出力に初期化される．すなわち $r(k|k) = z(k)$ とする．時間進み演算子(前向きシフトオペレータ)として z を用いると，式(7.35)を次式のように書き直すことができる．

$$\mathcal{T}(k) = \begin{bmatrix} (I-\Lambda)z \\ (I-\Lambda)z^2 \\ \vdots \\ (I-\Lambda)z^{H_p} \end{bmatrix} s(k) + \begin{bmatrix} \Lambda \\ 0 \\ \vdots \\ 0 \end{bmatrix} z(k) + \begin{bmatrix} 0 & 0 & \cdots & 0 & 0 \\ \Lambda & 0 & \cdots & 0 & 0 \\ 0 & \Lambda & \cdots & 0 & 0 \\ \vdots & & \ddots & & \vdots \\ 0 & 0 & \cdots & \Lambda & 0 \end{bmatrix} \mathcal{T}(k) \tag{7.36}$$

あるいは，つぎのように変形することもできる．

$$\mathcal{T}(k) = \begin{bmatrix} I & 0 & \cdots & 0 & 0 \\ -\Lambda & I & & 0 & 0 \\ 0 & -\Lambda & \ddots & & \vdots \\ \vdots & & \ddots & I & 0 \\ 0 & 0 & \cdots & -\Lambda & I \end{bmatrix}^{-1} \left\{ \begin{bmatrix} (I-\Lambda)z \\ (I-\Lambda)z^2 \\ \vdots \\ (I-\Lambda)z^{H_p} \end{bmatrix} s(k) + \begin{bmatrix} \Lambda \\ 0 \\ \vdots \\ 0 \end{bmatrix} z(k) \right\} \tag{7.37}$$

さらに，この式はつぎのように変形できる．

$$\mathcal{T}(k) = \begin{bmatrix} I & 0 & 0 & \cdots & 0 & 0 \\ \Lambda & I & 0 & \cdots & 0 & 0 \\ \Lambda^2 & \Lambda & I & & 0 & 0 \\ \Lambda^3 & \Lambda^2 & \Lambda & \ddots & & \vdots \\ \vdots & \vdots & \ddots & \ddots & I & 0 \\ \Lambda^{H_p-1} & \Lambda^{H_p-2} & \Lambda^{H_p-3} & \cdots & \Lambda & I \end{bmatrix} \cdot$$

$$\cdot \left\{ \begin{bmatrix} (I-\Lambda)z \\ (I-\Lambda)z^2 \\ \vdots \\ (I-\Lambda)z^{H_p} \end{bmatrix} s(k) + \begin{bmatrix} \Lambda \\ 0 \\ \vdots \\ 0 \end{bmatrix} z(k) \right\} \tag{7.38}$$

これをブロック線図表現したものを図7.18に示した．これは，入力が $z(k)$ と $s(k+i|k)$ $(i=1,\ldots,H_p)$ で，出力が $\mathcal{T}(k)$ であるようなフィルタになっている．別のフィルタに置き換えることによって，複雑な参照軌道を記述することができる．

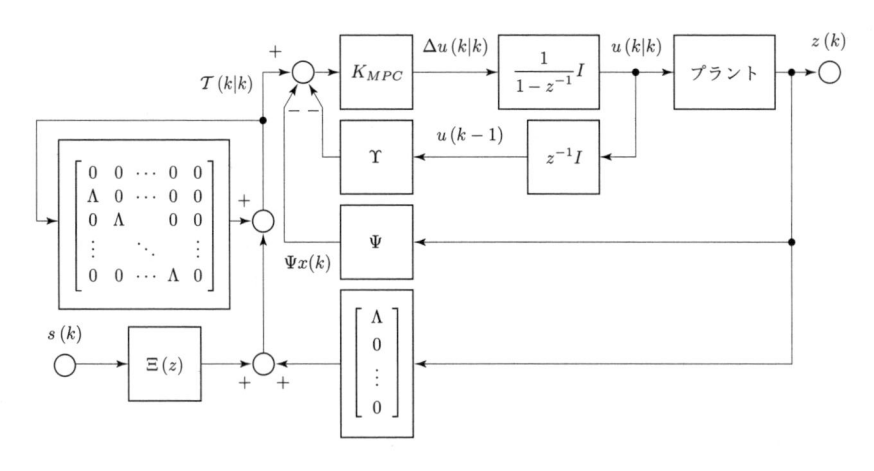

図 7.18 参照軌道を有するコントローラ構造（設定値が予測された場合）

なお，図 7.18 において，$\Xi(z)$ は伝達関数ベクトル

$$\Xi(z) = \begin{bmatrix} (I-\Lambda)z \\ (I-\Lambda)z^2 \\ \vdots \\ (I-\Lambda)z^{H_p} \end{bmatrix}$$

を表していることに注意する．

Model Predictive Control Toolbox の関数 scmpc を，設定値の予測がない場合とある場合の双方の参照軌道を両方定義できるように修正し，scmpc3, scmpc4 を作成した．これらは，本書のウェブサイトから入手可能である．

参照軌道と設定値前置フィルタはしばしば混同される．**前置フィルタ**はフィードバックループの外側に配置されるので，ループの安定性あるいはロバスト性に影響せず，外乱応答にも影響しない．図 7.1 (p.232) で伝達関数 $F(z)$ で表されているブロックは，設定値前置フィルタの配置を示している．この前置フィルタの主な効果は，設定値変化に対して理想的なプラント応答を定義することである．それは，**参照モデル** (reference model) と考えることができる．すなわち，プラント制御出力が参照モデルに正確に従えば，予測制御問題定式化での「追従誤差」ベクトルはゼロになるだろう．予測ホライズンにわたって重み $Q(i)$ を変えることによっても，同様な効果が得られる．しかし，対応する重みのパターンの選定よりも，適切なフィルタの設計のほうがずっと簡単である．また，[HM97] で示されているように，フィルタを用いたほうが，

計算量の点からも効率的である．しかしながら，プラント出力が参照信号 $r(k)$ に正確に追従しなければ，前置フィルタを変更した場合の影響は明らかではないかもしれないということには，触れておかなければいけないだろう．

　従来のコントローラにおいて，前置フィルタはしばしばアクチュエータの飽和を減らすために利用されていた．そのアイディアはつぎのとおりである．オペレータが設定値を「ステップ」変化させた場合，その変化の典型的な，あるいは最大の値が既知であれば，偏差を構成する前に低域通過フィルタにこの変化を通すことにより，アクチュエータが飽和しないような大きさに，偏差の大きさを制限することができるかもしれない．予測制御では，このようなことを行う根拠はあまりないように思われる．なぜならば，制約侵害を処理する系統的な方法があるからである．よって，制約の活性化を避ける特別な理由はない．しかし，飽和を避けたほうがよい理由はまだある．

- 制約が活性化されているときの閉ループのふるまいは，それほどわかってはいない．
- 予期せぬ外乱を取り扱うために，制御の権限をある程度とっておくことは，よい考えのように思われる．

よって，外乱からの速い回復を扱うために入力制約に頼る（たとえば，デッドビート観測器を用いて，制約が許す限り速い回復を得る）一方で，設定値変化に対応する際のアクチュエータの飽和を避けるために前置フィルタを用いることは，賢明であるように思われる．設定値前置フィルタリングのアイディアの洗練された発展形態として，**リファレンスガバナ**($reference\ governor$) が知られている [GKT95, BCM97, MKGW00]．

　GPC の文献において，通常 $P(z)$ で表記される多項式で，参照軌道を規定する効果を表している文献もあるし，設定値前置フィルタを規定する効果を表している文献もある．論文の著者たちがこれら二つをいつも明確に区別しているわけではない．

7.6 演習問題

7.1 式 (7.8)，すなわち $S(z) + T(z) = I$ を示せ．

7.2 伝達関数が $P(z) = B(z)/A(z)$ である SISO プラントを考える．そして，「完全」制御の場合のように，$K(z)H(z) = X(z)/B(z)$ であるとする．ただし，$X(z)$ は，ある伝達関数である．外乱 d からプラント入力 u までの伝達関数は，その分母の因子として $B(z)$ を有することを示せ．

☞ これより，$B(z)$ が単位円外に零点を有していれば，フィードバックループは内部不安定になることがわかる．

7.3 (a) *Model Predictive Control Toolbox* のデモ `mpctutss` で用いられているプラントに対して，平均レベルコントローラを設計せよ．

☞ データをロードする簡単な方法は，このデモを最初に実行することである．そこで `save` コマンドを用いればデータをファイルに保存することができ，それ以降 `load` コマンドによってデータを呼び出すことができる．

(b) 「完全」制御のときと同様にホライズンを定義した場合，入力変化に関して非零の重み $R(i)$ を用いることによって，平均レベル制御が達成する応答と同様の応答を達成できるかどうかを調べよ (設定値応答と外乱応答の両方について考えよ)．

(c) 設計した制御系の感度関数と相補感度関数について調べよ．

7.4 (a) 製紙機械ヘッドボックス (*Model Predictive Control Toolbox* のデモ `pmlin`) に対して，デフォルト (*DMC*) 観測器を用いて，ホライズンと重みの可能な限り最善の組み合わせを (試行錯誤によって) 見つけよ (制約は無視する)．

(b) 観測器設計を変化させることによって，それまでに得られた設計をさらに改善せよ．

7.5 伝達関数が

$$\frac{-10s + 1}{(s+1)(s+30)}$$

である SISO プラントを，サンプリング周期 $T_s = 0.2$ 〔sec〕で予測制御によって制御する場合を考える．このとき，以下の問いに答えよ．

(a) このプラントに対して「完全」コントローラを設計し，シミュレートせよ．また，その結果について考察せよ．

(b) H_p を増加させていくといつかは閉ループが安定になる理由を説明せよ (活

性化制約はないものと仮定する). $H_u = 1$, $R(i) = 0$ としたとき,安定性を与える最小の H_p を見つけよ.この場合,閉ループ極はどうなるか? この場合の設定値応答の時定数はおおざっぱにいってどのくらいか?

(c) $H_u = 2$, $H_p = 60$, $Q(i) = 1$, $R(i) = 0.1$ として,予測制御を用いてこのシステムをシミュレートすると,安定となる.しかし,設定値ステップ変化に対する応答では,最初,出力変化は「間違った」方向へ動く.(シミュレーションによって)すべての k に対して入力変化を $|\Delta u(k)| < 0.1$ と制限することによって,この影響が低減化されることを示せ.

7.6 演習問題 3.3 と例題 7.4 の温水プールについて考える.

(a) *Model Predictive Control Toolbox* を用いて,式 (7.29) のプラントモデルがデフォルト (*DMC*) 観測器で用いられた場合,式 (3.98) のように気温が正弦波状に変化するとき,水温は振動的になることを確かめよ.

☞ 式 (7.29) のモデルはコントローラの内部モデル,すなわち,関数 scmpc の引数 imod としてのみ用いられるべきである.プラントを表す引数 pmod は,演習問題 3.3 の場合と同じとせよ.

(b) 外乱である実際の気温は 24 時間を 1 周期として正弦波的に変化するが,それをランプ状であるとモデリングするように,関数 swimpool (本書のウェブサイトから入手可能) を修正せよ.シミュレーションによって,水温の残留正弦波変動は存在するが,一定値外乱と仮定した場合と比べると,その変動は非常に小さくなることを示せ.

☞ たとえば,$V = 1$, $T = 1.25$, $k = 0.3$ とすると,約 0.01°C の振幅の残留振動が得られる.例題 3.3 (p.124) では外乱を一定値と仮定したが,そのときの振幅は約 0.5°C であった.

(c) 気温外乱を正弦波としてモデリングした場合と,ランプとしてモデリングした場合に得られるそれぞれの感度関数について調べよ.ただし,すべての制約は活性化されていないものとする.それぞれの場合において,感度関数の周波数応答は,仮定された外乱の周波数 (すなわち,正弦波の場合には $2\pi/24$,ランプの場合には 0) においてゼロになることを確かめよ. $\omega \to 0$ としたとき,感度関数がゼロに向かう速度についてコメントせよ.

☞ 制約なしの場合の線形コントローラは,*Model Predictive Control Toolbox* の関数 smpccon を用いて得られる.

7.7 (a) 式 (7.36) で $\Lambda = 0$ の場合,コントローラは設定値変化を予測し,参照軌道は未来の設定値軌道と一致することを確かめよ.

(b) 一次指数関数的軌道よりも二次参照軌道

$$r(k+i|k) = s(k+i) - \frac{e^{\alpha i}}{2}\left[s(k+i) - z(k)\right] - \frac{e^{\beta i}}{2}\left[s(k+i) - z(k)\right]$$

が好ましいものとする[10]．ただし，α と β は負の実数，あるいは (負の実部をもつ) 共役複素数とする．このとき，7.5 節で行ったことと同様の修正を行え．

---

10. 〈訳者注〉式中の $e^{\alpha i}$ と $e^{\beta i}$ の指数関数の肩の i は虚数単位ではなく，予測ステップ数のカウンタの i (すなわち，整数) であることに注意する．

第8章

ロバスト予測制御

8.1 ロバスト制御の定式化

大部分のロバスト制御問題の定式化では，以下のような一般的な形式をとる．すなわち，プラントは近似的にしか既知でなく，ある定量的な方法で特徴づけられた集合の中に存在すると仮定される．そして，ロバスト制御系設計の目的は，プラントがこの規定された集合内にとどまる限り，設計されたフィードバックシステムによって，ある性能仕様が満足されることを保証することである．

多くのロバスト制御理論では，コントローラは線形であると仮定する．しかし，これまで本書で見てきたように，制約が活性化されていると，予測コントローラは非線形になる．それにもかかわらず，ロバスト制御理論は予測制御に対しても有用である．なぜならば，多くの予測コントローラは，大部分の時間において制約がないモードで動作するか，長時間，特定の制約だけが活性化されている状態で動作するからである．どちらの場合においても，二次評価，線形モデル，そして線形制約を用いて設計された予測コントローラは，これらの条件下で線形にふるまう．

本章では，線形コントローラを想定するロバスト制御のための二つのチューニングアプローチについて検証することから始める．そして，制約の存在を考慮したアプローチについて見ていく．

制約なし MPC のロバスト性に関する興味深いが典型的ではない初期の結果が，Åström によって与えられた [Åst80]．そこで考えられた問題は，われわれの用語を使えば，漸近安定なプラントに対して，モデルを

$$y(k+1) = bu(k), \quad b > 0 \tag{8.1}$$

とし，$H_p = H_u = 1$ で $R = 0$ とした場合の SISO システムに対する MPC 問題である．

連続時間ステップ応答 $S_c(t)$ が単調増加(すなわち $t_1 > t_2 \Rightarrow S_c(t_1) > S_c(t_2)$)で正であるような任意の線形 SISO システムに MPC コントローラを適用すると,閉ループ安定性が得られることが示された.ただし,サンプリング周期 T_s が

$$S_c(T_s) > \frac{S_c(\infty)}{2} \tag{8.2}$$

のように選ばれ,モデルゲインが

$$b > \frac{S_c(\infty)}{2} \tag{8.3}$$

を満たすくらい十分大きいと仮定できるとする.このロバスト性は,性能を犠牲にすることによって得られている.すなわち,T_s と b がこのように選ばれていれば,閉ループの整定時間は開ループプラントのそれより長くなってしまう.これは非常に特殊な結果ではあるが,一般的な特徴を示している.すなわち,予測ホライズンを十分長くとれば,MPC で安定性が得られることが多い.この場合,$H_p = 1$ なので,予測ホライズンはサンプリング周期 T_s と等しい.

8.1.1 ノルム有界型不確かさ

プラントの不確かさの最も一般的な規定方法は,**ノルム有界**(norm-bound)を用いたものである.プラントの公称モデル(これを伝達関数 $P_0(z)$ としよう)は利用できると仮定するが,実際のプラント $P(z)$ は,たとえばつぎのように記述されるとする.

$$P(z) = P_0(z) + \Delta \tag{8.4}$$
$$P(z) = P_0(z)[I + \Delta] \tag{8.5}$$
$$P(z) = [M_0(z) + \Delta_M]^{-1}[N_0(z) + \Delta_N], \quad \text{ただし,} \quad P_0(z) = M_0^{-1}(z)N_0(z) \tag{8.6}$$

ただし,それぞれの場合において,Δ は安定な有界作用素であり,$P_0(z)$ はしばしば $\|\Delta\| \leq 1$ となるように正規化されている.もちろん,Δ について正確には知り得ないが,Δ の性質についてさまざまな仮定をすることができる.たとえば,非線形,**線形時変**,**線形パラメータ可変**(Linear Parameter-Varying, LPV),そして**線形時不変**などとすることができる.また,さまざまなノルムを利用することができるが,最もよく利用されるものは **H 無限大**(H-infinity)ノルム $\|\Delta\|_\infty$ である.このノルムは,作用素の最悪**エネルギーゲイン**として,非線形システムに対しても定義できる.

公称プラント $P_0(z)$ に対して設計された線形フィードバックコントローラ $K(z)$ は,プラントがモデル $P_0(z)$ とまったく同じであれば,閉ループを安定化する.しかし,

実際のプラント $P(z)$ に対して適用したときには，必ずしも安定化するとは限らない．したがって，上述の不確かさの記述によって規定されたすべてのプラントに対して安定性が保たれるかどうかをテストする方法を見つけることは重要である．

プラントの不確かさが式 (8.4) の加法的モデルで記述されるとする．そのとき実際のプラントとコントローラがフィードバック結合されている様子を図 8.1 に示した．不確かさ Δ は公称プラントと並列に接続されている．しかし，この図は，コントローラ K と P_0 によって形成される閉ループ（図ではこの部分を破線で囲んである）の周りのフィードバックループ中に Δ が存在することを示すように描かれている．破線で囲まれた部分の伝達関数（行列）は，$K(z)S(z)$ となる．ただし $S(z) = [I + P_0(z)K(z)]^{-1}$ は 7.1 節で導入した感度関数であり，この伝達関数はもちろん安定になるように設計される．したがって，**一巡ゲイン伝達関数** (loop gain transfer function) は $KS\Delta$ となる．**小ゲイン定理** (small-gain theorem) より[1]，不確かさのブロック Δ を有するこのシステムのフィードバック結合は，

$$\bar{\sigma}\left[K\left(e^{j\omega T_s}\right) S\left(e^{j\omega T_s}\right)\right] \|\Delta\|_\infty < 1 \tag{8.7}$$

が成り立てば，安定のままである．ただし，$\bar{\sigma}[\cdot]$ は**最大特異値**を表す（ミニ解説 8 (p.246) および 7.3 節を参照）．

不確かさを用いて記述される集合に属する任意のプラントに対して，ロバスト安定性が保証されるかどうかをチェックするために，与えられた設計に対して，不等式 (8.7) を調べることができる．また，コントローラをチューニングするとき，式 (8.7) を満たすように周波数応答特性を変化させようとすることができる．しかしながら，式 (8.7) はロバスト安定性のための十分条件でしかないことに注意する．す

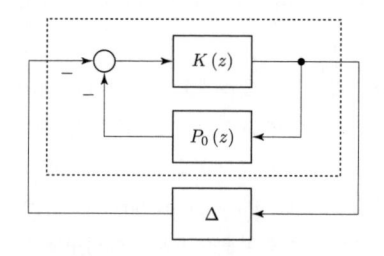

図 8.1 加法的不確かさモデルをもつコントローラとプラントのフィードバック結合

---

[1] あるいは，一般化されたナイキストの安定定理より．

なわち，この条件が満たされなくてもロバスト安定性が成り立つことがある．

別の不確かさの記述に対しては，異なるロバスト安定条件が導かれる．たとえば，式 (8.5) の**入力乗法的** (input multiplicative) 不確かさモデルの場合には，ロバスト安定性のための十分条件として次式が導かれる．

$$\bar{\sigma}\left[K\left(e^{j\omega T_s}\right)P_0\left(e^{j\omega T_s}\right)\left(I+K\left(e^{j\omega T_s}\right)P_0\left(e^{j\omega T_s}\right)\right)^{-1}\right]\|\Delta\|_\infty < 1 \tag{8.8}$$

なお，多変数システムの場合には，$KP_0 \neq P_0K$ なので，式 (8.8) で現れる伝達関数は 7.1 節で導入した**相補感度関数**と等しくない．また，式 (8.6) の**既約因子** (coprime factor) 不確かさモデルの場合には，つぎの十分条件が得られる．

$$\bar{\sigma}\left\{\begin{bmatrix} K\left(e^{j\omega T_s}\right) \\ I \end{bmatrix}\left[I+P_0\left(e^{j\omega T_s}\right)K\left(e^{j\omega T_s}\right)\right]^{-1}M_0^{-1}\left(e^{j\omega T_s}\right)\right\}\left\|\begin{bmatrix} \Delta_M & \Delta_N \end{bmatrix}\right\|_\infty < 1 \tag{8.9}$$

式 (8.4) 〜 (8.6) で与えたような記述のうち，不確かさ Δ に関する仕様がノルム有界のみで与えられるものは，**非構造化不確かさ** (unstructured uncertainty) 表現として知られている．実際には，プラントのふるまいの変化に関する詳細な情報が利用できることもある．たとえば，質量あるいは抵抗のような物理パラメータがある範囲内で変化することが既知であることなどである．そのような場合でもノルム有界記述を利用できるが，作用素 Δ は固定された構造をもつものに限定される．通常，これは指定されたブロックの大きさをもつブロック対角伝達関数の形で表現される．このようにする利点は，ロバスト安定性テストが，式 (8.7) や式 (8.8) のような特異値テストよりも，保守的でなくなることである．これは，特異値テストは (ノルムによって測られる) 許容される「大きさ」のすべての摂動 Δ に関して，閉ループが不安定になるかどうかをチェックすることを意味していて，たとえ摂動の構造が起こり得るパラメータの変化に対応しない場合に対しても，そのチェックを行ってしまうからである．許容された大きさと構造の摂動のみをチェックするための，より洗練されたテストは**構造化特異値** (structured singular value) (あるいは「μ」と呼ばれている) を用いるものである．これでさえもロバスト安定性のための十分条件しか与えない．なぜならば，プラントで実数値摂動しか起こらないことが既知であったとしても，(周波数応答特性の位相摂動のような) 複素数値摂動もチェックしてしまうからである．原理的には，ロバスト安定性のための必要十分条件は，さらに洗練された，**実構造化特異値** (real structured singular value) (あるいは**実 μ** と呼ばれている) によって得られる．実際には，「実 μ」を計算することは非常に困難である (この計算は **NP ハード** (NP-hard) であることが知られている)．そのため，その上限と下限を用いることに甘んじなければならない．

結局,「実 μ」テストを用いたとしても,ロバスト安定性テストでは,通常,ある程度の保守性が存在する[2].

構造化特異値は,ロバスト安定性が保たれるかのテストに使えるだけではなく,**ロバスト性能**(もしこれがノルム有界で表現できれば)が保たれるかに対する同様なテストのためにも用いることができることが重要である.

プラントの不確かさをモデリングしたり,ロバスト性をテストするためのノルム有界アプローチの詳細については [Mac89, ZDG96] を参照せよ.9.1.6 項では,このアプローチがケーススタディを用いて説明されている.[PG88] では,予測制御とともに構造化特異値を用いることが,プロセス制御の系統的なアプローチの基礎となると議論している.

8.1.2 ポリトープ型の不確かさ

プラントモデルの不確かさを規定する別のアプローチとして,モデルを定義するパラメータが存在すべき範囲を定義する方法がある.しかしながら,結果として得られる記述に対して何らかの解析が行えるように,この方法を行うことは困難である.

ロバストモデル予測制御に対する初期のアプローチでは,モデルは固定次数の FIR システムで記述され,その不確かさはインパルス応答係数の範囲の形式で表現されると仮定されていた [CM87].この方法では,不確かさがモデル記述に線形に現れるという利点があった.しかし,不幸にも,このような記述に基づく設計法は,ロバスト性を保証しないことが後に明らかにされた [ZM95b].

より最近のアプローチは,いくつかの**端点** (corner) が既知であり,そして,実際のプラントは,これらの角の凸包 (convex hull) である**ポリトープ** (*polytope*)[3] の中に存在すると仮定するものである.

$$x(k+1) = A_i x(k) + B_i u(k), \quad i = 1, 2, \ldots, L \tag{8.10}$$

$$[A, B] = \sum_{i=1}^{L} \lambda_i [A_i, B_i], \quad \sum_{i=1}^{L} \lambda_i = 1 \tag{8.11}$$

実際のプラントは固定されている必要はない.このポリトープの中にさえとどまって

---

[2]. 特異値は *Model Predictive Control Toolbox* の関数 `svdfrsp` を用いて計算できる.μ と実 μ は MATLAB の *Mu-Analysis and Synthesis Toolbox* の関数 `mu` を用いて推定することができる.

[3]. ポリトープは,有限個の超平面によって境界づけられる n 次元空間の有限領域である.上述のポリトープは凸であるが,一般には凸ではない.ベクトル不等式 $Ax \leq b$ (ただし,x の要素数が n) の解集合は,解集合が有界ならば n 次元凸ポリトープである.

8.2 LeeとYuによるチューニング手順

8.2.1 簡略化された外乱と雑音モデル

本節ではLeeとYuによって提案されたチューニング手順[LY94]の概要を述べる．彼らは図8.2に示した外乱と雑音モデル（これは[LMG94]で最初に発表された）を採用した．DMCモデルの場合と同様に，出力外乱のみがプラントに加わると仮定しているが，それがステップ外乱であるとは仮定していない．その代わりに，外乱は独立確率「白色雑音」過程（図ではベクトル$\Delta w(k)$で示されている）によって生成されると仮定する．そして，これは積分されてベクトル確率過程$w(k)$となり，その後，一次低域通過フィルタを通り，確率的出力外乱ベクトル$d(k)$になる．ここで，i番目の出力への外乱はα_iに極をもつフィルタを通過する（α_iが1に近ければ，時定数$-T_s/\ln\alpha_i \approx T_s/(1-\alpha_i)$に対応する．ただし，$T_s$は更新周期である．また，フィルタが安定になるように，$0 \leq \alpha_i \leq 1$とすることに注意する）．さらに，プラント出力ベクトルは，白色測定雑音ベクトル$v(k)$の影響を受けると仮定する．ただし，それぞれの要素は互いに独立である．

$\alpha_i = 0 \ (i=1,\ldots,m)$，かつ$v(k)$の共分散をゼロとすれば，DMC外乱モデルとなるので，このモデルはDMC外乱モデルを一般化したものである．**積分白色雑音**（integrated white noise）の利用は，一定値外乱あるいはプラント・モデル定常ゲイン

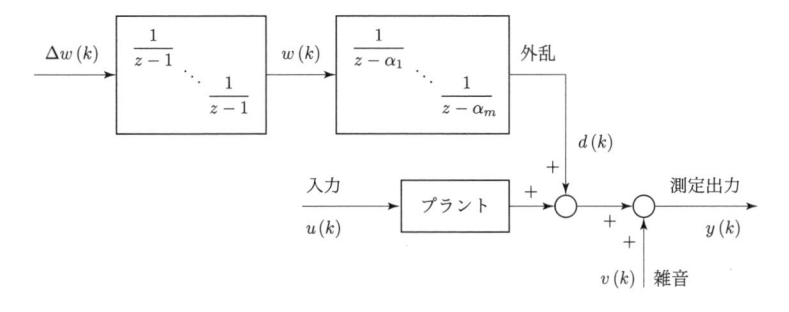

図8.2　LeeとYuによって用いられた外乱と雑音モデル[LY94]

不一致が存在する場合でも，オフセットなし性能を保証する．フィルタの導入により，それぞれの出力に関する外乱が，異なる「速度」で現れることを，設計者が規定できる．そのため，それぞれの出力に対して異なる応答速度で外乱除去を行うことができる．これにより，（同じ評価関数を用いると仮定した場合）DMC モデルで行われるよりも穏やかな外乱除去を行うこともできる．したがって，効果的なチューニングパラメータが付加されたことになる．また，コントローラのロバスト性を高めるために，これらのパラメータを用いることができる．すなわち，ロバスト性を増加するためには，制御が**劣チューニング**[4]されなければいけないという直感は，通常，適切である．そして，少なくとも制約が活性化されない場合に対しては，α_i パラメータのさまざまな値に対する厳密なロバスト性解析を行うことができる．フィルタ時定数に加えて，$\Delta w(k)$ と $v(k)$ の共分散，すなわち，それぞれの出力に関する外乱と測定雑音の相対的な強さを調整することもできる．これもまた，外乱に対するコントローラの応答に影響を与える．出力測定値が雑音を非常に多く含んでいると規定されていれば，適切に設計された推定器は，ほとんどの変動は雑音によるものであるとみなし，その結果，その出力には外乱は多く含まれず，よってそれほど応答する必要はないと予測器に（したがってコントローラに）「知らせる」（フィルタ時定数を調整することが周波数応答を「整形」することに対して，これは周波数に独立な効果を与えることに注意する）．

フィルタパラメータ α_i および，外乱と雑音の相対的な強さは，それらの意味が容易に理解できるので，オンラインチューニングパラメータとしてプラントオペレータに利用してもらえるというのは，もっともらしく聞こえるかもしれない．しかし，それはこれらのパラメータを調整する効果が直感とどの程度一致するかに依存する．Lee ら [LMG94] および Lee と Yu [LY94] は，これらの効果について詳細に検討した．それらの解析と得られた結果を以下で要約しよう．

外乱と雑音に関する仮定に対応する適切な推定器と予測器は，**カルマンフィルタ**理論を用いることによって得られる．この理論を用いるために，われわれのプラントと仮定を標準形式に変形しなければならない（ただし，ここでは測定可能な外乱は考慮する必要がないので無視した）．

$$\xi(k+1) = \tilde{A}\xi(k) + \tilde{B}u(k) + \Gamma \Delta w(k) \tag{8.12}$$

---

[4] ここでの「劣チューニング」は，過激でない制御動作という従来からの意味で用いられている．もちろん，ロバスト性を増加させることが制御目的に含まれていれば，チューニングは「劣チューニング」によって実際には改善される．

$$y(k) = \tilde{C}\xi(k) + v(k) \tag{8.13}$$

ただし，$\xi(k)$ は適切な状態ベクトルであり，また $\Delta w(k)$ と $v(k)$ は標準形式で要求されているように白色であると仮定されているので，それらをそのまま用いる．さて，通常のプラントモデルを用いると，われわれの仮定はつぎのものに対応する．

$$x(k+1) = Ax(k) + Bu(k) \tag{8.14}$$
$$y(k) = Cx(k) + d(k) + v(k) \tag{8.15}$$

ただし，$x(k)$ はプラント自身の状態である．また，外乱過程 $d(k)$ の状態空間モデルが必要である．これを求めるためには，つぎのような二段階からなる手順が便利である．第一段階は，$w(k)$ から $d(k)$ のモデルを得ることであり，そして第二段階は，$\Delta w(k)$ から $w(k)$ のモデルを得ることである．第一段階に対して，次式を得る．

$$x_w(k+1) = A_w x_w(k) + w(k) \tag{8.16}$$
$$d(k) = x_w(k) \tag{8.17}$$

ただし，w, x_w, d はすべて同一次元である．また，$A_w = \mathrm{diag}(\alpha_1, \alpha_2, \ldots)$ である．これと式 (8.14), (8.15) を組み合わせると，次式が得られる．

$$\begin{bmatrix} x(k+1) \\ x_w(k+1) \end{bmatrix} = \begin{bmatrix} A & 0 \\ 0 & A_w \end{bmatrix} \begin{bmatrix} x(k) \\ x_w(k) \end{bmatrix} + \begin{bmatrix} B \\ 0 \end{bmatrix} u(k) + \begin{bmatrix} 0 \\ I \end{bmatrix} w(k) \tag{8.18}$$

$$y(k) = \begin{bmatrix} C & I \end{bmatrix} \begin{bmatrix} x(k) \\ x_w(k) \end{bmatrix} + v(k) \tag{8.19}$$

$\Delta w(k) = w(k) - w(k-1)$ なので，2.4 節で行ったように，モデルの**差分**あるいは**速度形式**を用いることによって，第二段階を行う．これより次式を得る．

$$\begin{bmatrix} \Delta x(k+1) \\ \Delta x_w(k+1) \\ \eta(k+1) \end{bmatrix} = \begin{bmatrix} A & 0 & 0 \\ 0 & A_w & 0 \\ CA & A_w & I \end{bmatrix} \begin{bmatrix} \Delta x(k) \\ \Delta x_w(k) \\ \eta(k) \end{bmatrix}$$
$$+ \begin{bmatrix} B \\ 0 \\ CB \end{bmatrix} \Delta u(k) + \begin{bmatrix} 0 \\ I \\ I \end{bmatrix} \Delta w(k) \tag{8.20}$$

$$y(k) = \begin{bmatrix} 0 & 0 & I \end{bmatrix} \begin{bmatrix} \Delta x(k) \\ \Delta x_w(k) \\ \eta(k) \end{bmatrix} + v(k) \tag{8.21}$$

いま，ここでは u は Δu に替わっているが，標準モデル (8.12)，(8.13) の形式になった．確率的外乱 $\Delta w(k)$ はプラントの状態 $\Delta x(k)$ を励起しないことに注意する．このことは，プラントモデル内のどの不安定モードもカルマンフィルタ (推定器) ゲインによって安定化できないことを意味している．よって，DMC モデルのときとまったく同じように，この外乱モデルは漸近安定プラントに対してしか用いることができない．プラントの状態に影響を与えない出力外乱として外乱を取り扱うすべてのモデルにおいて，このことは成り立つ．

このモデルを完成させるために，$\Delta w(k)$ と $v(k)$ の共分散行列を指定する．仮定より，これらはともに対角行列である，すなわち，$W = \text{diag}(\rho_1, \rho_2, \dots)$ $(\rho_i \geq 0)$，$V = \text{diag}(\sigma_1, \sigma_2, \dots)$ $(\sigma_i \geq 0)$ である．

以上の準備の下で，適切な離散時間リカッチ方程式 (式 (8.31) を参照) を解くことによって，カルマンフィルタゲインを計算できる．[LMG94] では，プラント状態ベクトルは，プラント出力の予測値から構成されるように選ばれた．この選定により，解かれるべきリカッチ方程式の次元を低減化できることが指摘されている．しかし，現在の計算機パワーと，この方程式はオフラインで解けばよいことなどを考慮すると，このことは大した問題ではない[5]．[LMG94] において，$\alpha_i = 0$，$V = 0$ であれば，DMC 推定器/予測器が得られることも示されている．

Model Predictive Control Toolbox の関数 `smpcest` のあるオプションを選ぶと，外乱/雑音モデルが仮定され，α_i，ρ_i，σ_i パラメータのみを指定すればよくなる．

モデル (8.20)，(8.21) に対するリカッチ方程式 (8.31) の解が，つぎの形式をとることは容易に確かめられる．

$$P = \begin{bmatrix} 0 & 0 & 0 \\ 0 & P_{22} & P_{23} \\ 0 & P_{23}^T & P_{33} \end{bmatrix} \tag{8.22}$$

(もちろん漸近安定プラントを仮定している)．ただし，ブロックの次元はベクトル x, x_w, y の次元に対応する．したがって，カルマンフィルタゲイン行列は，次式で与えられる．

$$L = \begin{bmatrix} 0 \\ P_{23} \\ P_{33} \end{bmatrix} (P_{33} + V)^{-1} \tag{8.23}$$

---

[5]. MATLAB の *Control System Toolbox* の関数 `dlqe` を用いて，100 状態，20 出力をもつランダムシステムのカルマンフィルタゲインを計算するために必要な時間は，333 MHz, メインメモリが 128 メガバイトの Pentium II プロセッサで，約 30 秒である．

さらに，A_w，W，V はすべて対角なので，ブロック P_{22}，P_{23}，P_{33} はすべて正方・対角である．したがって，L は次式のようになる．

$$L = \begin{bmatrix} 0 \\ L_{\Delta w} \\ L_\eta \end{bmatrix} = \begin{bmatrix} 0 \\ \text{diag}\{\phi_1, \phi_2, \ldots\} \\ \text{diag}\{\psi_1, \psi_2, \ldots\} \end{bmatrix} \tag{8.24}$$

[LY94] では，

$$\phi_i = \frac{\psi_i^2}{1 + \alpha_i - \alpha_i \psi_i} \tag{8.25}$$

であり，$\rho_i/\sigma_i \to 0$ のとき，$\psi_i \to 0$ であることが示されている．$\sigma_i \to 0$ のとき，$\psi_i \to 1$ であることに注意せよ．ρ_i/σ_i のすべての値に対して，$0 < \psi_i \leq 1$ であることを示すことができる．

[LY94] では，このチューニング手順は，分散 ρ_i と σ_i を調整するのではなく，ゲイン ψ_i を直接調整するという形で表現されている．

8.2.2 チューニング手順

Lee と Yu [LY94] は，二段階チューニング手順を提案している．第一段階では，公称安定性 (すなわち，線形プラントが完全だという仮定の下での閉ループ安定性) を得るように，評価関数の重みやホライズンの選定が行われる．したがって，彼らは制御ペナルティ重み行列を $R = 0$ と選び，制御ホライズンを現実的に可能な限り大きくし，予測ホライズンを少なくとも制御ホライズンと同じに (できれば無限大に) することを提案している．ホライズンを可能な限り大きくする理由は，コントローラの「レギュレータ」のふるまいが，無限ホライズン線形二次状態フィードバックコントローラのそれにできる限り近くなるようにするためである．というのは，そのようなコントローラは，普通，非常に好ましいフィードバック特性を示すからである (このことについては，8.3 節で補足する)．6.2 節を鑑みると，一歩進んだ提案は，両方のホライズンを無限大にし，すべての制約が活性化されていない限り，正確な**線形二次 (LQ)** のふるまいが得られるようにすることである．$R = 0$ と選ぶ理由は，この段階でコントローラの動作を不必要に制限しないためである．しかし，さらなる理由は，8.3 節で明らかになる．

第二段階では，プラント・モデル不一致に対するロバスト性を得るために，コントローラの**劣チューニング**が行われる．これは，外乱と雑音パラメータ α_i，ρ_i，σ_i，あるいは (ほとんど) 等価的に，パラメータ α_i，ψ_i を調整することによって行われる．

制御される出力が一つだけであれば,調整すべきものはフィルタパラメータ α_1 とゲイン ψ_1 の二つだけである.すると,これは GPC において二次の**観測器多項式** $C(z)$ を利用することと同じである (4.2.4 項と 4.2.5 項,そして演習問題 8.2 を参照).大まかにいえば,ψ_1(あるいは ρ_1/σ_1)を増加させると,予測コントローラを完全な形で含んだ[6]最終的な閉ループの帯域幅を増加させることになる.より正確にいうと,感度関数 $|S(e^{j\omega T_s})|$ のゲインが 1 に近くなり,相補感度関数 $|T(e^{j\omega T_s})|$ のゲインが 1 から大きく離れるような周波数帯域が増加する.α_1 を増加させることは,低周波数で感度を改善(低減)する効果をもつが,その代償として,高周波数で感度関数と相補感度関数の両者を増加させてしまう.そのため,モデル化誤差に対するロバスト性が低下し,減衰性が悪くなって**リンギング**してしまう.適切な性能/ロバスト性のトレードオフは,それぞれの場合に対して,これらの関数のボード線図を検証することによって決められなければならない.

多変数の場合に対して,Lee と Yu [LY94] は,入力あるいは出力から見たプラントの不確かさの構造に関する既知の情報をどのようにチューニングに用いるべきかを詳しく議論している.彼らは,出力不確かさに対するロバスト性をチューニングするためには,外乱/雑音パラメータを用いるべきであるが,入力不確かさに対するロバスト性をチューニングするためには,制御ペナルティ行列 R を用いるべきであると提案した.しかしながら,多くの場合,不確かさの構造についてこのアドバイスに従うのに十分正確な情報は持ち合わせない.そのような場合には,1 出力の場合の影響についての理解を用い,感度・相補感度関数の特異値をモニターし,それらが互いに影響し合うということを考慮しながら,α_i と ψ_i(あるいは ρ_i, σ_i)パラメータを調整せざるを得ない.

R を初期値 0 から増加させることの欠点は,その効果が,ときとして反直感的になること,そして,出力制約が活性化されるとその効果が完全に失われてしまうことである.なぜならば,制約を守ることが,評価を最小化することに優先してしまうからである.一方,状態推定器の機能は,制約に影響されない.よって,推定器をチューニングすることによって達成される利点のいくつかは,出力制約が活性化されたとしても,そのまま保存される.これは非常にヒューリスティックな議論であるが,実際的な経験から何らかの妥当性があることが示されている.

---

6. 〈訳者注〉ここでの「完全な」とは,雑音モデルなどすべてを含んだという意味である.

8.3 LQG/LTR チューニング手順

ループ伝達回復 (*Loop Transfer Recovery, LTR*) は，**線形二次ガウシアン** (*Linear Quadratic Gaussian, LQG*) 設計法とともに用いるために開発されたチューニング法である．線形プラントモデルがあり，二次ペナルティ評価を用い，ガウス性確率分布をもつ外乱と雑音を仮定するとき，最適制御問題は，つぎに示す二つの部分問題に分割でき，それらは独立に解くことができることが，**LQG 理論**により導かれる．

1. **推定**：(プラントの入出力信号から) プラントの状態の最適推定値 $\hat{x}(k|k)$ を得るためにカルマンフィルタを用いる．詳細はミニ解説 9 を見よ．
2. **制御**：同じ評価関数，同じプラントを用いる，確定的な (すなわち外乱や雑音は存在しないとする) 制御問題に対する最適状態フィードバックゲイン行列 K_∞ を見つける (詳細はミニ解説 7 (p.221) を参照)．そして，最適状態推定値が真の状態の測定値であるかのように，それを用い，フィードバック則 $u(k) = -K_\infty \hat{x}(k|k)$ を適用する．

われわれはすでに前節で LQG アプローチを用いた．LQG/LTR チューニング手順を用いる提案は，前節で紹介した Lee と Yu の手順に非常に近い．ここで紹介する手順は，より一般的な外乱モデルを用いることによって，Lee と Yu の手順を一般化したものである．これにより，必要があれば，周波数応答を整形する際の自由度が増え，また，不安定なプラントにも適用可能となる．さらに，相関のある外乱を外乱モデルとして用いることが可能になる．このことは，強い相関が存在し，その相関が既知で，かなり正確にモデリングできるような応用例において，利点となる (このような応用例は，たとえば，船の制御である．この場合，状態外乱は波のような共通の原因によるので，非常に強い相関をもっている)．一方，評価関数内の重みは前もって固定されており，雑音モデルだけが調整されるので，その複雑さは増加するにしても，さほどではない．また，そのチューニングは (カルマンフィルタの) **開ループ**周波数応答をモニターすることによって実行できる．そのため，チューニングの間，プラント固有の特性を考慮することが容易になる．

[BGW90] の著者らは，LQG/LTR を用いて適応予測コントローラを設計することを提案している．そのアプローチは無限ホライズンを利用するものなので，提案された時点では，このアイディアを制約つき予測制御で利用することは不可能のように思えた．しかしながら，現在では，無限ホライズンをもつ制約つき予測制御問題の解法が知られているので (特に，予測と制御ホライズンの両者を無限大とした [SR96b] の研究

ミニ解説 9 —— カルマンフィルタ

次式のプラントモデルを考える.

$$x(k+1) = Ax(k) + Bu(k) + \Gamma w(k), \quad y(k) = Cx(k) + v(k) \tag{8.26}$$

ここで, w と v は, それぞれ共分散行列 $\mathrm{E}\{ww^T\} = W \geq 0$, $\mathrm{E}\{vv^T\} = V > 0$ の白色雑音過程であり, $\mathrm{E}\{wv^T\} = 0$ (すなわち w と v は無相関)が成り立つものとする. w はプラントのふるまいに影響を与える外乱とする (したがって, ある意味においてフィルタが「追従」しなければならない). 一方, v は測定雑音とする (したがって, ある意味においてフィルタによって「抑圧」されなければならない). 状態 x の最適(最小誤差分散)推定値は, **カルマンフィルタ** (*Kalman filter*), すなわちつぎの方程式を繰り返すことによって得ることができる [AM79, BGW90, BH75, KR72].

修正： $\hat{x}(k|k) = \hat{x}(k|k-1) + L'(k)[y(k) - C\hat{x}(k|k-1)]$ (8.27)

予測： $\hat{x}(k+1|k) = A\hat{x}(k|k) + Bu(k)$ (8.28)

ただし, **カルマンフィルタゲイン** $L'(k)$ は,

$$L'(k) = P(k)C^T \left[CP(k)C^T + V\right]^{-1} \tag{8.29}$$

によって与えられる. ここで, $P(k)$ は次式で与えられる.

$$P(k+1) = AP(k)A^T - AP(k)C^T \left[CP(k)C^T + V\right]^{-1} CP(k)A^T + \Gamma W \Gamma^T \tag{8.30}$$

モデルと共分散は時変の場合もある. しかし, それらがすべて定数であれば, 式 (8.30) のリカッチ方程式は $P_\infty \geq 0$ に収束し, これは(フィルタリング)**代数リカッチ方程式** (*Algebraic Riccati Equation, ARE*)

$$P_\infty = AP_\infty A^T - AP_\infty C^T \left[CP_\infty C^T + V\right]^{-1} CP_\infty A^T + \Gamma W \Gamma^T \tag{8.31}$$

の解である. これより, 「定常」カルマンフィルタゲインは, 次式となる.

$$L'_\infty = P_\infty C^T \left[CP_\infty C^T + V\right]^{-1} \tag{8.32}$$

カルマンフィルタ方程式は, 特殊な観測器ゲインをもつ観測器の形をとっていることに注意する. 対 $(A, \Gamma W^{1/2})$ が可安定で, 対 (C, A) が可検出であれば, 閉ループ観測器状態遷移行列 $A(I - L'_\infty C)$ のすべての固有値は単位円内に存在する. よって, 観測器は安定である. また, $CP_\infty C^T > 0$ であれば, $V \geq 0$ も(すなわち $V = 0$ でさえも)許容されることに注意する.

外乱と雑音の未来値がそれらの平均値(すなわち 0)に等しいことが仮定できれば, 最適**予測** (*prediction*) が得られる. したがって, 最適予測はつぎの逐次式を用いることによって, 最適フィルタリング状態推定値 $\hat{x}(k|k)$ から得ることができる.

$$\hat{x}(k+1|k) = A\hat{x}(k|k) + Bu(k) \tag{8.33}$$

$$\hat{x}(k+\ell|k) = A\hat{x}(k+\ell-1|k) + B\hat{u}(k+\ell-1|k), \quad \ell > 1 \tag{8.34}$$

以降)，これらの問題に LTR を用いることは可能である．[LMG94] では，LQG/LTR のアイディアに，前節で記述した簡略化された外乱モデルを利用することも提案されている．

LQG/LTR アプローチの核心にあるのは，(無限ホライズン) **LQ 状態フィードバック法**と (定常) カルマンフィルタの両方が，それら自身フィードバックシステムであるという認識である．これを図 8.3 と図 8.4 に示した．さらに，それらはどちらも，通常優れた「フィードバック特性」を有している．連続時間の場合，これらの図において $\mathcal{L}_{LQ}$，$\mathcal{L}_{KF}$ と表記されているそれぞれのフィードバックループにおいて，個々の入力チャネルのゲインの増加に対して，**ゲイン余裕**は無限大で，個々の入力チャネルの減少に対して，ゲイン余裕は少なくとも 2 である[7]．また，個々の入力チャネルでモデリングされない位相遅れに対して**位相余裕**は少なくとも $60°$ であることが知られている [Kal64, SA77]．一方，離散時間の場合には，これらの性質は厳密には達成されず，保証できない．しかしながら，それなりの要求がこれらのフィードバックシステ

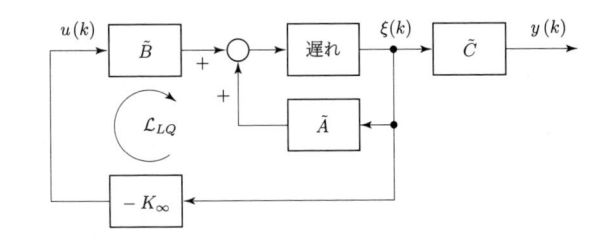

図 8.3 LQ 状態フィードバックレギュレータ

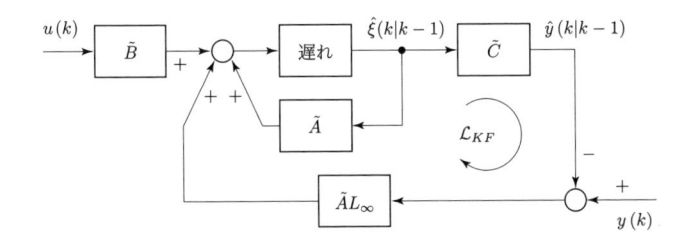

図 8.4 フィードバックシステムとしてのカルマンフィルタ

---

[7]. 〈訳者注〉ゲインを半分 (1/2) にしても安定である (しかし，それ以下にすると不安定になってしまう) という意味で「ゲイン余裕は少なくとも 2」という記述をしている．

ムになされるならば(通常の場合,ループゲインがナイキスト周波数 π/T_s に達する前に十分小さな値になるならば),連続時間のときと同等の性質が成り立つ.

プラントと LQG コントローラを含む全体のフィードバックシステムは,二つのフィードバックシステムから構成されており,それぞれが望ましいフィードバック特性を有しているという事実は,全体のシステムも望ましいフィードバック特性を有していることを意味すると考えられていた.言い換えると,図 8.5 で $\mathcal{L}_{LQG}$ と表記されたループにも,これらの望ましい特性が備わっていると思われていた.ところが,Rosenbrock [Ros71] は必ずしもそうではないことを指摘し,Doyle [Doy78] は LQG ループが限りなく望ましくないフィードバック特性をもち得る(特に,任意の小さな安定余裕をもち得る)ことを示した.これらの指摘は,$\boldsymbol{H_\infty}$ **制御理論**(H_∞ control theory) の開発の動機になった.しかし,その間に,LTR チューニング法が LQG アプローチとともに利用するために開発された [DS81, Mac85, SA87].

LQG/LTR 理論によって,ある状況下で以下のことが成り立つことが示される.すなわち,$Q = C^T C$, $R \to 0$ として LQ 問題を解くことによって,状態フィードバックゲイン K_∞ が得られたならば,$\mathcal{L}_{LQG} \to \mathcal{L}_{KF}$ となる.より詳細にいうと,プラント出力端で評価された**環送差**(return ratio),感度関数,そして相補感度関数は,(プラントモデルは正確であるという仮定の下で)プラントモデルの出力端で評価されたループ $\mathcal{L}_{KF}$ の対応する関数にそれぞれ収束する.なお,R が 0 へ減少していくとき,収束は各周波数において周波数応答が近くなるという形で起こる[8](ただし,ある周波

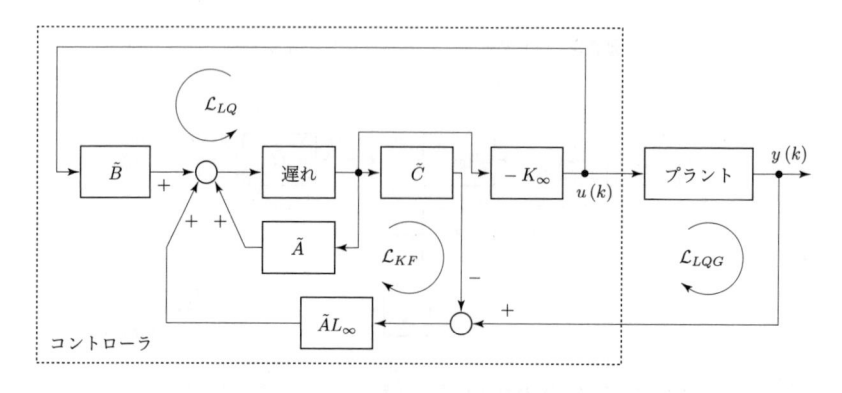

図 8.5 LQG コントローラをもつ閉ループ

---

[8] 〈訳者注〉これは,「pointwise-in-frequency 収束」と呼ばれる.

数における収束は，他と比べると遅いかもしれない)．よって，カルマンフィルタのフィードバック特性は，この手順によってプラント出力端で回復 (recover) される．

ここではこの手順を予測コントローラのチューニングにどのように利用するのかに焦点をおき，この収束性の結果は導出しない．技術的な詳細については，連続時間に関しては最初の論文である [DS81] が参考になる．また，離散時間についての結果 (これは驚くべきことに異なっている) は，[Mac85] あるいは [BGW90] が参考になる．後者の参考論文は，制約なし予測制御に LQG/LTR をどのように適用するのかについて議論している．連続時間設計の LQG/LTR の利用に関する多数の議論が [SA87, Mac89, SCS93] でなされている．その詳細について，以下に数点列挙しよう．

1. **収束定理**では，線形プラントモデルが正方(すなわち，入力と出力の数が同じ)であることを仮定している．出力が入力よりも多い場合には，「ダミー入力」を加えることにより，この方法を利用できる．

2. 収束定理では，線形プラントモデルが**最小位相**(すなわち，単位円外に零点をもたず，積 CB は正則)であることを仮定している．これが満たされない場合でも，通常，少なくとも，**非最小位相零点**の影響が大きくなる周波数以下の周波数帯域では，実際には収束する．通常これは大きな制限にはならない．なぜならば，いかなる場合も，どのようなフィードバック制御を用いようとも達成可能な**帯域幅**は，そのような零点により制限されるからである．特に，離散化により導入される非最小位相零点(すなわち，連続時間システムの右半平面零点から生じない零点)はこの方法の実際的な制限とはならない．

3. 連続時間において，カルマンフィルタと LQ 状態フィードバックコントローラの間には，完全な**双対性**がある．その結果として，双対手順に従う．すなわち，LQ 状態フィードバックループをチューニングし，そして公式に従って ($W = BB^T$, $V \to 0$) 外乱と雑音の共分散を選ぶことによって，プラントの入力端におけるその特性を回復する．このことにより，特に，入力数が出力数よりも多いときも LTR 法を利用することが可能となる．離散時間の場合，この双対性はそれほど完璧ではない．よって，対応する定理は成り立たない．しかし，ここでも先ほどと同じように，サンプリング周波数が要求される帯域幅と比較して十分高ければ，実際上有効に回復できる (基本的に，サンプリング周波数が十分高ければ，近似的にすべての連続時間における結果が成り立つ)．

前節で用いたモデル (8.14), (8.15) の代わりに, つぎのモデルを利用する.

$$x(k+1) = Ax(k) + Bu(k) + \Gamma_x d(k) \tag{8.35}$$
$$y(k) = Cx(k) + v(k) \tag{8.36}$$

ここでは, 外乱 d は出力ではなく状態に加わるものとする. また, これはつぎのモデルによって生成される.

$$x_w(k+1) = A_w x_w(k) + \Gamma_w w(k) \tag{8.37}$$
$$d(k) = C_w x_w(k) + D_w w(k) \tag{8.38}$$

ただし, x_w と d の次元は固定されない, また A_w は対角である必要はない. さて, 式 (8.18), (8.19) は, この場合つぎのようになる.

$$\begin{bmatrix} x(k+1) \\ x_w(k+1) \end{bmatrix} = \begin{bmatrix} A & \Gamma_x C_w \\ 0 & A_w \end{bmatrix} \begin{bmatrix} x(k) \\ x_w(k) \end{bmatrix} + \begin{bmatrix} B \\ 0 \end{bmatrix} u(k) + \begin{bmatrix} \Gamma_x D_w \\ \Gamma_w \end{bmatrix} w(k) \tag{8.39}$$

$$y(k) = \begin{bmatrix} C & 0 \end{bmatrix} \begin{bmatrix} x(k) \\ x_w(k) \end{bmatrix} + v(k) \tag{8.40}$$

$w(k)$ を白色雑音にとり, $D_w = I$ にすることも可能である. こうすることにより, 式 (8.37), (8.38) を用いて $d(k)$ を任意のスペクトル密度をもつようにモデリングできる. しかし, オフセットなし追従を得るために, 周波数 $\omega = 0$ において d のスペクトルを非有界にしたいので, 前節で行ったように, $w(k)$ を**積分白色雑音**と考えたほうが便利である. すなわち, $\Delta w(k)$ を白色雑音であると仮定する. この場合 (2.4 節での導出と同様にして) 次式の「差分」形式を得る.

$$\begin{bmatrix} \Delta x(k+1) \\ \Delta x_w(k+1) \\ \eta(k+1) \end{bmatrix} = \begin{bmatrix} A & \Gamma_x C_w & 0 \\ 0 & A_w & 0 \\ CA & C\Gamma_x C_w & I \end{bmatrix} \begin{bmatrix} \Delta x(k) \\ \Delta x_w(k) \\ \eta(k) \end{bmatrix}$$
$$+ \begin{bmatrix} B \\ 0 \\ CB \end{bmatrix} \Delta u(k) + \begin{bmatrix} \Gamma_x D_w \\ \Gamma_w \\ C\Gamma_x D_w \end{bmatrix} \Delta w(k) \tag{8.41}$$

$$y(k) = \begin{bmatrix} 0 & 0 & I \end{bmatrix} \begin{bmatrix} \Delta x(k) \\ \Delta x_w(k) \\ \eta(k) \end{bmatrix} + v(k) \tag{8.42}$$

多くの場合において, この複雑なモデル全部は必要でない. LTR 手順によって回復される環送差は, 図 8.4 で示したカルマンフィルタにおいて, ループをプラントモデ

ルの出力端で切ったときのそれ，すなわち $\tilde{C}[zI - \tilde{A}]^{-1}\tilde{A}L'_\infty$ である．外乱 $d(k)$ を白色雑音を積分したものとしよう．この場合，状態 x_w は必要なく，$D_w = I$（すなわち $d(k) = w(k)$）にとることができる．よって，モデルは次式のように簡略化される．

$$\begin{bmatrix} \Delta x(k+1) \\ \eta(k+1) \end{bmatrix} = \begin{bmatrix} A & 0 \\ CA & I \end{bmatrix} \begin{bmatrix} \Delta x(k) \\ \eta(k) \end{bmatrix}$$
$$+ \begin{bmatrix} B \\ CB \end{bmatrix} \Delta u(k) + \begin{bmatrix} \Gamma_x \\ C\Gamma_x \end{bmatrix} \Delta w(k) \quad (8.43)$$

$$y(k) = \begin{bmatrix} 0 & I \end{bmatrix} \begin{bmatrix} \Delta x(k) \\ \eta(k) \end{bmatrix} + v(k) \quad (8.44)$$

したがって，カルマンフィルタ環送差は，

$$\tilde{C}\left[zI - \tilde{A}\right]^{-1}\tilde{A}L_\infty = \begin{bmatrix} 0 & I \end{bmatrix} \begin{bmatrix} zI - A & 0 \\ -CA & (z-1)I \end{bmatrix}^{-1} \begin{bmatrix} L_{\Delta x} \\ L_\eta \end{bmatrix} \quad (8.45)$$

$$= \begin{bmatrix} 0 & I \end{bmatrix} \begin{bmatrix} (zI-A)^{-1} & 0 \\ \frac{CA(zI-A)^{-1}}{z-1} & \frac{1}{z-1} \end{bmatrix} \begin{bmatrix} L_{\Delta x} \\ L_\eta \end{bmatrix} \quad (8.46)$$

$$= \frac{CA(zI-A)^{-1}L_{\Delta x} + L_\eta}{z-1} \quad (8.47)$$

となる．「積分白色雑音」外乱モデル[9]から予想されるように，この式は $+1$ に極をもつので，環送差が積分動作を有していることがわかる．また，この式は，環送差のゲイン（したがって，閉ループ帯域幅）を調整するための自由度が，カルマンフィルタゲイン $L_{\Delta x}$, L_η 中に十分あることを示している．また，これらのフィルタゲインの大きさを相対的に調整することによって，**ループ形状** (loop shape)，すなわち，環送差の周波数特性を調整する自由度もある．もちろん $L_{\Delta x}$ と L_η を直接調整することはできないが，外乱/雑音モデルのパラメータ，すなわち，Γ_x と共分散行列 W, V を調整することによって調整可能である．これらのパラメータは直感的な意味をもっているが，$L_{\Delta x}$, L_η はそのような意味をもっていない．出力に雑音がそれほど含まれていなければ，$V = 0$ とおくことができ，そのとき $L_\eta = I$ となる．これは測定出力の**デッドビート追従**を与える (2.6.3 項を参照)．そうしたとしても，なお環送差を調整するためのかなりの自由度が残される．よって，この簡略化を行ったとしても，多くの応

---

[9] 積分器の数は，$z = 1$ における環送差の留数行列（すなわち，$\lim_{z\to 1}(z-1)\tilde{C}[zI-\tilde{A}]^{-1}\tilde{A}L'_\infty = CA(I-A)^{-1}L_{\Delta x} + L_\eta$）のランクによって与えられる．通常，この行列のランクは，出力の数と同じである．よって，それぞれの出力に対して一つ積分器が存在する．

用例に対して十分なチューニングの自由度が残される．なお，前節で述べたチューニング手順とは対照的に，この手順は安定プラントに限定されることはない．

周波数に関する環送差の**整形**がさらに必要ならば（たとえば，外乱パワーが高いことが既知である周波数帯域において，ゲインを上げるなど），式 (8.41)，(8.42) の完全なモデルを利用しなければならない．本節で用いた外乱/雑音モデルのブロック線図を図 8.6 に示した．図 8.2 (p.271) と比較することを勧める．

ひとたび外乱モデルが調整され，環送差と対応する感度・相補感度関数が全周波数帯域で「望ましい」周波数特性を示したならば，「回復ステップ」に進む．図 8.5 に示した標準 LQG システムに対して，次式の評価関数を用いて行われる．

$$\begin{aligned}
V(k) &= \sum_{\ell=1}^{\infty}\left\{\left\|\hat{\xi}(k+\ell|k)\right\|_{\tilde{C}^T\tilde{C}}^2 + \rho\,\|\Delta\hat{u}(k+\ell-1|k)\|^2\right\}\\
&= \sum_{\ell=1}^{\infty}\left\{\|\hat{\eta}(k+\ell|k)\|^2 + \rho\,\|\Delta\hat{u}(k+\ell-1|k)\|^2\right\}\\
&= \sum_{\ell=1}^{\infty}\left\{\|\hat{y}(k+\ell|k)\|^2 + \rho\,\|\Delta\hat{u}(k+\ell-1|k)\|^2\right\}
\end{aligned} \tag{8.48}$$

ただし，未来の測定値の平均値はつねにゼロである，よって $\hat{v}(k+\ell|k)=0$ であるので，最後の等号が導かれた．すると，カルマンフィルタ特性の回復は，（前述した条件の下で）$\rho\to 0$ のときにプラント出力端で得られる．しかし，これは無限ホライズンで固定重みをもつ予測制御評価関数の標準形（スカラパラメータ ρ を除く）である．よって，すべてのチューニングは外乱モデルの設計に変換される．しかし，固定され

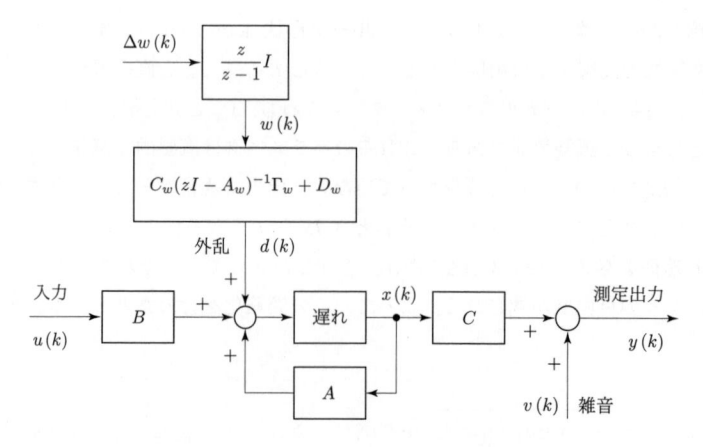

図 8.6　LQG/LTR に対して用いられる外乱と雑音モデル

ているが，理にかなった制御評価関数は依然としてそのままである．

ρ をどのくらい小さくすべきだろうか？ $\rho = 0$ と設定することは可能である（事実，離散時間 LQG/LTR の場合，主な収束定理はこの特殊な場合に関連する）が，通常これは賢明ではない．連続時間カルマンフィルタ（そして LQ 状態フィードバック）が優れたフィードバック特性をもつのは，高周波領域で一次遅れの集合のようにふるまうという事実だけがその根拠である．1出力の場合，位相遅れは決して 90° を超えない．これにはペナルティが伴う．すなわち，ループゲインが高周波数において相対的にゆっくりと（両対数スケールでは傾きが -1，あるいは -20 dB/dec で）減少することである．すべての実プラントは，大きな高周波位相遅れを有し，周波数とともにゲインが大きく減少するので，これらの特性を完全に回復するためには，高周波数においてコントローラが「高域通過」特性をもつようにしなければならない．すなわち，高周波においてゲインを増加させなければならない．しかし，これはいかなる場合でも望ましくない．なぜならば，通常，高周波には有用な情報はなく，そのため，測定雑音を増幅し，その結果としてアクチュエータを急激に動かし，アクチュエータ制約に引っかかってしまう可能性を増加させてしまうからである．さて，ρ を減少させると，通常は，プラント出力端で評価される伝達関数が，より広い周波数帯域でカルマンフィルタ伝達関数に収束するという効果がある．通常，その収束は低周波数で最も急速である．したがって，ρ を減少させながら，環送差，感度関数 $S(z)$，相補感度関数 $T(z)$ をモニターし，そして，フィードバック特性が十分広い周波数範囲にわたって満足できるようになったら，ρ を減少させることを停止すべきである．「十分広い」とは，少なくとも望ましい閉ループ帯域幅か，あるいはそれより少し高いことを意味する．この手順全体は，「連続時間での考え方」に基づいている．そのためサンプリング周期 T_s が望ましい閉ループ帯域幅に比べてあまりに長いと，これはうまく働かないことが予想できる．ナイキスト周波数 π/T_s は，要求された帯域幅のたとえば（少なくとも）10 倍以上にすべきである．

[RM00] では，予測コントローラが線形モードで動作しているとき，すなわち，すべての制約が活性化されていないとき，LQG 設計のふるまいではなく H_∞ 設計のふるまいをするように，MPC をどのようにチューニングできるかが示されている．これは，二次評価関数を維持したまま行われる．

8.4 LMIアプローチ

8.4.1 概観

[KBM96] では，モデル記述に不確かさがあるにもかかわらず，制約を考慮することだけでなく，安定性も維持する問題を検討している．すなわち，**ロバスト制約実現**(robust constraint satisfaction) と**ロバスト安定性**(robust stability) に取り組んでいる．この研究では，**線形行列不等式**(*Linear Matrix Inequality, LMI*) を解くために最近利用できるようになった非常に強力な方法と，*LMI* と制御理論の間に存在する関係 [BGFB94] を活用している．このアプローチは，ノルム有界型の非構造化不確かさ記述およびポリトープ型の記述の両方に適用できる．

この定式化では，問題を QP 問題に帰着させることはできないが，**凸問題**である **LMI 最適化問題**に変換できる．*LMI* 最適化問題を解くために利用できるアルゴリズムは非常に高速だといわれているので，提案された方法はオンラインで利用するための有力な候補であるように思える．

[KBM96] の定式化は，これまで考えてきたものと比べると，かなり異質なものに見える．評価関数と制約はわれわれが利用してきたものと同じだが，$\|\Delta u\|$ ではなく $\|u\|$ にペナルティがかけられている点が異なっている．しかし，この違いは 6.3 節で行ったように問題を再定式化することによって回避できる（これを行わないと，積分動作のような特性は得られない）．最大の違いは，最適化が $\hat{u}(k+i|k) = -K_k x(k)$ ($\forall i > 0$) としたときの**状態フィードバック行列** K_k に関して行われることである（これは [SR96b] でとられたアプローチと同様である）．それぞれのステップにおいて，同じ状態フィードバック行列が，無限予測ホライズンにわたって用いられると仮定する．そのように仮定することにより，この行列がプラントを安定化するものであることが保証される．しかも，公称プラントが安定化されるだけではなく，不確かさ集合内のすべてのプラントの安定化が保証される．これは *LMI* 問題の解として K_k を得ることによって達成される．

制約を満足することもまた *LMI* 問題を解くことによって保証される．ある $X > 0$ に対して現在の状態が $x^T(k) X x(k) < 1$ を満たすと仮定すると，すべての $i > 0$ に対して $x^T(k+i) X x(k+i) < 1$ を保証する K_k を見つける問題は，*LMI* 問題として記述できる．この *LMI* 問題を，ロバスト安定性を与える前述の問題と組み合わせて，よ

り大きな (単一の) *LMI* 問題として記述することができる[10].

さらに，*LMI* 問題は，入力制約や (応答速度のような) ある種の性能要求も取り扱うことができる．これらも前述の LMI と組み合わせることができる．

提案されるアプローチの重要な性質は，時刻 k で実行可能であるならば，無限の予測ホライズンすべてにわたって実行可能であり続けるということである．

この定式化には潜在的な問題がある．第一に，状態を推定するために観測器が用いられたときに，これらすべてが拡張できるかどうかが明確ではない[11]．第二に，*LMI* 最適化問題が最小化するのは，つねに本当に着目する量の上界である．ある場合には，そのような上界が非常に保守的になってしまう可能性があり，このアプローチの実用性が非常に低くなってしまうかもしれない．しかしながら，[KBM96] では，ほとんどの場合，この上界はそれほど保守的ではないと主張されている．そして，第三に，*LMI* 問題を解くアルゴリズムは高速であるけれども，現実の応用に対応する問題は非常に大きなものになってしまう．よって，このアプローチの実時間での使用は，比較的遅い動特性をもつ応用例に限定されてしまう．

8.4.2 制約がない場合のロバスト性

システムは，時変線形モデル

$$x(k+1) = A(k) x(k) + B(k) u(k) \tag{8.49}$$
$$z(k) = C_z(k) x(k) \tag{8.50}$$

によってモデリングされると仮定する．ただし，$A(k)$ などの表記は，それぞれの時刻ステップでこのモデルの行列が変化するかもしれないことを意味しているが，それらの変動が (k の関数として) 前もってわかっているという意味ではない．それらの正確な変動は未知であるので，モデルのふるまいは不確かである．不確かさの「量」は，

$$[A(k), B(k)] \in \Omega \tag{8.51}$$

という仮定によって規定される．ただし，Ω は，**ノルム有界型**の不確かさ記述か，**ポリトープ型**の不確かさ記述かの，いずれかから導出される**凸ポリトープ**である．

---

[10]. *LMI* の集合は単一の *LMI* で表現でき，これは *LMI* の基本的な性質である (ミニ解説 10 を参照)．
[11]. 〈訳者注〉原著では明言されていないが，本節では $x(k|k)$ は測定可能であると仮定している．原著では，以降で $\hat{x}(k|k)$ と表記されているところがあるが，著者に確認したところ，これは間違いとのことなので，本書ではすべて $x(k|k)$ に統一した．

ミニ解説 10 ―― 線形行列不等式 (LMI)

線形行列不等式 (*Linear Matrix Inequality, LMI*) は，次式の形式をした行列不等式である．

$$F(v) = F_0 + \sum_{i=1}^{\ell} v_i F_i \geq 0 \tag{8.52}$$

ただし，F_i はすべて対称行列であり，この不等式はスカラ変数 v_i に関して**アフィン** (affine) である．m 個の LMI, $F_1(v) \geq 0, \ldots, F_m(v) \geq 0$ は，それぞれの行列 $F_i(v)$ を対角上に並べることにより得られる一つの大きなブロック対角行列によって記述される単一の大きな LMI と等価である．

LMI の重要性は，つぎのような最適化問題が凸問題であり，非常に多くの凸問題は，この形式で書くことができ [BGFB94]，そしてこの種の問題を解くための非常に効率的なアルゴリズムが存在することである [Mat]．

$$\min_{v} c^T v \quad \text{subject to} \quad F(v) \geq 0 \tag{8.53}$$

ただし，$F(v) \geq 0$ は LMI である．

LMI がそのように広範囲な問題を表現するために利用できる主な理由の一つは，凸二次不等式が LMI と等価であるからである．特に，$Q(v) = Q^T(v)$, $R(v) = R^T(v)$ で $Q(v)$, $R(v)$, $S(v)$ がすべて v についてアフィンであれば，つぎの二つの不等式

$$Q(v) > 0 \tag{8.54}$$
$$R(v) - S^T(v) Q^{-1}(v) S(v) \geq 0 \tag{8.55}$$

は，次式の LMI と等価である．

$$\begin{bmatrix} Q(v) & S(v) \\ S^T(v) & R(v) \end{bmatrix} \geq 0 \tag{8.56}$$

【例題】 つぎの凸 QP 問題を考える ($Q \geq 0$)．

$$\min_{x} x^T Q x + q^T x + r \quad \text{subject to} \quad Ax \geq b \tag{8.57}$$

これはつぎと等価である．

$$\min_{\gamma, x} \gamma \quad \text{subject to} \quad \gamma - x^T Q x - q^T x - r \geq 0, \; Ax \geq b \tag{8.58}$$

さらに，これはつぎと等価である．

$$\min_{\gamma, x} \gamma \quad \text{subject to}$$

$$\begin{bmatrix} I & Q^{1/2} x \\ x^T Q^{1/2} & \gamma - r - q^T x \end{bmatrix} \geq 0, \; \begin{bmatrix} (Ax-b)_1 & \cdots & 0 \\ \vdots & \ddots & \vdots \\ 0 & \cdots & (Ax-b)_m \end{bmatrix} \geq 0 \tag{8.59}$$

> **ミニ解説 10 —— つづき**
>
> ただし，$(Ax - b)_i$ は $Ax - b$ の i 番目の要素である．式 (8.59) は式 (8.53) の形式をしている (演習問題 8.5 を参照)．

評価関数は，次式で定義される．

$$V_\infty(k) = \sum_{j=0}^{\infty} \left\{ \|\hat{x}(k+j|k)\|_{Q_1}^2 + \|\hat{u}(k+j|k)\|_R^2 \right\} \tag{8.60}$$

不確かさの影響に対するロバスト性は，つぎの「ミニマックス」問題の解となる入力を選ぶことによって得られる．

$$\min_{\mathcal{U}(k)} \max_{[A(k+j), B(k+j)] \in \Omega} V_\infty(k) \tag{8.61}$$

ただし，$\mathcal{U}(k) = \left[\hat{u}^T(k|k), \ldots, \hat{u}^T(k+H_u-1|k) \right]^T$ であり，最大化はすべての $j \geq 0$ にわたって行われる．

さて，式 (8.49) の不確かなモデルに対応する任意の対 $(\hat{x}(k+j|k), \hat{u}(k+j|k))$ とすべての $j \geq 0$ に対して，

$$V(\hat{x}(k+j+1|k)) - V(\hat{x}(k+j|k)) \leq -\|\hat{x}(k+j|k)\|_{Q_1}^2 - \|\hat{u}(k+j|k)\|_R^2 \tag{8.62}$$

が成り立つような，関数 $V(x) = x^T P x$ が存在するものとする (ただし，$P > 0$ である)．すると，そのような関数は，評価 $V_\infty(k)$ の上界になる．このことは，つぎのように示すことができる．$V_\infty(k) < \infty$ とすると，$\hat{x}(\infty|k) = 0$ となり，よって $V(\hat{x}(\infty|k)) = 0$ となる．いま，$j = 0$ から $j = \infty$ まで式 (8.62) の両辺の総和をとると，

$$-V(x(k|k)) \leq -V_\infty(k) \tag{8.63}$$

が得られる．仮定された不確かさの集合内の任意のモデルに対して，式 (8.62) は成り立つので，次式を得る．

$$\max_{[A(k+j), B(k+j)] \in \Omega} V_\infty(k) \leq V(x(k|k)) \tag{8.64}$$

したがって，扱いにくかった式 (8.61) の問題をつぎの簡潔な問題に変形できる．

$$\min_{\mathcal{U}(k)} V(x(k|k)) \quad \text{subject to} \quad \text{Eq. (8.62)}, \, P > 0 \tag{8.65}$$

この問題の定式化には保守性がいくらか入り込んでいる．というのは，$V(x(k|k))$ は，本当に最小化したい評価の上界でしかないからである．しかし，[KBM96] では，実際にはこれはそれほど保守性の原因とはならないことが述べられている．式 (8.65) が比較的解きやすい最適化問題である理由は，それが凸問題であるからである．一方，式 (8.61) はそうではない．式 (8.65) の問題は LMI を利用することによって解くことができる．

式 (8.65) の問題は，つぎの問題と等価である．

$$\min_{\gamma, P} \gamma \quad \text{subject to} \quad x^T(k|k) P x(k|k) \leq \gamma \tag{8.66}$$

ただし，すぐに明らかになるが，解 P は $\mathcal{U}(k)$ に何らかの形で依存していることが既知である．しかし，$P > 0$ なので，$Q = \gamma P^{-1} > 0$ のように定義できる．これを用いると，不等式制約を $1 - x^T(k|k) Q^{-1} x(k|k) \geq 0$ にすることができる．式 (8.54) と式 (8.55) の条件の組と，式 (8.56) の条件の等価性から，この制約は次式の LMI に変形できる．

$$\begin{bmatrix} Q & x(k|k) \\ x^T(k|k) & 1 \end{bmatrix} \geq 0 \tag{8.67}$$

さて，ある行列 K_k を用いて，制御信号は状態フィードバック則 $\hat{u}(k+j|k) = K_k \hat{x}(k+j|k)$ によって決定されると仮定し，不等式 (8.62) の $\hat{u}(k+j|k)$ にこれを代入する．すると，つぎの不等式を得る．

$$\hat{x}^T(k+j|k) \Big[\{A(k+j) + B(k+j) K_k\}^T P \{A(k+j) + B(k+j) K_k\}$$
$$- P + K_k^T R K_k + Q_1 \Big] \hat{x}(k+j|k) \leq 0 \tag{8.68}$$

もし，

$$\{A(k+j) + B(k+j) K_k\}^T P \{A(k+j) + B(k+j) K_k\} - P + K_k^T R K_k + Q_1 \leq 0 \tag{8.69}$$

であれば，すべての $j \geq 0$ に対して，式 (8.68) は成り立つ．不等式 (8.69) もまた LMI であることがわかる．$Q > 0$ なので，左と右から Q を乗じることができる．そして，$P = \gamma Q^{-1}$ を代入し，$Y = K_k Q$ と定義すると，つぎの不等式が得られる．

$$Q - \{A(k+j) Q + B(k+j) Y\}^T Q^{-1} \{A(k+j) Q + B(k+j) Y\}$$
$$- \frac{1}{\gamma} Q Q_1 Q - \frac{1}{\gamma} Y^T R Y \geq 0 \tag{8.70}$$

式 (8.55) を用いると，これは (γ, Q, Y を変数とする) 次式の LMI に変形できる．

$$\begin{bmatrix} Q & 0 & 0 & A(k+j)Q + B(k+j)Y \\ 0 & \gamma I & 0 & Q_1^{1/2}Q \\ 0 & 0 & \gamma I & R^{1/2}Y \\ QA^T(k+j) + Y^T B^T(k+j) & QQ_1^{T/2} & Y^T R^{T/2} & Q \end{bmatrix} \geq 0$$
(8.71)

さて，$[A(k+j), B(k+j)]$ は，式 (8.11) で定義される凸ポリトープ $\Omega = [A, B]$ に属しているとする．式 (8.71) の LMI は $A(k+j)$ と $B(k+j)$ に関してアフィンなので，その「端点」で (すなわち，すべての対 (A_i, B_i) に対して) 式 (8.71) が成り立つときに限り，すべての $[A(k+j), B(k+j)] \in \Omega$ に対して同式は成り立つ．よって，次式の LMI の集合が成り立つ必要がある．

$$\begin{bmatrix} Q & 0 & 0 & A_i Q + B_i Y \\ 0 & \gamma I & 0 & Q_1^{1/2}Q \\ 0 & 0 & \gamma I & R^{1/2}Y \\ QA_i^T + Y^T B_i^T & QQ_1^{T/2} & Y^T R^{T/2} & Q \end{bmatrix} \geq 0, \quad i = 1, \ldots, L \quad (8.72)$$

よって，最終的に，凸問題

$$\min_{\gamma, Q, Y} \gamma \quad \text{subject to} \quad \text{Eq. (8.67)}, \quad \text{Eq. (8.72)} \tag{8.73}$$

を解くことによって，制約なし予測制御問題のロバスト解が得られることがわかる．そして，この問題に解が存在するならば，$K_k = YQ^{-1}$，$\hat{u}(k+j|k) = K_k \hat{x}(k+j|k)$ とおけばよい．式 (8.67) でデータとして $x(k|k) = x(k)$ が登場しているので，前述したように，この解は状態ベクトルが測定できると仮定している[12]．

ここまで制約なし問題を考えてきたが，状態フィードバック行列 K_k は，$x(k)$ に依存するので，時刻 k とともに変化するかもしれないことに注意する．これは，モデルの不確かさを考慮しなかった「標準」定式化とは明らかに異なる．もちろんその場合，時不変フィードバック則を得る．

不確かさの記述にノルム有界 Δ モデルを用いたときは，やや異なる LMI 問題を解くことによってロバストフィードバック則を見つけることができる [KBM96]．

---

12. 〈訳者注〉本章の脚注 11 (p.287) を参照．

8.4.3 制約がある場合のロバスト性

さらなる LMI を加えることによって，ロバスト予測制御定式化に入出力制約を組み込むことができる．もちろん問題は複雑になるが，解法アルゴリズムの性質は変化しない．本項でも，$[A(k+j), B(k+j)]$ は，式 (8.11) で定義される凸ポリトープ $\Omega = [A, B]$ に属しているとする．ノルム有界型不確かさモデルに対しても同様な結果が得られる [KBM96]．

式 (8.73) の問題が解け，それに対応する制御則が適用されると仮定されるならば，式 (8.62) は成り立ち，したがって，$\|\hat{x}(k+j|k)\|_P \leq \rho$ ならば，$\|\hat{x}(k+j+1|k)\|_P \leq \rho$ となる．よって，現時刻での状態 $x(k|k)$ が $\|x(k|k)\|_P \leq \rho$ を満たせば，「現在予測された」状態 $\hat{x}(k+j|k)$ は $\|\hat{x}(k+j|k)\|_P \leq \rho$ を満たす．したがって，楕円 $\mathcal{E}_\rho = \{z : \|z\|_P \leq \rho\}$ (ただし，$\rho = \|x(k|k)\|_P$) は，予測された状態の不変集合になる．不確かなプラントモデルから生じるすべての予測された状態に対して，これが成り立つことに注意する．

さて，入力信号のレベルに関して対称な制約を課すとしよう．

$$|\hat{u}_i(k+j|k)| \leq u_i \tag{8.74}$$

これに対して，次式のような (おそらく保守的な) 十分条件を得ることができる．

$$\max_j |\hat{u}_i(k+j|k)|^2 = \max_j \left|\left(YQ^{-1}\hat{x}(k+j|k)\right)_i\right|^2 \tag{8.75}$$

$$\leq \max_{v \in \mathcal{E}_p} \left|\left(YQ^{-1}v\right)_i\right|^2 \tag{8.76}$$

$$\leq \rho^2 \left\|\left(YQ^{-1/2}\right)_i\right\|_2^2 \tag{8.77}$$

$$= \rho^2 \left(YQ^{-1}Y^T\right)_{ii} \tag{8.78}$$

ただし，$\left(YQ^{-1/2}\right)_i$ は $YQ^{-1/2}$ の i 番目の行を表す．また，式 (8.77) への変形には**コーシー・シュワルツの不等式** (Cauchy-Schwarz inequality) [13]を用いた．さて，$A \geq B$ ならば $A_{ii} \geq B_{ii}$ という事実を用いると，

$$\begin{bmatrix} X & \rho Y \\ \rho Y^T & Q \end{bmatrix} \geq 0, \quad X_{ii} \leq u_i^2, \quad i = 1, \ldots, m \tag{8.79}$$

を満たすような $X = X^T$ が存在するならば，式 (8.78) が満たされることが確かめられる．この条件は，変数 X, Y, Q に関する LMI である．

---

[13]. 実ベクトルに対して，$|a^T b| \leq \|a\|_2 \|b\|_2$ が成り立つ．

対称な出力制約

$$|\hat{z}_i(k+j|k)| \leq z_i \tag{8.80}$$

を課す場合について考えよう．再び，これに対しても（おそらく保守的な）条件

$$|\hat{z}_i(k+j|k)| \leq \max_j |C_i \hat{x}(k+j|k)| \tag{8.81}$$

が得られる．ただし，ここでの C_i は C_z の i 番目の行を表す．したがって，次式を得る．

$$|\hat{z}_i(k+j|k)| \leq \max_{v \in \mathcal{E}_p} |C_i [A(k+j) + B(k+j) K_k] v| \tag{8.82}$$

$$= \rho \sqrt{\left\| C_i [A(k+j) + B(k+j) K_k] Q^{1/2} \right\|_2^2} \tag{8.83}$$

よって，$x(k|k) \in \mathcal{E}_\rho$，かつ

$$\rho \sqrt{\left\| C_i [A(k+j) + B(k+j) K_k] Q^{1/2} \right\|_2^2} \leq z_i \tag{8.84}$$

であれば，制約 $|\hat{z}_i(k+j|k)| \leq z_i$ は満たされる．しかし，これはすべての j に対して次式が成り立つことと等価である．

$$\begin{bmatrix} Q & \rho [A(k+j)Q + B(k+j)Y]^T C_i^T \\ \rho C_i [A(k+j)Q + B(k+j)Y] & z_i^2 \end{bmatrix} \geq 0 \tag{8.85}$$

これは $A(k+j)$ と $B(k+j)$ に関してアフィンなので，この不等式は，

$$\begin{bmatrix} Q & \rho [A_j Q + B_j Y]^T C_i^T \\ \rho C_i [A_j Q + B_j Y] & z_i^2 \end{bmatrix} \geq 0, \quad j = 1, \ldots, L \tag{8.86}$$

が成り立てば，すべての $[A(k+j), B(k+j)] \in \Omega$ に対して成り立つ．式(8.86)もまた *LMI* である．

もちろん，すべての入力と出力の制約が同時に満たされることは，式(8.79)と式(8.86)の *LMI* が同時に満たされることによって保証される．

[KBM96]では，$\|\hat{u}(k+j|k)\|_2$ と $\|\hat{z}(k+j|k)\|_2$ に関する「エネルギー」制約は，同様な *LMI* を満たすことによって満足されることが示されている．

式(8.67)，(8.72)，(8.79)，(8.86)の *LMI* を満足しながら，変数 γ，X，Y にわたって γ を最小化することによって得られるフィードバック制御則は，それが実行可能ならば，（規定された不確かさの集合 Ω 内に存在するすべてのプラントに対して）安定である．その議論は，6.2.1項で用いたそれと本質的に同じである．

$V(x(k|k)) = x^T(k|k)P_kx(k|k)$ とする．ただし，$P_k = \gamma_k Q_k^{-1}$ であり，γ_k と Q_k は，時刻 k で LMI 問題を解くことによって得られる γ と Q の値である．通常の安定性の証明のときのように，時刻 k 以降，新たな外乱が発生しないと仮定すると，

$$\max_{[A,B]\in\Omega} x^T(k+1|k+1)P_kx(k+1|k+1) = \max_{[A,B]\in\Omega} \hat{x}^T(k+1|k)P_k\hat{x}(k+1|k)$$

が得られる．しかし，$\hat{x}(k+1|k) \in \mathcal{E}_{V(x(k|k))}$ なので，

$$\max_{[A,B]\in\Omega} x^T(k+1|k+1)P_kx(k+1|k+1) \le V(x(k|k))$$

が成り立つ．さらに，時刻 k で得られた解は，時刻 $k+1$ でも実行可能のままである（演習問題 8.8 を参照）．したがって，時刻 $k+1$ で得られた解は，少なくとも時刻 k で得られたものと同程度によく，その結果，次式が得られる．

$$\begin{aligned}V(x(k+1|k+1)) &= x^T(k+1|k+1)P_{k+1}x(k+1|k+1) \\ &\le x^T(k+1|k+1)P_kx(k+1|k+1) \le V(x(k|k))\end{aligned} \quad (8.87)$$

したがって，関数 $V(x(k|k))$ は不確かなシステムに対する**リアプノフ関数**であり，閉ループはロバスト安定である．

8.5 ロバスト実行可能性

　制約の緩和を利用すると，予期せず実行不可能となってしまう問題を大きく改善できるが，制約侵害を回避するという問題は非常に重要な問題として依然として存在する．システムがしばしば特定の制約を侵害するならば，たとえ制約の緩和によって制御アルゴリズムが動作し続けているとしても，システムが意図したようにうまく動作していないことは明らかである．つねに制約は緩和できるとは限らない．たとえば，通常，入力制約は緩和できない．また，6.2.3 項では，プラントの不安定モードは制御ホライズンの終端までに平衡点に移動させなければならないという制約が存在したことを思い出そう．そこで示した予測制御アルゴリズムを安定性を保証するために用いる場合，この制約を緩和することはできない．明らかに，制約を緩和することが可能だからといって，実行可能性の問題を考慮する必要性がなくなるわけではない．

　プラントモデルあるいは外乱に不確かさがない場合でさえも，実行不可能性は起こり得るが，非常に多くの場合，そのような不確かさ，すなわち，たとえば線形内部モデルと非線形プラントの間の不一致などの不正確なモデリングの結果として実行不可能性は起こる．したがって，予測制御のユーザが直面する本質的な問題は，**ロバスト**

実行可能性 (*robust feasibility*) の問題である．これは，制御されるプラントと環境に関する不確かさが存在しても，実行可能性を維持するように予測コントローラを設計するという問題である．ロバスト実行可能性の問題は，制約が存在するときの**ロバスト安定性**の問題と密接に関係していることも，繰り返し述べておく価値がある．この関連性は，予測制御の安定性のほとんどの証明は，各ステップでオンライン最適化問題が正確に解かれているという仮定に基づいていることによる．すなわち，暗黙のうちに，各ステップで問題が実行可能であることを仮定している．事実，ホライズンは固定されているのではなく，最適化器によって選ばれる変数の一つとする予測制御の方法が Michalska と Mayne [MM93] によって提案されている．この方法のロバスト安定性は，最適解ではなく，それぞれのステップにおいて実行可能解を有することのみに基づいている [May96]（また，10.3 節および [SMR99] を参照）．

8.5.1 最大出力許容集合

8.4 節でロバスト実行可能性を保証するアプローチの一つについて述べた．そのアプローチの大きな問題点は，状態が現実の制約に適合する集合内ではなく，用いられる数学の枠組みにうまく合うように選ばれた性質をもつ不変集合内にとどまるようにしなければいけないことであった．たとえば，8.4.3 項では，状態は楕円 $\mathcal{E}_\rho = \{z : \|z\|_P \leq \rho\}$ に制限された．これは，実際の制約から導かれるものより，非常に小さくなり得る．このことにより *LMI* アプローチは非常に保守的になってしまう．実際，ロバスト解が存在しないという間違った結論を導くことになるかもしれない．

そのような保守性を減らすための鍵は，状態が制限されなければならない集合を可能な限り正確に推定することである．これに対する非常に重要な貢献が Gilbert と Tan [GT91] によってなされた．彼らは**最大出力許容集合**(*maximum output admissible set*) という概念を導入し，その計算法を示した．**自律**(autonomous，入力がないこと) 時不変線形システム $x(k+1) = Fx(k)$, $y(k) = Hx(k)$ が，すべての k に対して出力制約 $y(k) \in Y$ を満たさなければならないとする．$x(0) \in \mathcal{O}$ のとき，すべての $k > 0$ に対して $y(k) \in Y$（これはすべての $k > 0$ に対して $HF^k x(0) \in Y$ と等価である）となるならば，集合 $\mathcal{O}$ は**出力許容**(*output admissible*) であるといわれる．最大出力許容集合 $\mathcal{O}_\infty$ は，そのような集合の中で最大のものである．すなわち，すべての $k > 0$ に対して $HF^k x(0) \in Y$ が成り立つようなすべての初期条件 $x(0)$ の集合である．集合 Y は一定であると仮定されるが，予測制御のときにはつねにそうとは限らないことに注意する．Y が k とともに変化することを許容するように定義を一般化できる．$x(0) \in X$ であれば，すべての $k > 0$ に対して $x(k) \in X$ となるとき，集合 X は**正不変**

(*positively invariant*) と呼ばれる．一般に，出力許容集合は必ずしも正不変ではない．しかし，「最大」出力許容集合は必ず正不変である．

8.4 節で行ったように，システムを原点に移動させることを目的としよう．この場合，$0 \in Y$ でなければならない．実際，簡単のために 0 は Y の (境界上ではなく) 内部であると仮定する．よって，原点で定常状態が保たれているとき，すべての制約は活性化されていない．これまで入力については何も触れなかった．というのは，この定義は閉ループシステムに対して適用されるからである．その場合，入力は状態に依存する．たとえば，線形フィードバック $u(k) = -Kx(k)$ がシステム $x(k+1) = Ax(k) + Bu(k)$, $z(k) = Cx(k)$ に適用されるとしよう．また，制約を $u(k) \in U$, $z(k) \in Z$ とする．すると，次式を得る．

$$x(k+1) = (A - BK)x(k) = Fx(k) \tag{8.88}$$

そして，制約 $-Kx(k) \in U$, $Cx(k) \in Z$ は次式のように書くことができる．

$$y(k) = Hx(k) = \begin{bmatrix} -K \\ C \end{bmatrix} x(k) \in Y \tag{8.89}$$

予測制御では，通常，制約は線形不等式で定義される．そして，これらは入出力の大きさの境界を含んでいる．このことにより，Y は凸ポリトープになる．[GT91] では，この場合，$\mathcal{O}_\infty$ が凸，$((F, H)$ が可観測対ならば) 有界であり，(F は安定 (もしかしたら，積分器のように単位円上に単根を含むかもしれない) ならば) その内部に原点を含むことが示されている．さらに，$\mathcal{O}_\infty$ は Y に従ってスケーリングされる．すなわち，Y が因子 α でスケーリングされれば，形状を変えることなく，$\mathcal{O}_\infty$ も同じ因子でスケーリングされる．

集合 $\mathcal{O}_t$ は，出力が t ステップに対して制約を満たすような，すなわち，$k = 1, 2, \ldots, t$ に対して $HF^k x(0) \in Y$ となるような初期条件 $x(0)$ の集合として定義される．明らかに，$t_2 > t_1$ であれば，$\mathcal{O}_{t_2} \subset \mathcal{O}_{t_1}$ である．いま，t を増加させても，集合列 $\mathcal{O}_t$ $(t = 1, 2, \ldots)$ があるところからそれ以上小さくならなくなるかもしれない．すなわち，すべての $t > t^*$ に対して，$\mathcal{O}_t = \mathcal{O}_{t^*}$ となるような値 t^* が存在するかもしれない．この場合，$\mathcal{O}_\infty = \mathcal{O}_{t^*}$ であることは明らかであり，$\mathcal{O}_\infty$ は**有限確定** (*finitely determined*) といわれる．最大出力許容集合 $\mathcal{O}_\infty$ は，それが有限確定であるときに限り，比較的容易に計算できる．ある t に対して $\mathcal{O}_t = \mathcal{O}_{t+1}$ のときに限り，$\mathcal{O}_\infty$ は有限確定であるという重要な定理がある．[GT91] には，F が漸近安定で，(F, H) が可観測対であり，Y が有界でその内部に 0 をもつならば，$\mathcal{O}_\infty$ は有限確定であることが示されている．また，安定性の仮定が，単位円上に単純な固有値をもってもよいと緩和さ

れたならば，$\mathcal{O}_\infty$ は任意に正確に近似でき，また，そのようなことを行うアルゴリズムが存在する．

Y が凸ポリトープであれば，$\mathcal{O}_\infty$ を計算するアルゴリズムはつぎのようになる．Y は線形不等式 $Py \leq p$ によって定義されるものとする．ただし，行列 P は s 個の行をもつものとする．また，$t > 0$ を固定する．それぞれの $i = 1, 2, \ldots, s$ に対して，$P_j HF^k x \leq p_j$ $(j \neq i, \ k = 0, 1, \ldots, t)$ の下で，x にわたって $J_i(x) = P_i HF^{t+1} x$ を最大化する．ただし，P_i は P の i 行目を，p_i はベクトル p の i 番目の要素を表す．J_i^* を $J_i(x)$ の最大値としよう．すべての i に対して，$J_i^* \leq p_i$ であれば停止する．そうでなければ，t を増加させ，繰り返す．$\mathcal{O}_\infty$ が有限確定ならば，このアルゴリズムはある $t = t^*$ の値で終了し，$\mathcal{O}_\infty$ は次式から得られる．

$$\mathcal{O}_\infty = \{x : PHF^t x \leq p, \ 0 \leq t \leq t^*\} \tag{8.90}$$

このアルゴリズムで必要となる最大化は線形計画問題なので，それらは容易に，そして効率的に解かれる[14]．

8.5.2 ロバスト許容とロバスト不変集合

以上のアイディアを予測制御に適用するためには，さらに三つのアイディアを導入しなければならない．第一に，次式のように測定できない外乱 w がシステムに加わるとする．

$$x(k+1) = Fx(k) + w(k) \tag{8.91}$$

W をある有界な集合としたとき，$w(k) \in W$ であることが既知であるとする．その場合，ロバスト最大出力許容集合を，とり得る $w(k+i)$ $(i = 0, 1, \ldots, j-1)$ およびすべての $j > 0$ に対して $Hx(k+j) \in Y$ となるような，現時刻での状態 $x(k)$ のすべての集合として定義できる．これは，

$$HF^j x(k) + H\sum_{i=1}^{j} F^{i-1} w(k+j-i) \in Y \tag{8.92}$$

となるような状態 $x(k)$ の集合と同じである．Y と W が凸ポリトープであれば，このロバスト最大出力許容集合を，前述した方法と同様な手順で計算することができる [DH99, GK95]．

---

[14]. Y がポリトープでなければ，Y をより一般的な不等式で定義した上で，同様なアルゴリズムを用いて概念的には解ける．しかし，$J_i(x)$ の大域的最大値を見つけることは，たとえ Y が凸であっても，容易ではないだろう．

第二に，予測制御の枠組みでは F は固定されていない．線形状態フィードバックの場合，$F = A - BK$ であり，K を選択する自由度が存在する．必ずしも線形則に従う必要はなく，より一般的な制御系列 $u(k+i)$ を選ぶことができる．この理由のために，**最大 (A, B) 不変許容集合**の概念が [DH99] で導入された．これは，すべての $j > 0$ に対して (さらに，外乱が存在するならば，すべての $w(k+j) \in W$ に対して) $y(k+j) \in Y$ となる未来の入力系列 $u(k+j)$ が存在するような，現時刻での状態 $x(k)$ の集合である．現時刻での状態 $x(k)$ と外乱の集合 W が与えられたとき，一般には，$x(k)$ がこの最大 (A, B) 不変集合に属しているかどうかはわからない．何人かの研究者は，そのような問題において，未来の入力 $u(k+j)$ を次式のようなミニマックス問題を解くことによって決定することを提案している [CM87, GN93, ZM95b]．

$$\min_{u(k+j) \in U} \max_{w(k+j) \in W} \sum_{j=1}^{N} L\bigl(x(k+j),\, u(k+j-1)\bigr)$$
$$\text{subject to} \quad Hx(k+j) \in Y \tag{8.93}$$

ただし，$L(\cdot, \cdot)$ はある適切な評価関数であり，通常，二次であるが，それ以外の提案もなされている．問題がうまく解けたならば，$x(k)$ が最大 (A, B) 不変集合内に存在することがわかるばかりか，$y(k+j) \in Y$ を維持する適切な未来の入力軌道を見つけたことにもなる．

これは本質的に「開ループ」アプローチである．というのは，ここでは未来のフィードバック動作の外乱抑制効果は考慮されていないからである．したがって，これは過度に保守的になりがちである．すなわち，$x(k)$ が最大 (A, B) 不変集合内に存在したとしても，最適化がうまくいかないかもしれない．このために，閉ループミニマックス方策が Lee と Yu [LY97]，Scokaet と Mayne [SM98] によって提案された．[SM98] での表記を用いて，可能な未来の外乱軌道の集合を次式で表す．

$$w_{k+j|k}^{\ell} \in W, \quad j > 0 \tag{8.94}$$

すると，式 (8.93) の最適化は次式に置き換えられる．

$$\min_{u_{k+j|k}^{\ell} \in U} \max_{\ell} \sum_{j=1}^{N} L\left(x_{k+j|k}^{\ell},\, u_{k+j-1|k}^{\ell}\right) \tag{8.95}$$

$$\text{subject to}$$
$$Hx_{k+j|k}^{\ell} \in Y \tag{8.96}$$
$$x_{k+N|k}^{\ell} \in X_0 \tag{8.97}$$
$$x_{k+j|k}^{\ell_1} = x_{k+j|k}^{\ell_2} \Rightarrow u_{k+j|k}^{\ell_1} = u_{k+j|k}^{\ell_2} \tag{8.98}$$

ここでの重要な点は，最適化は単一の軌道を選ぶのではなく，可能な入力軌道の全体の集合にわたって行われることである．$x^\ell_{k+j|k}$, $u^\ell_{k+j|k}$ は，外乱軌道 $w^\ell_{k+j|k}$ に対応する状態と入力軌道を表す．また，式 (8.98) は，最適化が未来の外乱についての知識を用いて「ずるをする」ことがないようにする**因果律制約** (*causality constraint*) である．すなわち，時刻 $k+j+i$ $(i>0)$ において起こる外乱 w_{k+j+i} の値が，$u_{k+j|k}$ の値に影響を与えないようにする制約である．

以上で用いた数学的表記は，式 (8.95) の閉ループ（あるいはフィードバック）最適化と式 (8.93) の開ループ最適化の根本的な違いを隠してしまう．8.4 節で記述した [KBM96] の LMI アプローチのように，ここでの提案は，入力軌道にわたってではなく，**フィードバック方針** (*feedback policy*) [15]にわたって最適化することである．おそらく，その違いは，[SM98] で利用されたつぎの例題を用いることにより，よく理解できるだろう．

[例題 8.1]

プラントは次式で記述されるものとする．

$$x(k+1) = x(k) + u(k) + w(k) \tag{8.99}$$

ただし，x, u, w はスカラである．外乱 w は $|w(k)| \leq 1$ により制限されている．また，状態制約 $|x(k)| \leq 1.2$ が課されている．予測ホライズンは $H_p = 3$ とする．状態 $x(k+3)$ の予測は，次式で与えられる（ただし，状態 $x(k)$ は既知であると仮定する）．

$$\begin{aligned}\hat{x}(k+3|k) = {}& x(k) + \hat{u}(k|k) + \hat{u}(k+1|k) + \hat{u}(k+2|k) \\ & + \hat{w}(k|k) + \hat{w}(k+1|k) + \hat{w}(k+2|k)\end{aligned} \tag{8.100}$$

3 ステップホライズンでは，外乱がそれぞれのステップでその極値 ±1 をとるとした場合，可能な外乱系列は 8 $(= 2^3)$ 個である．これらの可能な系列のうちの二つは，

$$w^1_{k|k} = w^1_{k+1|k} = w^1_{k+2|k} = -1 \tag{8.101}$$

と

$$w^8_{k|k} = w^8_{k+1|k} = w^8_{k+2|k} = +1 \tag{8.102}$$

---

[15] フィードバック方針とは，状態空間から（あるいは，入出力測定値の履歴の空間から）入力信号への**関数** (*function*) である．すなわち，状態の値（あるいは入出力履歴）に基づいて入力信号を指定する**規則** (*rule*) である．

である．これらに対応する状態予測は，

$$\hat{x}^1_{k+3|k} = x(k) + \hat{u}(k|k) + \hat{u}(k+1|k) + \hat{u}(k+2|k) - 3 \tag{8.103}$$

と

$$\hat{x}^8_{k+3|k} = x(k) + \hat{u}(k|k) + \hat{u}(k+1|k) + \hat{u}(k+2|k) + 3 \tag{8.104}$$

である．いま，式(8.93)の開ループ最適化を行うために，状態制約 $|\hat{x}^1_{k+3|k}| \leq 1.2$ と $|\hat{x}^8_{k+3|k}| \leq 1.2$ を満たすような入力信号の系列 $\hat{u}(k|k)$, $\hat{u}(k+1|k)$, $\hat{u}(k+2|k)$ を一つ見つけなければならない．明らかにこれは不可能である．なぜならば，$\hat{x}^8_{k+3|k} - \hat{x}^1_{k+3|k} > 2 \times 1.2$ だからである．よって，この場合，問題が実行不可能なので，最適化には失敗する．

しかしながら，式(8.95)の閉ループ最適化の場合，それぞれ異なる外乱系列に対して，異なる入力信号系列を探すことができる．とり得る外乱系列の空間 W

$$W = \left\{ w^\ell_{k+i|k} : i = 0, 1, 2, \quad \left|w^\ell_{k+i|k}\right| \leq 1 \right\} \tag{8.105}$$

は，つぎの8個の頂点をもつ凸多面体である．

$$\left(w^1_{k|k}, w^1_{k+1|k}, w^1_{k+2|k}\right) = (-1, -1, -1) \tag{8.106}$$

$$\left(w^2_{k|k}, w^2_{k+1|k}, w^2_{k+2|k}\right) = (+1, -1, -1) \tag{8.107}$$

$$\left(w^3_{k|k}, w^3_{k+1|k}, w^3_{k+2|k}\right) = (-1, +1, -1) \tag{8.108}$$

$$\left(w^4_{k|k}, w^4_{k+1|k}, w^4_{k+2|k}\right) = (+1, +1, -1) \tag{8.109}$$

$$\left(w^5_{k|k}, w^5_{k+1|k}, w^5_{k+2|k}\right) = (-1, -1, +1) \tag{8.110}$$

$$\left(w^6_{k|k}, w^6_{k+1|k}, w^6_{k+2|k}\right) = (+1, -1, +1) \tag{8.111}$$

$$\left(w^7_{k|k}, w^7_{k+1|k}, w^7_{k+2|k}\right) = (-1, +1, +1) \tag{8.112}$$

$$\left(w^8_{k|k}, w^8_{k+1|k}, w^8_{k+2|k}\right) = (+1, +1, +1) \tag{8.113}$$

プラントモデルは線形なので，これらの八つの外乱系列は，実行可能性に関して最悪ケースである．制御問題が上記の各系列に対して実行可能であれば，W 内の任意の外乱系列に対しても実行可能となる．

さて，つぎの四つの入力系列について考える．

$$\left(u^1_{k|k}, u^1_{k+1|k}, u^1_{k+2|k}\right) = (-x(k), +1, +1) \tag{8.114}$$

$$\left(u^2_{k|k}, u^2_{k+1|k}, u^2_{k+2|k}\right) = (-x(k), -1, +1) \tag{8.115}$$

$$\left(u_{k|k}^3, u_{k+1|k}^3, u_{k+2|k}^3\right) = (-x(k), +1, -1) \tag{8.116}$$

$$\left(u_{k|k}^4, u_{k+1|k}^4, u_{k+2|k}^4\right) = (-x(k), -1, -1) \tag{8.117}$$

$i = 0, 1$ に対して $w_{k+i|k}^5 = w_{k+i|k}^1$ であり，因果律制約 (8.98) が成り立つので，$i = 1, 2$ に対して $x_{k+i|k}^5 = x_{k+i|k}^1$ を得る．これより $u_{k+i|k}^5 = u_{k+i|k}^1$ となる．同様にして，$i = 0, 1, 2$ に対して $u_{k+i|k}^6 = u_{k+i|k}^2$, $u_{k+i|k}^7 = u_{k+i|k}^3$, $u_{k+i|k}^8 = u_{k+i|k}^4$ を得る．これより，つぎの状態予測器を得る．

$$x_{k+i+1|k}^\ell = w_{k+i|k}^\ell = \pm 1, \quad \ell = 1, 2, \ldots, 8, \quad i = 0, 1, 2 \tag{8.118}$$

したがって，予測されたすべての状態は，制約 $|x(k)| \leq 1.2$ を満たす．よって，探索がフィードバック方針にわたって行われる場合，たとえ最悪外乱が起こったとしても，問題は実行可能である．

[SM98] では，[MM93] により導入されたタイプの**双モード制御則**が仮定された．すなわち，状態が**終端制約集合** (terminal constraint set) X_0 内に存在すれば，線形状態フィードバックゲイン $-K$ が用いられる．そして，終端制約 (8.97) は，状態が N ステップの間にこの終端集合内に駆動されなければならないという意味になる（持続的な外乱が存在するとき，原点のような単一点に状態を駆動させることは，達成不可能な目標である）．集合 X_0 は，ひとたび状態が X_0 内に入ったら，外乱が存在しても，フィードバック則が状態をその中に維持し続けられるようなものでなければならない．すなわち，集合の包含関係

$$FX_0 + W = (A - BK)X_0 + W \subset X_0 \tag{8.119}$$

が成り立ち，また，X_0 内の任意の状態に対して，すべての制約が満たされなければならない．そのような集合は**ロバスト制御不変** (robust control invariant) と呼ばれる．$A - BK$ のすべての固有値が原点に存在すれば，ある s に対して $F^s = (A - BK)^s = 0$ となるので，X_0 の適切な候補は集合 $W + FW + \cdots + F^{s-1}W$ である．無限に多くのとり得る外乱軌道にわたって最適化を行わなければならないが，[SM98] で指摘されているように，W が凸で，モデルが線形ならば，その探索は凸ポリトープにわたって行える．そして，このポリトープの (有限個の) 頂点にわたって探索を行えば十分である．それぞれの頂点で凸最適化が必要であるが，最適化がどのような性質を示すかは，式 (8.95) の評価関数 $L(\cdot, \cdot)$ に依存する．通常，ここでは LP あるいは QP が必要となるだろう．しかしながら，頂点の数はホライズンの長さに対して指数関数的に増加するので，閉ループミニマックスは比較的多くの計算量を必要とする手順である．

例題 8.2

例題 8.1 において実行可能性を達成したが，そこで考えた入力信号には，特に最適性を要求しなかった．評価関数 $L(\cdot, \cdot)$ が凸であれば，式 (8.95) のミニマックス問題の最適解は，その例で考慮した八つの最悪ケース外乱系列のうちの一つの場合の最適解に対応する．よって，最適解を見つけるために，八つの凸最適化を行わなければならない．

[Bem98] では，別の妥協案が示された．そこでは，式 (8.93) の最適化を実行すべきであるが，固定された安定化状態フィードバックゲイン K を仮定すべきであるとされた．このことにより，$x(k)$ が最大 (A, B) 不変集合内にあるかどうかを比較的簡単に決定できるが，開ループアプローチに起因する保守性がいくらか残り，そのため誤った結論を与えてしまう危険性がある．$x(k)$ が最大 (A, B) 不変集合内にあることがわかったならば，未来の入力軌道は，制御則 $u(k+j) = -Kx(k+j)$ からのずれを最適化することによって決定できる．これは事実上，5.2 節で議論した「安定化された予測」を利用することと同じである．おおざっぱにいえば，$x(k)$ が最大 (A, B) 不変集合内に存在すれば，$A - BK$ を「より安定に」することによって，特に，その固有値を 0 の近くに配置することによって，実行可能解が存在すると正しく結論づける可能性がより高くなる (すべての固有値が 0 であれば，すなわち，ある s に対して $(A - BK)^s = 0$ であれば，最大 (A, B) 不変集合は外乱軌道の (長さ s の) 有限部分にのみ依存する)．[Bem98] 中の例題では，「開ループ」予測を用いるならば，すなわち，$K = 0, F = A$ とすると，実行可能軌道が存在しないという誤った結論を得てしまうかもしれないことが示されている．なぜならば，外乱の不確かさが時間とともに蓄積されるため，出力許容集合が空であると結論づけられてしまうからである．これは，A の固有値が単位円に近い場合，すなわち減衰の悪い動特性を有している場合に，非常によく起こる状況である．さらなる提案が [KRSar] でなされている．そこでも安定化予測が利用されているが，制約なしシステムの (おそらくロバスト) 性能を得るために K を選び，それから出力許容になる正不変楕円 (positively-invariant ellipsoid) の大きさを最大化するために，この固定された制御則からのずれを選ぶことが提案されている．そして，その計算は LMI を用いて行われる．

必要とされる三番目のアイディアは，ホライズンの長さに関係する．無限ホライズン予測制御定式化では，制約が有限ホライズンのみにわたって課せられる必要がある．一般に，ホライズンの外側で制約が活性化されないことを保証するホライズンの最小長は，現時刻での状態に依存する (6.2 節を思い出せ)．$\mathcal{O}_t = \mathcal{O}_{t+1}$ となる最小の t,

すなわち，$\mathcal{O}_\infty = \mathcal{O}_t$ となる t を t^* としよう．t^* は，制御ホライズン以降で，制約が課せられなければならないホライズンの長さを示している．すなわち，$H_p - H_u > t^*$ と選ばなければならない（この場合，F，したがって $\mathcal{O}_{t^*}$ は，制約が活性化されていないときには，予測制御により実装されている線形則に依存する）．

本節で議論した概念に関する文献は，急速に増加している．ロバスト実行可能性は，現時点において活発な研究分野である．そのような研究は，予測制御の極めて重要な問題を提起しているが，現在までに提案されている解法は，まだ実応用における実装での要求とは隔たりがあるといわざるを得ないだろう．実行不可能性が避けられないことがわかったときの可能な対応策については，10.2 節で議論される．本節で紹介したほとんどの概念は，非線形システムや任意の（非凸）集合に適用できる [KM00a] が，一般に，その際使われる集合の計算は非常に困難である．

8.6 演習問題

8.1 次式のようなプラントの「出力端での乗法的」不確かさを仮定する．

$$P(z) = [I + \Delta]P_0(z) \tag{8.120}$$

ただし，Δ は安定作用素で，コントローラ $K(z)$ は公称プラント $P_0(z)$ を安定化するものとする．このとき，実際のプラント $P(z)$ とコントローラを接続したフィードバックループは，相補感度関数 $T(z) = P_0(z) K(z) [I + P_0(z) K(z)]^{-1}$ と不確かさ Δ をフィードバック接続したものとして表現できることを示せ（7.1 節を参照）．したがって，ロバスト安定性のための十分条件は，

$$\bar{\sigma}\left[T\left(e^{j\omega T_s}\right)\right] \|\Delta\|_\infty < 1 \tag{8.121}$$

であることを導け．

8.2 8.2 節の簡略化された外乱/雑音モデルを用いて得られた観測器の極は，プラントの極と，行列

$$\begin{bmatrix} \alpha_i & -\phi_i \\ \alpha_i & 1 - \psi_i \end{bmatrix}, \quad i = 1, 2, \ldots, p \tag{8.122}$$

の固有値であることを示せ．

8.3 プラントモデル (8.41)〜(8.42) を用い，$\mathrm{cov}\{v(k)\} = V = 0$ としたならば，$L_\eta = I$ であることを示せ．ただし，カルマンフィルタゲインは，次式のように

分割される．

$$L_\infty = \begin{bmatrix} L_{\Delta x} \\ L_{\Delta w} \\ L_\eta \end{bmatrix}$$

8.4 $F(v) \geq 0$ の形式をした任意の行列不等式は LMI であることを示せ．ただし，$F(v)$ は**対称**で，ベクトル v に関して**アフィン**であるとする．

8.5 (a) 式 (8.59) の最小化問題は，式 (8.57) の QP 問題に一致することを確かめよ．
(b) 式 (8.59) は，式 (8.53) の形式であることを確かめよ (演習問題 8.4 を利用せよ)．

8.6 標準的な LP 問題，$\min_x c^T x$ subject to $Ax \geq b$ は，式 (8.53) の形式の問題と等価であることを示せ．

8.7 不等式 (8.84) は式 (8.85) の LMI と等価であることを示せ．

8.8 8.4.3 項でのロバスト安定性の証明において，欠けているステップを補え．

☞ 状態測定値 $x(k|k)$ に陽に依存する唯一の LMI は，式 (8.67) であることに注意せよ．そして，$x(k+1|k+1)$ は状態フィードバック則 K_k を用いて計算され，また (外乱が存在しない場合) $\mathcal{E}_{V(x(k|k))}$ は $x(k+j|k+j)$ の不変集合である事実を利用して，

$$\begin{bmatrix} Q_k & x(k+1|k+1) \\ x^T(k+1|k+1) & 1 \end{bmatrix} \geq 0 \tag{8.123}$$

であり，したがって，時刻 k で得られた解は，時刻 $k+1$ においても実行可能であり続けることを示せ．

8.9 最大出力許容集合は，(空でない限り) 正不変であることを証明せよ．

第 9 章

ケーススタディ

本章では，シェル石油蒸留塔と，Newell と Lee の蒸発器の二つのケーススタディを行う．

9.1 シェル石油蒸留塔

9.1.1 プロセスの説明

本節では，[PM87] で定義された，よく知られた**シェル石油蒸留塔**(Shell heavy oil fractionator)問題について考えよう．これは線形モデルなので実在するプロセスを表現していないが，実際の蒸留塔で直面する制御工学上の最も重要な特徴が現れるように工夫されており，さまざまな制御の手法を(シミュレーションで)例証できる標準問題となるように意図されている．ここでは [PM87] の問題の定義を少し簡単化し，また，[PG88] で行われた問題の定義を採用する．

図 9.1 に蒸留塔を示した．気体フィード(供給物)が蒸留塔の塔底から供給される．製品流体が，蒸留塔の塔頂，中間段，そして塔底の三か所から抜き出される(これを図の右側に示した)．また，蒸留塔の上部，中間部，下部の三か所に，循環(「還流」(*reflux*))ループが存在する．これを図の左側に示した．フィードによって熱は蒸留塔内に運び込まれる．そして，これらの還流ループは，(熱交換器を用いて)プロセスから熱を取り除くために用いられる．このようにして取り除かれた熱は，たとえば他の蒸留塔のような別のプロセスへの熱の供給源として利用される．それぞれの還流ループによって取り除かれた熱量は，「熱負荷」(heat duty)として表現される．この負荷が大きければ大きいほど，より多くの熱が蒸留塔内に再循環される．そのため，取り除かれる熱量は少なくなる．したがって，熱負荷から温度までのゲインは正である．塔の上部と中間部の二つの還流ループで取り除かれる熱量は，他のプロセスの要求に

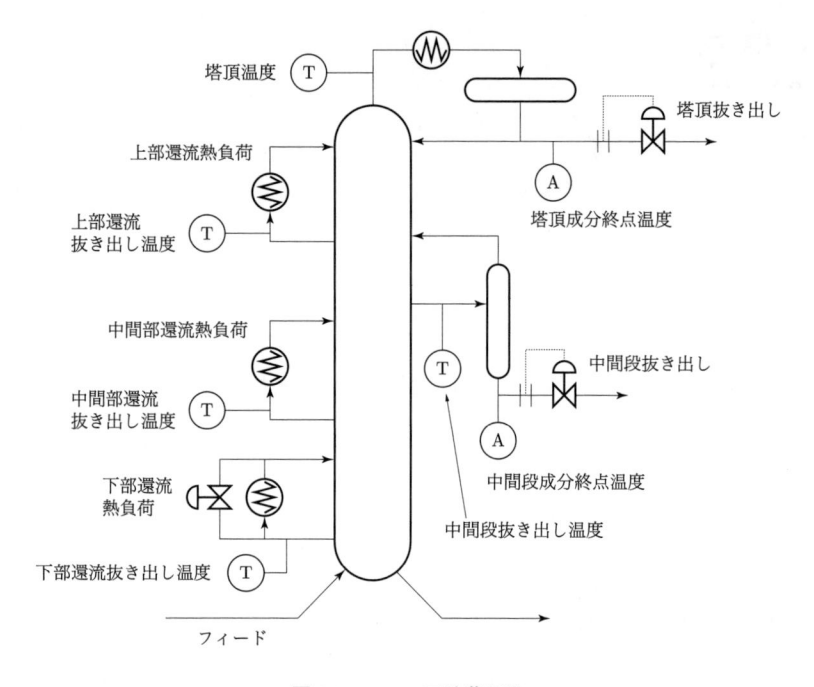

図 9.1 シェル石油蒸留塔

より決定される．したがって，それらは蒸留塔にとっては外乱として作用する．また，それらの間には大きな違いがある．「中間部還流熱負荷」(intermediate reflux duty) は測定可能であると考え，フィードフォワード制御に用いる．一方，「上部還流熱負荷」(upper reflux duty) は測定できない外乱である．上の二つとは対照的に，「下部還流熱負荷」(bottom reflux duty) は操作変数であり，プロセスの制御に利用できる．また，下部還流は，他のユニットで用いる蒸気を生成するために利用される．よって，下部還流熱負荷は石油蒸留塔を制御するために用いることができるが，可能な限りそれを小さく維持することは，できるだけたくさんの蒸気を生成することを意味するので，経済的に有利である．操作変数(すなわち，制御入力)は，あと二つある．塔頂抜き出し (top draw) と中間段抜き出し (side draw) である．すなわち，蒸留塔の塔頂と中間段で抜き出される生成物の流量である．ここでもまた，これらの量が正の方向に変化すると，蒸留塔内のすべての温度が上昇するように定義される．以上より，蒸留塔への入力は全部で五つになる．そのうちの三つは操作変数(制御入力)で，残りの二つは外乱である．

蒸留塔には測定可能な出力が七つある．まず，塔頂成分終点温度組成と中間段成分終点温度組成の二つは分析器を用いて測定され，その組成はおのおのスカラ変数によって表現される．残りの五つの出力はすべて温度である．すなわち，塔頂温度 (top temperature)，上部還流抜き出し温度 (upper reflux temperature)，中間段抜き出し温度 (side draw temperature)，中間部還流抜き出し温度 (intermediate reflux temperature)，下部還流抜き出し温度 (bottoms reflux temperature) である．それらのうち三つの出力 (塔頂成分終点温度組成，中間段成分終点温度組成，下部還流抜き出し温度) だけが制御出力である．残りの四つの出力測定値も制御に利用できる．
([PM87] におけるもともとの問題の定義では，二つの分析器の信頼性が低い場合も提起されていた．この場合，これらの補助的な出力測定値は，分析器による測定値が利用できなくなったときにも制御を続けることができるようにする際に重要な役割を演じる．)

それぞれの入力から出力までの伝達関数を，むだ時間をもつ**一次遅れ系**でモデリングする．表 9.1 にすべての入力と出力をまとめた．制御入力 (操作変数) から出力までの伝達関数を表 9.2 に示した．すべての**時定数**と**むだ時間**の単位は「分」であることに注意する．二つの外乱入力から出力までの伝達関数を表 9.3 に示した．これらの表には，「公称」伝達関数が記されている．それぞれの伝達関数のゲインは不確かさを有している．そして，それぞれの入力に関する不確かさは，互いに相関をもってい

表 9.1　入出力変数の名前，役割と記号

変 数	役 割	記号
塔頂抜き出し	制御入力	u_1
中間段抜き出し	制御入力	u_2
下部還流熱負荷	制御入力	u_3, z_4
中間部還流熱負荷	測定外乱	d_m
上部還流熱負荷	測定できない外乱	d_u
塔頂成分終点温度組成	制御・測定出力	y_1, z_1
中間段成分終点温度組成	制御・測定出力	y_2, z_2
塔頂温度	測定出力	y_3
上部還流抜き出し温度	測定出力	y_4
中間段抜き出し温度	測定出力	y_5
中間部還流抜き出し温度	測定出力	y_6
下部還流抜き出し温度	制御・測定出力	y_7, z_3

表 9.2 制御入力から出力までの伝達関数

	u_1	u_2	u_3
y_1, z_1	$4.05e^{-27s}\dfrac{1}{50s+1}$	$1.77e^{-28s}\dfrac{1}{60s+1}$	$5.88e^{-27s}\dfrac{1}{50s+1}$
y_2, z_2	$5.39e^{-18s}\dfrac{1}{50s+1}$	$5.72e^{-14s}\dfrac{1}{60s+1}$	$6.90e^{-15s}\dfrac{1}{40s+1}$
y_3	$3.66e^{-2s}\dfrac{1}{9s+1}$	$1.65e^{-30s}\dfrac{1}{60s+1}$	$5.53e^{-2s}\dfrac{1}{40s+1}$
y_4	$5.92e^{-11s}\dfrac{1}{12s+1}$	$2.54e^{-12s}\dfrac{1}{27s+1}$	$8.10e^{-2s}\dfrac{1}{20s+1}$
y_5	$4.13e^{-5s}\dfrac{1}{8s+1}$	$2.38e^{-7s}\dfrac{1}{19s+1}$	$6.23e^{-2s}\dfrac{1}{10s+1}$
y_6	$4.06e^{-8s}\dfrac{1}{13s+1}$	$4.18e^{-4s}\dfrac{1}{33s+1}$	$6.53e^{-1s}\dfrac{1}{9s+1}$
y_7, z_3	$4.38e^{-20s}\dfrac{1}{33s+1}$	$4.42e^{-22s}\dfrac{1}{44s+1}$	$7.20\dfrac{1}{19s+1}$

表 9.3 外乱入力から出力までの伝達関数

	d_m	d_u
y_1, z_1	$1.20e^{-27s}\dfrac{1}{45s+1}$	$1.44e^{-27s}\dfrac{1}{40s+1}$
y_2, z_2	$1.52e^{-15s}\dfrac{1}{25s+1}$	$1.83e^{-15s}\dfrac{1}{20s+1}$
y_3	$1.16\dfrac{1}{11s+1}$	$1.27\dfrac{1}{11s+1}$
y_4	$1.73\dfrac{1}{5s+1}$	$1.79\dfrac{1}{19s+1}$
y_5	$1.31\dfrac{1}{2s+1}$	$1.26\dfrac{1}{22s+1}$
y_6	$1.19\dfrac{1}{19s+1}$	$1.17\dfrac{1}{24s+1}$
y_7, z_3	$1.14\dfrac{1}{27s+1}$	$1.26\dfrac{1}{32s+1}$

る．表 9.4 にそれぞれのゲインの不確かさを示した．公称モデルはすべての j に対して $\delta_j = 0$ としたときに得られるが，それぞれの δ_j は $-1 \leq \delta_j \leq 1$ の範囲で変化すると仮定する．

図 9.2 は，蒸留塔のそれぞれの入力 (二つの外乱入力も含まれており，その列は u_1, u_2, u_3, d_m, d_u の順に並んでいる) からそれぞれの出力までの公称単位ステップ応答を示したものである．この図より，この蒸留塔は漸近安定であり，整定時間は約 10 分 ((5,4) 要素，すなわち中間部還流熱負荷から中間段抜き出し温度まで) から，約 250 分 ((2,2) 要素，すなわち中間段抜き出しから中間段成分終点温度まで) まで，広範囲にわたっている．また，さまざまなむだ時間が存在することも，図から明らかである．

表 9.4 各伝達関数内のゲインの不確かさの範囲 (ただし，$|\delta_j| \leq 1$)

	u_1	u_2	u_3	d_m	d_u
y_1, z_1	$4.05 + 2.11\delta_1$	$1.77 + 0.39\delta_2$	$5.88 + 0.59\delta_3$	$1.20 + 0.12\delta_4$	$1.44 + 0.16\delta_5$
y_2, z_2	$5.39 + 3.29\delta_1$	$5.72 + 0.57\delta_2$	$6.90 + 0.89\delta_3$	$1.52 + 0.13\delta_4$	$1.83 + 0.13\delta_5$
y_3	$3.66 + 2.29\delta_1$	$1.65 + 0.35\delta_2$	$5.53 + 0.67\delta_3$	$1.16 + 0.08\delta_4$	$1.27 + 0.08\delta_5$
y_4	$5.92 + 2.34\delta_1$	$2.54 + 0.24\delta_2$	$8.10 + 0.32\delta_3$	$1.73 + 0.02\delta_4$	$1.79 + 0.04\delta_5$
y_5	$4.13 + 1.71\delta_1$	$2.38 + 0.93\delta_2$	$6.23 + 0.30\delta_3$	$1.31 + 0.03\delta_4$	$1.26 + 0.02\delta_5$
y_6	$4.06 + 2.39\delta_1$	$4.18 + 0.35\delta_2$	$6.53 + 0.72\delta_3$	$1.19 + 0.08\delta_4$	$1.17 + 0.01\delta_5$
y_7, z_3	$4.38 + 3.11\delta_1$	$4.42 + 0.73\delta_2$	$7.20 + 1.33\delta_3$	$1.14 + 0.18\delta_4$	$1.26 + 0.18\delta_5$

9.1.2 制御仕様

制御性能仕様の焦点は，下部還流熱負荷 (u_3) を最小化し，制約を満たしながら外乱を除去することである．塔頂成分終点温度組成と中間段成分終点温度組成に対しては設定値仕様がある．われわれは線形化モデルを利用しているので，設定値が 0 であると仮定できる．また，定常状態において，これらの二つの出力が設定値の ±0.005 以内に入ることが要求されている．動的応答要求は，「閉ループの応答速度は，開ループの応答速度の 0.8 と 1.25 の間にすべきである」といったように，もっとあいまいなものである．外乱応答ではなく設定値応答に対してこのように規定すると仮定しよう．こうすることにより，このあいまいさの大半が取り除かれることになる．というのは，塔頂成分終点温度組成と中間段成分終点温度組成の三つの制御入力それぞれに

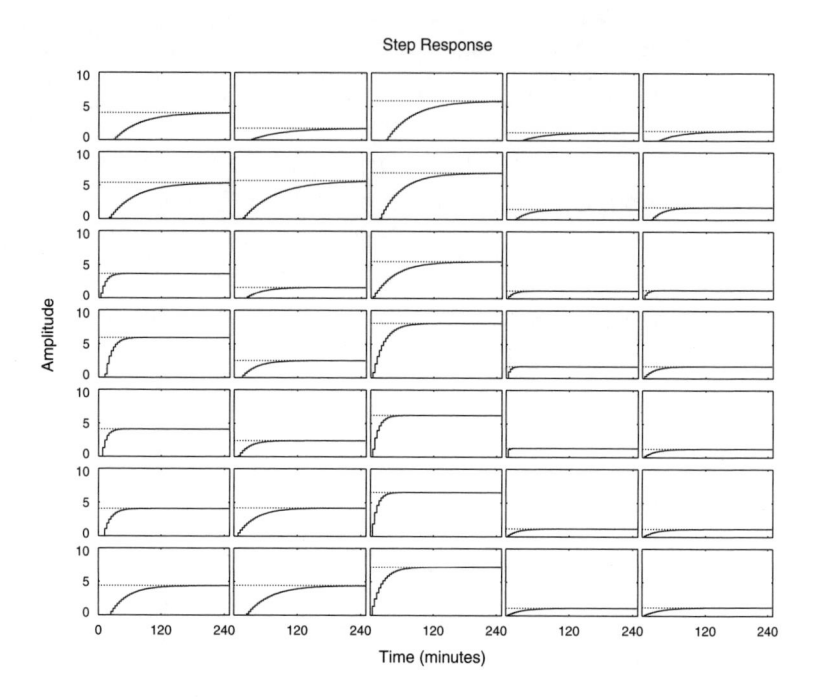

図 9.2 シェル石油蒸留塔の開ループステップ応答

対する開ループ応答速度は，同様のむだ時間と時定数をもち，ほとんど同じだからである．外乱除去に関する要求は，制約を満たしながら塔頂成分終点温度組成と中間段成分終点温度組成を，できるだけ速く元に戻すことである．これらの組成を設定値に戻すことと下部還流熱負荷の最小化とは，これらの要求が対立したとしても規定されない（しばしば，重要な部分が仕様に盛り込まれないことがある．それは重要でないからではなく，事前に明確にすることが非常に困難であるからである）．さらに，表 9.5 に示したような入出力に関する制約がある．それらの変数は，すべて同様の制約になるようにスケーリングされている．また，各入力に関して 1 分間につき 0.05 という入力変化制約は，これまでの表記と整合性をとるために，サンプリング・制御更新周期 T_s を用いて，$|\Delta u_j|$ に関する制限として表現されている．下部還流抜き出し温度は制約されているが，設定値はないことに注意する．よって，これは 5.5 節で議論した「領域」目的である．

二つの外乱入力は，±0.5 の範囲の値をとることが既知であるが，それ以外は規定されていない．

表 9.5 石油蒸留塔の入出力制約 (T_s は制御更新周期)

入力変化制約	$\|\Delta u_j\| \leq 0.05 T_s \, (j = 1, 2, 3)$
入力範囲制約	$\|u_j\| \leq 0.5 \, (j = 1, 2, 3)$
出力制約	$\|z_j\| \leq 0.5 \, (j = 1, 2, 3)$

9.1.3　初期コントローラ設計

制御目的の一つに，制御入力の一つである下部還流熱負荷を最小化することがある．これを行う最も直接的な方法は，それを入力であると同時に出力であるとし，その設定値を許容値の最低値 (すなわち -0.5) にすることである．モデルは厳密にプロパー (入力から出力までの直達項がないこと．2.1 節を参照) となる必要があるので，新しい制御出力 z_4 を次式のように定義する．

$$z_4(k) = u_3(k-1) \tag{9.1}$$

この設定値を，すべての k に対して $s_4(k) = -0.5$ とする．しかしながら，このアプローチは理想的ではない．なぜならば，モデルが正確で外乱がない場合でさえも，制約を破らずに，この設定値を定常状態として保持することができないからである．このことを理解するために，制御入力から制御出力までの定常ゲイン行列を考えよう．

$$\begin{bmatrix} z_1 \\ z_2 \\ z_3 \\ z_4 \end{bmatrix} = \begin{bmatrix} 4.05 & 1.77 & 5.88 \\ 5.39 & 5.72 & 6.90 \\ 4.38 & 4.42 & 7.20 \\ 0 & 0 & 1 \end{bmatrix} \begin{bmatrix} u_1 \\ u_2 \\ u_3 \end{bmatrix} \tag{9.2}$$

ベクトル $[z_1, z_2, z_4]$ を設定値ベクトル $[0, 0, -0.5]$ に保持するためには，入力ベクトルを $[u_1, u_2, u_3] = [0.7860, -0.1375, -0.5]$ としなければならないが，塔頂抜き出し (u_1) はその制約の上限を超えてしまう．さらに，この入力ベクトルでは $z_3 = -0.7651$ となるので，下部還流抜き出し温度はその制約の下限を下回ってしまう．この定式化の問題点は，z_1 と z_2 が本当の設定値であるのに対し，z_4 は制約であるということが区別できていないことである．真の目的が制御結果に反映されるようにするためには，MPC 定式化中の重みをチューニングする必要があるかもしれない．また，同じ重みが外乱やモデル化誤差のさまざまな組み合わせに対して適切であるという保証はない．

最善の解決策は，10.1.2 項で議論する方策の一つを採用することである．しかし，ここでは $z_4\,(=u_3)$ の設定値を定義するという簡単なアプローチを用い続けていくこ

とにする．

　困難を軽減する方法の一つは，定常状態において制約を侵害しないような設定値を見つけることである．外乱がなく，モデルは完全であると仮定すると，$z_1 = z_2 = 0$ を得るためには，次式が成り立つ必要がある．

$$\begin{bmatrix} 0 \\ 0 \end{bmatrix} = \begin{bmatrix} 4.05 & 1.77 & 5.88 \\ 5.39 & 5.72 & 6.90 \end{bmatrix} \begin{bmatrix} u_1 \\ u_2 \\ u_3 \end{bmatrix} \tag{9.3}$$

これは，式 (9.3) 中の行列の**零化空間** (null-space) 内の任意のベクトル u によって達成できる．零化空間は，次式で表される一次元ベクトル空間である．

$$\begin{bmatrix} u_1 \\ u_2 \\ u_3 \end{bmatrix} = \alpha \begin{bmatrix} 1 \\ -0.175 \\ -0.6361 \end{bmatrix} \tag{9.4}$$

$\alpha = 0.5$ と選ぶと，$u = [0.5, -0.0875, -0.3181]^T$ が得られ，これは入力制約を満足する．さらに，$z_3 = -0.4867$ を与える．これは下部還流抜き出し温度に関する制約の下限を（かろうじて！）満たす．よって，-0.5 と比較すると，-0.3181 は u_3 の設定値として望ましいものであるかもしれない．しかしながら，ある組み合わせで外乱が起きたり，実際の蒸留塔のゲインがモデルのそれからあるずれ方でずれた場合，u_3 をより低い値で保持することが可能となるかもしれない．

　つぎに考える問題は利用するサンプリング周期 T_s であるが，これには考えるべき三つの側面がある．

1. 閉ループのふるまいへの影響
2. 演算時間への影響
3. 必要な記憶容量への影響

三番目の側面は，最近のメモリ容量のことを考えれば，ほとんど問題にならない．表 9.6 に，さまざまなサンプリング時間に対する z 変換伝達関数，正確な状態空間モデル，そしてステップ応答モデルで必要とされる記憶容量をまとめた[1]．実際には，かなり小さい状態次元の近似状態空間モデルを用いることができ，その要求容量はこの表に示したものよりもかなり小さくなることを後述する．伝達関数モデルは，MATLAB の *Control System Toolbox* の *LTI* オブジェクトとして表現される．ま

---

[1]. これらすべてのモデルは，本書のウェブサイトより入手可能な関数 `mkoilfr` を用いて生成できる．

表 9.6 さまざまなモデル表現とさまざまなサンプリング時間に対して必要とされるメモリ容量〔キロバイト〕（なお，状態空間モデルは正確なモデルである）

サンプリング周期 T_s [min]	状態次元 n	伝達関数 (LTI object)	状態空間 (MOD format)	ステップ応答 (STEP format)
1	363	17.7	1098.1	80.4
2	204	15.1	357.8	40.4
4	122	13.9	134.1	20.6
8	86	13.3	69.9	10.3

た，状態空間モデルは，*Model Predictive Control Toolbox* の *MOD* フォーマットで，ステップ応答モデルは *Model Predictive Control Toolbox* の *STEP* フォーマットで表現される．ステップ応答モデルは，250 分後に打ち切られる (その結果，サンプリング周期が大きくなるにつれて，モデルは小さくなる)．また，すべての変数は倍精度で保存されている．この表は，モデルを表現するのに必要な容量だけを示しており，コントローラアルゴリズムが必要とする容量を示してはいないことを強調しておく．それぞれの場合において，状態空間モデルは *Control System Toolbox* の**最小実現** (minimal realization) 関数 `minreal` を用いて，冗長なモードが取り除かれている．状態次元のサンプリング周期への依存は，1 ステップの遅れを記述するために状態変数が一つ必要であるという事実のためであり，サンプリング周期を大きくすることによって遅れの数を減らすことができる (状態次元は，式 (9.1) の定義のために必要とされる付加的な状態を一つ含んでいる)．

測定雑音に関する情報がなく，外乱に関してもほとんど情報がないので，この場合，観測器と外乱モデルをうまく利用する余地は，ほとんどない．また，モデルは漸近安定なので，三つのモデル表現 (すなわち，ステップ応答，伝達関数，状態空間) のいずれも用いることができる．このような状況では，これら三つのモデル表現は，同等に申し分なく使用できるだろう．

サンプリング周期が演算時間に与える影響は，より重大である．設定値変化に対する閉ループ**整定時間**は，120〜250 分の範囲にあることが要求される (関連する開ループ時定数の範囲は 40〜60 分であり，閉ループ時定数はこれらの値の 80〜125 % になる．整定時間を**時定数**の 3 倍にとり，14〜28 分のむだ時間を加える)．7.2.2 項の「平均レベル」設計では，閉ループ設定値応答速度が，開ループ速度とほぼ同じになったが，それは予測ホライズンを非常に大きくとり，制御ホライズンを非常に小さくとる

ことによって達成されたことを思い出そう．ここでは，$H_p = \infty$，$H_u = 1$ という極端な設定は行わないが，例題で示されたように，比較的長い予測ホライズンを用いることにする．すべての時間において制約を守らなければならないので，（少なくとも制約を守るという点において）一致点を少数個にするという選択はできない（ただし，追従誤差に関しては，評価関数でペナルティをかける場合，一致点の数を減らすことは可能である）．したがって，サンプリング周期を小さく選ぶと，予測ホライズンを長くとらなければならなくなり，演算量が増加してしまう．一方，（測定可能な外乱である）中間部還流熱負荷の下部還流抜き出し温度に対する影響は，むだ時間なし，時定数 27 分と，比較的早く現れる．したがって，サンプリング周期を 10 分と大きく選ぶと，効率のよいフィードフォワード動作を行うのは難しくなる．そこで，われわれは $T_s = 4$ 〔min〕とした．この値は [PG88] で選ばれた値と同じである．

塔頂および中間段成分と下部還流抜き出し温度のみを出力として残し，下部還流熱負荷を (1 段遅れをもつ) 付加的な出力として追加した場合，（$T_s = 4$ 〔min〕としたとき）離散時間モデルの最小状態実現の状態数は 80 になる．状態数を減らすことは，コントローラの計算を速くし，数値的問題を引き起こす可能性を減らすだろう．さまざまな方法によって低次近似を得ることができる．一つの方法は，インパルス応答をシミュレートし，4.1.4 項で述べたアルゴリズムを適用することである．すでに状態空間モデルが利用できるので，このアルゴリズムと関係しているがよりよい方法は，まず 80 状態システムの**平衡実現**（*balanced realization*）および，（同じ計算から）**ハンケル特異値**（*Hankel singular value*）を求めることである．大まかにいえば，平衡実現により得られた状態変数は，入出力のふるまいに影響する順番に並んでいる．したがって，状態ベクトルを打ち切り，それに対応するように状態空間モデルの行列を打ち切ることによって近似できる．ハンケル特異値は，どのくらいの数の状態変数を打ち切るべきであるかという指針を与えてくれる（入出力のふるまいに何も影響しない状態変数に対応するハンケル特異値は 0 である）．低次近似システムを得るためのこのアプローチは，**平衡打ち切り**（*balanced truncation*）として知られており，その詳細は [Mac89, ZDG96] に記述されている．この方法を 80 状態石油蒸留塔モデルに適用した[2]．

塔頂および中間段成分と下部還流抜き出し温度のみを出力として残し，下部還流熱

---

[2]. 平衡実現の計算には問題があった．有限語長問題のため，*Control System Toolbox* の関数 `balreal` では，うまく計算できなかった．80 状態モデルは，不可制御に非常に近かったからである．しかし，*Robust Control Toolbox* の関数 `dobal` を用いたら，問題なく実行できた．

負荷を(一段遅れをもつ)付加的な出力として追加したときの，蒸留塔モデルのハンケル特異値を図9.3に示した．左図では，特異値が線形スケールでプロットされている．一方，右図では，(底が10の)対数スケールでプロットされている．対数プロットより，次数を30あるいは50と選択することが「自然」であることがわかる．なぜならば，それらにおいて大きさの変化が非常に大きいからである．しかし，実際には次数を20まで低減化しても，そのステップ応答は，全状態である80状態モデルのそれとほとんど区別ができないくらいであった．そこで，以下において，20状態近似モデルを用いていくことにする[3]．

表9.7は，全80状態モデルと近似20状態モデルの必要容量をまとめたものである．測定される全出力の動特性をもつ正確なモデルより，近似20状態モデルのほうが記憶容量が非常に少なくてよいことがわかる．事実，20状態モデルはステップ応答モデルの約半分の容量しか必要としない．

予想される整定時間以降(たとえば300分)まで予測するためには，サンプリング周期を$T_s = 4$ [min]とした場合，予測ホライズンを$H_p = 75$とする必要がある．制御入力から制御出力までの伝達関数の多くに大きなむだ時間があるため，予測ホライズン

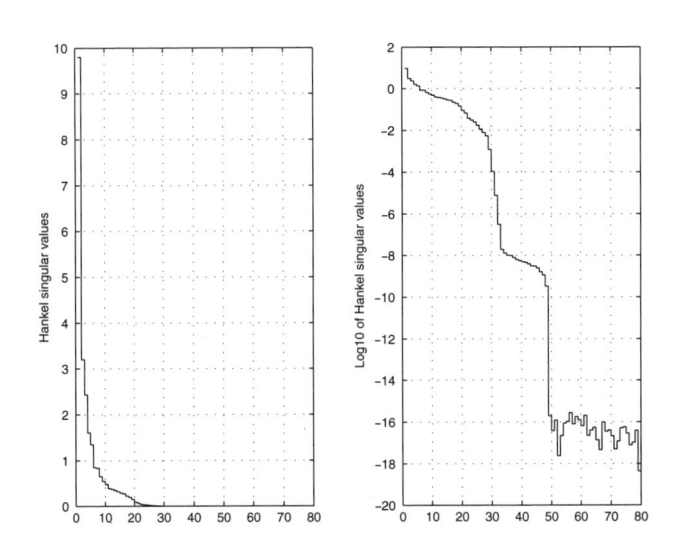

図 9.3 シェル石油蒸留塔のハンケル特異値($T_s = 4$ [min] の場合)

---

[3]. このモデルは，本書のウェブサイトから入手可能な MATLAB ファイルの `oilfr20.mat` の中に含まれている．

表 9.7 正確および近似状態空間モデルで必要とされるメモリ容量(出力は z_1, z_2, z_3 のみ, $T_s = 4$ [min] の場合)

状態次元 (n)	記憶容量 [キロバイト]
80	58.5
20	5.2

の最初の部分で制約を課したり,緩和したり,あるいは両方を行ったりしないほうがよい.最も大きなむだ時間は 28 分であり,これは予測ホライズンの 7 ステップ分に対応する.

制御ホライズンの選定は,コントローラアルゴリズムの演算負荷に大きな影響を与える.蒸留塔の伝達関数には遅い動特性と速い動特性が混在し,それらの幅は大きいので,ここでは**ブロッキング**(制御決定の間の非一様間隔のこと.演習問題 1.14 と演習問題 3.4 を参照)を使うことが適切であるように思える.というのは,最適化問題において必要以上に多い決定変数を用いることなしに,予測された過渡区間にわたって制御調整を行うことができるからである.図 9.2 に示した応答より,決定変数として,$\hat{u}(k|k)$, $\hat{u}(k+1|k)$, $\hat{u}(k+3|k)$, $\hat{u}(k+7|k)$, $\hat{u}(k+15|k)$ を利用するのが適切だと考えられる.すると,ブロッキングパターンは,つぎのようになる.ここで,それぞれのブロックはその前のブロックの 2 倍の長さである.

$$\hat{u}(k|k) \tag{9.5}$$

$$\hat{u}(k+1|k) = \hat{u}(k+2|k) \tag{9.6}$$

$$\hat{u}(k+3|k) = \hat{u}(k+4|k) = \hat{u}(k+5|k) = \hat{u}(k+6|k) \tag{9.7}$$

$$\hat{u}(k+7|k) = \hat{u}(k+i|k), \quad i = 8, 9, \ldots, 14 \tag{9.8}$$

$$\hat{u}(k+15|k) = \hat{u}(k+i|k), \quad i = 16, 17, \ldots \tag{9.9}$$

このようにして,15 個 (3 制御入力 × 5 決定回数) の決定変数だけになった.しかし,制御決定は,予測ホライズン中の 60 分まで行われる.

つぎに,評価関数の重みを選ばなければならない.下部還流抜き出し温度 (z_3) に対しては**領域目的**だけなので,それに対する追従誤差重みを 0 とする.塔頂成分および中間成分終端温度に対しては,選択する際に基準となるような情報はほとんどない.それらの変数は,それぞれに対する誤差が同様に重要となるように,すでにスケーリングされていると仮定する.したがって,それらに対しては同じ重みを与える.また,最初の 7 ステップの間は塔頂成分誤差には重みをかけず,最初の 4 ステップの間は中

間成分誤差には重みをかけないが(というのは，それらの伝達関数には長いむだ時間が含まれているからである)，それ以外は予測ホライズンにわたっては重みを一定のままにする．下部還流熱負荷 (z_4) 追従誤差にも，他のものと同じ重みを与える．なぜならば，それ以外の選択をすべきであるという明確な理由がないからである．特に，この重みは，塔頂成分および中間成分終端温度の追従と，下部還流熱負荷の最小化との間のトレードオフを行うために，経験に基づいて調整されるかもしれない．以上より，つぎの重みを得る．

$$Q(i) = \begin{bmatrix} 0 & 0 & 0 & 0 \\ 0 & 0 & 0 & 0 \\ 0 & 0 & 0 & 0 \\ 0 & 0 & 0 & 1 \end{bmatrix}, \quad i \leq 4 \tag{9.10}$$

$$Q(i) = \begin{bmatrix} 0 & 0 & 0 & 0 \\ 0 & 1 & 0 & 0 \\ 0 & 0 & 0 & 0 \\ 0 & 0 & 0 & 1 \end{bmatrix}, \quad 5 \leq i \leq 7 \tag{9.11}$$

$$Q(i) = \begin{bmatrix} 1 & 0 & 0 & 0 \\ 0 & 1 & 0 & 0 \\ 0 & 0 & 0 & 0 \\ 0 & 0 & 0 & 1 \end{bmatrix}, \quad i \geq 8 \tag{9.12}$$

現段階では，制御変化に関してペナルティはかけない．すなわち，この仕様では入力変化を最小化しようとしない．応答が非常に不規則であったり，モデルの不確かさに対して感度が高すぎることが後でわかったら，この決定を再検討する．よって，われわれはそれぞれの i に対して $R(i) = 0_{3,3}$ とする．

9.1.4 コントローラの性能と改良

以上のようにチューニングされたパラメータを用いた場合の応答を図 9.4 に示した．ここで，z_1 と z_2 の設定値はともに 0 とし，u_3 の設定値は最初 −0.32 として，300 分後に −0.5 に変更した．この応答は *Model Predictive Control Toolbox* の関数 scmpc を用いて求めた．また，80 状態モデルをプラントとし，20 状態近似モデルをコントローラのための内部モデルとした．プラントと内部モデルの初期状態ベクトルは 0 とした．最初の過渡状態で，z_3 は制約の範囲に整定する前に，わずかな量であるが約 150 分間，制約の下限を下回っている．z_1 と z_2 はそれらの設定値に落ち着くまでに約 200 分かかっている．その間，u_1 は徐々にその制約の上限値まで増加している．300

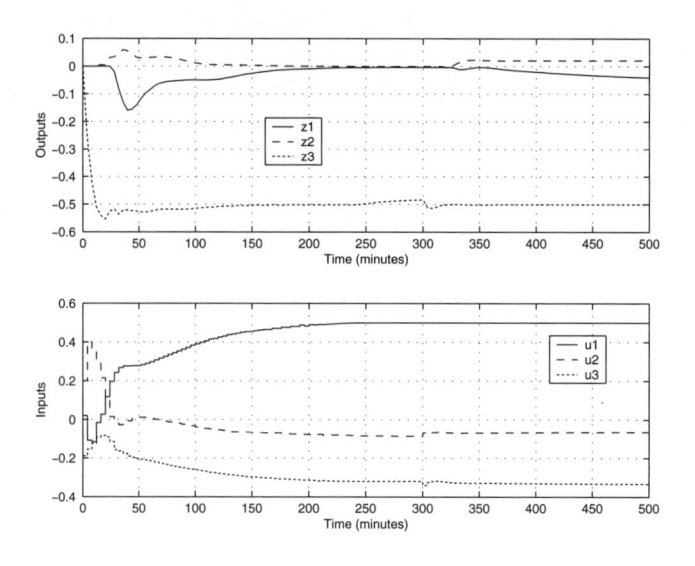

図 9.4 初期チューニングパラメータを用いた場合の応答

分後,すべての変数は先に行った定常解析から予想された値に整定した.約 200 分の整定時間は,仕様を満たしていることに注意する.この例では,制御変化にはペナルティをかけていないにもかかわらず,制御はあまり活発ではないことも注目すべき点であろう.

300 分後,u_3 の設定値は,u_3 をその制約の下限のできるだけ近くまで行かせるようにするため,-0.5 に変更される.u_1 は,すでにその制約の上限に達してしまっているので,まったく変化しない.u_2 と u_3 はほんのわずかだが変化する.その結果,z_1 と z_2 は,それらの設定値から離れ,それぞれ $+0.025$,-0.05 で整定する.これは,定常状態仕様を満たしていない.われわれは z_1 と z_2 の二つを制御の主目的としたいので,これは,式 (9.10) ~ (9.12) で定義した現在の追従誤差の重みは,z_1 と z_2 の設定値に比べて,u_3 の設定値に重きをおきすぎていることを意味している.そこで,z_1 と z_2 の重み (すなわち,式 (9.11) の $(2,2)$ 要素と式 (9.12) の $(1,1)$,$(2,2)$ 要素) を 1 から 10 に増加させる.一方,u_3 に関する重みは 1 のままとする.こうすることにより,z_1 と z_2 の定常偏差がそれぞれ $+0.001$,-0.001 に減ることがわかった.これは,仕様を満たしている.しかし,この場合,入力 (特に,u_2 と u_3) は,過渡状態の間,非常に振動的になっていることがわかる.さらに,z_3 は整定する前に,その制約のまわりで振動的になっている.したがって,ペナルティ重み $R(i) = I_3$ を制御変化にかける

ことにする．このことにより振動現象を取り除けるが，z_1 の定常偏差が増加し，仕様値の ±0.001 の外側に出てしまった．よって，z_1 の追従偏差に関する重みを 10 から 20 に増加させる．その結果，望ましい効果が得られた．そのときの応答を図 9.5 に示す．

つぎに，中間部還流熱負荷 (d_m) に加わる外乱の影響を検証しよう．この外乱は測定可能なので，フィードフォワード動作を用いて対応できる．図 9.6 は，図 9.5 で示した計算の最後に達した定常状態を初期状態とする蒸留塔を示したものである．外乱は，つぎのように生じるものとする．これは，ステップごとに表現され，各ステップは 4 分間続く．

$$d_m(k) = \begin{cases} 0, & k \leq 12 \text{ のとき} \\ +0.5, & 12 < k \leq 37 \text{ のとき} \\ 0, & 37 < k \leq 62 \text{ のとき} \\ -0.5, & 62 < k \leq 87 \text{ のとき} \\ 0, & k > 87 \text{ のとき} \end{cases} \quad (9.13)$$

中間部還流熱負荷が増加すると，蒸留塔から奪われる熱は少なくなることを思い起こそう．このため，最初の +0.5 の外乱は，下部還流熱負荷 (u_3) をまず減少させる．しかしながら，これにより下部還流抜き出し温度 (z_3) はその制約より低くなってしまう．そのため，u_3 は再び増加し，これはその上限にあった u_1 を下げることによって

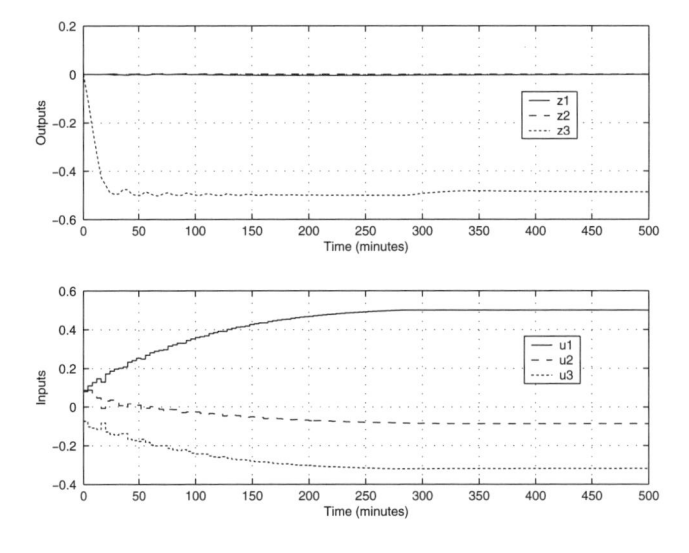

図 9.5 z_1 と z_2 追従偏差に関する重みを増加させ，制御変化にペナルティをかけた場合の応答

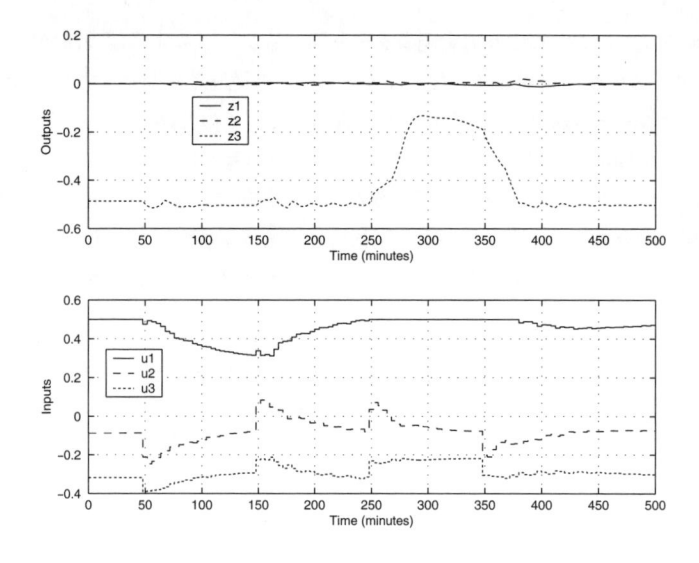

図 9.6 測定可能な外乱に対する応答

補償される．u_2 は u_3 と同じようなパターンで変化する．外乱がなくなってから，約 100 分間，過渡状態が続く．過渡状態の終わりには，すべての変数はそれらの初期値に戻っている．つぎに，外乱 $d_m = -0.5$ が加わる．今回は，u_1 はすでにその制約の上限に達しているので，それ以上増加できない．よって，外乱が加わっている間，u_3 は -0.32 から -0.22 へ増加しなければならない．下部還流抜き出し温度 (z_3) は，いまその制約の下限から離れていることに注意する．なぜならば，これは**設定値**変数ではなく，**領域**変数であるからである．最後に $k > 87$，すなわち，およそ 350 分以降，外乱は再びなくなり，すべての変数はそれらの初期値に戻る．

つぎに，上部還流熱負荷の変化に対する応答について考えよう．この変化は，測定できない外乱であるので，その影響を修正するために，フィードフォワードを用いることはできない．いま，式 (9.13) と同じ外乱パターンを適用する．しかし，この場合にはフィードバック動作しか利用できないので，制御の効果が落ちることが予想される．図 9.7 より，その予想は正しいことがわかる．z_1, z_2 の設定値からのずれは，今回ははるかに大きくなっており，それを修正するために，より多くの時間がかかっている．また，コントローラはかろうじて出力を制約内に保っている．実際には，わずかながら制約侵害が何度か生じている．

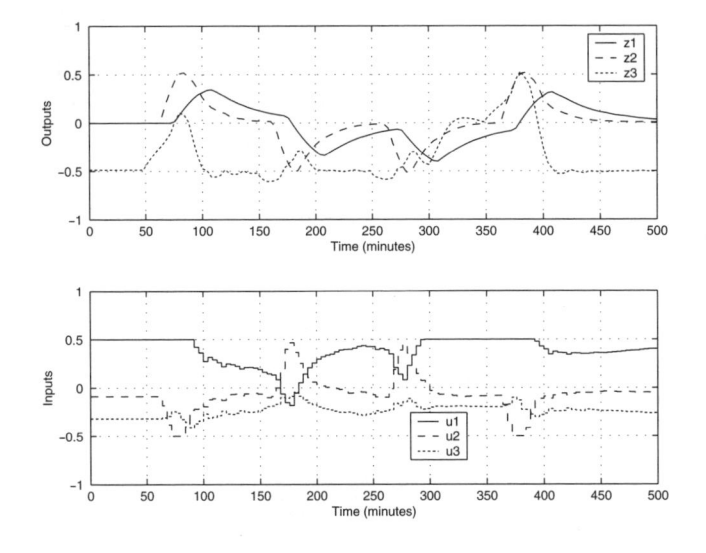

図 9.7 測定できない外乱に対する応答

9.1.5 制約の緩和

これまでに示してきた結果はすべて，入力と同様に出力にもハード制約を課すことにより得られたものだった．より厳しい外乱に対しては，出力制約を緩和する必要がある．たとえば，測定可能な外乱と測定できない外乱がともに，

$$d_m(k) = d_u(k) = \begin{cases} 0, & k \leq 12 \text{ のとき} \\ +0.5, & 12 < k \leq 62 \text{ のとき} \\ -0.5, & k > 62 \text{ のとき} \end{cases} \tag{9.14}$$

のように生じるものとすると，両方の外乱が -0.5 の値をとるとき，実行不可能になってしまう（両方の外乱がともに生じるだけではなく，両者が $+0.5$ から -0.5 に突然ジャンプすることにも注意せよ．これは，これまでに示してきたシミュレーション中の外乱の変化よりも大きな変化である）．しかしながら，正確な ∞ ノルムペナルティ関数（ペナルティ係数を $\rho = 10^3$ とした．3.4 節を参照）を用いて，制約を緩和すると，その結果は図 9.8 のようになる．ただし，これ以上 ρ の値を大きくしても本質的に同じ結果が得られた．両方の外乱が正のときには，特に難しいわけではない．そのとき，すべての出力変数は制約内に維持され，すべての入力はその制約を満たす．しかしながら，（約 250 分後に）両方の外乱が負になった直後は，三つの出力をそれらの制約内にとどめることはできない．

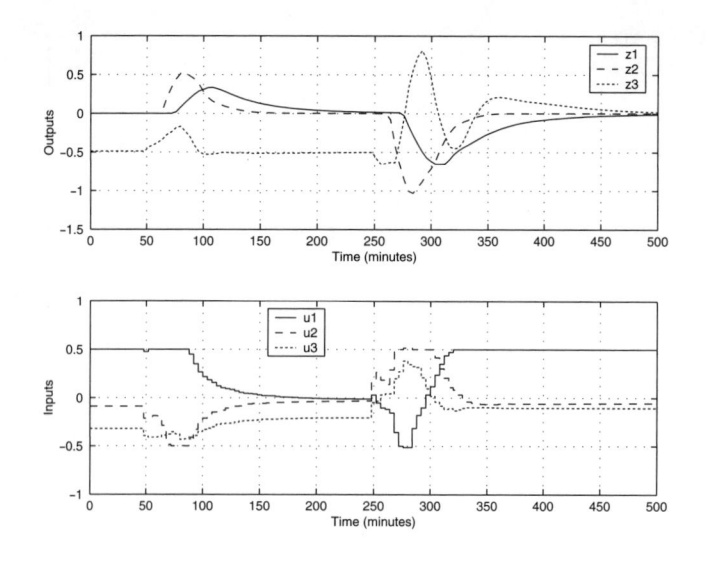

図 9.8 測定可能な外乱と測定できない外乱に対する応答（制約を緩和した場合）

予測ホライズンの最初の 3 ステップを除いた部分にハード制約を課すと，すなわち，$\hat{z}(k+i|k)$ $(i=1,2,3)$ に対して制約を課さないと，ほとんど同じような結果が得られる．その結果を図 9.9 に示した．これは，実行可能性を回復するための別の方法ではあるが，図 9.8 で示したものより z_3 に関する制約侵害が多いことがわかる．そして，ピークでの侵害はやや大きい．特に，シミュレーションにおいて約 100 分から約 250 分にかけて，z_3 の制約侵害が小さいながら継続的に発生していることに注意する．この現象は図 9.8 では見られなかった．

図 9.8 と図 9.9 に示したどちらのケースでも，z_1 と z_2 が最終的にとる定常値は，仕様を満足する範囲 ±0.001 内に入っている（これらの変数は図で示された 500 分では，それらの定常値に達しないので，このことを図から読み取ることはできない）．定常値は，図 9.5 において用いたものと同じトレードオフによって決定されるので，これは予想されることである．外乱のために，今回は入力の定常値が異なる値 ($u_1 = 0.5$, $u_2 = -0.0525$, $u_3 = -0.1042$) になっている．これらのうち最初の二つは，評価関数において何の役割も果たさないが，三番目は役割を果たす．しかし，（その設定値である -0.5 からの）追従偏差に関する重みは，z_1, z_2 に関する重みと比べると十分小さいので，仕様を満たしながら主目的は達成されている．u_3 に対する設定値が設けてあるため，それに関連する重みが小さいにもかかわらず，z_1 と z_2 のオフセットなし追

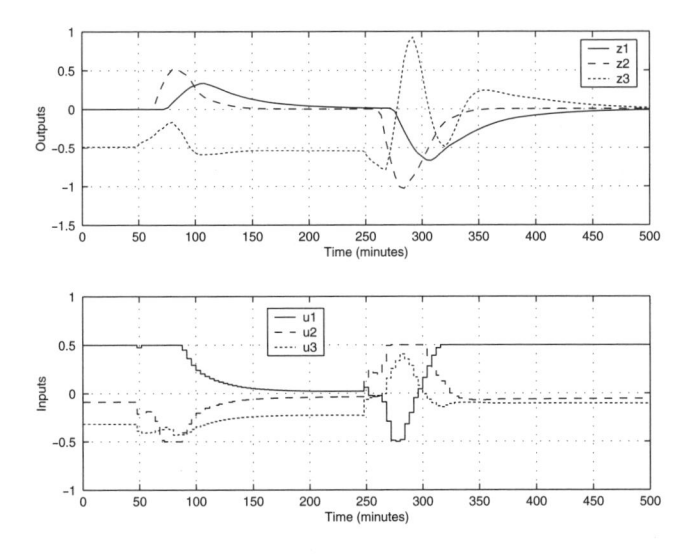

図 9.9 測定可能な外乱と測定不可能な外乱に対する応答 ($\hat{z}(k+i|k)$ ($i > 3$) に対するハード制約の場合)

従が得られていない．

9.1.6 モデル化誤差に対するロバスト性

　プラントがまさに予想されたとおりであるときに，コントローラがうまく働くだけでは十分でない．実際の蒸留塔のゲインは，表 9.4 (p.309) で示したように変化するかもしれないので，コントローラはそのようにゲインが変化した場合においてもうまく動作し続けなければならない．

　7.3 節と 8.1.1 項で述べたように，多変数周波数応答の特異値は，フィードバック設計のモデル化誤差に対するロバスト性に関する何らかの指標を与える．しかしながら，特異値はすべての制約が活性化されていないときに得られる線形コントローラに対してしか計算することができない．前項で述べた設計法によって得られた線形コントローラを用いた場合，すべての制約が活性化されていないときの，感度関数 $S(z)$ と相補感度関数 $T(z)$ の最大特異値を図 9.10 に示した．出力 z_1 と z_2 だけが設定値に制御されるので，これらの二つだけが出力であるという仮定の下で，これらの特異値が計算された (ナイキスト周波数 π/T_s までの周波数 ω に対して特異値を示した)．$T(z)$ の最大特異値である $\bar{\sigma}\left[T\left(e^{j\omega T_s}\right)\right]$ の値は，低周波帯域において 1 ($= 0$ dB) であ

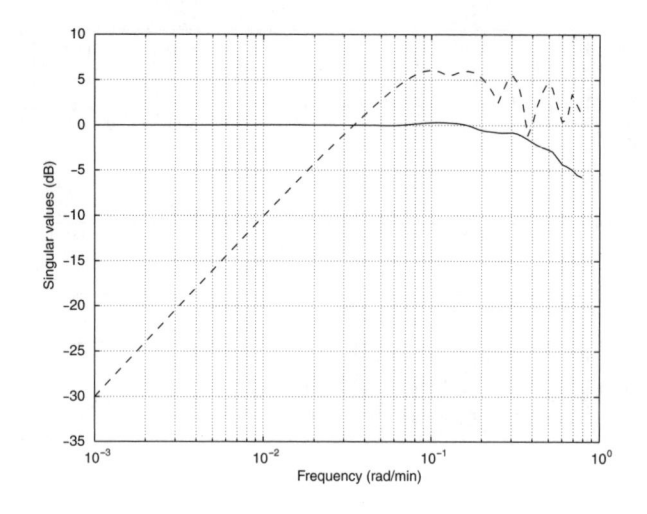

図 9.10 感度関数 $S(z)$（破線）と相補感度関数 $T(z)$（実線）の最大特異値

る．これはオフセットなし追従が得られることを意味しているが，それは制約が活性化されない限り，予想されることである．$\bar{\sigma}[T(e^{j\omega T_s})]$ のピーク値は，かろうじて 1 より少し大きい．これは，この設計がプラントの伝達関数の乗法的摂動に対して，適度によいロバスト性を有することを意味する [Mac89, ZDG96]．また，$\bar{\sigma}[T(e^{j\omega T_s})]$ は「高」周波数 (すなわち，$\omega = \pi/T_s$ の近く) において約 0.5 $(= -6$ dB$)$ に落ちている．このことは，測定雑音に対する減衰が大きくないことを意味している．よって，z_1 と z_2 は分析器の出力中に現れる測定雑音に追従してしまう傾向がある．ナイキスト周波数がやや低い (0.78 rad/min，すなわち 0.002 Hz) ので，このことは深刻な問題にはならない．よって，どのような電気的雑音も測定値から取り除かれていると仮定できる．しかしながら，[PM87] の問題の定義中には，測定雑音に関して何の仕様も与えられていない．

図 9.10 に示した $\bar{\sigma}[S(e^{j\omega T_s})]$ のプロットより，低周波帯域においてそれが 0 に落ちていくことがわかる．これもまた制約なしのふるまいから予想されることである．というのは，これもオフセットなし追従を意味し，$\bar{\sigma}[T(e^{j\omega T_s})]$ のふるまいと矛盾しないからである．しかしながら，$\bar{\sigma}[S(e^{j\omega T_s})]$ のピーク値は 2 $(= 6$ dB$)$ であり，これは通常，安心するにはちょっと大きすぎる値である．$\bar{\sigma}[S(e^{j\omega T_s})]$ は，0.03 rad/min よりほんの少し高い周波数で 0 dB を横切っている．これは，約 200 $(= 2\pi/0.03)$ 分以下の周期をもつ (測定できない) 正弦波出力外乱がフィードバック動作によって減衰さ

れずに，逆に増幅されることを示している．

表 9.4 で定義された起こり得るゲイン変化に対して，設計されたシステムがどのくらい影響を受けるかについて，より正確な指標を得るために，8.1.1 項で導入したロバスト安定性テストを用いることができる．公称 (連続時間) プラントモデル $P_0(s)$ は表 9.2 (p.308) で定義されており，実際のプラントは次式のように記述できる．

$$P(s) = P_0(s) + W(s)\Delta \tag{9.15}$$

ただし，$\Delta = \mathrm{diag}\,(\delta_1, \delta_2, \delta_3)$ である．また，$W(s)$ は $P_0(s)$ と同じ構造，すなわち，むだ時間をもつ一次遅れ系の伝達関数行列であり，そのゲインは表 9.4 で与えたものを用いる．よって，たとえば，

$$W_{11}(s) = \frac{2.11}{50s + 1} e^{-27s} \tag{9.16}$$

である．少し混乱を与える表記になるかもしれないが，$P_0(s)$, $P(s)$, $W(s)$ に対応する離散時間表現の伝達関数を $P_0(z)$, $P(z)$, $W(z)$ と表す．離散時間表現に変換しても，対角ブロック Δ は変わらないことに注意する[4]．

これは，8.1.1 項で議論した**構造化不確かさ**の一例である．境界は $|\delta_j| \leq 1$ であるので，$\|\Delta\|_\infty \leq 1$ は明らかに成り立つ．しかし，われわれは不確かさの構造に関してより詳しい情報をもっている．すなわち，Δ の対角要素だけが非零であり，さらにこれらの要素は実数であるということである．プラント不確かさが加法的な表現をとっているので，不確かさが非構造化的であったならば，ロバスト安定性のためのテスト (8.7) を適用できる．ここでは，不確かさが $W(z)\Delta$ であり，また $\|\Delta\|_\infty \leq 1$ であり，この場合に適用すると，ロバスト安定性のための十分条件は，

$$\bar{\sigma}\left[K\left(e^{j\omega T_s}\right) S\left(e^{j\omega T_s}\right) W\left(e^{j\omega T_s}\right)\right] < 1 \tag{9.17}$$

となる．8.1.1 項で述べたように，このテストは保守的になりすぎるきらいがある．たとえこの条件が満足されなくても，閉ループがロバスト安定ではないということを意味するわけではない．もう少し保守的でない条件を次式で与えよう．

$$\mu\left[K\left(e^{j\omega T_s}\right) S\left(e^{j\omega T_s}\right) W\left(e^{j\omega T_s}\right)\right] < 1 \tag{9.18}$$

ただし，$\mu[\cdot]$ は対角不確かさ構造の構造化特異値を表す．しかし，ゲイン摂動が複素数となることを許容しているので，これでもまだ保守的である．そこで，さらに保守

---

[4] モデル $W(z)$ は MATLAB 関数 `mkdelta.m` により生成できる．この関数は本書のウェブサイトから入手可能である．

性を減らすためには，次式の**実 μ** (*real-μ*) 条件を用いればよい．

$$\mu_R \left[K\left(e^{j\omega T_s}\right) S\left(e^{j\omega T_s}\right) W\left(e^{j\omega T_s}\right) \right] < 1 \tag{9.19}$$

ただし，$\mu_R[\cdot]$ は実構造化特異値を表す．

最大特異値 $\bar{\sigma}[KSW]$，1×1 ブロックの不確かさ構造 (これは，プロセスゲイン中のスカラ不確かさ δ_j に対応する) に対して計算された複素構造化特異値 $\mu[KSW]$，そして実構造化特異値の上界 $\mu_R[KSW]$ を図 9.11 に示した．この図より，考えられるプラントの中には，設計したコントローラによって安定化されないものがあるかもしれないことがわかるが，そのようなプラントを見つけることは困難である．小ゲイン定理や複素 μ ロバスト性テストは，ロバスト安定性のための十分条件しか与えず必要条件を与えないこと，また，μ_R の上界しか得られないことを思い出せ．$\delta_1 = -1$，$\delta_2 = \delta_3 = 1$ とすると，閉ループのふるまいは非常に減衰の悪いものになる．これより，システムはこの摂動に対して不安定に近いといえる．このプラント摂動の場合の応答を図 9.12 に示した．ここで，式 (9.13) で定義した測定できない外乱が存在し，$\delta_5 = 1$ とした．この場合，プラント・モデル不一致が存在した結果，ハード制約では最適化が実行不可能になってしまったので，ソフト制約 $\rho = 10^3$ を用いて応答を計算した．厳密には不安定ではないが，このときの応答は非常に振動的なので，このコントローラは実際には使い物にならない．

プラント・モデル不一致に対するロバスト性の増加を試みるための最も簡単な方法

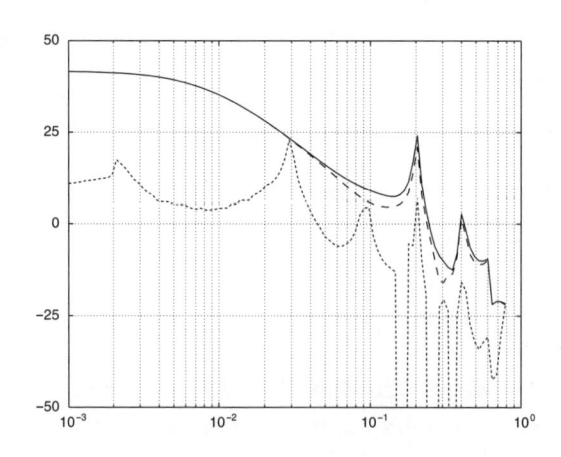

図 9.11 $K(z)S(z)W(z)$ の最大特異値 (実線)，複素 μ の推定値 (破線)，実 μ の推定値 (点線)

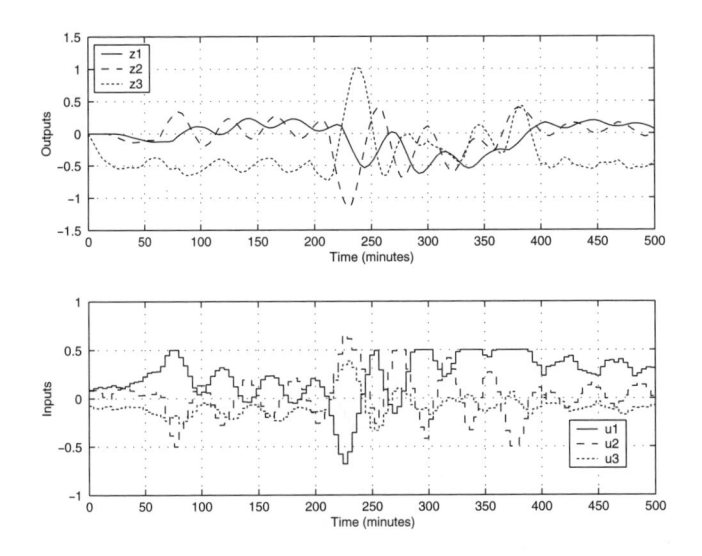

図 9.12 プラント・モデル不一致，測定できない外乱，制約の緩和がある場合の応答

は，コントローラのゲインを下げることである．これはつねにうまくいく方策ではない(なぜならば，一巡ゲインを下げることによって安定余裕が減少するようなフィードバックシステムも存在するからである)．しかし，図 9.10 と図 9.11 より，$\bar{\sigma}(S)$ はすべての周波数において非常に小さいが，その一方で，$\bar{\sigma}(KSW)$ は非常に大きいことがわかる．また，$\bar{\sigma}(W)$ は比較的小さいことが確かめられる．そのため，コントローラゲインを下げることは，実際にロバスト性を増加させるためのよい方策だといえる．このことは，MPC 評価関数における制御変化ペナルティ重み行列 $R(i)$ を増加させることによって非常に簡単に行うことができる．これまでに議論した設計では，$R(i) = I$ と設定した．最も簡単な代替策は，$R(i) = rI$ $(r > 1)$ とすることである．しかしながら，こうすることにより予想される問題点は，制御動作が遅くなり，効果的でなくなることである．何回かの試行錯誤の末，よいロバスト性とよい制御の間の納得のいく妥協点として，$R(i) = 10I$ が見つかった．図 9.12 の場合と同じ測定できない外乱に対する応答を図 9.13 に示した．出力の制御は少し改善されているが，入力の変化は振動的になっていない．

図 9.14 は，モデルが正確だとした場合(すなわち，すべての i に対して $\delta_i = 0$ とした場合)，$R(i) = 10I$ としたときの応答を示したものである．この図と図 9.7 を比べると，公称性能に関しては，それほど変化がないことがわかる．すなわち，出力の制

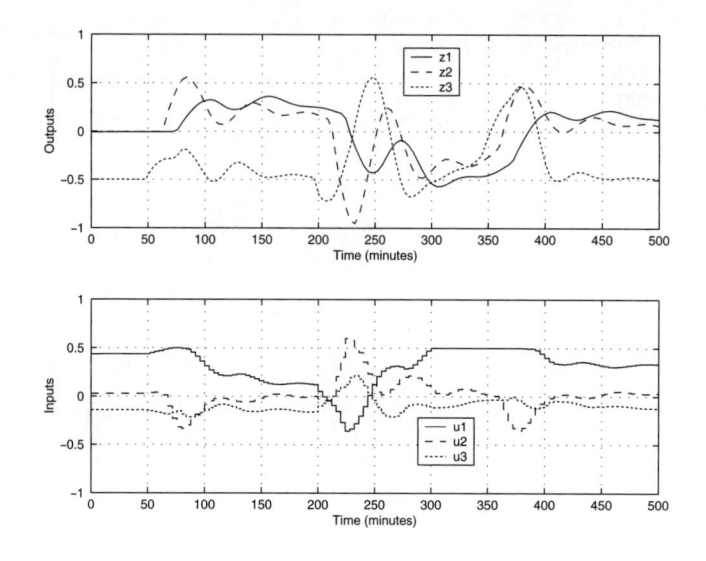

図 9.13 プラント・モデル不一致，測定できない外乱，制約の緩和がある場合の応答（入力変化重みを増加させた場合）

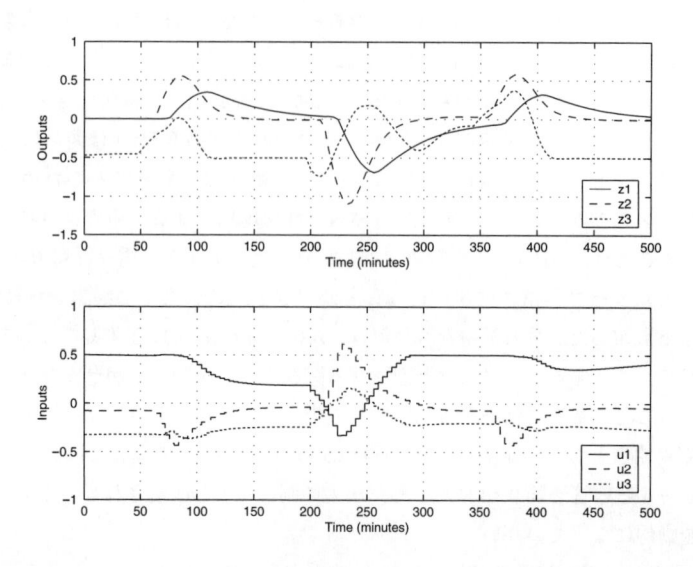

図 9.14 正確なモデルに対する応答（測定できない外乱，入力変化重みを増加させた場合）

御は元の設計と比べてそれほど悪くなっていない．図 9.15 は，ゲインを減らしたときのコントローラに対する KSW の最大特異値，複素 μ，実 μ を示したものである．この図を図 9.11 と比較すると，ゲインを減らしたコントローラを用いると，ロバスト性が非常に向上することがわかる．

より厳しい制御仕様の場合には，$R(i)$ を増加させることによってコントローラゲインを減らすような簡単な解法は，十分ではないだろう．いくつかの周波数帯域において，より選択的にコントローラのゲインを調整するために，外乱モデルを導入する必要があるかもしれない (8.2 節で記述した Lee と Yu のチューニング手順は，これを行う方法の一つを提供する)．

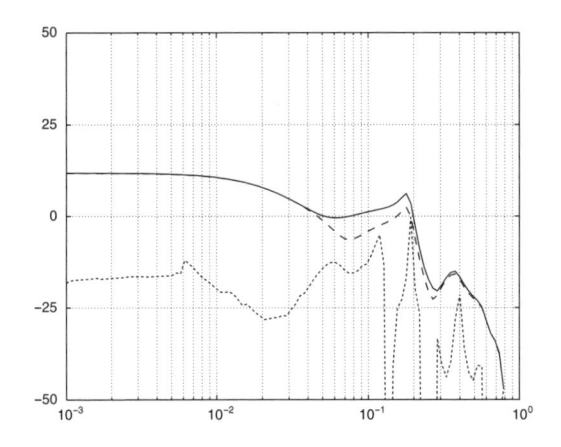

図 9.15 ゲインを減らしたときのコントローラに対する $K(z)S(z)W(z)$ の最大特異値 (実線)，複素 μ の推定値 (破線)，実 μ の推定値 (点線)

9.2　Newell と Lee の蒸発器

二番目のケーススタディの主目的は，予測制御の非線形プラントへの実装を例証することである．蒸発器の非線形 *Simulink* モデルが，制御されるべきプラントとして与えられ，*Model Predictive Control Toolbox* を用いてこのプラントを制御する．

このケーススタディは，Newell と Lee により記述された強制循環蒸発器 (forced-circulation evaporator) [NL89] に基づいており，それを図 9.16 に示した．フィードは，

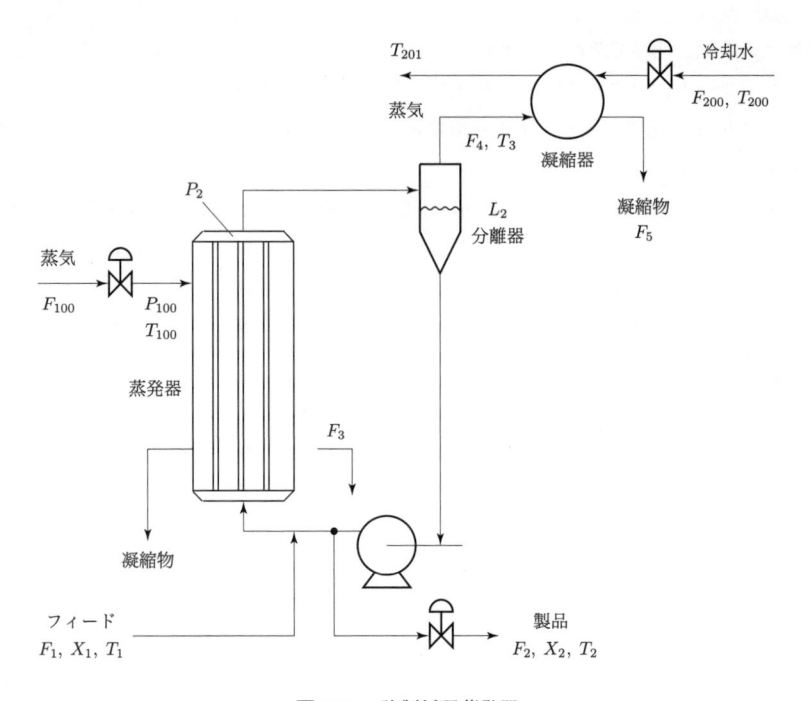

図 9.16 強制循環蒸発器

　流量 F_1，濃度 X_1，温度 T_1 でプロセスに入力される．それはポンプでくみ上げられ，流量 F_3 で蒸発器を通る再循環水溶液と混合される．蒸発器自体は熱交換器 (heat exchanger) であり，これは流量 F_{100}，圧力 P_{100}，流入温度 T_{100} で流れる蒸気によって熱せられる．フィードと再循環水溶液の混合物は，熱交換器の中で沸騰する．そして，その結果生成された気体と液体の混合物は，分離器 (separator) の中に入る．その中の液体レベルは L_2 である．蒸発器内部の動作圧力は P_2 である．分離器からの液体の大部分は再循環水溶液になり，そのうちのごく一部は，流量 F_2，濃度 X_2，温度 T_2 で引き出され，製品になる．分離器からの気相は，流量 F_4，温度 T_3 で凝縮器 (condenser) に流れ込む．凝縮器で，蒸気は流量 F_{200} で流れる水で冷却され，凝縮される．なお，冷却水の入口温度は T_{200} で，出口温度は T_{201} である．
　三つの制御出力と，それらの初期平衡 (定常) 値と制約を表 9.8 に与えた．このケーススタディで考慮する三つの操作変数 (制御入力) および，それらの対応する平衡値と制約を表 9.9 に与えた．操作変数には**速度制約**はない．一次遅れに振幅制約を組み合わせると，速度制約を陽に課すことなしに，速度制約が結果として満足されるからで

表 9.8　蒸発器出力変数

出力変数		平衡値	下限値	上限値
分離器レベル	L_2	1 m	0	2
製品組成	X_2	25 %	0	50
動作圧力	P_2	50.5 kPa	0	100

表 9.9　蒸発器入力変数

入力変数		平衡値	下限値	上限値
製品流量率	F_2	2.0 kg/min	0	4
蒸気圧	P_{100}	194.7 kPa	0	400
冷却水流量率	F_{200}	208.0 kg/min	0	400

表 9.10　蒸発器外乱変数

外乱		平衡値
循環流量	F_3	50.0 kg/min
フィード流量	F_1	10.0 kg/min
フィード濃度	X_1	5.0 %
フィード温度	T_1	40.0°C
冷却水入口温度	T_{200}	25.0°C

ある.

　五つの外乱変数があるが，このケーススタディではそれらを固定したままにしておく．外乱とそれらの平衡値を表 9.10 にまとめた[5]．この蒸発器の動作を記述する非線形方程式は [NL89] で与えられており，ここではそれを記述しない．

　これらの方程式を実装する Simulink のシミュレーションモデル (図 9.17 を参照) を利用する．三つの操作変数と循環流量 F_3 は，実際のプロセスではバルブを操るローカルサーボによって制御されるだろう．これらは詳細にはモデリングされないが，1.2 分の時定数をもつ一次遅れ系によって記述される．このため，モデルへの入力は変数

---

[5]. [NL89] の第 12 章では，循環流量 F_3 はもう一つの操作変数と考えられている．

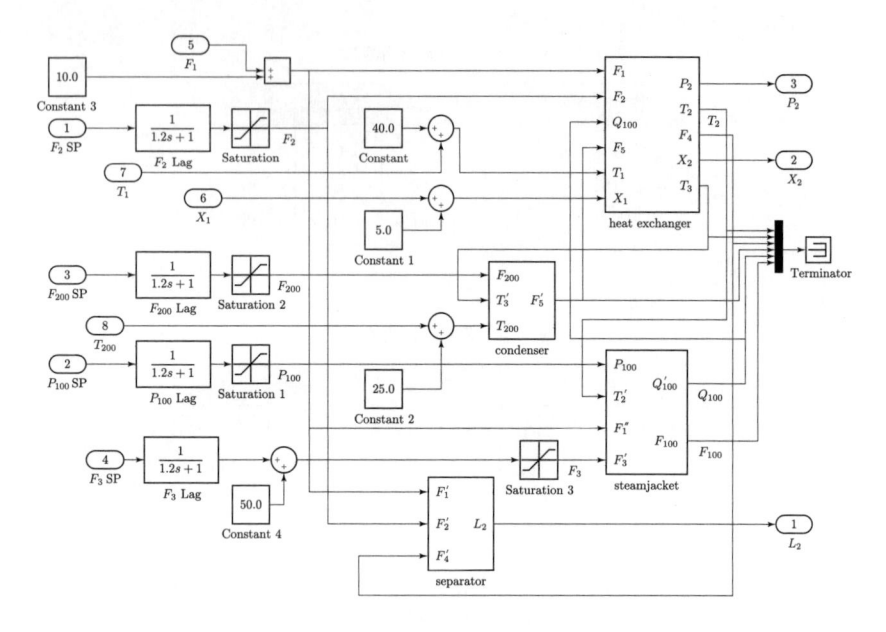

図 9.17 蒸発器の $Simulink$ モデル

そのものではなく，操作変数に対する設定値であることを示すために，F2 ではなく F2SP としてラベルづけされている (その他の変数も同様である)．このモデルは，本書のウェブサイトから入手可能である (ファイル evaporator.mdl に含まれている)．これには，下位のサブモデルである，熱交換器，凝縮器，分離器，スチーム被覆も含まれている．このモデルは，*Model Predictive Control Toolbox* の関数 scmpcnl と，その修正版である scmpcnl2 (これも本書のウェブサイトから入手可能) で利用するのに適した形式になっている．

このモデルは非線形なので，予測コントローラで用いる線形内部モデルを得るために，これを線形化しなければならない．最初の線形化は，表 9.8〜表 9.10 で定義した平衡条件まわりで行われた．図 9.18 は，製品濃度 X_2 の設定値が，20 分の間 (シミュレーション開始後の 20 分から 40 分の間) に，25 % から 15 % に直線的に減り，そして同時に，動作圧力 P_2 の設定値がランプ状に 50.5 kPa から 70 kPa に上昇するときの予測制御を用いた結果を示したものである．コントローラは計画された設定値軌道について前もって何も情報をもっていないことに注意すべきである．よって，設定値変化を先読みして対応するのではなく，追従誤差に反応している．

用いたサンプリング周期は $T_s = 1$ [min] であり，これらの結果を得るために用いた

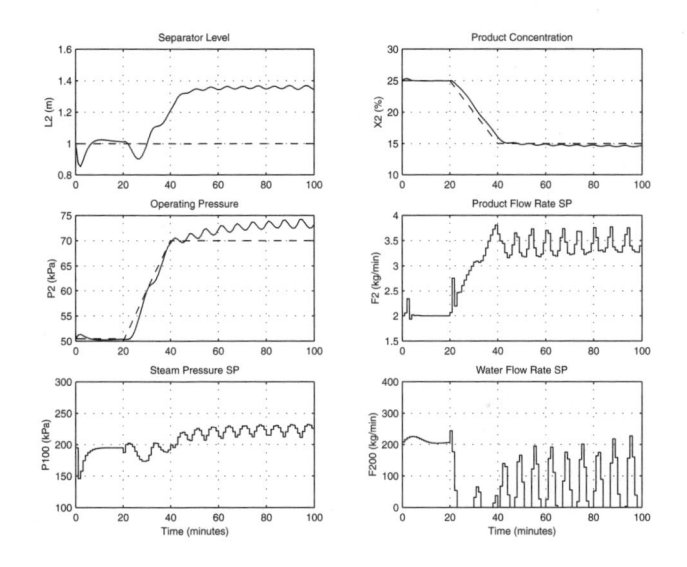

図 9.18 初期の平衡条件で得られた線形化モデルを用いたシミュレーション (破線は設定値)

MPC チューニングパラメータは，つぎのようであった．

$$H_p = 30, \quad H_u = 3, \quad Q(i) = \text{diag}(1000, 100, 100), \quad R(i) = I_3 \tag{9.20}$$

これらのパラメータは注意深くチューニングされたものではなく，ほとんど最初に試みたパラメータ値であった．ここでの目的は，非線形性の影響を示すことである．L_2 追従誤差に関するペナルティは，X_2 と P_2 に関するそれの 10 倍である．なぜならば，L_2 は 0～2 m の間に制限されているのに対して，X_2 と P_2 の数値はかなり大きいからである．これらのペナルティ重みは，分離器レベルでの 1 m の誤差は，製品濃度での 10 % の誤差ないしは，動作圧力での 10 kPa の誤差と同程度に望ましくないと考えられていることを示している．

図 9.18 より，最初のうちは制御は満足できるものであることがわかる．(シミュレーションにおけるすべての変数が，それらの平衡値に整定するまでの短時間の過渡状態の後) 設定出力は初期設定値の非常に近くに保たれ，X_2 と P_2 がそれらのランプ設定値に追従するために，変化し始めたときでさえ，設定値の近くに保持される．しかし，ランプの半分くらいのところで，分離器レベル L_2 はその設定値からかなりドリフトしてしまい，設定値には戻らない．製品濃度 X_2 は設定値変化にほとんどそのまま追従しており，要求された定常レベルに正確に整定するが，その他のすべての変

数の閉ループのふるまいは減衰の悪いものになっている．特に，動作圧力 P_2 は振動し，その設定値からドリフトしてしまった．操作変数は望ましくない振動を示している．冷却水流量 F_{200} の振動は特にひどく，水流の完全な停止と初期値への復帰の間を行き来している．

この閉ループのふるまいの悪化は，予測コントローラで用いた線形化モデルが，新しい動作条件における蒸発器の偏差が小さい場合のふるまいを正確に記述していないために起きている．図 9.19 は，図 9.18 と同じシナリオだが，予測コントローラで用いられるモデルが，シミュレーション開始後，70 分のところで (すなわち，新しい動作条件に (ほぼ) 到達してから 30 分後) 再線形化されたときの応答を示したものである．新しいモデルに切り替わったとき，三つすべての操作変数で，大きな過渡状態が見られる．このシミュレーションでは，**バンプレス切替** (bumpless transfer) を得るための試みは何もしていない．L_2 と P_2 の双方は，内部モデルを更新して 10 分以内に，それらの設定値の近くまで戻っており，操作変数は今度はそれほど振動的になっていない．

図 9.20 は，内部モデルを 10 分ごとに**再線形化**したときの結果を示している．今回は運転条件の変化の間中，プラントのふるまいをかなり適切に記述し続けている．ま

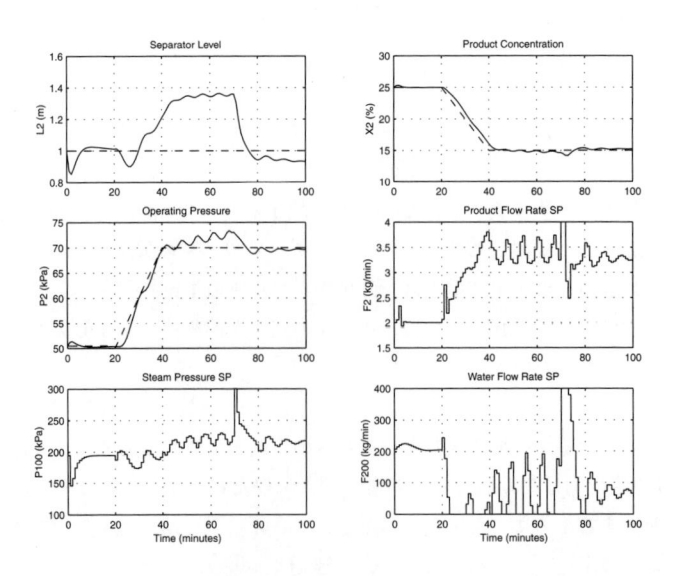

図 9.19 シミュレーション開始後，70 分のところで内部モデルを線形化し直したときのシミュレーション (破線は設定値)

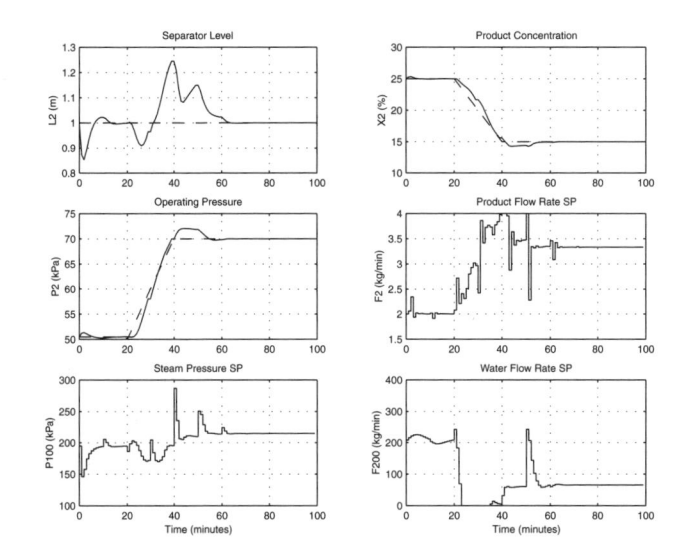

9.2 Newell と Lee の蒸発器

図 9.20 内部モデルを 10 分ごとに線形化し直したときのシミュレーション (破線は設定値)

た，制御の質は明らかに向上している．製品濃度と動作圧力はともに，シミュレーションの間中，それらの設定値に非常に近い値をとっている．分離器レベルは，依然としてその設定値からかなり離れているが，今回は以前よりもよく制御されている．

線形内部モデルの再線形化，あるいは適応は，実際上プラントの非線形性を取り扱う最も一般的な方法である．しかし，これはつねに適切な方法であるわけではない．特に，この蒸発器で直面した非線形性よりも強い非線形性の場合には適切ではない．10.3 節では，非線形プラントを取り扱うためのその他の可能性について議論する．

ファイル simevap.m に含まれている MATLAB プログラムを用いて，異なる区間で蒸発器モデルを再線形化してシミュレートしたり，また，別のシナリオでシミュレートしたりすることを読者に勧めたい．しかしながら，このプログラムは，理にかなったモデルが得られていることをチェックするために実地では要求されるであろうチェックが実装されていないことに注意する．また，得られた線形化モデルは，プラントが平衡点に存在しなければ，必ずしも妥当なものにはならないことにも注意せよ (2.1.2 項を参照)．

9.3 演習問題

以下で与える演習問題は，本章で説明した二つのケーススタディに基づいている．これらを解くためには，Model Predictive Control Toolbox の利用と，本書のウェブサイトで与えられるファイルの使用が必要である．これらの演習問題は，正解が一つではないという意味で限界がなく，また，解くためにかなりの時間を必要とするだろう．なお，蒸発器に関連する問題では，Simulink についてある程度の知識が必要となる．

9.1 9.1.4 項で与えた設計において，Model Predictive Control Toolbox の関数 scmpc (あるいは scmpc2) でパラメータを M = [1,2,4,8] とすることに対応する，**ブロッキング**が用いられた．ブロッキングを利用しない，より簡単な方法がどうすれば使えるかを調べよ．このとき，五つの決定時間(すなわち H_u = M = 5)はそのままとする．図 9.5〜図 9.9 に示したものと同じシナリオについてシミュレートせよ．得られた応答が，これらの図に示された応答とほとんど違いがないことを確認せよ．

☞ Model Predictive Control Toolbox と，本書のウェブサイトから入手可能な関数 scmpc2 を利用せよ．

9.2 演習問題 9.1 を続ける．制約なし動作で得られた線形コントローラの特異値は，「ブロッキング」を止めてもそれほど影響を受けないことを示せ．

☞ Model Predictive Control Toolbox の関数 smpccon, smpccl, svdfrsp を用いよ．

9.3 9.1.4 項で用いたものより長い予測ホライズンを使用した場合，結果として得られる閉ループシステムの性能と必要とされる演算時間の双方について，シミュレーションを行うことにより調べよ．

9.4 蒸発器のケーススタディにおいて，予測ホライズン H_p, 制御ホライズン H_u, そして重み Q, R に対して他の選定をしたとき，どうなるかを調べよ．フィード流量 F_1, フィード濃度 X_1, 冷却水温度 T_{200} に関する外乱に対して，コントローラがどの程度うまく対応するのかを考察せよ．

☞ 外乱をシミュレートするために，Simulink モデル evaporator.mdl の外乱変数の入力ポートの代わりに，適切な Source ブロックを付け加えよ．

蒸発器は，製品濃度 X_2 が 25 %，15 %，40 % で動作するものとする．また，動作圧力はすべて 50 kPa とする．これらすべての濃度で(それらの間の移行も含む)よい性能を与える単一のチューニングパラメータのセットを見つけられる

かどうかを調べよ．

製品濃度が変化するとき，内部モデルを再線形化する大きな利点はあるのだろうか？

☞ 本書のウェブサイトから入手可能なファイル simevap.m を必要に応じて修正して用いよ．

9.5 分離器レベルを「領域」変数 (すなわち，設定値は設けず，$0.5 < L_2 < 1.5$ の制約のみを課す) とした場合に対して (5.5 節を参照)，図 9.18〜図 9.20 に示されたシナリオでシミュレートせよ．

9.6 一定の時間区間ごとではなく，動作点が大きく変化したときに内部モデルを再線形化するほうがより賢明である．MATLAB スクリプトファイル simevap を調べてみよ．蒸発器モデルを一定時間区間ごとに再線形化できることがわかるだろう．状態があるしきい値を超える変化をしたときにのみ，モデルを再線形化するように，そのスクリプトファイルを修正せよ．

☞ この場合でも，シミュレーションを一定期間ごとに中断し，状態が大きく変化したかどうかをテストする必要があるだろう．

この修正したファイルを用いて，図 9.18〜図 9.20 に示されたシナリオでシミュレートせよ．なお，製品濃度 X_2 が 5 % 以上変化したときに再線形化するようにせよ．

第10章

展望

本章では，潜在的には非常に重要であるが，まだほとんど研究段階の話題をいくつか紹介する．

10.1 予備の自由度

10.1.1 理想的な静止値

プラントの入力数が出力数よりも多い場合，ある一定の設定値 y_s を保持する一定入力ベクトル u_s の組み合わせは，複数個存在する．これらのうちの一つが，より好ましいと考えられる場合もあるだろう．というのは，通常，異なる制御入力に対応する経済的なコストは異なるからである (たとえば，多くの燃料を燃やすよりは，空気流量を減らすほうが安上がりだろう)．従来の最適制御では，$R(i)$ 行列を用いてそのような選択を行うべきだとされてきた．しかし，実際には，$Q(i)$ と $R(i)$ は動的性能に複雑な影響を与えるので，これは思われているほど簡単なことではない．通常，静的最適化を用いて (一般に LP 問題を解くことによって)，望ましい入力の一定値は設定値と同時に決定される．

何らかの理由で設定値は既知であるが制御入力を一意に決定できない場合，最初に定常最小二乗最適化を行い，望ましい設定値ベクトルを与える最良の定常入力を見つけるという解法が採用されることがある．入力数と出力数が等しく，定常ゲイン行列が正則ならば，解は一意であるので，この手順は不要である．入力数が出力数よりも多ければ，方程式

$$y_s - S(\infty)W_u u_s = 0 \qquad (10.1)$$

が最小二乗の意味で解かれる．ただし，$S(\infty)$ は定常ゲイン行列で，W_u は対角重み

行列である．得られた解は，すべての解のうち $\|W_u u_s\|$ が最小となるものである．なお，出力数が入力数よりも多ければ，正しい設定値に到達することは通常不可能であり，この場合，方程式

$$W_y(y_s - S(\infty)u_s) = 0 \tag{10.2}$$

が，最小二乗の意味で解かれる．

入力数が出力数よりも多いとき，u_s の要素は与えられた設定値に対するプラント入力の**理想静止値**（*ideal resting value*）と呼ばれる．ひとたび理想静止値が見つかれば，入力がこれらの「理想的な」値に収束するようにするために，予測制御問題定式化で用いられる評価関数に，$\sum_{i=0}^{H_u-1}\|\hat{u}(k+i|k) - u_s\|_{\Sigma(i)}^2$ という項を付加すればよい．この方法の危険なところは，定常ゲインが正確に既知ではない場合，あるいは一定値外乱が存在する場合には，計算された u_s の値では，出力 y_s が達成できないことである．その結果，オフセットなし追従は達成できない．

10.1.2　多目的定式化

制御のすべての目的を一つの評価関数で表現することは困難である．たとえば，ある出力の制御に高い重みを割り当てることと，それに高い優先順位を割り当てることとは実は同じではない．重みの割り当ては，目的を「出力 ℓ をその設定値に維持することもできる場合にのみ，出力 j をその設定値の近くに維持せよ」と記述することとは異なる．**多目的**（*multiobjective*）定式化を用いると，このことを容易に行うことができる．また，すべての目的を同時に満たすことが不可能であるような状況に多目的定式化を適用することもできる．多目的最適化にはいくつかのアプローチがあるが，さまざまな目的がさまざまな優先順位をもつような状況に適しているものは，最適化問題に階層構造をもたせるアプローチである．すなわち，まず最も重要な最適化問題が解かれ，つぎに二番目の最適化を行うときに，等式制約を課すためにこの解を用い，そのつぎの最適化では，…，などとしていくのである．たとえば，前述した「理想静止値」問題は，設定値の達成を第一の目的とし，理想静止値の達成を，制御出力がそれらの設定値に近いときにのみ行う二番目の目的とし，出力をそれらの設定値に等しくするという等式制約を課すことによって解くほうがよいだろう．

このような方策を採用すると，解かれるべき最適化問題の複雑さは，増加せずに減少するかもしれない．このようにして解かれる予測制御問題は，それぞれのステップで QP 定式化のままであり，いくつかの小さな問題を解くほうが，一つの大きな等価な問題を解くよりも，一般的に時間はかからない．特に，最初に解かれるべき最も重

要な問題では，矛盾の数は最小であり，自由度の数は最大である．よって，よい解が見つけられるという見込みが非常に大きく，また，これを高速に行える可能性が非常に高い．つぎの制御信号が生成されるべきときまでにすべての計算が終わっていなかったとしても，解かれていない問題は，それほど重要ではない問題である．

10.1.3 耐故障性

予測コントローラは，**耐故障制御** (fault-tolerant control) に対して，非常に有望な可能性を秘めているように思われる．たとえば，制御出力のセンサが故障したならば，($Q(i)$ の対応する要素を 0 とおくことにより) 評価関数から対応する出力を取り除くことによってその出力の制御を行わないようにすることができる．アクチュエータが動作しなくなった場合，そのことを，制約を ($|\Delta u_j| = 0$ と) 変更することによって容易に表現できる．故障がプラントの能力に影響を与えるならば，制御目的あるいは制約，あるいは双方をそれに応じて変更できる．このようなことは，他の制御方策を用いたときでも可能である．しかし，予測コントローラの場合には，必要とされる変更をどのようにしてコントローラに導入すべきであるかが特に明確である．これは，主に，それぞれのステップで最適化問題を解くことによって制御信号が再計算され，したがって「問題の定式化を変更することができる」という事実のためである．これはあらかじめ計算されたコントローラにおけるゲイン，あるいは時定数を変更するやり方とは非常に異なったものである[1]．

故障が起こったとき，問題の定式化をどのように変更するかを知ることは容易な問題ではないかもしれないことに注意すべきである．われわれがいえるのは，適切な変更が既知であれば，予測制御の枠組みでは，それを導入し実装することは容易であるということである．

[Mac97] では，重大な故障に対してコントローラを再構成することによって耐故障性を得るための一般的なアプローチの可能性を，予測制御が提供すると議論している．そこでの提案は，複雑なプロセスを記述する詳細な「高性能」(high-fidelity) 第一原理モデルをさらに利用すること，および**耐故障性と同定** (*Fault Detection and Identification, FDI*) の分野での発展と予測制御を結合することによって実現される．

しかし，故障に関する情報がない場合ですら，予測コントローラは耐故障性をいくらか有しているということも明らかになってきた．[Mac98] では，標準的な外乱の

---

[1]. しかしながら，他の方策でも「古典的な」適応制御で行われているように，(従来はオフラインで事前に計算されていた) コントローラをオンラインで再計算することは可能かもしれない．

DMCモデルおよび入力レベルに関するハード制約をもつ予測制御は，制御出力よりもアクチュエータの数が多い場合，一つ（あるいはそれ以上）のアクチュエータが故障したならば，自動的に他のアクチュエータに制御入力を再分配することができることが示されている．

これらの能力のいくつかを図 10.1 に示した（この図は [Mac97] より引用した）．大型民間航空機において方向舵が故障したとき，ヨー角度のステップ指令に対する予測コントローラの応答を示したものである．

ケース 1 は，方向舵が正常に動作しているときの通常の応答である．ケース 2 では，方向舵が故障した場合で，予測制御問題定式化が何の制約ももたないときの応答を示した．この状況でも最終的に設定値に到達するが，それは他の制御方策でもこのことが達成されるだろうということを示している．ケース 3 は，通常の ±20° の方向舵角度制限がコントローラに課せられているときの応答である．このときの応答は速くなっている．なぜならば，数秒後にコントローラは，方向舵が限界まで駆動されたと「考え」，他の舵面を動かし始めたからである．しかし，この場合，コントローラは方向舵が故障していることは知らない．ケース 4 は，「方向舵変化」制約をゼロに引き下げることによって方向舵の故障がコントローラに伝えられたときの応答を示したも

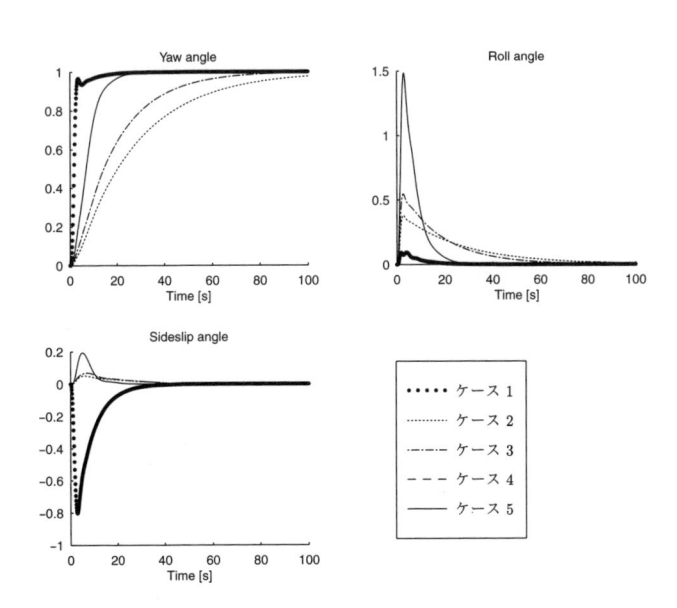

図 10.1 アクチュエータが故障したときのヨー角度でのステップ変化に対する応答

のである．ここでは，このようにしてもほとんど差が出なかった（ケース3とケース4の曲線は図面上で区別できない）．唯一の違いは，コントローラが方向舵を動かすことができないと直ちに知ったことである．それに対して，ケース3では，このことを認識するまでに約3秒もかかっている．このことは，マヌーバ全体としては大差ない．ケース5は，重みを変更することによってよりよい応答が達成できることを示したものである．このケースでは，ロール角設定値を維持するための重みが小さくされた．よって，コントローラはその目的に到達するために，ロール角をより多く利用した．これはまた，このアプローチには耐故障制御への潜在的な困難さがあることを示している．すなわち，一般に，再チューニングがある程度必要になるが，これをオンラインで行うことは容易ではないだろう．

連鎖反応 (daisy-chaining) 特性の別の例は，図 10.2（この図は [Row97] より引用）に示したような，液化天然ガス (LNG) を生成するプラントにおいて生じる．このプラントには，圧縮機速度と五つのバルブの位置の計六つの入力がある．また，二つの分離器の液面レベルと三つの（天然ガスの）熱交換器の出口温度の計五つの出力がある．圧縮機速度は，25～50 revs/sec の範囲に制限されている．バルブの全閉から全開までのレンジは −500～+500 と表現される．この例では，サンプリング周期は 10 秒とした．そして，この長い区間の間で，入力変化率は実質的に無制限である．それぞれの分離器レベルは，（動作点に関して）−2～+2 m に制限される．また，蒸発器出口温度は，それらの公称値に対して，それぞれ −6～+30 K，−13～+7 K，−11～+4 K の範囲に制限されている．

図 10.3 は，何の故障も起こっておらず，分離器と熱交換器 F の設定値がともにゼ

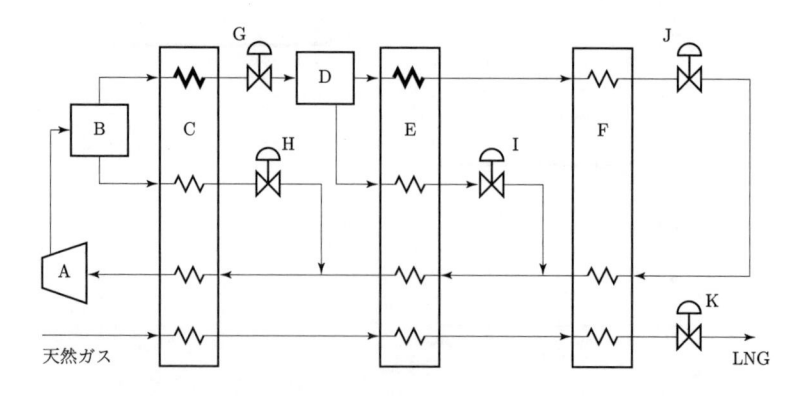

図 10.2 LNG 液化プラント

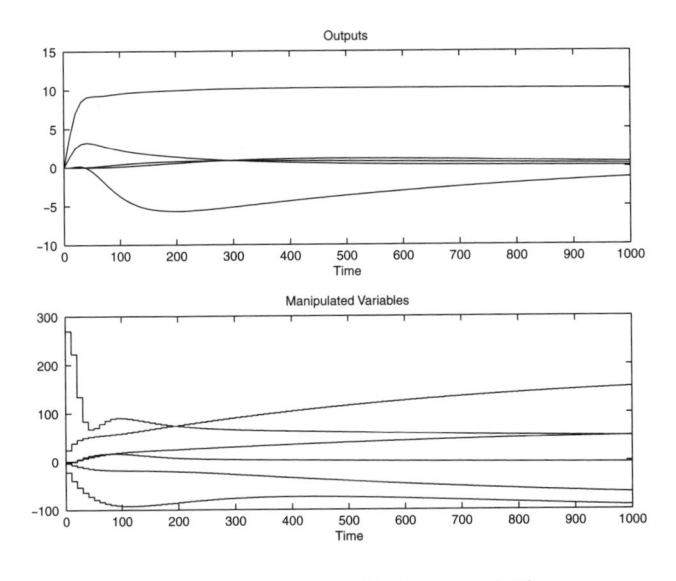

図 10.3 LNG プラント (通常動作での応答)

ロであり，熱交換器 E の出口温度は制限内にとどまっている限り制御されないときの，熱交換器 C の出口温度への +10 K のステップ指令に対する応答のシミュレーション結果を示したものである．なお，ホライズンは $H_p = 80$, $H_u = 5$ とした．

図 10.4 は図 10.3 と同じ状況であるが，バルブ H が +60 で固着し，コントローラはこの故障が起こったことを知らないものとした場合の応答である．この故障に対応するために，入力は再構成され，制御できない入力 (これは制約の中にとどまっている) を除いた他のすべての出力は，それらの設定値に戻っていることがわかるだろう．この図では，時間スケールが異なっていることに注意する．通常動作の場合よりも過渡状態の時間が長いが，すべての制約は守られており，有効な制御がプロセスに対して維持されている．一般に，そのような再構成の欠点は，生産率が減少することであろう (バルブ K はその公称位置にはいない)．しかし，少なくとも生産を続けることは可能である．

バルブ H が故障し，どの位置で固着したかをコントローラが知っているとき，当然ながら，その過渡状態は非常に速く終了し，事実，通常動作において得られた応答にとても近いものになる (ここで示したすべてのシミュレーションは線形化モデルを用いて行われた)．

耐故障制御に対する予測制御の潜在能力は，[GBMR98, GMR99] でも考察されて

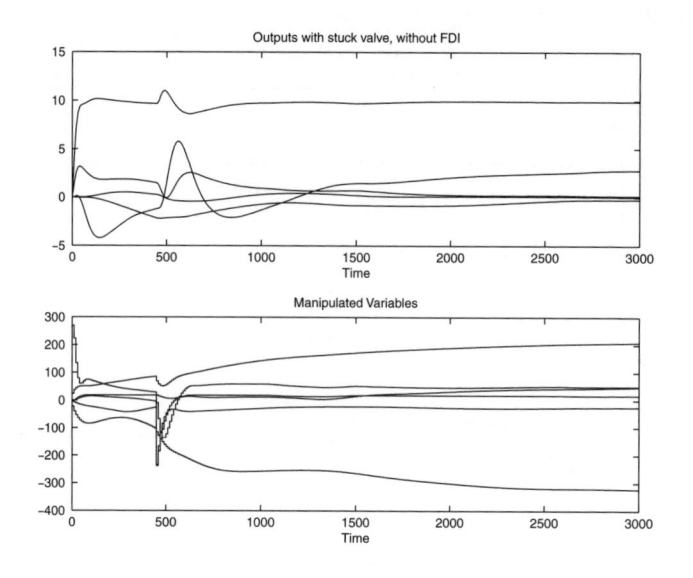

図 10.4　LNG プラント (バルブ H が故障し，コントローラがそれを知らない場合)

いる．

10.2　制約の管理

　制約つき予測制御を用いるときの最大の関心事は，**実行不可能性**への対応である．一般に，そうするには制約に何らかの変更を加える必要がある．Rawlings と Muske [RM93] によって推奨され，また (以前に) DMC に実装された方策は，その範囲内で制約が課されるような**制約窓** ($constraint\ window$) (第 6 章において，これは C_w, C_p と定義された) を設けることである．この制約窓を十分後ろにすることによって，実行不可能となる問題はつねに予測制御問題の定式化から取り除くことができる．もちろん，これはプラントから「実世界」における実行不可能性を取り除かないかもしれない．深刻な損害を引き起こすことなしに，あるいは許容できないリスクを課すことなしに，いくつかの制約が緩和できる場合に限って，これは有効な方策である．

　実行不可能性は，直面する問題の中でとりわけ許容できない状況なので，「ハード」出力制約を決して用いてはならず，3.4 節で述べたように「ソフト」制約を使用すべきであると主張する人たちもいる．これも制約侵害がある程度許容できる場合にのみ有

効な処方箋である．実際には，これはかなり保守的な制約を課さなければならないことを意味する．一方，「ハード」入力制約は許容される．入力に関する制約は，本来，本当に「ハード」であるし，入力制約は(安定なプラントに対しては)実行不可能性を引き起こさないからである．

実行不可能の場合に行うべき「適切な」ことは，相対的に重要な制約を決定し，実行可能性が回復されるまで相対的に重要でない制約を課さないことである，と広く認識されている．予測制御の枠組みにこの過程を組み込む系統的な方法が，**命題論理** (propositional logic) を利用して開発できることが [TM99] によって最近提案された．この趣旨は，制約と目的の優先順位に関する記述が，命題論理で表現された記述に翻訳できるということである．これらは標準形に変換でき，この標準形は**整数値最適化問題** (integer-valued optimization problem) に翻訳できる．最後に，予測制御は標準 QP 問題と結びつけられ，この問題は**混合整数二次問題**(*Mixed Integer Quadratic Program, MIQP*)になる．あるいは，予測制御問題が LP 問題として定式化されていたならば，混合整数線形計画法となる(5.4 節を参照)．そのような問題の大域的最適解を安定に求めることができるが，そのときの計算量は，通常の QP あるいは LP 問題と比べると非常に増大する．

[例題 10.1]

この例題は，[TM99] の例題 1 から引用したものである．定常モデルを，

$$\begin{bmatrix} y_1 \\ y_2 \\ y_3 \end{bmatrix} = \begin{bmatrix} 0 & 1 \\ 1 & 0 \\ 1 & 1 \end{bmatrix} \begin{bmatrix} u_1 \\ u_2 \end{bmatrix} + \begin{bmatrix} d_1 \\ d_2 \\ d_3 \end{bmatrix} \tag{10.3}$$

とする．最も重要な制約は $\max_j |y_j| \leq 2$ であり，二番目の目的は $|y_2| \leq \varepsilon$ である．ただし，$\varepsilon > 0$ は非常に小さいものとする．最優先される制約は ($|y_1| \leq 2$ に対して)

$$u_2 + d_1 \leq 2 + 10(1 - \ell_1) \tag{10.4}$$

$$-u_2 - d_1 \leq 2 + 10(1 - \ell_1) \tag{10.5}$$

のような不等式の対が 3 対同時に成り立つという形で記述できる[2]．ただし，$\ell_1 = 0$ あるいは $\ell_1 = 1$ であり，また，どのような状況下でも $|y_j|$ の上界となるくらい十分に大きな値として，10 を選んだ．二番目に優先される制約は，つぎの不等式の対で記述

---

[2]. 〈訳者注〉この二つの不等式は y_1 に関する制約である．このほかに，y_2, y_3 に対しても同様な不等式の対が存在する．

できる．

$$u_1 + d_2 \leq \varepsilon + 10\,(1 - \ell_2) \tag{10.6}$$
$$-u_1 - d_2 \leq \varepsilon + 10\,(1 - \ell_2) \tag{10.7}$$

ただし，ここでも $\ell_2 \in \{0, 1\}$ である．ここで，$\ell_1 = 1$ は第一の制約が満足されていることに対応し，$\ell_2 = 1$ は第二の制約が満足されていることに対応する．いま，巧みなトリックによって，その優先順位は，線形不等式

$$\ell_1 - \ell_2 \geq 0 \tag{10.8}$$

によって記述できる．なぜならば，$\ell_1 = 1$ である場合に限り，$\ell_2 = 1$ となり得るからである．

さて，最適制御は (混合整数) 最適化問題

$$\min_{u_1,\,u_2} (-\ell_1 - \ell_2) \tag{10.9}$$

を解くことによって得られる (この場合，唯一の目的は制約を満足することであり，設定値からの偏差の線形あるいは二次ペナルティは存在しない)．

このように改良することにより，一つあるいは両方の制約が満足されない場合，優先順位の高い制約が破られる量が最小化されることが保証される．

このアプローチは，最近，多様な (数値と論理変数を併せ持つ) **ハイブリッドシステム** (*hybrid system*) 問題を取り扱う非常に有望な枠組みに拡張された [BM99a]．**混合論理動的** (*Mixed Logical Dynamical, MLD*) システムと呼ばれる記述は，つぎのように表現される．

$$x(k+1) = Ax(k) + B_1 u(k) + B_2 \delta(k) + B_3 z(k) \tag{10.10}$$
$$y(k) = Cx(k) + D_1 u(k) + D_2 \delta(k) + D_3 z(k) \tag{10.11}$$
$$E_1 \delta(k) + E_2 z(k) \leq E_3 u(k) + E_4 \delta(k) + E_5 \tag{10.12}$$

ただし，状態ベクトル x，入力ベクトル u，そして出力ベクトル y の要素は，実数値および 0 ないし 1 の値をとる．δ は二値 ($\{0, 1\}$) 補助変数ベクトルであり，z は実数値補助変数ベクトルである．これらの補助変数は，命題論理記述を線形不等式に変換するために必要である．不等式 (10.12) は，システムに関するすべての制約を規定すると同時に，(式 (10.8) で行われたように) 目的と制約の優先順位を規定する．

これに類似した研究である [VSJ99] では，混合整数最適化を用いずに，どのようにして優先順位が低い制約の侵害の大きさを最小化することができるかが示された．事

実，目的関数が適切に選ばれていれば，線形計画法が一つ必要となるだけであり，これによって混合整数計画法を利用する場合と比較すると，非常に簡単になる．ここでは，優先順位の高い制約の侵害を増加することなしに，優先順位の低い制約の侵害を減少させることができないような最適化問題を定式化している．このような問題の解は，侵害された制約の(たとえば電話帳で加入者が順番に並んでいることから類推して)**辞書的最小**(*lexicographic minimum*)と呼ばれる．[VSJ99]で提案された解法は，3.4節の制約の緩和のところで紹介したように，ペナルティ関数中に現れるスラック変数の線形結合を最小化することである．スラック変数の第一要素が最も優先順位の高い制約に，そして最終要素が最も優先順位の低い制約に対応するようにスラック変数が並んでいたら，線形結合の連続した重み間に十分大きな比を選ぶことによって[3]辞書的最小を保証することができる．この比をどのくらい大きくする必要があるかを決定するためには，(オフラインでだが)別のLP問題を解く必要がある．

[KBM+00]では，[VSJ99]と同様のアイディアがMLDシステムとともに用いられている．混合整数最適化を用いているが，仕様の与え方が，より柔軟になっている．たとえば，満足される制約数を最大化(優先順位をつけてもつけなくても)させることが可能であり，また，制約侵害の存続時間を優先づけた上で最小化させることも可能である．また，同じアプローチが多目的問題を定式化し，そして制約と同様に多数の目的を優先順位づけるために，どのように利用できるかについても示している．

10.3 非線形内部モデル

10.3.1 動機づけとアプローチ

プラントの非線形性が強い場合，線形化モデルに基づく予測制御の有効性は限られてくる．特に，ある動作点から別の動作点にプラントが移行するときに，線形化モデルを用いると，うまく動作しなくなるだろう．自明な解法は，非線形モデルを用いることであり，非常にたくさんの研究がこの可能性を探っている．このアプローチの第一の問題点は，最適化問題の凸性が失われてしまうことである．これは，オンラインでの適用を考えた場合，非常に深刻な問題である．線形化モデルの利用は大域的最適点を見つけられるという幻想(この場合，間違った問題の大域的最適点を見つけてい

---

[3]. 〈訳者注〉たとえば，$F = a_1 f_1 + a_2 f_2 + \cdots + a_n f_n$ (ただし，a_iは重みである)とした場合，比a_i/a_{i+1}が十分に大きいということである．

る）を与えるだけであるので，大域的最適点が見つからないかもしれないという問題点は，それほど重大ではない．オンライン利用に対する真の問題点は，それぞれの最適化ステップを完了するのにどれくらい時間がかかるのか，最適化ステップが本当に終了するのかどうか，実行可能解が見つからなかったときどうすればよいのかなどについて，ほとんど明らかにされていないことである．

　非線形 MPC 問題に対する最もわかりやすいアプローチは，本書で述べてきた MPC の定式化を保持し，線形モデルの部分を非線形モデルに単に置き換え，凸性が失われたことを克服すべく，適切な最適化法を用いることである．このアプローチを用いることによって，少なくともいくつかの応用例においては，実用上，完全に許容できるような性能が得られるかもしれないが，通常，解析が非常に困難であるか，あるいは不可能である．しかしながら，解析が十分でないことは，過去においては，予測制御の応用の障害にはなっていなかった．

　妥協的な解法，そして，実際に最もよく用いられている解法は，プラントがある動作点から別の動作点に移動したとき，非線形モデルを再線形化し，各ステップにおいて内部モデルとして最新の線形モデルを用いることである．線形化モデルは，必ずしも各ステップで更新される必要はない．プラントがある動作点近傍にある限り，線形化モデルをそのまま使い続けてよいだろう．こうすることにより，モデルはときどき変化するものの，各ステップで QP 問題が解かれることになる．設定値が，たとえばある生産率から別の生産率に変更されようとしていて，非線形性が非常に大きくなると予想されている場合，予測ホライズンの間，変化する時変線形モデルを用いることができる [HM98]．ホライズンの各ステップで，その時刻で予想される状態に対応する線形化を用いる．最適化の凸性を維持させたいのであれば，この線形化を最適入力軌道に依存させてはいけないことに注意する．

　非線形 MPC で非常に重要となる別の問題点は，状態推定である．大部分の応用において，真の状態 $x(t)$ は測定されず，推定値 $\hat{x}(k|k)$ を求めなければならない．モデルが非線形の場合，これは大きな問題になる [GZ92, Beq91, QB99]．

10.3.2　逐次二次計画法

　非線形内部モデルを用いた場合，いくつかの最適化アルゴリズムを利用することができる．第 3 章で紹介したアルゴリズムに最も近いものは，**逐次二次計画法**（*Sequential Quadratic Programming, SQP*）である．いま，つぎの形式をした一般的な

制約つき最適化問題が解かれるものとする．

$$\min_{\theta} \{V(\theta) : H_i(\theta) = 0,\ \Omega_j(\theta) \leq 0\} \tag{10.13}$$

ただし，$\{H_i(\cdot)\}$ と $\{\Omega_j(\cdot)\}$ は非線形関数の集合とする．そして，繰り返し変数 θ_k が得られるとする．**SQP アルゴリズム**は，$V(\theta_k)$ の二次近似を行う．すなわち，

$$q_k(d) = \frac{1}{2} d^T \nabla^2_{\theta\theta} L(\theta_k, \lambda_k) d + \nabla V^T(\theta_k) d \tag{10.14}$$

である．ただし，$L(\theta, \lambda) = V(\theta) + \sum_i \lambda_i H_i(\theta) + \sum_j \lambda_j \Omega_j(\theta)$ はラグランジュアンである．つぎの繰り返し変数 θ_{k+1} は，

$$\theta_{k+1} = \theta_k + d_k \tag{10.15}$$

で与えられる．ただし，d_k は，$q_k(d)$ を制約の局所的線形近似の下で最小化することにより得られる二次計画問題を解くことによって見つけられる．すなわち，

$$\min_{d} \{q_k(d) : H_i(\theta_k) + \nabla H_i^T(\theta_k) d = 0,\quad \Omega_j(\theta_k) + \nabla \Omega_j^T(\theta_k) d \leq 0\} \tag{10.16}$$

である．これが SQP の基本的なアイディアであるが，いくつかの変形が存在する．たとえば，**ラグランジュ乗数** λ_k のベクトル，あるいは**ヘシアン** $\nabla^2_{\theta\theta} L(\theta_k, \lambda_k)$ を推定するために，別のアプローチをとったりする方法がある．繰り返し変数 θ_k は，元の制約を侵害してもおかしくない．なぜならば，θ_k は制約の局所的な線形近似のみを満たしているにすぎないからである．予測制御のために特に重要である変形は，「実行可能」SQP（それぞれの繰り返しで元の非線形制約を満たされることが保証される方法）である．これは繰り返しが十分収束するのを待つことができず，それまでに見つけられた最良解を使わなければならないような実時間最適化にとって重要な特徴であろう．

非線形 MPC で用いられるモデルは，詳細な「第一原理」モデル，あるいは**ニューラルネットワーク** (neural network) や**ヴォルテラ** (Volterra) モデルのような「ブラックボックス」モデルであろう．両方とも，非凸最適化という根本的な問題の原因になる．Bock らは，[BDLS99, BDLS00] で，非線形 MPC 問題を解くための**多重シューティング** (*multiple shooting*) アプローチを提案している．この方法は，多数の微分，微分・代数方程式群からなる複雑な「第一原理」非線形モデルとともに利用することを特に意図されている．そのようなモデルが用いられるとき，数値積分によりモデルを解くことは単純ではなく，その解法は制御入力軌道を見つける最適化問題を解くという問題とともに，考慮されなければならない．提案された「多重シューティング」アプローチは，特に SQP アルゴリズムの適切な適応を行いながら，数値積分を考慮して，非

線形 MPC 問題の構造を活用する．「多重シューティング」という用語は，解法の方策に関連している．その方策とは，予測ホライズンを小さな区間に分割し，最初はそれぞれの区間上でほとんど独立な繰り返しを見つけ，それから徐々に連続入力軌道が解として得られるように，互いの区間をつなぎ合わせていくものである[4]．最適化のために多重プロセッサが利用できれば，この方策を容易に並列化できる．

[DOP95] では，二次ヴォルテラ級数モデル形式の「ブラックボックス」モデルを利用している．その結果，モデルの線形部分に対しては「標準的な」MPC コントローラの構造をもち，非線形部分に対しては「補正項」をもつような，MPC コントローラが得られることが示された．この論文では，また，そのようなヴォルテラモデルがどのようにして得られるかという，簡潔だが興味深い議論がなされている．

10.3.3 ニューラルネットワークモデル

いま考えている問題に対して，ニューラルネットワークに基づくモデルは，ブラックボックス非線形モデルのまさに一つの候補である．ニューラルネットワークが興味深いのは，広範囲の応用における成功例が増加してきているためである．また，ニューラルネットワークは理論上，魅力的な近似能力をもつためであり，さらに，ニューラルネットワークを推定するために確立されたテクニックが存在するからである．

この項では，非線形 MPC に対してニューラルネットワークを用いた二つの提案されている方法について，ニューラルネットワーク自体の詳細に触れることをせずに，概観しよう．ニューラルネットワークの詳細に興味のある読者は，[NRPH00] を参照してほしい．そこには，予測制御へのニューラルネットワークの利用に関する節が含まれている．また，[Lee00] と [LD99] においても興味深い応用例が紹介されている．

凸最適化の利点を保持しつつ，非線形ニューラルネットワークモデルを利用する興味深い試みの一つが [LKB98] で記述されている．そこでは，非線形システムを入力に関してアフィンなニューラルネットワーク予測器の「集合」によって近似することが提案されている．その集合内の異なる予測器が，それぞれの予測長に対して利用される．

---

[4] それぞれの区間において，入力軌道は低次多項式として表現されていると仮定される．こうすることにより，5.6 節で述べた予測関数制御と関連してくることが興味深い．

$$\hat{x}(k+P_1|k) = f^1(x(k)) + \sum_{i=0}^{P_1-1} g_i^1(x(k))\,\hat{u}(k+i|k) \tag{10.17}$$

$$\vdots$$

$$\hat{x}(k+P_c|k) = f^c(x(k)) + \sum_{i=0}^{P_c-1} g_i^c(x(k))\,\hat{u}(k+i|k) \tag{10.18}$$

ただし，関数 $f^j(\cdot)$ と $g_i^j(\cdot)$ $(j=1,\ldots,c)$ は c 個のニューラルネットワークの集合によって実装される非線形関数である．評価関数が線形あるいは二次（あるいはその他の凸関数）である限り，これは凸最適化問題になる．このアプローチは，一致点の数 c が小さいとき，特に重要になるだろう．適切なニューラルネットワークの同定は，[LKB98] で議論されている（それぞれの予測区間に対して分離予測器を利用するアイディアは，*MUSMAR* のような，適応制御への予測制御の利用を強調した研究論文でも見つけることができる．そこでは線形モデルが利用され，線形回帰のみが必要であるので，分離予測器の利点は，暗に用いられるシステム同定アルゴリズムが比較的簡単に保たれるということである [Mos95]）．

ニューラルネットワークモデルは，Pavilion Technologies 社によって開発された MPC の製品である *Process Perfecter* でも，上とは異なる形式であるが利用されている [PSRJG00]．そこでは，ニューラルネットワークは，定常状態の入出力写像を近似するために用いられる．プラントは，一つの定常状態（y_i とする）から，別の最終的な定常状態（y_f とする）へ移動すると仮定する．定常最適化が，適切な定常入力値（それぞれ u_i, u_f とする）を見つけるために行われる．簡単のために SISO プラントを考えよう．ここでの考え方は，多変数プラントに拡張できるが，その表記は複雑になる[5]．ニューラルネットワークモデルは，初期と最終定常状態における「局所的」入出力ゲイン

$$g_i = \left[\frac{\partial y}{\partial u}\right]_{u_i,y_i}, \quad g_f = \left[\frac{\partial y}{\partial u}\right]_{u_f,y_f} \tag{10.19}$$

を得るために用いられる（これらは，二つの定常状態における，局所的に線形化されたモデルの定常ゲインである）．最後に，差分方程式形式の二次動的モデルが仮定され，それは次式のように入力に関して「二次」である．

$$\begin{aligned}\delta y(t) = &-a_1\delta y(t-1) - a_2\delta y(t-2) + v_1\delta u(t-d-1) + v_2\delta u(t-d-2) \\ &+ w_1\left[\delta u(t-d-1)\right]^2 + w_2\left[\delta u(t-d-2)\right]^2\end{aligned} \tag{10.20}$$

---

[5] 基本的には，二次項までの多変数テイラー級数展開が必要である．

ただし，δ はここでは初期定常値からの偏差を表す．すなわち，$\delta u(t) = u(t) - u_i$，$\delta y(t) = y(t) - y_i$ である．また，d は入出力遅れ，すなわち，むだ時間である．線形差分方程式モデルのときのように係数 a_1, a_2 は固定されているが，v_1, v_2 は g_i に依存する．一方，w_1, w_2 は g_i と g_f の双方に依存する．正確なテイラー級数展開においては，$v_j = \partial y(t)/\partial u(t-d-j)$, $w_j = \partial^2 y(t)/\partial u(t-d-j)^2$ となるだろう．すると，これらの係数は次式のようなゲインに依存した形で与えられる．

$$v_j = b_j g_i, \quad w_j = b_j \frac{g_f - g_i}{u_f - u_i}, \quad j = 1, 2 \tag{10.21}$$

ただし，b_1 と b_2 はある固定された係数である．係数 v_j と w_j が固定されているとすると，依然として非線形モデルが得られるだろう．しかし，それらがこのように変化することを許すと，単純な二次モデルを保持しながら，よりよい近似が得られることになる．なぜならば，その係数はまさにこの過渡状態に対してチューニングされているからである．結果として得られる動的モデルは入力に関して二次なので，MPC のために実行する必要のある最適化は，一般に凸ではない．しかしながら，モデルの単純さは維持されるので，最適化は比較的少ない決定変数にわたって行えばよい．これは扱いやすい最適化問題になる見込みがあり，多くの応用例においても実際そのようである [PSRJG00]．式 (10.21) の形式の背後にある前提は，定常ゲインの変化はプラントにおける主要な非線形性であるということである．この形式の適切なモデルの同定は，長年にわたって大量のデータが蓄積されているという事実に支えられている．そのようなデータベースより，広範囲の動作条件における定常ゲインを推定することができる．

10.3.4　準最適非線形 MPC

非凸最適化に関連した問題を避ける，あるいは少なくともそれらを改善するための，より抜本的な方法は，最適化ではなく制約の満足を第一の目的として強調することである．この方向への興味深い提案は，Scokaert, Mayne と Rawlings [SMR99] によってなされた．これは双モード方策を含んでおり，そこでは，[MM93, SM98] におけるように，状態は終端制約集合 X_0 に向かって導かれる．ひとたび状態が X_0 に入ったら，状態を原点にもっていくロバスト漸近的安定化コントローラ $u(k) = h_L(x(k))$ が利用できると仮定される．ただし，X_0 は $x(k+1) = f(x(k), h_L(x(k)))$ に対する**正不変** (positive invariant) 集合である (下添え字 L は「局所的」コントローラを意味している)．しかしながら，この提案のもともとの特徴は，状態が X_0 の外側にある間に用いられる MPC 方策にある．システムは，以下のような非線形システムであると仮定

する.

$$x(k+1) = f(x(k), u(k)) \tag{10.22}$$

この入力と状態はつぎの一般的な形式とする.

$$u(k) \in U, \quad x(k) \in X \tag{10.23}$$

評価関数も一般的な形式であると仮定する.

$$V(k) = \sum_{j=1}^{N} \ell(\hat{x}(k+j|k), \hat{u}(k+j-1|k)) \tag{10.24}$$

また,ひとたび状態が X_0 に入ったら,評価はゼロになると仮定する.すなわち,$x \in X_0$ であれば $\ell(x, h_L(x)) = 0$ である.次式の終端制約を課す.

$$\hat{x}(k+N|k) \in X_0 \tag{10.25}$$

さて,式 (10.24) の評価を最小にするのではなく,評価を**十分に低減化する**予測制御軌道を見つけることによって,制御入力が求められる.式 (10.23) と式 (10.25) が満たされていれば,

$$V(k) \leq V(k-1) - \mu\ell(\hat{x}(k|k-1), \hat{u}(k-1|k-1)) \tag{10.26}$$

を与えるような制御軌道であれば,どのようなものであろうと受け入れられる.ただし,$0 < \mu \leq 1$ である.MPC で通常行われるように,$\hat{u}^0(k+j-1|k)$ $(j=1,\ldots,N)$ を選ばれた入力軌道としたとき,印加される入力は $u(k) = \hat{u}^0(k|k)$ である.[SMR99] においてつぎのことが示されている.緩やかな仮定(ここでは説明を省略する)の下で,この準最適 MPC 方策は,漸近的に安定な閉ループを与え,**引き込み領域** (region of attraction),すなわち,この方策によって原点に移動できる初期状態の集合は,まさしく,制約を破ることなしに,N ステップで X_0 に移動できる状態の集合となる.また,外乱がない場合,状態は有限のステップ数で X_0 に移動できることも示されている.これらの結果を証明するために,[SMR99] で一般化されたリアプノフの安定定理が証明された.この定理では制御則が一意でなく,また不連続であることが許されている.上記のように未来の制御軌道を選ぶためには,両方の特徴が必要である.

この結果の第一の重要性は,非凸関数の大域的最小点を見つける必要がないことである.実際,必ずしも局所的最適を見つける必要もない.必要なことは,式 (10.26) で記述されているように,各ステップにおいて,評価関数を十分低減化する解を見つけることだけである.計算に利用できる時間が十分にあれば,さらなる低減化を達成

する解を探索し続けることができるが，それは必ずしも必要ではない．また，そのような解を見つける難易度は，μ の値を調整することによって制御できる．μ の値をゼロの近くにすると，比較的容易に解を見つけることができる．しかし，もちろん，その代償としてそれぞれのステップで評価関数の値を少ししか低減化しないという意味で，性能が低下する．それでも，モデル化誤差が大きかったり，外乱が大きな場合には実行可能軌道を見つけることが困難なので，そのような小さな値は適切であろう．

この MPC 方策の別の重要な特性は，モデル化誤差と外乱がなければ，最初 ($k = 0$) にのみ未来の軌道を計算する必要があり，それを再計算する必要はないという点である．これは，最初に計算された軌道が実行可能で，各ステップにおいて要求される評価の低減化を与えているからである．最適性は，もはや問題ではないのである．もちろん，実際には，再計算は必要であるが，以前に計算された軌道はよい初期推定値となる (すなわち，**ホットスタート**できるのである)．

10.4 移動ホライズン推定

入出力の測定値から動的システムの状態を推定する標準的な方法は，状態観測器を利用することである．線形システムに対しては，ミニ解説 2 (p.72) でまとめたようにその理論は完成しており，外乱や測定雑音に関する統計的な情報が利用可能であれば，カルマンフィルタを用いることによって最適推定値を得ることができる．非線形モデルについての観測器理論は存在するが，線形の場合と比べるとその完成度は低い．最適状態推定問題を定義することはできるが，通常，それらは正確に解くことはできず，**拡張カルマンフィルタ** (Extended Kalman Filter, EKF) のようなアドホックな近似を用いなければならない．そのようなアドホックなアプローチの一つに，**移動ホライズン推定** (*moving-horizon estimation*) があり，これは予測制御の**双対**の一種である．

未来を予測する代わりに，有限ホライズンにわたる入出力の過去の値を見て，仮定されたモデルに適合し，同時にできるだけ測定データによく適合するような状態軌道を推定しようとする．たとえば，モデルが線形で，移動ホライズンが N の場合，次式のように問題を定式化することができる．

$$\min_{\hat{x}(k-i|k)} \sum_{i=0}^{N-1} \left\{ \|\hat{y}(k-i|k) - y(k-i)\|_Q^2 \right\} + \|\hat{x}(k-N|k) - x_0\|^2 \tag{10.27}$$

subject to

$$\hat{x}(k-i+1|k) = A\hat{x}(k-i|k) + Bu(k-i) \tag{10.28}$$

$$\hat{y}(k-i|k) = C\hat{x}(k-i|k) \tag{10.29}$$

ここで，データ $u(k-i)$，$y(k-i)$ $(i = 0, 1, \ldots, N)$ は与えられており，式 (10.27) の最終項は，ある既知の値 x_0（これは前回のステップで得られた対応する推定値 $\hat{x}(k-N|k-1)$ であるかもしれない）からの初期推定値 $\hat{x}(k-N|k)$ の偏差にペナルティをかけた**初期評価**（*initial cost*）である．これは線形最小二乗問題であるが，物理的な考察から実際の状態ベクトルが有界であることが既知であれば，あるいはより一般的な線形制約が満たされていることが既知であれば，次式のような線形不等式制約を加えることもできる．

$$M_i^k \hat{x}(k-i+1|k) \leq m_i^k \tag{10.30}$$

そして，問題は二次計画問題になる．この問題は従来の状態推定理論の範囲外である．

ここでは最も簡単な定式化のみを与えた．しかし，この問題は特に非線形モデルを利用した問題に一般化することができる．予測制御で生じたものと同様の疑問が生じる．特に，

- 非線形モデルが利用されたとき，凸でないことをどのように扱えばよいか？
- 推定器の安定性をどのように保証できるのだろうか？ すなわち，モデルが正確だと仮定したとき，推定値 $\hat{x}(k|k)$ が $x(k)$ に収束することをどのように保証できるのか？
- モデルの誤差に関して推定器の安定性がロバストであることをどのように保証できるのだろうか？

このような疑問に対する研究は開始されている [SRT95, RR99a]．移動ホライズン推定の利用は，ハイブリッドシステムの状態を推定するためや，故障を検出するためなどに混合論理動的（MLD）の枠組みで記述されたシステム（式 (10.10)〜(10.12) を参照）に対しても提案されている [BMM99]．

制約つき移動ホライズン推定法はまた，**データリコンシリエーション**（*data reconciliation*）という関連した問題に対しても提案されている [LEL92]．状態が部分的に未知であるだけではなく，測定値の正確さに対する信頼性が限られており，モデルについても不確かかもしれないときに，この問題は生じる．その目的は，測定値がモデルに整合するように，測定値を修正することである．そのモデルはしばしば非線形第一原理モデルであり，測定された変数の実際の値および状態に関する制約も，通常既知

である．このアプローチはまた，故障したセンサや他の故障を検出するためにも提案されている．

10.5 おわりに

最近のサーヴェイ [QB96] によると，1996 年における産業界での予測制御の適用例の数は，控えめに見積もっても全世界で 2200 件だそうである．これらのほとんどは石油精製や石油化学の応用例であるが，食品加工や製紙といった他の産業への浸透も目立ってきている（Adersa という会社は，航空，防衛，自動車産業において 20 件の応用例を報告した．他の業者は，これらの産業界における応用例を報告していない）．これらのうち最大のものは，オレフィン (olefine) プラントであり，その入出力数は 283 入力，603 出力である．

明らかに，モデル予測制御技術は成功している技術である．この成功の理由はどこにあるのだろうか？ 特に，「古典的な」LQ 制御と比べて，なぜ成功例が多いのだろうか？ LQ 制御でも同じような二次評価関数を用い，安定性や (1980 年以降) ロバスト性を保証するにもかかわらず，プロセス産業では極端に応用例が少ない[6]．著者は，この成功は，下記に列挙するような要因が組み合わさったためであると信じている．なお，重要な順に列挙した．

1. 制約を系統的に取り扱うことができる．これを提供する方法は予測制御のほかにはない．積分器ワインドアップ，予期せぬ条件を取り扱うためのアドホックな「安全策」ソフトウェアの必要性を低減化できる．また，制約なし制御がよい制御を行えず，プラントが危険な領域に向かって移動したならば，制約がプラントを「捕らえ」，安全な領域にプラントを引き戻すという意味で，ある種のロバスト性もおそらく与える．この性質は，ゲインの正確な値ではなく，その符号のような「粗い」情報に基づいているので，おそらくこれはかなりロバストである．

2. 商品化されている予測制御ソフトウェアは，本書で定式化した予測制御問題を解く以上に多くのことを実行する．そこでは，階層化された最適化問題が，通常解かれる．また，故障あるいは異常に大きな外乱が存在する場合，制約と目

---

[6] しかし，LQ 制御は航空機や，ディスクドライバで用いられているような高性能サーボへの応用では成功している．

標の管理を助けるという特徴を有する．そのような機能を他の制御方策と結びつけることも，同様に効果的であろう．そして，このことが行えないという理由は別段ない．
3. 予測制御の業者は，通常「完成された」システムを提供する．ソフトウェアを販売することに加えて，彼らは，製品を顧客に手渡す前に，プラントをモデリングし，コントローラをチューニングする．モデリングと同定に非常に多くの時間が費やされる．たとえば，PI コントローラの業者は，通常，同様のサービスを提供しないし，また，顧客がモデリングやチューニングに同様の努力をすることもない[7]．
4. 予測制御の背後にある基本的なアイディアは，容易に理解でき，説明できる．プラント全体の制約つき最適化が実装されたとき，その技術は非常に難解になってしまうが，予測コントローラによってとられる動作を，プラントオペレータに信じてもらえるような形の情報として提供することは，依然として可能である．これは，予測制御を受け入れてもらうために非常に重要なことである．

予測制御のこれらの特徴により，予測制御がプロセス産業だけではなく，制御工学の幅広い分野で用いられることになるであろうと著者は信じている．たとえば，飛行制御 [LP95, SSD95, PHGM97]，潜水艦 [SB98]，医学 [ML98] などに用いられた例も報告されている．予測制御の将来の応用に関する実務的な観点については [San98] を参照されたい．

---

[7]. 実際，予測制御の業者は，通常，予測制御から設定値を受け取る下位の PI コントローラを「最高の状態に調整する」(tuning up) ことを力説する．予測制御の成功の大部分が，この準備ですでに決定されることに驚くだろう．

付録 A
MPC 製品

　この付録では，予測制御の製品，具体的には，Aspentech の *DMCPlus*, Honeywell の *RMPCT*, Simulation Sciences の *Connoisseur*, Adersa の *PFC* と *HIECON*, ABB の *3dMPC*, Pavillion Technologies Inc. の *Process Perfecter* について簡単に記述する．これらの製品のほとんどは，プロセス産業における必要性から設計され，また，主に石油化学部門で用いられてきた．しかし，Adersa の製品，特に *PFC* は，より速い動特性を有するサーボ機構を含む広範囲の応用のために開発された．ここでは，これらの製品を本書で記述してきた理論的な面と関係づけて述べる．すなわち，どのような評価関数を用いるのか，どのような制約が定義でき，それらをどのように取り扱うことができるのか，チューニングパラメータは何であるかなどについて述べる．しかし，MPC 製品の価値のほとんどは，ここで強調されていない面にあるのだということを認識しておくべきである．すなわち，MPC 製品がどのようにして他の制御ソフトウェア，特にプロセス産業で用いられる実時間分散制御システムとインタフェースをとるのか，それらがどのようなモデリング手段を提供するのか，業者により作業やメンテナンスのためにどのようなサポートが提供されているのか，どのようなユーザインタフェースを提供しているのかなどである．特に，これらの製品の多くは，プロセス産業における制御の実践の「文化」に強く影響されている．その文化とは，主に，オペレータ(人間)が動作しているプラントを任されており，オペレータが自分のプラントをどのように制御するかについてかなりの権限をもっていることに慣れており，彼らがある程度のレベルで「ループ内に」存在することが想定されるというような文化である．すべての製品は，プラントオペレータに取って代わろうとしているのではない．彼らが担ってきた役割を強力に支援するものである．

　通常，これらの予測制御の製品は，従来の制御の階層の上に実装される．すなわち，予測制御アルゴリズムの出力は，たいてい，従来の下位コントローラ，すなわち，流量コントローラ，温度コントローラ，圧力コントローラなどの設定値になる．すべて

の予測制御製品の目的は，すでに実装されている従来のコントローラにより達成される操業収益性を超える収益性を実現することである．よって，予測コントローラが，プラントを制御するのが困難であるような予期せぬ状況に出くわしたならば，オペレータはコントローラのスイッチを切るという選択肢をもっている．このことは，プラントが制御されない状況におかれるという意味ではなく，比較的安全な従来の低レベルの制御に戻るということである．このように操業されたら，閉ループ安定性の保証のような本書で取り扱ってきたいくつかの問題は，最重要ではなくなるということを認識できるだろう．

　他の製品と同じように，これらの製品は継続的に開発が続けられている．ここで与える記述は，執筆している時点において正確であると信じられるものであり，製品に対する著者の理解によるものである．「ここでそれらを紹介することは，著者や出版社がそれらの製品を推薦することを意味しているわけではない．また，製品の技術的あるいは商業的特徴に関する記述が完全ではないことに注意されたい．」本書のウェブサイトには，これらの製品あるいは他の予測制御の製品の業者へのリンクが含まれているが，その情報を随時更新すること，また，対象とする製品の範囲を広げていくことを考えている．

A.1　Aspentech: *DMCPlus*

　DMCPlus は，製品 *DMC* (*Dynamic Matrix Control* の頭文字) から派生したものである．*DMC* は，もともと Shell により開発され，特許がとられたものであるが [CR80]，*DMC Corporation* (これは後に，*Aspentech* に買収された) によりさらなる開発がなされ，販売された．*DMC* と *DMCPlus* は，予測制御製品の中で最もよく知られ，最もよく利用されているものであり，特に石油化学分野に深く浸透している．*Quadratic DMC* あるいは *QDMC* として知られている *DMC* の改訂版もまた，Shell により開発され，文献 [GM86] 中にも何度か引用されている．その商業権は Shell により保持されている．

　DMCPlus は，プラントモデルを記述するために，第 4 章で記述したような**多変数有限ステップ応答モデル**を利用している．このモデルを拡張することにより，漸近安定プラントと同様に，積分器もモデリングできる．予測を行うとき，本書で *DMC* モデルと呼んだ外乱モデルが利用される．すなわち，現時刻における出力の予測値とその最新の測定値の間の偏差は出力外乱によるものと仮定され，また，外乱は未来において変化しないと仮定される．積分器の出力である変数に対して，オペレータは「回

転因子」を定義することもできる．これは，本質的には，積分された出力の予測を修正するために用いられる直線の傾きなので，誤ってモデリングされた積分器ゲインを修正する手段である．

　DMCPlus では，予測制御則は二段階で計算される．第一段階では，定常状態の「目標」レベルあるいは設定値の集合が，制御変数(出力)に対して計算される．これらは，経済的な理由で選ばれるが，与えられた品質の製品を達成する現在の経済的価値および，入力変数(典型的には，高価な商品の流れ)の現在の経済コストに関する情報はオペレータが与えることができる．このステップでは，評価関数は線形である（線形モデルを利用しているので，そうなる）．入力と出力に制約が課せられ，このステップで考慮される．これらは線形不等式制約の形式なので，目標レベルは LP 問題を解くことによって選ばれる．この第一段階では「定常」問題が解かれ，モデルからは定常ゲインの情報だけが必要であるにもかかわらず，この問題は動的制御と同じ速度で再度解かれ，最新の測定値に基づいて三たび解かれることを強調しておく．意味のある最適化問題を解くために，LP 解法器は「現時刻の」定常状態を知っていなければならない．しかし，どの瞬間をとっても，プロセスが定常状態であることはまれなので，入力がすべて現時刻でのレベルにとどまったとしたとき，定常状態がどうなるかを動的モデルを用いて計算し，この定常状態が「現時刻」でのそれとしてとられる．

　第二段階では，制御ホライズンにわたって未来の制御軌道が計算される．この未来の制御軌道は，プラント出力を LP 最適化によって計算された目標レベルにもっていくと予測されたものである．これは最小二乗問題の解として計算される．この問題は，制御変化の二次ペナルティ(*DMCPlus* では，これは**変化抑制**と呼ばれている)を含んでいる．制約は陽には課されないが，予測された入力や出力が制約に近づくとき，ペナルティ重みは増加する．よって，事実上，ある種の「ペナルティ関数」アプローチによって**ソフト制約**が課せられている(第 5 章を参照)．新しい目標に向けてプラントを駆動するための時間ホライズンは，予測ホライズンと同じにとられる．しかしながら，**ブロッキング**を用いることで，すなわち，このホライズンの間「決定時間」を非一様間隔にすることで，最適化問題の次元は比較的小さく抑えられている．

　オペレータは，「定常状態」と「過渡状態」の二種類の**等心配誤差**(*equal concern error*)を定義するように要求される．本質的には，オペレータは，それぞれの制御出力がその制約の限界よりどれだけ大きく逸脱したら，それらについて非常に心配するかについて規定するように要求される．LP 問題が実行可能ではないということがわかったならば，「定常状態」等心配誤差は，目標設定ステップで用いられる．この場

合，二つの方策のうちの一つが採用される．その一つは，「最小距離」解を見つけることである．これは，それらの制約限界からの目標の距離の重みづけ和を最小化し，その重みは等心配誤差を反映する．もう一つは，制約の優先順位を定義するために等心配誤差を用いることである．そして，LP の実行可能性が再び得られるまで，優先順位の低い順に制約が破られてもよいことを許容する．

「過渡状態」等心配誤差は，解の計算の第二ステップで，ソフト制約を実装するために用いられる．ある出力がその制約限界に近づけば，最小二乗問題におけるその目標からの誤差に対する重みを増加させる．どのポイントで増加が始まるか，そしてどの程度その重みが増加するかは，等心配誤差に依存する．

非線形プロセス制御を支援するものも提供されている．主に，平方根，あるいは対数変換など多くの可逆変換や，他のものを定義する機能を利用するものである．プロセスがバルブ特性のような要因による入出力変数の非線形変換を除いて，本質的に線形(に近いもの)のとき，これらは有益である．また，非線形プロセスに対しては，非線形モデルが利用できるならば，ある種の**ゲインスケジューリング**が利用できる．そのようなモデルは，現在の動作点における定常ゲインを推定するために用いられ，そして，制御計算の LP ステップで利用される．

A.2 Honeywell: *RMPCT*

RMPCT という名称は *Robust Multivariable Predictive Control Technology* の頭文字であり，この商品は Honeywell により開発された．

RMPCT に特有な特徴は，**領域**あるいは**じょうご**制約の概念を実装していることである．すなわち，5.5 節で議論したように，プラントの出力を特定の設定値に移動することではなく，定義された領域内に維持することを制御の目的とする．それぞれの制御出力は，上限と下限によって定義される許容された範囲，あるいは領域を有している．その値がこの範囲内に存在する限り，何のペナルティも課せられない．ある出力がこの範囲を出てしまったら，現在の値から許容範囲の最も近い端までの直線軌道が構成される．その出力変数は，この軌道に従って目標領域にたどり着くように制御される．この軌道が許容される領域に到達するまでにかける時間は，それぞれの制御出力に対してあらかじめ決定されている．それは，0 から，出力の開ループ整定時間の 2 倍までの値に設定される．出力が，目標領域とこの軌道によって構成される「じょうご」の外側に存在すると予測された場合，じょうごの端からそこまでの距離は，誤差として定義される．これらの誤差の重みつき二乗和として，二次評価関数が

構成される．入力レベルとその変化に関する制約の下でこの評価関数を最小にするように，未来の入力が決定される．解かれるべき最適化問題は **QP 問題**であり，**アクティブセット法**が用いられる．

出力がその目標領域に戻るときの「活発さ」は，許容領域に連れ戻すために構成される「じょうご」の端の傾きによって決定される．このために，この端は直線参照軌道の役目を果たし，この概念とじょうごの概念とが結びつけられている．従来の変数の設定値制御は，その変数に対する上限と下限を，同じ値に設定することによって得られる．

測定可能な外乱の影響に対処するための**フィードフォワード**も，同様な方法で操作できる．制御出力に対するそのような外乱の影響は予測でき，許容領域の外側へ駆動された出力は，再び「じょうご」を用いて駆動され，許容領域の内側へ戻ってくる．しかし，通常，フィードフォワードのためのじょうごは，測定できない外乱から回復するためのじょうご，すなわち，フィードバックによる修正のためのじょうごと比べると，より傾きが急である．なぜならば，フィードバックループの外側に存在するため，フィードフォワード動作は不安定になる危険がないので，より活発にすることができるからである．

DMCPlus と同様に，*RMPCT* コントローラもまた，二つの階層から構成されている．一つは最適化であり，もう一つは制御である．プロセスの最適定常状態を見つけるために，「現時刻における定常状態」は現時刻で予測された定常状態であるという仮定の下で，定常モデルが用いられる．この目的のために用いられる評価関数は，さまざまな生産物をある量生産することによる経済的な利益と，制御入力を用いることによる経済的なコストを表す従来の線形評価関数と，現時刻で予測された定常入出力からの変化に対するコストを表す二次関数から構成される．動的制御に対して用いられる評価関数には現れないプロセス変数を，この評価関数に含めること（およびその逆）ができる．いくつかのプロセスユニットに対して，同時に定常最適化を行うことができ，その結果は，個々の動的コントローラに引き渡される．定常最適化と動的最適化の間の連携は，単純に定常目標を動的コントローラに与えるというような従来のものではない．新しい定常値が動的最適化に含まれるが，それに加えてプロセスを新しい定常状態に動かす「強さ」を変化させられるようにする可変重みも含まれている．*RMPCT* では，ほとんどの制御出力に，設定値ではなく目標領域を設定することが推奨されている．そのように設定した場合，定常解に低い重みを課すことにより，コントローラは目標領域の外側に逸脱していると予想されるものを修正することに集中するが，そのような逸脱が予測されないときには，プロセスを望ましい定常状態に押し

戻すことになるということがわかるだろう．

定常最適化と動的最適化のこの組み合わせの正味の結果は，不正確なペナルティ関数をもつ，制御変数に関するソフト制約である．すなわち，ある状況では，制約侵害を避ける実行可能解が存在しているにもかかわらず，領域限界侵害が起こるかもしれない．

$RMPCT$ では，予測された制御変化の**ブロッキング**を行うことができる．よって，最適化により計算された変化は，制御ホライズンにわたって等間隔に存在するとは仮定されていない．

$RMPCT$ で用いられている動的モデルは，**多変数 ARX モデル**である．

$RMPCT$ は，さまざまな方策を用いることによって，モデル化誤差に対するコントローラのロバスト性を強化する試みをとっている．一番目の方策は，最適化問題の(数値的)条件を最適化するために入出力変数の**スケーリング**を導入することである．その意図は，出力軌道のモデル化誤差への感度を低減化することである．二番目の方策は，元のモデルが逆演算に関して悪条件であれば，予測モデルを，よりよい条件をもつもので近似することである．これは，最適化に含まれる活性化された制約集合を見つけ，対応する行列を**特異値分解** (SVD) し，非常に小さい特異値を打ち切って近似することによって行われる[1]．三番目の方策は，コントローラで利用される内部モデルを調整することである．ある内部モデルに対応するコントローラは，シミュレーションを用いて，さまざまなプラント・モデル誤差に対する**積分二乗誤差** (*Integrated Squared Error, ISE*) 基準を評価することによって，その良し悪しを判断される．そして，内部モデルは，**最悪ケース ISE 基準**が最小化されるまで，ある種の極値探索過程で調整される．

A.3　Simulation Sciences: *Connoisseur*

Connoisseur には，つぎに示す三つの制御モードがある．

1. *LR (Long-Range)* モード
2. *QP-LR* モード (*LR* モードと *QP* モードの混合)
3. *QP* モード (ソフト制約をもつ QP 問題の解法)

---

[1]. 実際には，$RMPCT$ は SVD ではなく，URV 分解を計算する．ただし，U と V は SVD のときと同じように直交行列であるが，R は対角ではなく，三角行列である．

LR モードでは，最初は制約が無視された二次評価関数が最適化される．通常どおり線形モデルが利用されるので，これは閉じた形の解が存在する**線形二次**(LQ)問題である．これはリカッチ方程式を解くことによって得られ，固定ゲイン状態フィードバック行列を得ることができる(ミニ解説 7 (p.221)を参照)．有限ホライズンリカッチ方程式は収束するまで繰り返し計算される．よって，実際には無限ホライズンフィードバック則が適用される．このアプローチでは，開ループ予測を計算する必要がないが，制約が侵害されるかどうか見極めるために，固定ゲインフィードバック則を用いた閉ループ予測が計算される．そのような侵害が予測されれば，評価関数内の重みは，制約侵害が予測されなくなるまで修正される．

QP-LR モードでは，(ハード)入力制約が考慮され，出力制約が無視された二次評価関数が最適化される．LR モードの場合と同様に，予測される出力制約侵害を取り除くために，重みが調整される．QP モードでは，最適化問題に入力と出力制約が考慮される．すべての制約は「ソフト」で，正確なペナルティ関数が用いられ，制約侵害優先順位を定義するために，重みが用いられる．

このような異なるモードを与えた動機は，計算の負荷を低減化することである．たとえば，LR モードでは，(必要があれば)設定値の繰り返し調整のためには付加的な計算がもちろん必要であるが，1 回だけフィードバックゲインを見つければよい．QP-LR モードでは，制約の数は QP モードより少ないので，最適解を容易に計算することができる．

二次評価関数を，制御変化，および制御入力値のその目標値(もし定義してあれば)からのずれの両方にペナルティをかけるように定義できる．

ここでまとめられている他の製品と同様に，最適化アルゴリズムは，制御ホライズンにわたって，予測された制御変化の間隔，すなわち**ブロッキング因子**の間の区間は等間隔ではないと仮定される．

Connoisseur は，RMPCT で用いられているものと同様な ARX 形式の内部モデルを利用している．そのモデルの次数とパラメータを推定するために，**逐次最小二乗法**が用いられる．適応制御が可能であり，そのモデルを連続的に更新するために，逐次推定器を利用することができる．

モデルはつぎの形式をしている．

$$A(z)y(k) = B(z)\Delta u(k) + C(z)\Delta v(k) \tag{A.1}$$

ただし，$A(z)$，$B(z)$，$C(z)$ は，z 変換多項式(あるいは等価的に，シフトオペレータの多項式)の行列である．また，$v(k)$ は測定可能な外乱変数ベクトルである．外乱は，

陽にはモデル化されないが，予測がなされるとき，そのモデルは測定された最新の出力と比べた出力の変化を予測するために用いられる．すなわち，

$$A(z)[\hat{y}(k+i) - y(k)] = B(z)\Delta\hat{u}(k+i) + C(z)\Delta\hat{v}(k+i) \qquad (A.2)$$

である．これは *DMCPlus* で用いられた手順と同じであり，「DMC 外乱モデル」を採用すること，すなわち，すべての外乱は未来において変化しない出力外乱であると仮定することと等価である．

利用される実際のモデルは，上述した形式から少し修正されたものである．というのは，入力と出力(そして測定可能な外乱)に対して，異なるサンプリング周期を設定することが可能だからである．

設定値最適化は，制御更新周期よりも長い周期で，LP 問題を解くことによって行われる．通常は，制御更新周期が数秒であれば，最適設定値を再計算する周期は数分になるだろう．これまでと同じように，LP 問題は，プロセスの動特性に関する情報を考慮しないので，「現在の」定常状態が与えられる必要がある．これは，現在の設定値と等しいものと仮定される．なぜならば，設定値が変化しなければ，プラントは結局はそこに収束すると仮定されるからである．この設定値最適化は，いくつかの動的コントローラの設定値に対して同時に行うことができる．それは，これらのコントローラの間にある程度の調和を与え，設定値をそれぞれ独立に最適化するよりは，より経済的な効果を与えるはずである．

A.4　Adersa: *PFC* と *HIECON*

PFC は，もともとは 5.6 節で述べたような予測制御を行う，ある方法論の名称だった．しかし，この制御方式を実装したフランスの会社 Adersa の製品名にもなった．この製品は，ここで記述した他の製品とは異なり，もともと石油化学産業のために開発されたのではなく，それどころか，プロセス産業を目的としたものですらなかった．その結果，他の製品よりも広範囲な対象に応用されている．

PFC の基本的な部分は，Modicon から売り出されている *Quantum* プログラム可能論理コントローラ (Programmable Logic Controller, PLC) 上に実装される．その実装は，コントローラソフトウェアの IEC1131-3 標準に準拠している．

HIECON は同じ方法論に基づいているが，多変数への応用を目的とし，完全な制約つき最適化を含む広範囲な解法アルゴリズムを提供する，別の製品である．

Adersa の製品は，バッチ反応器，圧延機，ミルク乾燥機のようなプロセス応用か

ら，自動車エンジンの燃料噴射，銃座制御，発射装置やミサイルの姿勢制御のような「サーボ」応用まで多岐にわたって用いられている．

A.5　ABB: *3dMPC*

　ABB の製品は**状態空間モデル**と二次評価関数を利用しているので，ここで記述した製品の中では，使用する枠組みが本書で記述した標準的な枠組みに最も近い製品である．ハード制約を入力(操作変数)とそれらの変化率に対して定義でき，さらに，入力に対して，ハード制約ではなく，望ましい範囲を示すソフト制約を規定することができる．ソフト制約は，出力(制御変数)に対しても定義でき，これらは優先順位づけすることができる．

　部分空間法を用いた状態空間の直接同定を含む，操業データからの**システム同定**に対する強力なサポートがオプションとして受けられる．

　他のほとんどの製品と同じように，入出力信号の非線形変換が利用できる．

A.6　Pavilion Technologies Inc.: *Process Perfecter*

　Pavilion Technologies Inc. が販売している予測制御の製品は，**非線形モデル**を利用することにより多くの利点をもたらす場合や，何らかの理由で非線形モデルの利用が避けられない場合の応用を第一の目的として開発された．これは「ブラックボックス」**ニューラルネットワークモデル**を用いており，すべての主要な非線形性は，定常ゲインでの変化として現れるという仮定をしている．この製品のより詳細な技術的基礎の説明は 10.3.3 項で与えた．

付録 B

MATLAB プログラム —— basicmpc

これは MATLAB プログラム basicmpc の完全なリストである．本書ウェブサイト
https://web.tdupress.jp/downloadservice/ISBN978-4-501-32460-5/ から入手可能である．

```
%BASICMPC Basic Predictive Control without constraints. (Script file)
%
% Implements unconstrained MPC for stable SISO discrete-time system
% defined as LTI object.
%
% The following are editable parameters (most have defaults):
% Tref: Time constant of exponential reference trajectory
% Ts:   Sampling interval
% plant: Plant definition  (discrete-time SISO LTI object)
% model: Model definition  (discrete-time SISO LTI object)
% P: Vector of coincidence points
% M: Control horizon
% tend: Duration of simulation
% setpoint: Setpoint trajectory (column vector) - length must exceed
%           no of steps in simulation by at least max(P).
% umpast, uppast, ympast, yppast: Initial conditions of plant & model.
%
% Assumes Matlab 5.3. Uses Control Toolbox LTI object class.
% No other toolboxes required.

%%% J.M.Maciejowski, 8 March 1999. Revised 22.3.99, 15.12.99.
%%% Copyright(C) 1999. All Rights Reserved.
%%% Cambridge University Engineering Department.

%%%%%%%%%%%%%%% PROBLEM DEFINITION:

% Define time-constant of reference trajectory Tref:
Tref = 6;

% Define sampling interval Ts (default Tref/10):
if Tref == 0,
  Ts = 1;
else
```

```
  Ts = Tref/10;
end

% Define plant as SISO discrete-time 'lti' object 'plant'
%%%%  CHANGE FROM  HERE TO DEFINE NEW PLANT  %%%%
nump=1;
denp=[1,-1.4,0.45];
plant = tf(nump,denp,Ts);
%%%%  CHANGE UP TO HERE TO DEFINE NEW PLANT  %%%%
plant = tf(plant);  % Coerce to transfer function form
nump = get(plant,'num'); nump = nump{:}; % Get numerator polynomial
denp = get(plant,'den'); denp = denp{:}; % Get denominator polynomial
nnump = length(nump)-1; % Degree of plant numerator
ndenp = length(denp)-1; % Degree of plant denominator
if nump(1)~=0, error('Plant must be strictly proper'), end;
if any(abs(roots(denp))>1), disp('Warning: Unstable plant'), end

% Define model as SISO discrete-time 'lti' object 'model'
% (default model=plant):
%%%%  CHANGE FROM  HERE TO DEFINE NEW MODEL  %%%%
model = plant;
%%%%  CHANGE UP TO HERE TO DEFINE NEW MODEL  %%%%
model = tf(model);  % Coerce to transfer function form
numm = get(model,'num'); numm = numm{:}; % Get numerator polynomial
denm = get(model,'den'); denm = denm{:}; % Get denominator polynomial
nnumm = length(numm)-1; % Degree of model numerator
ndenm = length(denm)-1; % Degree of model denominator
if numm(1)~=0, error('Model must be strictly proper'), end;
if any(abs(roots(denm))>1), disp('Warning: Unstable model'), end

nump=[zeros(1,ndenp-nnump-1),nump]; % Pad numerator with leading zeros
numm=[zeros(1,ndenm-nnumm-1),numm]; % Pad numerator with leading zeros

% Define prediction horizon P (steps)(default corresponds to 0.8*Tref):
if Tref == 0,
  P = 5;
else
  P = round(0.8*Tref/Ts);
end

% Define control horizon (default 1):
M = 1;

% Compute model step response values over coincidence horizon:
stepresp = step(model,Ts*[1:max(P)]);
theta = zeros(length(P),M);
for j=1:length(P),
  theta(j,:) = [stepresp(P(j):-1:max(P(j)-M+1,1))',zeros(1,M-P(j))];
end
S = stepresp(P);
```

```
% Compute reference error factor at coincidence points:
% (Exponential approach of reference trajectory to set-point)
if Tref == 0,   % Immediate jump back to set-point trajectory
  errfac = zeros(length(P),1);
else
  errfac = exp(-P*Ts/Tref);
end

%%%%%%%%%%%%%% SIMULATION PARAMETERS:

if Tref == 0,
  tend = 100*Ts;
else
  tend = 10*Tref; % Duration of simulation (default 10*Tref)
end
nsteps = floor(tend/Ts); % (Number of steps in simulation).
tvec = (0:nsteps-1)'*Ts; % Column vector of time points (first one 0)

% Define set-point (column) vector (default constant 1):
setpoint = ones(nsteps+max(P),1);

% Define vectors to hold input and output signals, initialised to 0:
uu = zeros(nsteps,1); % Input
yp = zeros(nsteps,1); % Plant Output
ym = zeros(nsteps,1); % Model Output

% Initial conditions:
umpast = zeros(ndenm,1);
uppast = zeros(ndenp,1);
ympast = zeros(ndenm,1);   % For model response
yppast = zeros(ndenp,1);   % For plant response

%%%%%%%%%%%%%% SIMULATION:

for k=1:nsteps,

  % Define reference trajectory at coincidence points:
  errornow = setpoint(k)-yp(k);
  reftraj = setpoint(k+P) - errornow*errfac;

  % Free response of model over prediction horizon:
  yfpast = ympast;
  ufpast = umpast;
  for kk=1:max(P), % Prediction horizon
    ymfree(kk) = numm(2:nnumm+1)*ufpast-denm(2:ndenm+1)*yfpast;
    yfpast=[ymfree(kk);yfpast(1:length(yfpast)-1)];
    ufpast=[ufpast(1);ufpast(1:length(ufpast)-1)];
  end

  % Compute input signal uu(k):
  if k>1,
```

```
    dutraj = theta\(reftraj-ymfree(P)');
    uu(k) = dutraj(1) + uu(k-1);
  else
    dutraj = theta\(reftraj-ymfree(P)');
    uu(k) = dutraj(1) + umpast(1);
  end

  % Simulate plant:
  % Update past plant inputs
  uppast = [uu(k);uppast(1:length(uppast)-1)];
  yp(k+1) = -denp(2:ndenp+1)*yppast+nump(2:nnump+1)*uppast; % Simulation
  % Update past plant outputs
  yppast = [yp(k+1);yppast(1:length(yppast)-1)];


  % Simulate model:
  % Update past model inputs
  umpast = [uu(k);umpast(1:length(umpast)-1)];
  ym(k+1) = -denm(2:ndenm+1)*ympast+numm(2:nnumm+1)*umpast;  % Simulation
  % Update past model outputs
  ympast = [ym(k+1);ympast(1:length(ympast)-1)];

end % of simulation

%%%%%%%%%%%%%% PRESENTATION OF RESULTS:

disp('***** Results from script file BASICMPC :')
disp(['Tref = ',num2str(Tref),',   Ts = ',num2str(Ts),...
   '  P = ',int2str(P),' (steps),   M = ',int2str(M)])
diffpm = get(plant-model,'num');
if diffpm{:}==0,
  disp('Model = Plant')
else
  disp('Plant-Model mismatch')
end

figure
subplot(211)
% Plot output, solid line and set-point, dashed line:
plot(tvec,yp(1:nsteps),'-',tvec,setpoint(1:nsteps),'--');
grid; title('Plant output (solid) and set-point (dashed)')
xlabel('Time')

subplot(212)
% plot input signal as staircase graph:
stairs(tvec,uu,'-');
grid; title('Input')
xlabel('Time')
```

付録 C

MPC Toolbox

C.1 一般的な注意

　本書の第 1 章以降で登場した例題のほとんどは，MATLAB の *Model Predictive Control Toolbox* (以下では "*MPC Toolbox*" と略記する) を利用して解かれていた．このソフトウェア (あるいは，同様の機能をもつ他のソフトウェア) は，本書の多くの演習問題を解く際に必要である．

　MPC Toolbox には詳細な *User's Guide* が付属している．そこには「チュートリアル」が含まれているので，ここではそれを繰り返すことはしない．しかし，*User's Guide* 中の題材と本書のそれとを関係づけておくことは意味のあることだろう．歴史的に，予測制御は，まず，プラントのステップ応答モデルに対して開発された．このことは *User's Guide* のレイアウトに現れている．

- チュートリアルの第 2 章は**ステップ応答モデル**を取り扱っている．
- 第 3 章は**状態空間モデル**を取り扱っている (そして，**伝達関数モデル**も取り扱っている．なぜならば，*MPC Toolbox* には伝達関数モデルを状態空間モデルに変換する関数も含まれているからである)．

これは，他の形式よりも状態空間モデルを強調している本書とは対照的である．幸いなことに，*User's Guide* の第 3 章は，第 2 章を先に読まなくても理解できるように配慮して書かれている．

　MPC Toolbox は，状態空間モデルを記述するために，MOD フォーマットと呼ばれる独自のフォーマットを利用している．また，ステップ応答モデルを記述するための特殊なフォーマットも用意されている．*MPC Toolbox* は，モデルをこれらの特殊なフォーマットに，あるいはそれらをモデルに変換する関数を含んでいる．*MPC*

付録 C MPC Toolbox

Toolbox を利用する前に，User's Guide の第 3 章のつぎの節を読むことを勧める．

- State-space models（状態空間モデル）
- MOD format（MOD フォーマット）
- Converting state-space to MOD format（状態空間から MOD フォーマットへの変換）
- Converting MOD format to other model formats（MOD フォーマットから他のフォーマットへの変換）

User's Guide の 3.1 節からわかるように，MPC Toolbox で仮定されているモデルは，本書の第 3 章以降で導入された外乱や雑音のような付加的な要素を有しているので，本書の第 2 章で紹介した基本的な定式化で登場したモデルよりも一般的である．

不幸なことに，変数名も異なっている．おおまかな対応を表 C.1 に与えた．「おおまか」というのは，たとえば，本書では測定される出力 y と制御出力 z を区別してきたが，MPC Toolbox では両者は同じベクトル y 中に（制御出力をそのベクトルの上の部分におくという決まりの下）一緒に積み重ねられているからである．

読者に必要になるであろう核となる関数は，以下のとおりである．

表 C.1 本書と MPC Toolbox User's Guide における変数・パラメータのおおまかな対応

実 体	本書での名称	Toolbox での名称
状態遷移行列	A	Φ
入力外乱行列	B	Γ_u
外乱分布行列	B_d	Γ_d
出力行列	C_y, C_z	C
入力	u	u
出力	$\begin{bmatrix} y \\ z \end{bmatrix}$	y
測定可能外乱	d_m	d
測定できない外乱	d_u	w, z
予測ホライズン	H_p	P
制御ホライズン	H_u	M
追従誤差重み	$Q^{1/2}(i)$	ywt
制御ペナルティ重み	$R^{1/2}(i)$	uwt

- smpccon：制約なし予測制御問題を解く．この場合の解は，定数行列である．
- smpcsim：smpccon の結果を用いて，制約なし問題の解をシミュレートする．
- scmpc：線形プラントに対する制約つき予測制御問題を解き，その解をシミュレートする．
- scmpcnl：*Simulink* モデルの形式で非線形プラントが与えられた場合の制約つき予測制御問題を解き，その解をシミュレートする（MPC コントローラにより用いられる内部モデルは線形である）．
  - ☞ *User's Guide* には記述されていないが，scmpc と同様なインタフェースである．

ほかにも多くの関数が存在し，*User's Guide* に記述されている．*User's Guide* のチュートリアルにはこれらの関数の利用法が示されており，チュートリアルで登場する例題は，オンラインデモの形でも見ることができる．

関数 smpccon, scmpc, scmpcnl の入力引数 M は，最適化器が実行できる入力変化を規定するために用いられる．M がスカラ (整数) であれば，これは単に制御ホライズンであり，本書の H_u に等しい．しかし，これが行ベクトルであれば，**ブロッキング**を用いるべきであることを規定する．M のそれぞれの要素は，$\Delta u = 0$ とするステップ数，つまり入力が変化しないステップ数を規定する．すなわち，M = [m1,m2,m3] は，$\hat{u}(k|k) = \hat{u}(k+1|k) = \cdots = \hat{u}(k+m1-1|k)$，$\hat{u}(k+m1|k) = \hat{u}(k+m1+1|k) = \cdots = \hat{u}(k+m1+m2-1|k)$ などを意味する．

本書の H_w に対応するパラメータは存在しない．パラメータ P は**予測ホライズン** (本書の H_p) を規定し，MPC Toolbox は，暗黙のうちにつねに $H_w = 1$ を仮定する．しかしながら，追従誤差に関する重みを定義するパラメータである ywt は，予測ホライズンにわたり変化する重みを表現する．各行が 1 ステップを表す．よって，たとえば，ywt の最初の 2 行をゼロにすることで，$H_w = 3$ の効果を得ることができる．ywt の行数を H_p 以下にすることもできることに注意する．最後の行は，それが対応する時刻以降で用いられる重みを規定する．

深刻な制約は，追従誤差重み行列 $Q(i)$ と制御変化ペナルティ重み行列 $R(i)$ として，対角行列しか利用できないことである．これはそれぞれ引数 ywt と uwt を通して行われる．$Q(i)$（あるいは $R(i)$）の対角要素の平方根は，ywt（あるいは uwt）の i 番目の行として表現される．非対角要素を記述する方法は何もないので，それらはつねにゼロと仮定される．たとえば，6.2.1 項でのようなリアプノフ関数の解として得られた $Q(i)$ を記述したい場合には，このことは制約になってしまう．演習問題 3.7 では，この制約を取り除くように smpccon を修正するという問題を読者に課した．他の関数

についても，それと同様にして修正できるだろう．

　MPC Toolbox で設定値を操作する方法は，極めて制限されている．われわれが 1.2 節で行い，MATLAB 関数 basicmpc, trackmpc, unstampc で実装したような，設定値と参照信号の区別を，MPC Toolbox はしていない．つねに設定値と出力ベクトルの間の差を，追従誤差と定義している．さらに，シミュレーションの間にわたって設定値軌道を定義することはできるが，関数 scmpc, scmpcnl では，制御信号を計算するとき，設定値の未来値を利用していない．すなわち，それぞれのステップにおいて，最適化アルゴリズムは，設定値軌道が未来値がどのようになるかを考慮しておらず，現在の値のまま一定であると仮定しているだけである．関数 scmpcr では，未来に関するそのような情報を最適化器が利用できる．これは，たとえば，指数関数的な設定値軌道を定義することによって，特定な参照軌道を定義することによる影響のシミュレーションを限定的に行うために活用できる．しかし，たとえば，外乱が存在する場合に参照軌道を利用するシミュレーションを行うことはできない．

　大部分の引数は省略することができ，その場合，理にかなったデフォルト値をとる．しかしながら，P が省略されると，そのデフォルト値は 1 であり，それは，通常，適切な予測ホライズンではない．すべての可能な引数をデフォルト値に設定すると，**完全コントローラ** (7.2.4 項を参照) と呼ばれるものが得られる．しかし，実際には，そのようなコントローラにはたくさんの問題点がある．

　関数 scmpc, scmpcnl において，制約は引数 ulim (u と Δu に関する制約) と ylim (y に関する制約) によって記述される．重みパラメータと同じように，これらのそれぞれの行は，予測あるいは制御ホライズン内の 1 ステップに対応する．よって，制約をホライズンにわたって変化させることができる．Δu の範囲はつねに対称である ($-U_j \leq \Delta u_j \leq U_j$) と仮定される．また，それらは非常に大きな値であってもよいが，有限の値を規定しなければならない．

　MPC Toolbox は任意の外乱と雑音モデルを定義できる．外乱は測定可能，あるいは測定できないと規定でき，測定可能な外乱が存在する場合には，フィードフォワード動作を適用することができる．外乱あるいは雑音モデルが規定されなければ，デフォルトで DMC 外乱モデル (すなわち，それぞれの出力にステップ外乱が加わり，測定雑音は存在しない) が仮定される．観測器ゲインも規定できる．観測器ゲインのデフォルト値は，DMC 外乱モデルに対して最適な観測器，すなわち $[0, I]^T$ である (2.6.3 項を参照)．より精巧なモデルが必要ならば，Lee と Yu の外乱と雑音モデル (8.2 節を参照) を規定する簡単化された方法がある．他の外乱と雑音モデルに関しては，ユーザは状態空間モデルによって動特性を規定しなければならないが，プラント，外乱そし

て雑音動特性を含む拡大モデルの構成を支援する方法も準備されている．

MPC Toolbox はまた，制約が活性化されていないという仮定の下での予測コントローラの周波数応答解析のための関数を含んでいる．たとえば，感度関数や相補感度関数といった，さまざまな閉ループ伝達関数の特異値プロットは，関数 clmod, mod2frsp, svdfrsp を用いて得られる．

関数 scmpc, scmpcnl 中で生じる QP 問題を解くために用いられる方法は，[Ric85] に記述されている．

C.2　関数 scmpc2 と scmpcnl2

関数 scmpc と scmpcnl の修正版が，本書のウェブサイトから入手可能である．これらの修正された関数の名は，それぞれ scmpc2 と scmpcnl2 であり，その修正により元の関数の機能がつぎのように拡張されている．

1. デフォルトでない観測器ゲインを用いることができる．標準的な関数 scmpc と scmpcnl でもこのことは可能であるが，それらでは観測器の状態を初期化する機能が提供されていない．非零初期状態(scmpcnl を用いたとき，特に要求されることである)をもつプラントをシミュレートし，デフォルトでない観測器ゲインを用いたとき，初期観測器状態を規定できることは重要である．これが可能になった．
2. 以前に中断されたシミュレーションを続けることができる．これは，プラントと観測器の初期状態，および入力の初期値を規定するための入力引数を追加することによって可能になった．また，初期時刻の規定が可能になり，つねにゼロとする必要はなくなった．この機能は，*MPC Toolbox* にとって重要な付加機能である．このことにより，シミュレーションを中断し，いくつかの変更を行い，シミュレーションを再開することができる．結果として，たとえば，つぎのようなことが可能になる．
    - 時間依存重みと制約．標準的な関数では，i に依存してよいが，k には依存してはいけなかった．この修正された関数では，両者に依存してよい．
    - 状態依存重みと制約．
    - シミュレーション実行中の線形内部モデルの変更．非線形プラントの場合，これにより時折予測に用いる線形化モデルを更新することができる．**適応 MPC** をシミュレートするためにも，これを用いることができる．

この特徴は，たいていは，シミュレーションを時折中断し，そして再開するために用いられることが予想されるが，1 ステップごとにシミュレーションを中断することも可能である．すなわち，1 ステップのシミュレーションを実行し，適切な更新を行い，そしてつぎのステップを実行するということを繰り返すのである．

3. 出力に関する**ソフト制約**が実装された．1 ノルム，2 ノルム，∞ ノルムペナルティ，あるいは 1 ノルムと 2 ノルムの混合ペナルティを規定することが可能である．また，それぞれの出力に対して異なる値のペナルティ係数(3.4 節の定義では ρ)を規定することも可能である．新しい関数 qpsoft が，この新しい機能の実装の補助として書かれ，修正された関数により利用されている．

表 C.2 は，関数 scmpc2, scmpcnl2 で追加され，利用できるようになった入力引数をまとめたものである．

表 C.2 関数 scmpc, scmpcnl2 で利用できる追加，あるいは修正された入力引数

引数	目 的
xm0	初期観測器状態
tvec	規定されたシミュレーションの開始と終了時刻(tend を置き換える)
suwt, sywt	制約侵害に関するペナルティ係数の仕様を規定する
normtype	制約侵害のための 1 ノルム，2 ノルム，∞ ノルム，あるいは混合ノルムペナルティを規定する

C.3 関数 scmpc3 と scmpc4

関数 scmpc2 が，7.5 節で述べたような，指数関数的な参照軌道をもつシミュレーションを行えるように，さらに修正された．関数 scmpc3 は，未来の設定値変化を予測しないで参照軌道を実装する(図 7.17 (p.259) を参照)．一方，関数 scmpc4 では，未来の設定値変化が既知であると仮定し，それらを予測する(図 7.18 (p.261) を参照)．

両方の関数とも付加的な引数 Tref を有している．これは，制御出力の参照軌道に対する時定数ベクトルである．ゼロの値をとることもできる．こうすると，参照軌道は設定値軌道に一致する．

参考文献

[AM79]　B.D.O. Anderson and J.B. Moore. *Optimal Filtering*. Prentice Hall, 1979.

[AM90]　B.D.O. Anderson and J.B. Moore. *Optimal Conrol, Linear Quadratic methods*. Prentice Hall, 1990.

[Åst80]　K.J. Åström. A robust sampled regulator for stable systems with monotone step responses. *Automatica*, 16:313–315, 1980.

[ÅW84]　K.J. Åström and B. Wittenmark. *Computer Controlled Systems: Theory and Design*. Prentice Hall, 1984.

[ÅW89]　K.J. Åström and B. Wittenmark. *Adaptive Control*. Addison-Wesley, 1989.

[AZ00]　F. Allgöwer and A. Zheng, editors. *Nonlinear Model Predictive Control*. Birkhäuser, 2000.

[BB91]　S. Boyd and C. Barratt. *Linear Controller Design, Limits of Performance*. Prentice-Hall, 1991.

[BCM97]　A. Bemporad, A. Casavola, and E. Mosca. Nonlinear control of constrained linear systems via predictive reference management. *IEEE Transactions on Automatic Control*, 42:340–349, 1997.

[BDLS99]　H.G. Bock, M. Diehl, D. Leineweber, and J. Schlöder. Efficient direct multiple shooting in nonlinear model predictive control. In Keil, Mackens, Voss, and Werther, editors, *Scientific Computing in Chemical Engineering II: Simulation, Image Processing, Optimization, and Control*. Springer, 1999.

[BDLS00]　H.G. Bock, M. Diehl, D. Leineweber, and J. Schlöder. A direct multiple shooting method for real-time optimization of nonlinear DAE processes. In Allgöwer and Zheng [AZ00], pages 245–267.

[Bem98]　A. Bemporad. Reducing conservativeness in predictive control of constrained systems with disturbances. In *Proceedings, 37th IEEE Conference on Decision and Control*, pages 1384–1391, Tampa, 1998.

[Beq91] B.W. Bequette. Nonlinear predictive control using multi-rate sampling. *Canadian Journal of Chemical Engineering*, 69:136–143, 1991.

[BGFB94] S. Boyd, L. El Ghaoui, E. Feron, and V. Balakrishnan. *Linear Matrix Inequalities in System and Control Theory*. SIAM, Philadelphia, 1994.

[BGW90] R.R. Bitmead, M. Gevers, and V. Wertz. *Adaptive Optimal Control: The Thinking Man's GPC*. Prentice Hall, Englewood Cliffs, NJ, 1990.

[BH75] A.E. Bryson and Y-C. Ho. *Applied Optimal Control; Optimization, Estimation, and Control*. Hemisphere, Washington, 1975.

[Bla99] F. Blanchini. Set invariance in control. *Automatica*, 35:1747–1767, 1999.

[BM99a] A. Bemporad and M. Morari. Control of systems integrating logic, dynamics, and constraints. *Automatica*, 35:407–427, 1999.

[BM99b] A. Bemporad and M. Morari. Robust model predictive control: a survey. In A. Garulli, A. Tesi, and A. Vicino, editors, *Robustness in Identification and Control*, volume 245 of *Lecture Notes in Control and Information Sciences*. Springer, 1999.

[BMDP] A. Bemporad, M. Morari, V. Dua, and E.N. Pistikopoulos. The explicit solution of model predictive control via multiparametric quadratic programming. In *Proceedings, American Control Conference, Chicago, June 2000*. IEEE. (CD-ROM).

[BMDP99] A. Bemporad, M. Morari, V. Dua, and E.N. Pistikopoulos. The explicit linear quadratic regulator for constrained systems. Technical Report AUT 99-16, Automatic Control Laboratory, ETH Zurich, 1999.

[BMM99] A. Bemporad, D. Mignone, and M. Morari. Moving horizon estimation for hybrid systems and fault detection. In *Proceedings, American Control Conference*, San Diego, 1999.

[CA98] H. Chen and F. Allgöwer. A quasi-infinite horizon nonlinear model predictive control scheme with guaranteed stability. *Automatica*, 34:1205–1217, 1998.

[CBB94] E.F. Camacho, M. Berenguel, and C. Bordons. Adaptive generalized predictive control of a distributed collector field. *IEEE Trans. Control Systems Technology*, 2:462–468, 1994.

[CC95] E.F. Camacho and C.Bordons. *Model Predictive Control in the Process Industry*. Advances in Industrial Control. Springer, Berlin, 1995.

[CC99]　　E.F. Camacho and C.Bordons. *Model Predictive Control.* Advanced Textbooks in Control and Signal Processing. Springer, London, 1999.

[Cla88]　　D.W. Clarke. Application of generalized predictive control to industrial processes. *IEEE Control Systems Magazine*, 122:49–55, 1988.

[Cla94]　　D.W. Clarke, editor. *Advances in Model-Based Predictive Control.* Oxford University Press, Oxford, 1994.

[CM86]　　P.J. Campo and M. Morari. ∞-norm formulation of model predictive control problems. In *Proceedings, American Control Conference*, pages 339–343, 1986.

[CM87]　　P.J. Campo and M. Morari. Robust model predictive control. In *Proceedings, American Control Conference*, pages 1021–1026, 1987.

[CM89]　　D.W. Clarke and C. Mohtadi. Properties of generalised predictive control. *Automatica*, 25:859–875, 1989.

[CM97]　　C.T. Chou and J.M. Maciejowski. System identification using balanced parameterizations. *IEEE Transactions on Automatic Control*, 42:965–974, July 1997.

[CMT87]　D.W. Clarke, C. Mohtadi, and P.S. Tuffs. Generalised predictive control — Parts I and II. *Automatica*, 23:137–160, 1987.

[CN56]　　J.F. Coales and A.R.M. Noton. An on-off servo mechanism with predicted change-over. *Proc. Institution of Electrical Engineers, Part B*, 103:449–462, 1956.

[CR80]　　C.R. Cutler and B.L. Ramaker. Dynamic matrix control — a computer control algorithm. In *Proceedings, Joint American Control Conference*, San Francisco, 1980.

[CRSV90]　J.E. Cuthrell, D.E. Rivera, W.J. Schmidt, and J.A. Vergeais. Solution to the Shell standard control problem. In Prett et al. [PGR90].

[CS83]　　T.S. Chang and D.E. Seborg. A linear programming approach to multivariable feedback control with inequality constraints. *International Journal of Control*, 37:583–597, 1983.

[DG91]　　H. Demircioglu and P.J. Gawthrop. Continuous-time generalised predictive control. *Automatica*, 27:55–74, 1991.

[DG92]　　H. Demircioglu and P.J. Gawthrop. Multivariable continuous-time generalised predictive control. *Automatica*, 28:697–713, 1992.

[DH99] C.E.T. Dorea and J.C. Hennet. (A,B)-invariant polyhedral sets of linear discrete-time systems. *Journal of Optimization Theory and Applications*, 103:521–542, 1999.

[DOP95] F.J. Doyle, B.A. Ogunaike, and R.K. Pearson. Nonlinear model-based control using second-order volterra models. *Automatica*, 31:697–714, 1995.

[Doy78] J.C. Doyle. Guaranteed margins for LQG regulators. *IEEE Transactions on Automatic Control*, AC-23:756–757, 1978.

[DS81] J.C. Doyle and G. Stein. Multivariable feedback design: concepts for a classical/modern synthesis. *IEEE Transactions on Automatic Control*, AC-26:4–16, 1981.

[Fle87] R.R. Fletcher. *Practical Methods of Optimization*. Wiley, 2nd edition, 1987.

[FPEN94] G.F. Franklin, J.D. Powell, and A. Emami-Naeini. *Feedback Control of Dynamic Systems*. Addison-Wesley, 3rd edition, 1994.

[Fra74] P.M. Frank. *Entwurf von Regelkreisen mit vorgeschriebenem Verhalten*. G. Braun, Karlsruhe, 1974.

[GBMR98] M. Gopinathan, J.D. Boskovic, R.K Mehra, and C. Rago. A multiple model predictive scheme for fault-tolerant flight control design. In *Proc. 37th IEEE Conference on Decision and Control*, Tampa, USA, 1998.

[GDSA98] P.J. Gawthrop, H. Demircioglu, and I. Siller-Alcala. Multivariable continuous-time generalised predictive control: a state-space approach to linear and nonlinear systems. *IEE Proceedings, Part D*, 145:241–250, 1998.

[GK95] E.G. Gilbert and I. Kolmanovsky. Maximal output admissible sets for discrete-time systems with disturbance inputs. In *Proceedings, American Control Conference*, pages 2000–2005, 1995.

[GKT95] E.G. Gilbert, I. Kolmanovsky, and K.T. Tan. Discrete-time reference governors and the nonlinear control of systems with state and control constraints. *International Journal of Robust and Nonlinear Control*, 5:487–504, 1995.

[GL89] G.H. Golub and C.F. Van Loan. *Matrix Computations*. Johns Hopkins University Press, Baltimore, MD, 2nd edition, 1989.

[GM82] C.E. Garcia and M. Morari. Internal model control 1. a unifying review and some new results. *Ind.Eng.Chem. Process Design and Development*,

21:308–323, 1982.

[GM86] C.E. Garcia and A.M. Morshedi. Quadratic programming solution of dynamic matrix control (QDMC). *Chemical Engineering Communications*, 46:73–87, 1986.

[GMR99] M. Gopinathan, R.K Mehra, and J.C. Runkle. A model predictive fault-tolerant control scheme for hot isostatic pressing furnaces. In *Proc. American Control Conference*, San Diego, 1999.

[GMW81] P.E. Gill, W. Murray, and M.H. Wright. *Practical Optimization*. Academic Press, London, 1981.

[GN93] H. Genceli and M. Nikolau. Robust stability analysis of constrained ℓ_1-norm model predictive control. *American Institute of Chemical Engineers' Journal*, 39:1954–1965, 1993.

[GT91] E.G. Gilbert and K.T. Tan. Linear systems with state and control constraints: the theory and application of maximal output admissible sets. *IEEE Transactions on Automatic Control*, 36:1008–1020, 1991.

[GZ92] G. Gattu and E. Zafiriou. Nonlinear quadratic dynamic matrix control with state estimation. *Ind. Eng. Chem. Research*, 31:1096–1104, 1992.

[HM97] M. Huzmezan and J.M. Maciejowski. Notes on filtering, robust tracking and disturbance rejection used in model based predictive control schemes. In *Preprints, 4th IFAC Conference on System Structure and Control, Bucharest, October*, pages 238–243, 1997.

[HM98] M. Huzmezan and J.M. Maciejowski. Reconfiguration and scheduling in flight using quasi-LPV high-fidelity models and MBPC control. In *Proc. American Control Conference*, Philadelphia, 1998.

[Kai80] T. Kailath. *Linear Systems*. Prentice Hall, 1980.

[Kal64] R.E. Kalman. When is a linear control system optimal? *Journal of Basic Engineering (Trans. ASME D)*, 86:51–60, 1964.

[KBM96] M.V. Kothare, V. Balakrishnan, and M. Morari. Robust constrained model predictive control using linear matrix inequalities. *Automatica*, 32, 1996.

[KBM+00] E.C. Kerrigan, A. Bemporad, D. Mignone, M. Morari, and J.M. Maciejowski. Multi-objective prioritisation and reconfiguration for the control of constrained hybrid systems. In *Proceedings, American Control Confer-*

[KG88]   S.S. Keerthi and E.G. Gilbert. Optimal infinite-horizon feedback laws for a general class of constrained discrete-time systems: stability and moving-horizon approximations. *Journal of Optimization Theory and Applications*, 57:265–293, 1988.

[KGC96]   J.C. Kantor, C.E. Garcia, and B. Carnahan, editors. *Conference on Chemical Process Control, CPC V*, Tahoe City, 1996.

[Kle70]   D. Kleinman. An easy way to stabilise a linear constant system. *IEEE Transactions on Automatic Control*, AC-15, 1970.

[KM00a]   E.C. Kerrigan and J.M. Maciejowski. Invariant sets for constrained nonlinear discrete-time systems with application to feasibility in model predictive control. In *Proceedings, IEEE Control and Decision Conference*, Sydney, December 2000.

[KM00b]   E.C. Kerrigan and J.M. Maciejowski. Soft constraints and exact penalty functions in model predictive control. In *Control 2000 Conference*, Cambridge, September 2000.

[KP75]   W.H. Kwon and A.E. Pearson. On the stabilization of a discrete constant linear system. *IEEE Transactions on Automatic Control*, AC-20, 1975.

[KP77]   W.H. Kwon and A.E. Pearson. A modified quadratic cost problem and feedback stabilization of a linear system. *IEEE Transactions on Automatic Control*, AC-22:838–842, 1977.

[KR72]   H. Kwakernaak and R.Sivan. *Linear Optimal Control Systems*. Wiley, New York, 1972.

[KR92]   B. Kouvaritakis and J.A. Rossiter. Stable generalized predictive control. *IEE Proceedings, Part D*, 139:349–362, 1992.

[KRSar]   B. Kouvaritakis, J.A. Rossiter, and J. Schuurmans. Efficient robust predictive control. *IEEE Transactions on Automatic Control*, To appear.

[Kun78]   S.Y. Kung. A new low-order approximation algorithm via singular value decomposition. In *Proc. 12th Asilomar Conf. on Circuits,Systems and Computers*, 1978.

[LC96]   J.H. Lee and B. Cooley. Recent advances in model predictive control and other related areas. In Kantor et al. [KGC96].

[LD99]   G.P. Liu and S. Daley. Output-model-based predictive control of unstable combustion systems using neural networks. *Control Engineering Practice*, 7:591–600, 1999.

[Lee00] J.H. Lee. Modeling and identification for nonlinear model predictive control: requirements, current status and future research needs. In Allgöwer and Zheng [AZ00], pages 269–293.

[LEL92] M.J. Liebman, T.F. Edgar, and L.S. Lasdon. Efficient data reconciliation and estimation for dynamic processes using nonlinear programming techniques. *Computers in Chemical Engineering*, 16:963–986, 1992.

[LGM92] J.H. Lee, M.S. Gelormino, and M. Morari. Model predictive control of multi-rate sampled-data systems: a state-space approach. *International Journal of Control*, 55:153–191, 1992.

[Lju89] L. Ljung. *System Identification: Theory for the User*. Prentice Hall, 1989.

[LKB98] G.P. Liu, V. Kadirkamanathan, and S.A. Billings. Predictive control for non-linear systems using neural networks. *International Journal of Control*, 71:1119–1132, 1998.

[LLF89] S. Li, K.Y. Lim, and D.G. Fisher. A state space formulation for model predictive control. *American Institute of Chemical Engineers' Journal*, 35:241–249, 1989.

[LLMS95] P. Lundström, J.H. Lee, M. Morari, and S. Skogestad. Limitations of dynamic matrix control. *Computers in Chemical Engineering*, 19:409–421, 1995.

[LMG94] J.H. Lee, M. Morari, and C.E. Garcia. State-space interpretation of model predictive control. *Automatica*, 30:707–717, 1994.

[LP95] P. Lu and B.L. Pierson. Aircraft terrain following based on a nonlinear predictive control approach. *Journal of Guidance, Control and Dynamics*, 18:817–823, 1995.

[LY94] J.H. Lee and Z.H. Yu. Tuning of model predictive controllers for robust performance. *Computers in Chemical Engineering*, 18:15–37, 1994.

[LY97] J.H. Lee and Z.H. Yu. Worst-case formulations of model predictive control for systems with bounded parameters. *Automatica*, 33:763–781, 1997.

[Mac85] J.M. Maciejowski. Asymptotic recovery for discrete-time systems. *IEEE Transactions on Automatic Control*, AC-30:602–605, 1985.

[Mac89] J.M. Maciejowski. *Multivariable Feedback Design*. Addison-Wesley, Wokingham,UK, 1989.

[Mac97] J.M. Maciejowski. Reconfiguring control systems by optimization. In *Proc. 4'th European Control Conference, Brussels*, 1997.

[Mac98] J.M. Maciejowski. The implicit daisy-chaining property of constrained predictive control. *Applied Mathematics and Computer Science*, 8:695–711, 1998.

[Mat] The Mathworks. *The LMI Toolbox for Matlab*.

[May96] D.Q. Mayne. Nonlinear model predictive control: an assessment. In Kantor et al. [KGC96].

[MHER95] E.S. Meadows, M.A. Henson, J.W. Eaton, and J.B. Rawlings. Receding horizon control and discontinuous state feedback stabilization. *International Journal of Control*, 62:1217–1229, 1995.

[MKGW00] R.H. Miller, I. Kolmanovsky, E.G. Gilbert, and P.D. Washabaugh. Control of constrained nonlinear systems: a case study. *IEEE Control Systems Magazine*, 20(1):23–32, February 2000.

[ML98] M. Mahfouf and D.A. Linkens. *Generalised Predictive Control and Bio-engineering*. Taylor and Francis, 1998.

[ML99] M. Morari and J.H. Lee. Model predictive control: past, present and future. *Computers and Chemical Engineering*, 23:667–682, 1999.

[MM90] D.Q. Mayne and H. Michalska. Receding horizon control of nonlinear systems. *IEEE Transactions on Automatic Control*, AC-35:814–824, 1990.

[MM93] H. Michalska and D.Q. Mayne. Robust receding horizon control of constrained nonlinear systems. *IEEE Transactions on Automatic Control*, 38:1623–1633, 1993.

[Mor94] M. Morari. Model predictive control: multivariable control technique of choice in the 1990s? In Clarke [Cla94].

[Mos95] E. Mosca. *Optimal, Predictive, and Adaptive Control*. Prentice Hall, 1995.

[MR93a] K.R. Muske and J.B. Rawlings. Linear model predictive control of unstable processes. *Journal of Process Control*, 3:85, 1993.

[MR93b] K.R. Muske and J.B. Rawlings. Model predictive control with linear models. *American Institute of Chemical Engineers' Journal*, 39:262–287, 1993.

[MR95] M. Morari and N.L. Ricker. *Model Predictive Control Toolbox: User's Guide*. The Mathworks, 1995.

[MRRS00]   D.Q. Mayne, J.B. Rawlings, C.V. Rao, and P.O.M. Scokaert. Constrained model predictive control: stability and optimality. *Automatica*, 36:789–814, 2000.

[MS97a]   L. Magni and R. Sepulchre. Stability margins of nonlinear receding-horizon control via inverse optimality. *Systems and Control Letters*, 32:241–245, 1997.

[MS97b]   D.Q. Mayne and W.R. Schroeder. Robust time-optimal control of constrained linear systems. *Automatica*, 33:2103–2118, 1997.

[MZ88]   M. Morari and E. Zafiriou. *Robust Process Control*. Prentice Hall, 1988.

[MZ89]   E. Mosca and G. Zappa. ARX modeling of controlled ARMAX plants and LQ adaptive controllers. *IEEE Transactions on Automatic Control*, 34:371–375, 1989.

[NL89]   R.B. Newell and P.L. Lee. *Applied Process Control — A Case Study*. Prentice Hall, New York, 1989.

[NN94]   J.E. Nesterov and A.S Nemirovsky. *Interior Point Polynomial Methods in Convex Programming: Theory and Applications*. SIAM, Philadelphia, 1994.

[Nor86]   J.P. Norton. *An Introduction to Identification*. Academic Press, New York, 1986.

[NP97]   V. Nevistic and J.A. Primbs. Finite receding horizon control: A general framework for stability and performance analysis. Technical Report AUT 97-06, Automatic Control Laboratory, ETH Zurich, 1997.

[NRPH00]   M. Nørgaard, O. Ravn, N.K. Poulsen, and L.K. Hansen. *Neural Networks for Modelling and Control of Dynamic Systems*. Springer, London, 2000.

[OB94]   N.M.C.de Oliveira and L.T. Biegler. Constraint handling and stability properties of model predictive control. *American Institute of Chemical Engineers' Journal*, 40:1138–1155, 1994.

[OC93]   A.W. Ordys and D.W. Clarke. A state-space description for GPC controllers. *International Journal of Systems Science*, 24:1727–1744, 1993.

[PG88]   D.M. Prett and C.E. Garcia. *Fundamental Process Control*. Butterworths, Boston, 1988.

[PGR90]   D.M. Prett, C.E. Garcia, and B.L. Ramaker, editors. *The Second Shell Process Control Workshop*. Butterworths, Boston, 1990.

[PHGM97]　G. Papageorgiou, M. Huzmezan, K. Glover, and J.M. Maciejowski. Combined MBPC/H_∞ autopilot for a civil aircraft. In *American Control Conference*, 1997.

[PLR+98]　K. Preuß, M-V. LeLann, J. Richalet, M. Cabassud, and G. Casamatta. Thermal control of chemical batch reactors with predictive functional control. *Journal A*, 39:13–20, 1998.

[PM87]　D.M. Prett and M. Morari, editors. *The Shell Process Control Workshop. Process Control Research: Industrial and Academic Perspectives*. Butterworths, Boston, 1987.

[PRC82]　D.M. Prett, B.L. Ramaker, and C.R. Cutler. Dynamic matrix control method. *United States Patent 4349869*, 1982.

[Pro63]　A.I. Propoi. Use of linear programming methods for synthesising sampled-data automatic systems. *Automation and Remote Control*, 24:837–844, 1963.

[PSRJG00]　S. Piché, B. Sayyar-Rodsari, D. Johnson, and M. Gerules. Nonlinear model predictive control using neural networks. *IEEE Control Systems Magazine*, 20(3):53–62, June 2000.

[QB96]　S.J. Qin and T.A. Badgwell. An overview of industrial model predictive control technology. In Kantor et al. [KGC96], pages 232–256.

[QB99]　S.J. Qin and T.A. Badgwell. An overview of nonlinear model predictive control applications. In Allgöwer and Zheng [AZ00], pages 369–392.

[Ray89]　W. H. Ray. *Advanced Process Control*. Butterworths, Boston, 1989.

[ReADAK87]　J. Richalet, S. Abu el Ata-Doss, C. Arber, and H.B. Kuntze. Predictive functional control: application to fast and accurate robots. In *Proc. IFAC World Congress, Munich*, 1987.

[Ric85]　N.L. Ricker. Use of quadratic programming for constrained internal model control. *Ind.Eng.Chem. Process Design and Development*, 24:925–936, 1985.

[Ric90]　N.L. Ricker. Model predictive control with state estimation. *Ind.Eng. Chem. Research*, 29:374–382, 1990.

[Ric91]　J. Richalet. *Pratique de l'Identification*. Editions Hermès, Paris, 1991.

[Ric93a]　J. Richalet. Industrial applications of model based predictive control. *Automatica*, 29, 1993.

[Ric93b]	J. Richalet. *Pratique de la Commande Prédictive*. Editions Hermès, Paris, 1993.
[RK93]	J.A. Rossiter and B. Kouvaritakis. Constrained stable generalized predictive control. *Proc. Insitution of Electrical Engineers, Part D*, 140:243–254, 1993.
[RM82]	R. Rouhani and R.K. Mehra. Model algorithmic control (MAC): basic theoretical properties. *Automatica*, 18:401–414, 1982.
[RM93]	J.B. Rawlings and K.R. Muske. The stability of constrained receding horizon control. *IEEE Transactions on Automatic Control*, 38:1512–1516, 1993.
[RM00]	C.A. Rowe and J.M. Maciejowski. Tuning MPC using H_∞ loop shaping. In *Proceedings, American Control Conference*, Chicago, 2000.
[Ros71]	H.H. Rosenbrock. Good, bad or optimal? *IEEE Transactions on Automatic Control*, 1971.
[Row97]	C.A. Rowe. The fault-tolerant capabilities of constrained model predictive control. M.Phil. thesis, Cambridge Univeristy, 1997.
[RPG92]	D.E. Rivera, J.F. Pollard, and C.E. Garcia. Control-relevant prefiltering: a systematic design approach and case study. *IEEE Transactions on Automatic Control*, 37:964–974, 1992.
[RR99a]	C.V. Rao and J.B. Rawlings. Nonlinear moving horizon estimation. In Allgöwer and Zheng [AZ00].
[RR99b]	C.V. Rao and J.B. Rawlings. Steady states and constraints in model predictive control. *American Institute of Chemical Engineers' Journal*, 45:1266–1278, 1999.
[RRK98]	J.A. Rossiter, M.J. Rice, and B. Kouvaritakis. A numerically robust state-space approach to stable predictive control strategies. *Automatica*, 34:65–73, 1998.
[RRTP78]	J. Richalet, A. Rault, J.L. Testud, and J. Papon. Model predictive heuristic control: applications to industrial processes. *Automatica*, 14:413–428, 1978.
[RTV97]	C. Roos, T. Terlaky, and J-Ph. Vial. *Theory and Algorithms for Linear Optimization — An Interior Point Approach*. Wiley, Chichester, 1997.
[RWR98]	C.V. Rao, S.J. Wright, and J.B. Rawlings. Application of interior-point

	methods to model predictive control. *Journal of Optimization Theory and Applications*, 99:723–757, 1998.
[Rya82]	E.P. Ryan. *Optimal Relay and Saturating Control System Synthesis*. Peter Peregrinus, Stevenage, UK, 1982.
[SA77]	M.G. Safonov and M. Athans. Gain and phase margin for multiloop LQG regulators. *IEEE Transactions on Automatic Control*, AC-22:173–179, 1977.
[SA87]	G. Stein and M. Athans. The LQG/LTR procedure for multivariable feedback control design. *IEEE Transactions on Automatic Control*, 32:105–113, 1987.
[San76]	J.M. Martin Sanchez. Adaptive predictive control system. *United States Patent 4197576*, 1976.
[San98]	D.J. Sandoz. Perspectives on the industrial exploitation of model predictive control. *Measurement + Control*, 31:113–117, 1998.
[SB98]	G.J. Sutton and R.R. Bitmead. Experiences with model predictive control applied to a nonlinear constrained submarine. In *Proceedings, 37th IEEE Conference on Decisions and Control*, Tampa, Florida, December 1998.
[Sco97]	P.O.M. Scokaert. Infinite horizon generalized predictive control. *International Journal of Control*, 66:161–175, 1997.
[SCS93]	A. Saberi, B.M. Chen, and P. Sannuti. *Loop Transfer Recovery: Analysis and Design*. Springer, 1993.
[SD94]	P.O.M. Scokaert and D.W.Clarke. Stability and feasibility in constrained predictive control. In Clarke [Cla94].
[SM98]	P.O.M. Scokaert and D.Q. Mayne. Min-max feedback model predictive control for constrained linear systems. *IEEE Transactions on Automatic Control*, 43:1136–1142, 1998.
[Smi57]	O.J.M. Smith. Close control of loops with deadtime. *Chemical Engineering Progress*, 53:217–219, 1957.
[SMR99]	P.O.M. Scokaert, D.Q. Mayne, and J.B. Rawlings. Suboptimal model predictive control (feasibility implies stability). *IEEE Transactions on Automatic Control*, 44:648–654, 1999.
[SMS92]	D.S. Shook, C. Mohtadi, and S.L. Shah. A control-relevant identification strategy for GPC. *IEEE Transactions on Automatic Control*, 37:975–980,

1992.

[Soe92] R. Soeterboek. *Predictive Control: a Unified Approach*. Prentice Hall, New York, 1992.

[SR95] P.O. Scokaert and J.B. Rawlings. Receding horizon recursive state estimation. In *Proc. IFAC Symposium on Nonlinear Control Systems*, Tahoe City, USA, 1995.

[SR96a] J.M. Martin Sanchez and J. Rodellar. *Adaptive Predictive Control*. Prentice Hall, London, 1996.

[SR96b] P.O. Scokaert and J.B. Rawlings. Infinite horizon linear quadratic control with constraints. In *Proceedings, IFAC World Congress*, pages 109–114, San Francisco, July 1996.

[SR99] P.O.M. Scokaert and J.B. Rawlings. Feasibility issues in linear model predictive control. *American Institute of Chemical Engineers' Journal*, 45:1649–1659, 1999.

[SSD95] S.N. Singh, M. Steinberg, and R.D. DiGirolamo. Nonlinear predictive control of feedback linearizable systems and flight control system design. *Journal of Guidance, Control and Dynamics*, 18:1023–1028, 1995.

[SW97] H.J. Sussmann and J.C. Willems. 300 years of optimal control: from the brachystochrone to the maximum principle. *IEEE Control Systems Magazine*, 17:32–44, 1997.

[TC88] T.T.C. Tsang and D.W. Clarke. Generalised predictive control with input constraints. *IEE Proceedings, Part D*, 135:451–460, 1988.

[Ter96] T. Terlaky, editor. *Interior Point Methods of Mathematical Programming*. Kluwer Academic, Dordrecht, 1996.

[TM99] M.L. Tyler and M. Morari. Propositional logic in control and monitoring problems. *Automatica*, 35:565–582, 1999.

[vdBdV95] T.J.J. van den Boom and R.A.J. de Vries. Constrained predictive control using a time-varying Youla parameter: a state space solution. In *Proceedings, European Control Conference*, Rome, 1995.

[vOdM96] P. van Overschee and B. de Moor. *Subspace Identification for Linear Systems: Theory, Implementation, Applications*. Kluwer Academic, 1996.

[VSJ99] J. Vada, O. Slupphaug, and T.A. Johansen. Efficient infeasibility handling in linear MPC subject to prioritised constraints. In *Proceedings, European*

[Won74] *Control Conference*, Karlsruhe, Germany, 1999.
[Won74] M. Wonham. *Linear Multivariable Systems*. Springer, Berlin, 1974.
[Wri96] S.J. Wright. Applying new optimization algorithms to model predictive control. In Kantor et al. [KGC96].
[Wri97] S.J. Wright. *Primal-Dual Interior-Point Methods*. SIAM, Philadelphia, 1997.
[YP93] T.H. Yang and E. Polak. Moving horizon control of nonlinear systems with input saturations, disturbances and plant uncertainties. *International Journal of Control*, pages 875–903, 1993.
[Zaf90] E. Zafiriou. Robust model predictive control of processes with hard constraints. *Computers in Chemical Engineering*, 14:359–371, 1990.
[ZAN73] V. Zakian and U. Al-Naib. Design of dynamical and control systems by the method of inequalities. *Proceedings, Institution of Electrical Engineers*, 120:1421–1427, 1973.
[ZB93] Y.C. Zhu and T. Backx. *Identification of Multivariable Industrial Processes for Simulation, Diagnosis and Control*. Springer, London, 1993.
[ZC96] E. Zafiriou and H-W. Chiou. On the dynamic resiliency of constrained processes. *Computers in Chemical Engineering*, 20:347–355, 1996.
[ZDG96] K. Zhou, J.C. Doyle, and K. Glover. *Robust and Optimal Control*. Prentice Hall, New York, 1996.
[Zhu98] Y. Zhu. Multivariable process identification for MPC: the asymptotic method and its applications. *Journal of Process Control*, 8:101–115, 1998.
[ZM74] H.P. Zeiger and A.J. McEwen. Approximate linear realization of given dimension via Ho's algorithm. *IEEE Transactions on Automatic Control*, AC-19:153, 1974.
[ZM93] A. Zheng and M. Morari. Robust stability of constrained model predictive control. In *Proceedings, American Control Conference, San Francisco*, pages 379–383, 1993.
[ZM95a] A. Zheng and M. Morari. On control of linear unstable systems with constraints. In *Proceedings, American Control Conference, Seattle*, 1995.
[ZM95b] A. Zheng and M. Morari. Stability of model predictive control with mixed constraints. *IEEE Transactions on Automatic Control*, 40:1818–1823, 1995.

索引

■ 英数字

∞ ノルム　120, 190
1 点終端制約　209
1 入力 1 出力　1
1 ノルム　120, 190, 202
　——問題　189
2 ノルム　190
2 モード予測制御法　210

ARE　221, 278
ARX モデル　149, 173

`basicmpc`　17

CRHPC　209

DAISY　146
DMC　31, 134
　——観測器　239
　——推定器　253
　——法　70
　——モデル　196, 359

EKF　354

FARE　223
　——アプローチ　224
FDI　340
FIR システム　226

GPC　29, 162

H 無限大　267

i.i.d.　156
IEEE 標準　69
IMC　247
ISE　363

KKT 条件　108

LMI　115, 286, 288

　——最適化問題　286
LP　31
　——問題　186, 189
LQ
　——状態フィードバック　279
　——問題　220
LQG　226, 277
　——/LTR チューニング　277
　——理論　277
LTI　18
LTR　277
LU 分解　111

MATLAB　17
MBPC　32
MIMO　148
MIQP　345
MLD　346
Model Predictive Control Toolbox　17, 170
MOD フォーマット　313, 371
MPC　32
M ピーク値　246

`noisympc`　25
NP ハード　269

PD　32
PFC アプローチ　183
PID 制御　31
PI コントローラ　33, 248
PLC　365
P コントローラ　33

QP
　——解法器　109
　——問題　14, 101, 107, 186, 286, 362
QR アルゴリズム　94

SIORHC　209
SISO　1
　——システム　140
SQP　348

──アルゴリズム　349
STEP フォーマット　313
SVD　142, 363

`trackmpc`　23

`unstampc`　29

Youla パラメータ　225

z 変換　147

■あ
悪条件　93, 95, 117
アクティブセット　108
　　──法　90, 107, 108, 362
アフィン　226, 288, 291, 304
安定　207
　　──限界　27
　　──入出力後退ホライズン制御　209
　　──平衡点　207
　　──モード　218
　　──余裕　246

行き止まり　114
位相余裕　279
一次遅れ系　307
一自由度　231
一巡ゲイン伝達関数　268
一致
　　──点　10
　　──ホライズン　194
一定値出力外乱　71
一般化予測制御　29, 39, 162
移動ホライズン推定　354, 355
イノヴェーション　166
因果
　　──性　15
　　──律制約　299
インパルス応答　15, 132
　　──モデル　131

ヴォルテラモデル　349

エネルギー制約　293
演算遅れ　62

遅れモード　236
帯状　111
オプティマイザ　103
オペレータ　59, 358
温水プール　127, 202, 203, 252, 264

■か
カーマーカー法　115
可安定　214, 221
外生項をもつ自己回帰モデル　149
解析的中心　116
回転因子　359
回復　281
外乱モデル　245
開ループ　28, 277
　　──周波数応答　246
ガウスの消去法　110
可観測　73, 214
　　──行列　141
確実等価性原理　98, 161
学習　249
拡大
　　(──) 可観測行列　141
　　(──) 可制御行列　141
拡張カルマンフィルタ　354
確率的
　　──線形二次問題　98
　　──な外乱　162
過決定　95
可検出　221, 223, 278
可制御　214
　　──行列　141
価値関数　35
可調整パラメータ　230
活性化　75, 104
加法的モデル　268
カルーシュ・キューン・タッカー条件　108
カルマンフィルタ　37, 73, 165, 252, 253, 272, 277–279
　　──環送差　283
　　──ゲイン　166, 274, 278
緩衝タンク　6
完全コントローラ　237, 374
環送差　280
観測器　70
　　──ゲイン　75
　　──多項式　163, 276
　　──動特性　163, 245, 249
感度関数　233, 244

偽代数リカッチ
　　──法　220
　　──方程式　223
基底関数　194
偽ハミルトン・ヤコビ・ベルマン方程式法　224
既約
　　──因子　269
　　──分解　185

索引 393

逆応答　43, 236
逆行列補題　166
逆システム　177, 238
凝縮器　330
共振　246
強制
　――応答　160
　――循環蒸発器　329
行列リアプノフ方程式　216, 218
極　238
　――配置　163, 253
　――配置法　183
局所的
　――最小値　102
切り替え　49
切り取り　199
近似　142

ゲイン　246
　――スケジューリング　361
　――余裕　279
決定変数　37
減少 (非増加)　207
厳密にプロパー　10, 45, 148

航空機　78, 124, 130
公称
　――安定性　39, 204
　――モデル　267, 309
構造化
　――特異値　269
　――不確かさ　325
後退ホライズン　10, 38
　――方策　92
勾配　51
コーシー・シュワルツの不等式　292
古典制御理論　29
固有値・固有ベクトル分解　218
コレスキー　94
混合
　――整数二次問題　345
　――論理動的システム　346
コントローラ形式　140

■さ _____

サーボ機構　1, 196, 358
最悪
　――エネルギーゲイン　267
　――ケース ISE 基準　363
最小
　――位相　281
　――二乗　11, 93

――実現　62, 313
――分散　159
――分散予測器　159
再線形化　334
最大
　――(A, B) 不変集合　302
　――出力許容集合　295
　――特異値　268
最適
　――化　38
　――化器　103
　――化問題　102
　――性　302
　――制御　4, 221
　――性の原理　212
　――予測　278
再編成　28, 76, 151, 158
差分
　――形式　273, 282
　――方程式モデル　131
参照
　――軌道　9, 38, 258
　――入力　231
　――モデル　261

シェル石油蒸留塔　305
時間遅れ演算子　147
時刻ステップ　44
自己補償　195
二乗長　51, 94
辞書的最小　347
システム同定　48, 146, 366
持続的な確定的外乱　247
実構造化特異値　269
実行不可能　101
　――性　344
時定数　9, 307, 313
時不変　59
自由応答　11, 91, 160
収束定理　281
終端制約　39, 206
　――集合　209, 301
周波数応答
　――解析　244
　――行列の最大特異値　246
主双対法　118
出力
　――エネルギー　246
　――外乱　69
　――許容　295
小ゲイン定理　268, 326
条件つき期待値　159
じょうご　191, 198

394　索引

　　──制約　361
状態
　　──観測器　72
　　──空間モデル　44, 131, 135, 366, 371
　　──フィードバック行列　37, 286
　　──フィードバック極配置問題　73
蒸発器　305
情報フィルタ　223
蒸留塔　95, 144
初期
　　──実行可能解　114
　　──条件　11
　　──評価　355
ジョルダン分解　218
自律　295
シンプレックス　102
　　──法　102, 114

スーパーバイザ　59
スケーリング　296, 363
スケジュール　59
ステップ応答　13, 39
　　──モデル　131, 371
スペクトル密度　156
スミス予測器　32
スラック変数　119

正規
　　──性雑音　98
　　──分布　5
制御ホライズン　52
整形　284
製紙機械　56, 238, 244
整数値最適化問題　345
正定　51
整定時間　313
正不変　295, 352
　　──楕円　302
制約　53
　　──緩和　90, 119
　　──侵害　119, 187, 262, 320
　　──つき後退ホライズン予測制御　209
　　──つき最小二乗　14
　　──の管理　119
　　──窓　344
　　──を考慮した最適化　1
積分
　　──器ワインドアップ　7, 199
　　──二乗誤差　363
　　──動作　25, 162, 247, 248
　　──白色雑音　271, 282
設定値
　　──軌道　9

　　──変数　320
ゼロ
　　──次ホールダ　47
　　──周波数プラントゲイン　235
漸近安定　207
線形
　　──行列不等式　115, 286, 288
　　──計画　114, 185
　　──計画法　102
　　──計画問題　31
　　──最小二乗　14
　　──最適化　186
　　──時不変　267
　　──時不変システム　18
　　──時変　267
　　──二次　275
　　──二次 (LQ) 問題　364
　　──二次ガウシアン　277
　　──二次最適制御　220
　　──二次問題　183
　　──パラメータ可変　267
　　──不等式　50, 55
宣言型　82
前置フィルタ　231, 261

疎　107
双対　37, 354
　　──性　281
相補
　　──感度関数　233, 244, 269
　　──条件　109
双モード制御則　301
測定可能な外乱を有するプラントモデル　179
速度
　　──形式　273
　　──制約　330
ソフト制約　360, 376

■ た

大域
　　──解　109
　　──的　102
帯域幅　276, 281
第一原理　7, 49
耐故障
　　──制御　340
　　──性と同定　340
対数障壁関数　116
代数リカッチ方程式　221, 278
多項式　236
多重シューティング　349
たたみこみ
　　──積分　133

——和　133
多段先予測　153
多入力多出力システム　148
多変数
　　　　——ARX モデル　363
　　　　——有限ステップ応答モデル　359
多目的
　　　　——最適化　339
　　　　——定式化　339
単体　102
　　　　——法　102
端点　270, 291

逐次
　　　　——最小二乗法　364
　　　　——二次計画法　348
中心路　116
チューニング　230
　　　　——パラメータ　53, 164
長期予測　153, 158
長除法　150, 154
直接探索　118
直達項　45, 179

追従誤差　91, 180

ディオファンティン方程式　152, 154
低感度性　231
定常
　　　　——確率外乱　156
　　　　——過程　156
　　　　——ゲイン　22
　　　　——最小二乗最適化　338
　　　　——状態最適化　33
定数状態フィードバック則　221
テイラー級数展開　200
データベース　107
データリコンシリエーション　355
適応
　　　　——MPC　375
　　　　——制御　151, 204
　　　　——予測制御　31
手続き型　82
デッドビート　78, 169, 235
　　　　——応答　212
　　　　——観測器　173, 239
　　　　——推定　73, 254
　　　　——追従　283
　　　　——モデル　144
伝達関数
　　　　——行列　148
　　　　——表現　148
　　　　——モデル　131, 371

等式制約　107
等心配誤差　360
到達可能　105
動的行列　39, 134
　　　　——制御　31
特異値　142
　　　　——テスト　269
　　　　——プロット　247
　　　　——分解　94, 141, 142, 363
独立
　　　　——同一分布　156
　　　　——モデル　20, 26, 28, 76, 183
凸　101
　　　　——QP 問題　288
　　　　——最適化問題　115
　　　　——多面体　300
　　　　——包　270
　　　　——ポリトープ　287, 291, 296, 297
　　　　——問題　286, 288
トレンド　196

■な

ナイキストの定理　246
内点法　38, 90, 107, 115
内部
　　　　——不安定性　238
　　　　——モデル　9, 38, 197, 247
　　　　——モデル原理　247
　　　　——モデル制御　247

二次
　　　　——計画　14
　　　　——計画法　101, 102
　　　　——形式　37, 51
二自由度　231
ニューラルネットワーク　349
　　　　——モデル　366
入力
　　　　——エネルギー　246
　　　　——乗法的　269
　　　　——変化　38
熱
　　　　——交換器　305, 330, 342
　　　　——負荷　305
ノルム有界　267
　　　　——有界型　287

■は

ハード制約　4, 119, 321

ハイブリッドシステム 346
白色雑音 149, 271
パニックモード 58
ハミルトン・ヤコビ・ベルマン方程式 36
パラメトライズ 10, 194
ハンケル特異値 314
半正定 51
バンド化 112
バンバン 31
バンプレス切替 334

ピーク値 246
引き込み領域 353
非構造化不確かさ 269
非最小位相 29, 236
　　──システム 43
　　──零点 281
非線形 58
　　── MPC 349
　　── MPC 問題 348
　　──モデル 361, 366
非凸最適化 352
一つの設定値，一つの制御ループ 33
評価
　　──関数 35, 50
　　──面上 102
表引き 106
比例・微分 32

不安定 29
　　──モード 218
フィードバック 25, 36
　　──方針 299
　　──路 232
フィードフォワード 39, 362
　　──制御 177
フィルタリング問題 37
フォワード路 232
不活性化 75
不確かさ 268, 309
部分空間法 146, 366
ブラックボックス 7
プラント 35
　　──・モデル誤差 20
　　──・モデル不一致 23
プログラム可能論理コントローラ 365
ブロッキング 43, 128, 316, 336, 360, 363, 373
　　──因子 364
ブロックハンケル行列 138
フロベニウスノルム 142
分離 161
　　──器 330, 342
　　──原理 98

平滑化 158
平均レベルコントローラ 235
平衡
　　──打ち切り 144, 314
　　──実現 314
　　──点 46, 207
　　──モデル低次元化 144
平方根 93
ヘシアン 92, 102, 349
ベズー恒等式 154
ヘリコプタ 29, 170, 202
変化抑制 360
　　──因子 53, 234
変分法 37
方向 246
ホットスタート 115, 354
ポリトープ 270
　　──型 287

■ま

マルコフパラメータ 135
マルチパラメトリック計画法 106

密行列 113
ミニマックス問題 289, 298

ムーア・ペンローズ型擬似逆行列 142
無限ホライズン 221
むだ時間 32, 148, 307

命題論理 345

モード切替論理 82
モデル
　　──に基づく予測制御 32
　　──予測制御 32
モニック 153

■や

ヤコビアン 46

ユークリッドノルム 51
有限
　　──インパルス応答 140, 144
　　──エネルギー信号 246
　　──確定 296
　　──ホライズン 221
誘導ノルム 142, 226, 246

予測 66
　　──関数制御 194

——器・修正器　153
　　——制御　1
　　——ホライズン　9, 373

■ら

ラグランジュアン　349
ラグランジュ乗数　108, 349
　　——法　110
　　——理論　104
ランダムウォーク　162
リアプノフ
　　——関数　207, 294
　　——定理　207
リカッチ
　　——差分方程式　221
　　——方程式　37, 274
離散
　　——化　87
　　——時間積分　60, 169
　　——時間積分器　25
理想静止値　339
リファレンスガバナ　262
領域　191
　　——制約　361
　　——変数　320
　　——目的　6, 55, 310, 316
リンギング　246, 276

ループ
　　——形状　283
　　——整形　29
　　——伝達回復　277
ルックアップテーブル　49

零化空間　312
零点　238
レギュレータ　212
劣チューニング　256, 272, 275
連鎖反応　342
連続時間
　　——線形状態空間モデル　46
　　——モデル　200

ローカルコントローラ　33
ロバスト　247, 252
　　——安定条件　269
　　——安定性　268, 286, 295
　　——安定性テスト　325
　　——実行可能性　294
　　——性　231
　　——制御　266
　　——制御不変　301
　　——制御理論　142
　　——性能　270
　　——制約実現　286

著者紹介

ヤン・M・マチエヨフスキー（Jan M. Maciejowski）

英国ケンブリッジ大学教授（2016年セミリタイア），リサーチディレクター．Pembroke College のプレジデントおよびフェロー．1971年から1974年まで，Marconi Space and Defence Systems Ltd. にて宇宙船の姿勢制御に従事．1978年に英国ケンブリッジ大学で制御工学の分野において博士号を取得．耐故障制御，モデル予測制御，システム同定などの分野の研究が多数ある．近年は，スマートグリッドの制御や機械学習を用いた制御などの研究に従事．2003年から2005年の European Union Control Association の会長．また，2002年度の Institute of Measurement and Control の会長．Institute of Electrical and Electronic Engineers（IEEE），International Federation of Automatic Control（IFAC）などのフェロー．2001年から2007年の IEEE Control Systems Society の Distinguished Lecturer．その他の著書には，1996年の IFAC Control Engineering Textbook Prize を受賞した"Multivariable Feedback Design"がある．

訳者紹介

足立修一（あだち しゅういち）

- 学　歴　慶應義塾大学大学院工学研究科博士課程修了（1986年）
  　　　　工学博士（1986年）
- 職　歴　（株）東芝総合研究所（1986年）
  　　　　宇都宮大学工学部電気電子工学科 助教授（1990年），同教授（2002年）
  　　　　航空宇宙技術研究所 客員研究官（1993 ～ 1996年）
  　　　　ケンブリッジ大学工学部 客員研究員（2003 ～ 2004年）
- 現　在　慶應義塾大学理工学部物理情報工学科 教授（2006年）

管野政明（かんの まさあき）

- 学　歴　東京大学大学院工学系研究科修士課程修了（1993年）
  　　　　英国ケンブリッジ大学工学部博士（PhD）課程修了（2003年）
  　　　　PhD（2004年）
- 職　歴　いすゞ自動車（株）（1993 ～ 1998年）
  　　　　ケンブリッジ大学工学部 研究助手（2003 ～ 2005年）
  　　　　独立行政法人 科学技術振興機構 博士研究員（2005 ～ 2009年）
  　　　　内閣府 政策統括官（科学技術・イノベーション担当）付 上席政策調査員（2013 ～ 2014年），上席科学技術政策フェロー（2014 ～ 2016年）（いずれも兼務）
- 現　在　新潟大学工学部 准教授（2009年）

モデル予測制御　制約のもとでの最適制御

2005年 1月20日　第1版1刷発行	ISBN 978-4-501-32460-5 C3055
2022年10月20日　第1版8刷発行	

著　者　Jan M. Maciejowski　（ヤン・M・マチエヨフスキー）
訳　者　足立修一・管野政明
　　　　© Adachi Shuichi, Kanno Masaaki　2005

発行所　学校法人 東京電機大学　〒120-8551 東京都足立区千住旭町5番
　　　　東京電機大学出版局　　　 Tel. 03-5284-5386（営業）03-5284-5385（編集）
　　　　　　　　　　　　　　　　 Fax. 03-5284-5387 振替口座 00160-5-71715
　　　　　　　　　　　　　　　　 https://www.tdupress.jp/

[JCOPY] ＜(社)出版者著作権管理機構 委託出版物＞
本書の全部または一部を無断で複写複製（コピーおよび電子化を含む）することは，著作権法上での例外を除いて禁じられています。本書からの複製を希望される場合は，そのつど事前に，(社)出版者著作権管理機構の許諾を得てください。
また，本書を代行業者等の第三者に依頼してスキャンやデジタル化をすることはたとえ個人や家庭内での利用であっても，いっさい認められておりません。
[連絡先] Tel. 03-5244-5088, Fax. 03-5244-5089, E-mail: info@jcopy.or.jp

制作：(株)グラベルロード　印刷：新灯印刷(株)　製本：渡辺製本(株)　装丁：右澤康之
落丁・乱丁本はお取り替えいたします。　　　　　　　　Printed in Japan

東京電機大学出版局 出版物ご案内

MATLABによる
制御工学
足立修一 著
A5判 258頁
電気系学部学生のための制御工学テキスト．MATLABがなくても利用できるように構成した．

MATLABによる
ディジタル信号とシステム
足立修一 著
A5判 274頁
ディジタル信号とシステムの基礎となる理論的側面について解説．前半は線形システムの表現，離散時間フーリエ変換等を，後半はサンプリング，ディジタルフィルタなど応用例を解説．

MATLABによる
制御のためのシステム同定
足立修一 著
A5判 214頁
実際にシステム同定を利用する初心者の立場に立って，制御系設計のためのシステム同定理論の基礎を解説．理解の助けのためにMATLABのToolboxを用いた．

MATLABによる
制御のための上級システム同定
足立修一 著
A5判 338頁
既刊『MATLABによる制御のためのシステム同定』の上級編．前書が「システム同定理論」の初心者向け入門書であるのに対し，本書はMATLABのシステム同定ツールボックスのバージョンアップを反映して，より高度な制御を扱っている．

MATLABによる
制御理論の基礎
野波健蔵 編著
A5判 234頁
自動制御や制御工学を新しい観点からとらえて解説．特にロバスト制御の基礎概念となるモデル誤差や設計仕様について述べ，MATLABを活用した例題や練習問題を豊富に掲載．

MATLABによる
制御系設計
野波健蔵 編著
A5判 330頁 CD-ROM付
『MATLABによる制御理論の基礎』の応用編として，主要な制御系設計法の特徴と手順を解説し，実践的な視点からまとめた．制御理論と設計法をMATLABのプログラムを実行しながら理解できる．

MATLABによる
誘導制御系の設計
江口弘文 著
A5判 240頁
3次元空間における飛翔対を対象に，現実的な誘導制御系の設計を解説．ニュートンの運動方程式の知識で理解できるように工夫し，すべての例題はMATLABを使って解析した．

初めて学ぶ
基礎制御工学 第2版
森政弘/小川鑛一 共著
A5判 288頁
初めて制御工学を学ぶ人のために，多岐にわたる制御技術のうち，制御の基本と基礎事項を厳選し，わかりやすく解説したものである．

理工学講座
改訂 制御工学 上
深海登世司/藤巻忠雄 監修
A5判 246頁
制御工学初学者を対象に，ラプラス変換に基づくフィードバック制御理論を十分理解できるよう，できるだけ平易に解説．章末に演習問題をつけ，より実践的に理解を深められるよう工夫した．

理工学講座
制御工学 下
深海登世司/藤巻忠雄 著
A5判 156頁
制御工学を学んだ方を対象に，システムの入出力の特性のみならず内部状態に着目する，いわゆる現代制御理論を理解するための入門教科書．

定価，図書目録のお問い合わせ・ご要望は小局までお願いいたします．http://www.tdupress.jp/